丛书总主编 陈宜瑜
丛书副总主编 于贵瑞 何洪林

中国生态系统定位观测与研究数据集

农田生态系统卷
广西环江站
（2007—2015）

傅 伟 王克林 主编

中国农业出版社
北京

图书在版编目（CIP）数据

中国生态系统定位观测与研究数据集．农田生态系统卷．广西环江站：2007—2015 / 陈宜瑜总主编；傅伟，王克林主编 ．—北京：中国农业出版社，2023.11
ISBN 978-7-109-31571-6

Ⅰ．①中… Ⅱ．①陈… ②傅… ③王… Ⅲ．①生态系—统计数据—中国②农田—生态系—统计数据—环江毛南族自治县—2007—2015 Ⅳ．①Q147②S181

中国国家版本馆 CIP 数据核字（2023）第 231821 号

ZHONGGUO SHENGTAI XITONG DINGWEI GUANCE YU YANJIU SHUJUJI

中国农业出版社出版

地址：北京市朝阳区麦子店街 18 号楼
邮编：100125
责任编辑：李昕昱　　文字编辑：徐志平
版式设计：李　文　　责任校对：张雯婷
印刷：北京印刷一厂
版次：2023 年 11 月第 1 版
印次：2023 年 11 月北京第 1 次印刷
发行：新华书店北京发行所
开本：889mm×1194mm　1/16
印张：19.25
字数：570 千字
定价：148.00 元

丛书指导委员会

顾　　　问	孙鸿烈	蒋有绪	李文华	孙九林		
主　　　任	陈宜瑜					
委　　　员	方精云	傅伯杰	周成虎	邵明安	于贵瑞	傅小峰	王瑞丹
	王树志	孙　命	封志明	冯仁国	高吉喜	李　新	廖方宇
	廖小罕	刘纪远	刘世荣	周清波			

丛书编委会

主　　　编　陈宜瑜
副 主 编　于贵瑞　何洪林
编　　　委　（按拼音顺序排列）

白永飞	曹广民	常瑞英	陈德祥	陈　隽	陈　欣	戴尔阜
范泽鑫	方江平	郭胜利	郭学兵	何志斌	胡　波	黄　晖
黄振英	贾小旭	金国胜	李　华	李新虎	李新荣	李玉霖
李　哲	李中阳	林露湘	刘宏斌	潘贤章	秦伯强	沈彦俊
石　蕾	宋长春	苏　文	隋跃宇	孙　波	孙晓霞	谭支良
田长彦	王安志	王　兵	王传宽	王国梁	王克林	王　堃
王清奎	王希华	王友绍	吴冬秀	项文化	谢　平	谢宗强
辛晓平	徐　波	杨　萍	杨自辉	叶　清	于　丹	于秀波
曾凡江	占车生	张会民	张秋良	张硕新	赵　旭	周国逸
周　桔	朱安宁	朱　波	朱金兆			

中国生态系统定位观测与研究数据集
农田生态系统卷·广西环江站

编 委 会

主　编　傅　伟　王克林
编　委　林海飞　刘坤平　胡培雷

进入 20 世纪 80 年代以来，生态系统对全球变化的反馈与响应、可持续发展成为生态系统生态学研究的热点，通过观测、分析、模拟生态系统的生态学过程，可为实现生态系统可持续发展提供管理与决策依据。长期监测数据的获取与开放共享已成为生态系统研究网络的长期性、基础性工作。

国际上，美国长期生态系统研究网络（US LTER）于 2004 年启动了 Eco Trends 项目，依托 US LTER 站点积累的观测数据，发表了生态系统（跨站点）长期变化趋势及其对全球变化响应的科学研究报告。英国环境变化网络（UK ECN）于 2016 年在 *Ecological Indicators* 发表专辑，系统报道了 UK ECN 的 20 年长期联网监测数据推动了生态系统稳定性和恢复力研究，并发表和出版了系列的数据集和数据论文。长期生态监测数据的开放共享、出版和挖掘越来越重要。

在国内，国家生态系统观测研究网络（National Ecosystem Research Network of China，简称 CNERN）及中国生态系统研究网络（Chinese Ecosystem Research Network，简称 CERN）的各野外站在长期的科学观测研究中积累了丰富的科学数据，这些数据是生态系统生态学研究领域的重要资产，特别是 CNERN/CERN 长达 20 年的生态系统长期联网监测数据不仅反映了中国各类生态站水分、土壤、大气、生物要素的长期变化趋势，同时也能为生态系统过程和功能动态研究提供数据支撑，为生态学模型的验证和发展、遥感产品地面真实性检验提供数据支撑。通过集成分析这些数据，CNERN/CERN 内外的科研人员发表了很多重要科研成果，支撑了国家生态文明建设的重大需求。

近年来，数据出版已成为国内外数据发布和共享，实现"可发现、可访问、可理解、可重用"（即 FAIR）目标的重要手段和渠道。CNERN/CERN 继 2011 年出版"中国生态系统定位观测与研究数据集"丛书后再次出版新一期数据集丛书，旨在以出版方式提升数据质量、明确数据知识产权，推动融合专业理论或知识的更高层级的数据产品的开发挖掘，促进 CNERN/CERN 开放共享由数据服务向知识服务转变。

该丛书包括农田生态系统、草地与荒漠生态系统、森林生态系统及湖泊湿地海湾生态系统共 4 卷（51 册）以及森林生态系统图集 1 册，各册收集了野外台站的观测样地与观测设施信息，水分、土壤、大气和生物联网观测数据以及特色研究数据。本次数据出版工作必将促进 CNERN/CERN 数据的长期保存、开放共享，充分发挥生态长期监测数据的价值，支撑长期生态学以及生态系统生态学的科学研究工作，为国家生态文明建设提供支撑。

2021 年 7 月

　　科学数据是科学发现和知识创新的重要依据与基石。大数据时代，科技创新越来越依赖于科学数据综合分析。2018年3月，国家颁布了《科学数据管理办法》，提出要进一步加强和规范科学数据管理，保障科学数据安全，提高开放共享水平，更好地为国家科技创新、经济社会发展提供支撑，标志着我国正式在国家层面开始加强和规范科学数据管理工作。

　　随着全球变化、区域可持续发展等生态问题的日趋严重以及物联网、大数据和云计算技术的发展，生态学进入了"大科学、大数据"时代，生态数据开放共享已经成为推动生态学科发展创新的重要动力。

　　国家生态系统观测研究网络（National Ecosystem Research Network of China，简称 CNERN）是一个数据密集型的野外科技平台，各野外台站在长期的科学研究中积累了丰富的科学数据。2011年，CNERN组织出版了"中国生态系统定位观测与研究数据集"丛书。该丛书共4卷、51册，系统收集整理了2008年以前的各野外台站元数据，观测样地信息与水分、土壤、大气和生物监测以及相关研究成果的数据。该丛书的出版，拓展了CNERN生态数据资源共享模式，为我国生态系统研究、资源环境的保护利用与治理以及农、林、牧、渔业相关生产活动提供了重要的数据支撑。

　　2009年以来，CNERN又积累了10年的观测与研究数据，同时国家生态科学数据中心于2019年正式成立。中心以CNERN野外台站为基础，生态系统观测研究数据为核心，拓展部门台站、专项观测网络、科技计划项目、科研团队等数据来源渠道，推进生态科学数据开放共享、产品加工和分析应用。为了开发特色数据资源产品、整合与挖掘生态数据，国家生态科学数据中心立足国家野外生态观测台站长期监测数据，组织开展了新一版的观测与研究数据集的出版工作。

本次出版的数据集主要围绕"生态系统服务功能评估""生态系统过程与变化"等主题进行了指标筛选，规范了数据的质控、处理方法，并参考数据论文的体例进行编写，以翔实地展现数据产生过程，拓展数据的应用范围。

该丛书包括农田生态系统、草地与荒漠生态系统、森林生态系统以及湖泊湿地海湾生态系统共 4 卷（51 册）以及图集 1 本，各册收集了野外台站的观测样地与观测设施信息，水分、土壤、大气和生物联网观测数据以及特色研究数据。该套丛书的再一次出版，必将更好地发挥野外台站长期观测数据的价值，推动我国生态科学数据的开放共享和科研范式的转变，为国家生态文明建设提供支撑。

2021 年 8 月

广西环江农田生态系统国家野外科学观测研究站暨中国科学院环江喀斯特生态系统观测研究站（以下简称环江站）是国家生态系统观测研究网络（CNERN）和中国生态系统研究网络（CERN）的野外科技平台。自2005 年以来，环江站依照 CNERN 和 CERN 农田生态系统观测指标要求，逐一开展针对喀斯特峰丛洼地农田生态系统水分、土壤、生物、气象等环境要素的监测活动；瞄准喀斯特生态系统国际学科前沿，结合西部大开发、石漠化综合治理、精准扶贫、乡村振兴等多重国家战略的需求，围绕西南喀斯特地区退化生态系统恢复重建与农业可持续发展的科学问题，以农业生态系统长期定位观测研究为基础，探索喀斯特农林生态系统演替过程，揭示其退化机制，建立退化生态系统人为调控技术体系与模式，积累了一系列的长期联网观测数据与特色研究数据。

近年来，在国家科技基础条件平台建设项目"国家生态系统观测研究台站网络"之子项目"生态系统网络的联网观测研究及数据共享系统建设"的支持下，为推动国家台站挖掘与整理历史观测研究数据，CNERN启动出版"中国生态系统定位观测与研究数据集"丛书的任务。环江站作为国家野外科学观测研究网络台站，参加整编、出版本站的观测与研究数据集，必将推进环江站数据信息共享系统建设，充分发掘野外台站长期监测和研究数据的科研价值，更好地为喀斯特生态学研究、西南喀斯特区石漠化综合防治与可持续发展服务。

环江站收集、遴选了 2015 年以前近 10 年的水分、土壤、气候、生物长期联网监测数据及部分特色研究数据，并以出版数据集的形式整编联网观测数据产品，参考数据论文的体例编写台站长期监测和特色研究数据产品，以求翔实地展现数据产生过程拓展数据的应用范围。希望本数据集从内容和形式上能够上一个台阶，能够形成一系列的高质量、完整、有意义、便于使用的数据产品集。本册数据集第一章、第二章由傅伟编写，第三章生物数据集与土壤数据集部分由刘坤平、傅伟汇编，第三章水分数据集部分由林海飞、傅伟汇编，第三章气象数据集部分由傅伟、何菲汇编，第四章由胡培雷、傅伟汇编。全书由王克林指导和审核。虽然我们对数据进行了仔细的统计和核对，然而由于受时间仓促以及其他诸多主客观因素的制约，部分数据并不全面和准确，书中出现错误在所难免，敬请各位读者批评指正。

本数据集可供大专院校、科研院所和相关研究领域及对其有兴趣的广大科研工作者参考使用。如果在数据使用过程中存在疑问或需要共享其他时间步长及时间序列的数据，请与广西环江农田生态系统国家野外科学观测研究站联系或登录其网站（http：//hja.cern.ac.cn）。

最后，在本数据集汇编完成之际，我们要特别感谢苏以荣、王久荣、陈洪松、张伟、曾馥平、宋同清、肖润林、易爱军等同志，是他们多年兢兢业业、恪尽职守，参与了环江站观测体系的阶段性建设和不断完善，共同为创建西南喀斯特峰丛洼地复合生态系统多环境要素的观测系统贡献力量；感谢付智勇、杜虎、赵杰、肖峻、李学章等提供了第二章节中的部分图文素材资料。同时我们也要对在环江站野外观测一线工作过的何菲、蒙贵昂、覃效果、覃承颂等同志表示衷心的感谢，是他们的长期坚守与默默耕耘，才为我们获得了大量宝贵的第一手数据资料，奠定了此数据集的基础。

编委会
2023 年 6 月

CONTENTS
目 录

第1章

环江站介绍

1.1 概述

　　喀斯特地区是类似沙漠边缘的生态环境脆弱区，是世界上最主要的生态脆弱带之一。我国是世界上喀斯特地貌面积最大、分布最广的国家，喀斯特地貌主要集中在我国西南部，其基岩裸露总面积达54万 km²，面临环境退化和贫困的双重压力。该地区可溶岩造壤能力低，长期强烈的岩溶化作用产生地表、地下双层空间结构，导致水源漏失、深埋，形成水土资源不配套的基本格局，旱涝灾害频繁，石漠化严重。从 20 世纪 90 年代开始，为实现大石山区生态重建和脱贫致富的双重目标，中国科学院亚热带农业生态研究所和广西壮族自治区科学技术厅、广西壮族自治区扶贫开发办公室等单位合作，通过扶贫开发和异地安置，建立了环江喀斯特生态移民示范区（古周和肯福），并创建了"科技单位＋公司＋示范基地＋农户"的企业化科技扶贫创新机制。围绕西南喀斯特地区生态恢复与重建过程中面临的重大科学问题，中国科学院亚热带农业生态研究所于 2000 年开始正式筹建环江喀斯特农业生态站，即中国科学院环江喀斯特生态系统观测研究站（图 1-1），简称环江站；2000 年 4 月 5日，中国科学院陈宜瑜副院长视察环江喀斯特生态移民示范区，提出了建立喀斯特生态站的要求，中国科学院亚热带农业生态研究所随即启动了环江喀斯特站的筹建工作；2005 年 7 月 13—14 日，中国科学院白春礼常务副院长视察环江喀斯特站，提出"尽快建设成为中国生态系统研究网络（CERN）台站和国家野外科学观测研究站"的要求；2005 年 12 月 14 日，环江站通过评审，进入国家野外科学观测研究站建设期；2006 年 12 月 6 日，中国科学院李家洋副院长视察环江站，并为"中国科学院环江喀斯特生态系统观测研究站"揭牌；2007 年 5 月 28 日，环江站通过了中国科学院资源与环境科

图 1-1　中国科学院环江喀斯特生态系统观测研究站

学技术局组织的进入 CERN 的现场考核；2007 年 11 月 28—29 日，环江站通过了国家野外科学观测研究站专家组的现场检查；2007 年 12 月 5 日，广西首个水土保持科技示范园区在环江站挂牌；2008 年环江站被列为中国生态系统研究网络的成员站，进而成为国际长期生态系统研究网络（International Long-Term Ecological Research，ILTER）的成员单位；2009 年环江站获批建设水利部水土保持科技园区；2013 年、2017 年、2021 年、2022 年经广西科技厅批准分别建设广西石漠化治理工程技术研究中心、广西重大科技创新基地、广西喀斯特生态过程与服务重点实验室和河池环江农田生态系统广西野外科学观测研究站；2018 年，获批建设国家首批地球关键带综合观测平台，即喀斯特关键带结构-过程-功能综合观测研究平台。

环江喀斯特生态系统观测研究站核心试验园区范围以及水分辅助观测样地分布见图 1-2。

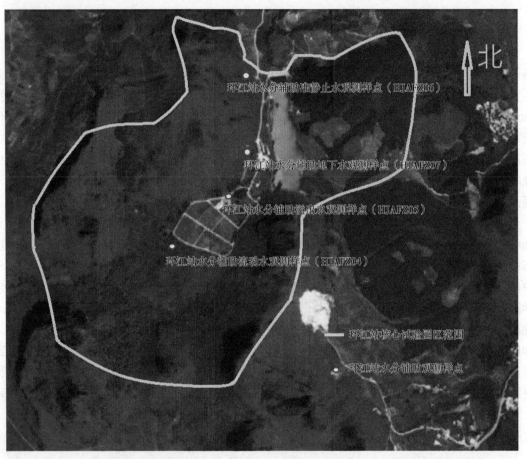

图 1-2　环江喀斯特生态系统观测研究站核心试验园区范围以及水分辅助观测样地分布

目前，环江站已成为我国西南喀斯特地区重要的农业生态系统长期野外定位观测研究站，具有监测、研究与试验示范的良好条件；采取"一站四点"的网络式布局，由核心试验园区、辐射试验示范园区（古周和下塘）和顶级群落试验区（木论国家级自然保护区）组成。核心试验园区位于广西区环江毛南族自治县大才乡境内（24°43′N—24°45′N，108°18′E—108°20′E），面积达 146.1 hm²，海拔高度 272.0～647.2 m，年均降水量 1 389.1 mm，年均气温 19.9 ℃，为典型的喀斯特峰丛洼地生态系统，代表中亚热带湿润地区-黔桂喀斯特常绿阔叶林-农业生态区（VA4），具有良好的区域代表性和生态系统类型代表性。环江站距河池市金城江区 30 km，离柳州市 180 km，交通便利，具有良好的区位优势。经过近二十年的建设，环江站系统构建了野外观测研究平台，目前包括长期联网观测试验的 5 个观测场、4 个调查点和 4 个采样地，以及研究样地中的 17 个永久性研究样地、8 个长期研究样地、2 个短期试验样地，如径流试验场、三维水土过程监测小区、水土漏失模拟微区、25 hm² 大型森林动态监测样地、外源氮输入与碳氮养分循环试验小区、草地生物多样性试验小区、旱地水分养分试验小区、长期种植制度试验区、资源植物引种园等研究平台，能满足试验、研究、示范等工作的需求。同时，建立了整合台站样地、观测设施、仪器设备、样品等实物科技资源服务以及观测研究数据信息、知识资源服务、示范服务等内容的在线科技资源服务系统（http：//hja. cern. ac. cn/）。

1.2　研究方向

环江站瞄准喀斯特生态系统国际学科前沿，围绕扶贫攻坚、西部大开发、石漠化综合治理、精准扶贫等国家多重战略需求，根据西南喀斯特地区退化生态系统恢复重建与农业可持续发展的科学问题，以农业生态系统长期定位观测研究为基础，探索喀斯特农林生态系统演替过程，揭示其退化机制，建立退化生态系统人为调控技术体系与模式，设置了以下 4 个研究方向：

（1）喀斯特生态系统演替过程及其生态效应。
（2）喀斯特生态系统退化机理与恢复技术。
（3）喀斯特生态系统服务功能评估与健康评价。
（4）喀斯特生态系统可持续发展模式与优化管理对策。

1.3　研究成果

建站以来，依托台站科研平台，环江站科技人员先后承担科研项目/课题共计 210 余项，包括科技部"973 计划""国家科技支撑计划""国家重点研发计划""国际合作"项目/课题，国家自然基金委重点项目、面上项目、青年基金项目等，中国科学院创新项目、先导专项、"百人计划"，以及国家各部委、地方、企业项目等。公开发表论文 556 篇，其中 SCI、EI 论文 218 篇，CSCD 论文 281 篇，会议及其他论文 57 篇；出版专著 1 部、编著 9 部、译著 1 部；申报发明专利 11 项，授权发明专利 19 项，授权实用新型专利 4 项。环江站科研人员主持并参加的研究成果获得中国科学院科技促进发展一等奖 2 项、中国水土保持学会科学技术奖一等奖 2 项，广西区科技进步一等奖 1 项及二等奖 1 项，参与的研究成果获得国家自然科学奖二等奖、农业农村部中华农业科技奖一等奖、广西区科技进步二等奖以及自然资源部科学技术二等奖各 1 项。环江站成员先后 12 人获得国家有关部委和广西区政府的表彰，其中 2 人被评为"全国科技扶贫杰出贡献者"，1 人被评为"全国优秀科技工作者"，1 人被评为"全国创先增优先进个人"。

2014—2018 年环江站 10 项代表性科研项目见表 1 - 1。2013—2022 年环江站获奖科研成果见表 1 - 2。

表 1 - 1　2014—2018 年环江站 10 项代表性科研项目

编号	项目类别	项目名称（编号）	负责人	起止时间	国家财政经费（万元）
1	科技部-国家重点研发计划项目	喀斯特峰丛洼地石漠化综合治理与特色生态服务功能提升技术研究示范（2016YFC0502406）	王克林	2016 - 07 - 01 至 2020 - 12 - 31	2 500
2	科技部-973 计划课题	典型山地水土要素时空耦合特征、效应及其调控（2015CB452703）	陈洪松	2015 - 01 - 01 至 2019 - 08 - 31	496
3	中科院-院 STS 项目	广西喀斯特区生态服务提升与民生改善研究示范（KFJ - EW - STS - 092）	王克林	2015 - 01 - 01 至 2016 - 12 - 31	500

（续）

编号	项目类别	项目名称（编号）	负责人	起止时间	国家财政经费 （万元）
4	广西重大科技创新基地建设项目	广西石漠化治理工程技术研究中心（2018-15-G06）	陈洪松	2017-12-31 至 2020-12-31	400
5	科技部-国家重点研发计划项目课题	植被复合经营与特色生态衍生产业培育技术（2016YFC0502405）	宋同清	2016-07-01 至 2020-12-31	430
6	科技部-国家重点研发计划项目课题	断陷盆地特色生态产业的培育、技术开发与示范（2016YFC0502505）	曾馥平	2016-07-01 至 2020-12-31	349
7	科技部-国家重点研发计划项目课题	生态工程背景下区域石漠化（2016YFC0502401）	岳跃民	2016-07-01 至 2020-12-31	344
8	国家基金委-海外及港澳学者合作研究项目	喀斯特关键带生态耗水机理及生态水文模型研究（41571130073）	徐宪立	2016-01-01 至 2019-12-31	300
9	科技部-国家重点研发计划项目课题	有机物资源利用与退化土地肥力提升技术（2016YFC0502404）	李德军	2016-07-01 至 2020-12-31	273
10	科技部-国家重点研发计划项目课题	低效经济林提质增效关键技术研究与示范（2017YFC0505503）	苏以荣	2017-07-01 至 2020-12-31	235

表1-2　2013—2022年环江站获奖科研成果

序号	成果获奖名称	颁奖单位	获奖级别	台站人员排序	获奖时间
1	喀斯特关键带生态水文模拟与解析	中国水土保持学会	一等	1	2022 年
2	广西喀斯特区石漠化治理与适应性生态恢复技术研究示范	广西科学技术厅	一等	1	2020 年
3	石山贫困区生态高值特色扶贫产业培育关键技术与应用	广西科学技术厅	二等	1	2020 年
4	广西环江县科技扶贫研究与示范	中国科学院	一等	1	2017 年
5	猪日粮功能性氨基酸代谢与生理功能调控机制研究	国家科技部	二等	4	2016 年
6	广西喀斯特峰丛洼地水文-侵蚀过程及其生态环境效应	中国水土保持学会	一等	1	2016 年
7	猪氨基酸营养功能的研究与技术集成推广	中华人民共和国农业部	一等	7	2015 年
8	桂西北喀斯特生态系统退化机制与适应性修复试验示范研究团队	中国科学院	一等	1	2014 年
9	广西岩溶山区石漠化控制与治理技术集成	广西科学技术厅	二等	3	2013 年
10	广西岩溶山区石漠化及其综合治理研究	自然资源部	二等	7	2013 年

1.4　成果应用

从 20 世纪 90 年代开始，为实现大石山区生态重建和脱贫致富的双重目标，中国科学院亚热带农业生态研究所和广西壮族自治区科学技术厅、广西壮族自治区扶贫开发办公室等单位合作，通过扶贫开发和异地安置，建立了环江喀斯特生态移民示范区（古周和肯福，古周迁出区生态恢复前后对比见图 1-3），并创建了"科技单位＋公司＋示范基地＋农户"的企业化科技扶贫创新机制；自 2000 年以来，新组建的环江喀斯特站借助峰丛洼地适应性景观生态设计，创新草食畜牧业、特色经济林果等产业扶贫模式与替代型产业发展模式，形成石漠化防治－可持续的生态产业－服务功能提升价值链；2010 年以后，进一步开展了峰丛洼地生态适应性修复技术推广与示范，自 2015 年相继拓展古周、下塘示范区，扩大草食畜牧业推广区域（920 hm²），新建大安红心柚特色种植示范区（1 500 亩）和同进特色经济林果－休闲观光多功能示范区（1 700 亩）。经过近 2 年的试验示范，示范区雨水利用率提高 30％以上，水土流失减少 30％左右，植被覆盖度提高 20％～40％，人均年收入增加 34％左右，取得显著的生态效益。同时，综合构建红心蜜柚、沃柑、贡柑、砂糖橘等特色林果以及香猪、菜牛圈养、高端饮用水开发等特色生态衍生产业培育技术，协助地方政府培育 5 家生态企业（广西毛苗瑶食品有限公司、广西木论天然食品有限公司、大毛南风味食品厂、环江杨梅坳天然食品开发有限责任公司、琼园度假山庄），取得显著的经济效益，为广西喀斯特区域扶贫开发以及生态与社会经济可持续发展提供科技支撑。

生态恢复前　　　　　　　　　　　　　　　　　　　　　生态恢复后

图 1-3　古周迁出区生态恢复前后对比

古周示范区替代型草食畜牧业发展模式见图 1-4。

图 1-4　古周示范区替代型草食畜牧业发展模式

1.5　社会影响

　　研发的桂西北喀斯特生态恢复与产业发展模式被国家发展和改革委员会作为喀斯特山区产业发展的典型案例和石漠化治理的典型样板，基于喀斯特景观结构与水土过程变化和生态服务提升的适应性生态恢复成果提出了可供政府选择的响应战略及技术途径，为国家西南石漠化治理重大工程、区域脱贫与生态功能提升提供了科学依据与重大技术支撑，架起了生态学研究与政府决策间的桥梁。中央电视台、人民日报、中国科学报等媒体纷纷报道了喀斯特适应性修复成果，引起了广泛的社会影响。

第2章 □□□□□□□□□□□□□□□□□□□□□□□□

环江站试验样地与观测设施

2.1 概述

　　截至 2018 年底，环江站共有各类试验样地 36 个，布设观测设施 55 个，试验样地与观测设施按利用性质均分为"联网长期观测"和"生态站观测、研究、试验"两类。试验样地，面积共计近 80 万 m²，其中联网长期观测试验样地 13 个，是依照 CERN 联网监测规范布置的试验样地，包括 1 个气象观测场、1 个综合观测场、3 个辅助观测场、4 个站区调查点、4 水分辅助观测点；环江站生态观测、研究、试验样地 23 个，是围绕喀斯特生态系统中的水分、土壤、气象、生物等生态环境要素的生态过程，研究 C、N、P、H₂O 等物质与元素的生物地球化学循环、迁移基本规律，阐明喀斯特生态系统退化机理及恢复调控机制，从而建立的长、短期试验样地。环江站现有的观测设施中，联网长期观测设施 13 台套，"生态站观测、研究、试验"类观测设施 40 台套，观测内容包括喀斯特峰丛洼地生态系统农田小气候环境、水汽通量、土壤水分水势、坡面地表径流与地下产流量、表层岩溶泉流量与水质、植物树干液流、蒸腾与动态生长节律等。

　　环江站主要观测样地与试验设施见表 2-1。

表 2-1　环江站主要观测样地与试验设施

类型	序号	观测场名称	观测场代码	采样地与观测设施名称
联网长期观测	1	环江站旱地综合观测场	HJAZH01	环江站旱地综合观测场土壤生物水分采样地（HJAZH01ABC_01）
				环江站旱地综合观测场植物动态生长监测点（HJAZH01AZD_01）
				环江站旱地综合观测场地下水井观测设施（HJAZH01CDX_01）
				环江站旱地综合观测场土壤水分观测设施（HJAZH01CTS_01）
				环江站旱地综合观测场烘干法采样地（HJAZH01CHG_01）
	2	环江站旱地辅助观测场	HJAFZ01	环江站旱地土壤、生物、水分辅助观测采样地（HJAFZ01ABC_01）
				环江站旱地辅助观测场土壤水分观测设施（HJAFZ01CTS_01）
	3	环江站坡地草本饲料辅助观测场	HJAFZ02	环江站坡地草本饲料辅助观测场水分土壤生物采样地（HJAFZ02ABC_01）
				环江站坡地草本饲料辅助观测场植物动态生长监测点（HJAFZ02AZD_01）
				环江站坡地草本饲料辅助观测场人工径流池（HJAFZ02CRJ_01）

（续）

类型	序号	观测场名称	观测场代码	采样地与观测设施名称
	3	环江站坡地草本饲料辅助观测场	HJAFZ02	环江站坡地草本饲料辅助观测场土壤水分观测设施（HJAFZ02CTS_01）
	4	环江站坡地顺坡垦殖辅助观测场	HJAFZ03	环江站坡地顺坡垦殖辅助观测场水分土壤生物采样地（HJAFZ03ABC_01）
				环江站坡地顺坡垦殖辅助观测场植物动态生长监测点（HJAFZ03AZD_01）
				环江站坡地顺坡垦殖辅助观测场人工径流池（HJAFZ03CRJ_01）
				环江站坡地顺坡垦殖辅助观测场土壤水分观测设施（HJAFZ03CTS_01）
联网长期观测	5	环江站水分辅助流动水观测点	HJAFZ04	环江站水分辅助流动水观测点（HJAFZ04CLB_01）
	6	环江站水分辅助溢出水观测点	HJAFZ05	环江站水分辅助溢出水观测点（HJAFZ05CLB_01）
	7	环江站水分辅助准静止水观测点	HJAFZ06	环江站水分辅助准静止水观测点（HJAFZ06CJB_01）
	8	环江站水分辅助观测地下水观测点	HJAFZ07	环江站水分辅助观测地下水观测点（HJAFZ07CDX_01）
	9	环江站气象场观测场	HJAQX01	环江站气象场潜水水位观测井（HJAQX01CDX_01）
				环江站气象场土壤水分长期观测设施（HJAQX01CTS_01）
				环江站气象场集雨器（HJAQX01CYS_01）
				环江站气象场小型蒸发皿 E601（HJAQX01CZF_01）
				环江站气象场人工气象观测系统（HJAQX01DRG_01）
				环江站气象场自动气象观测系统（HJAQX01DZD_01）
	10	环江站地罗村旱作农田调查点	HJAZQ01	环江站地罗村桑地土壤、生物长期采样地（HJAZQ01AB0_01）
				环江站地罗村玉米地土壤、生物长期采样地（HJAZQ01AB0_02）
	11	环江站清潭村农田调查点	HJAZQ02	环江站清潭村经济作物土壤生物长期采样地（HJAZQ02AB0_01）
				环江站清潭村水田土壤、生物长期采样地（HJAZQ02AB0_02）
生态站长期观测、研究、试验	1	环江站农田小气候观测系统	HJAQX02	环江站古周农田小气候观测系统1（HJAQX02DXQ_01）
				环江站木论农田小气候观测系统（HJAQX02DXQ_02）
				环江站古周农田小气候观测系统2（HJAQX02DXQ_04）
	2	环江站生态封育植被观测场	HJASY01	环江站木连Ⅰ号植被固定样地（HJASY01AB0_01）
				环江站木连Ⅱ号植被固定样地（HJASY01AB0_02）
	3	环江站石漠化综合治理示范观测场	HJASY02	环江站古周植被固定样地（HJASY02AB0_01）
				环江站古周退耕林固定样地（HJASY02AB0_02）

（续）

类型	序号	观测场名称	观测场代码	采样地与观测设施名称
生态站长期观测、研究、试验	3	环江站石漠化综合治理示范观测场	HJASY02	环江站古周退耕效应研究样地（HJASY02AB0_03）
				环江站古周示范区植被恢复模式长期监测样地（HJASY02ABC_01）
				环江站古周植物茎秆液流自动测定系统（HJASY02AC0_01）
				环江站古周水质水量监测-1（HJASY02CLB_01）
				环江站古周水质水量监测-2（HJASY02CLB_02）
				环江站古周水质水量监测-3（HJASY02CLB_03）
				环江站古周水质水量监测-4（HJASY02CLB_04）
				环江站古周水质水量监测-5（HJASY02CLB_05）
				环江站古周土壤水分监测-1（HJASY02CTS_01）
				环江站古周土壤水分监测-2（HJASY02CTS_02）
				环江站古周土壤水分监测-3（HJASY02CTS_03）
	4	环江站喀斯特原生林植被观测场	HJASY03	环江站木论植被固定样地（HJASY03AB0_01）
	5	环江站喀斯特土壤侵蚀与养分迁移综合试验场	HJASY04	环江站喀斯特土壤侵蚀与养分迁移模拟试验微区（HJASY04BC0_01）
				环江站农田土壤、养分漏失阻控试验点（HJASY04BC0_02）
				环江站人工模拟降雨厅（HJASY04CJY_01）
	6	环江站旱地农田施肥措施长期定位试验场	HJASY05	环江站古周有机物资源利用长期定位试验样地（HJASY05AB0_01）
				环江站古周秸秆还田方式长期定位试验样地（HJASY05AB0_02）
				环江站下塘平衡施肥长期定位试验样地（HJASY05AB0_03）
	7	环江站表层岩溶带水文过程观测场	HJASY06	环江站木连坡地地下水监测点（HJASY06CDX_01）
				环江站表层岩溶泉监测点1（HJASY06CLB_01）
				环江站表层岩溶泉监测点2（HJASY06CLB_02）
				环江站表层岩溶泉监测点3（HJASY06CLB_03）
				环江站表层岩溶泉监测点4（HJASY06CLB_04）
				环江站喀斯特坡地水土过程长期观测试验场（HJASY06CRJ_01）
	8	环江站喀斯特常绿落叶阔叶混交林生物多样性观测场	HJASY07	环江站木论25 hm² 大样地（HJASY07ABC_01）
				环江站木论25 hm² 大样地植物动态生长监测点（HJASY07AZD_01）
				环江站木论25 hm² 大样地涡度观测系统（HJASY07CWD_01）
	9	环江站作物生态种植试验场	HJASY08	环江站组织培养实验室（HJASY08AB0_01）
				环江站外源氮输入与自然草地碳氮循环样地（HJASY08ABC_01）

（续）

类型	序号	观测场名称	观测场代码	采样地与观测设施名称
生态站长期观测、研究、试验	9	环江站作物生态种植试验场	HJASY08	环江站外源氮输入与人工草地碳氮循环样地（HJASY08ABC＿02）
	10	环江站土壤水分自动监测场	HJASY09	环江站木连自然封育土壤水分自动监测系统（HJASY09CTS＿03）
	11	环江站喀斯特生态系统（灌丛）模拟冠层氮沉降试验场	HJASY10	环江站喀斯特生态系统（灌丛）模拟冠层氮沉降综合样地（HJASY10ABC＿01）
	12	环江站木连典型石生生境控水观测场	HJAYJ02	环江站木连典型石生生境控水试验样地（HJAYJ02ABC＿01）
				环江站石生生境植被水文研究观测点（HJAYJ02AC0＿01）
				环江站木连典型石生生境控水观测场植物动态生长监测点（HJAYJ02AZD＿01）
	13	环江站喀斯特退耕自然草坡观测场	HJAYJ03	环江站印江 6 hm² 样地（HJAYJ03AB0＿01）
				环江站晴隆 6 hm² 样地（HJAYJ03AB0＿02）
				环江站德保 6 hm² 样地（HJAYJ03AB0＿03）
	14	环江站喀斯特峡谷坡地自然演替观测场	HJAYJ04	环江站贵州晴隆样地（HJAYJ04AB0＿01）
	15	环江站喀斯特峰丛洼地生态系统土壤、植被环境效应观测场	HJAYJ05	环江站广西木论自然保护区长期模拟氮沉降实验平台（HJAYJ05AB0＿01）
				环江站广西喀斯特不同土地利用变化长期观测样地（HJAYJ05AB0＿02）
	16	环江站农田地力养分提升观测场	HJAYJ06	环江站豆科植物结瘤固氮影响因素研究样地（HJAYJ06AB0＿01）
				环江站杂交构树管理措施固定样地（HJAYJ06AB0＿02）

2.2 环江站主要试验样地

2.2.1 环江站旱地综合观测场（HJAZH01）

旱地综合观测场（图 2-1）设在环江站所处的核心试验区内，位于广西区环江县大才乡同进村木连屯，观测场经度范围：108°19′24.66″E—108°19′26.64″E，纬度范围：24°44′20.09″N—24°44′22.05″N。观测场 2006 年建立，设计永久使用。观测场形状为长方形（46 m×35 m）。该地海拔 278 m，地形地貌为洼地，生态系统分区属黔桂喀斯特常绿阔叶林-农业生态区（VA4）。观测场蒸发量背景值为 1 571.1 mm，日照时数背景值 1 451.1，无霜期为 329 d，年均温 19.9 ℃，年降水 1 389 mm，＞10 ℃有效积温为 6 300 ℃；土壤属于棕色石灰土，其土壤剖面特征：耕层 0～18 cm，亚耕层 18～35 cm，淋溶层 35～56 cm，淀积层 56～100 cm，母质层 100 cm 以下。建站前土地利用方式为拓荒。观测场建立后，轮作体系为玉米＋大豆旱地套种轮作，种植结构为双季（粮食、经济作物），耕作措施为畜力（牛耕）或机耕，施肥制度化肥＋有机肥，灌溉制度为雨水，集雨自流灌溉。

图 2-1　旱地综合观测场

环江站旱地综合观测场围绕桂西北喀斯特峰丛洼地区代表性传统轮作制度，对玉米＋大豆旱地套种轮作农田生态系统进行土壤、生物、水分环境要素的长期定位试验，监测指标包括：土壤有机质、微量元素、重金属、pH、阳离子交换量、矿质全量、机械组成、容重及 N、P、K 养分，土壤微生物生物量碳、作物生育期、作物叶面积与生物量动态、作物收获期植株性状、耕层根系生物量、生物量与籽实产量、收获期植株各器官元素（C、N、P、K、Ca、Mg、S、Si、Zn、Mn、Cu、Fe、B、Mo）含量与能值、病虫害等，每 5 年采样分析一次土壤水分特征参数（土壤完全持水量、土壤田间持水量、土壤凋萎系数、土壤容重、土壤孔隙度、土壤水分特征参数等）。

同时，观测场布设有潜水水位观测井（1 号：HJAZH01CDX_01，2 号：HJAZH01CDX_02）、植物动态生长监测（HJAZH01AZD_01）和土壤水分观测样地（HJAZH01CTS_01_01、HJAZH01CTS_01_02、HJAZH01CTS_01_03、HJAZH01CTS_01_04）等观测设施，旱地综合观测场采样地分布如图 2-2 所示。

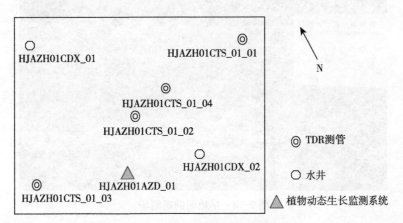

图 2-2　旱地综合观测场采样地分布

环江站旱地综合观测场观测设施/仪器设备情况见表 2-2。

表 2-2　环江站旱地综合观测场观测设施/仪器设备情况

观测设施名称	布置设备	观测项目	观测目的
潜水水位	人工观测	水位高度，观测频度：每 7 d 1 次或每 10 d 1 次	长期定位监测喀斯特农田生态系统气象本底观测场地下潜水水位动态变化
植物动态生长监测系统	SEQUOIA/4 多光谱相机、CC5MPX/500 网络照相机与 CR6 数据采集器	植物生长动态影像监测，观测频度：2 次/d	长期定位监测喀斯特洼地旱作农田生态系统主要农作物物候生长节律影像的动态变化
土壤水分监测	Trime T3C TDR 土壤水分剖面仪	土壤体积含水量观测，观测频度：每 7 d 1 次或每 10 d 1 次	长期定位监测喀斯特洼地旱作农田生态系统土壤水分含量的动态变化

2.2.2　环江站旱地辅助观测场（HJAFZ01）

旱地辅助观测场（图 2-3）设在环江站所处的核心试验区内，位于广西区环江县大才乡同进村木连屯，经度范围：E108°19′26.42″—E19′27.80″；纬度范围：N24°44′21.9″—N44′23.29″。观测场 2006 年建立，设计使用年数＞99 年。观测场占地面积 24×30 m²，形状为长方形。该地海拔 278 m，地形地貌为洼地。观测场蒸发量背景值为 1 571.1 mm，日照时数背景值 1 451.1，无霜期为 329 天，年均温 19.9 ℃，年降水 1 389 mm，＞10 ℃有效积温为 6 300 ℃；土壤属于棕色石灰土，观测场土壤剖面特征：耕作层 0~16 cm，亚耕作层 16~25 cm，淋溶层 25~43 cm，漂洗层 43~70 cm，淀积层 70 cm 以下。观测场水分来源主要以降水为主，灌溉能力一般。建站前土地利用方式为拓荒。观测场建立后，轮作体系为玉米＋大豆旱地套种轮作，种植结构为双季（粮食、经济作物），耕作措施为畜力（牛耕），施肥制度分为不施肥、化肥及不同有机无机肥结合施用方式等 6 种处理，4 个重复，灌溉制度为雨水，集雨自流灌溉。

图 2-3　旱地辅助观测场

环江站旱地辅助观测场围绕桂西北喀斯特峰丛洼地区代表性传统轮作制度，对玉米＋大豆旱地套种轮作农田生态系统的不同施肥方式进行土壤、生物环境要素的长期定位试验，监测指标包括：土壤有机质、微量元素、重金属、pH、阳离子交换量、矿质全量、机械组成、容重及 N、P、K 养分，土壤微生物生物量碳、作物生育期、作物叶面积与生物量动态、作物收获期植株性状、耕层根系生物量、生物量与籽实产量、收获期植株各器官元素（C、N、P、K、Ca、Mg、S、Si、Zn、Mn、Cu、Fe、B、Mo）含量与能值、病虫害等。

此外，观测场中布设了水分观测样地（HJAFZ01CTS_01），土壤水分监测设备与环江站旱地综合观测场中布设相同，为了长期定位监测比较喀斯特洼地不同施肥处理下旱作农田生态系统的土壤水分含量的动态变化差异，环江站旱地辅助观测场施肥处理样地配置及土壤水分观测点分布见图 2-4。

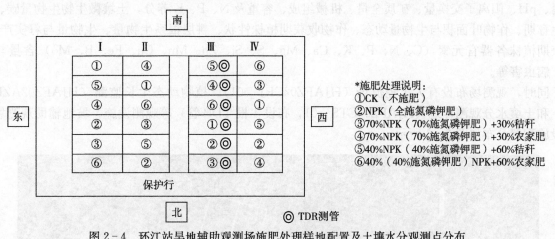

*施肥处理说明：
①CK（不施肥）
②NPK（全施氮磷钾肥）
③70%NPK（70%施氮磷钾肥）+30%秸秆
④70%NPK（70%施氮磷钾肥）+30%农家肥
⑤40%NPK（40%施氮磷钾肥）+60%秸秆
⑥40%（40%施氮磷钾肥）NPK+60%农家肥
◎ TDR测管

图 2-4　环江站旱地辅助观测场施肥处理样地配置及土壤水分观测点分布

2.2.3　环江站坡地草本饲料辅助观测场（HJAFZ02）

坡地草本饲料辅助观测场（图 2-5）设在环江站所处的核心试验区内，位于广西区环江县大才乡同进村木连屯，经度范围：108°19′26.24″E—108°19′29.11″E；纬度范围：24°44′25.28″N—24°44′28.91″N。观测场 2006 年建立，设计使用年数＞99 年。观测场占地面积 2 101.8 m²，形状为长方形。该地海拔高度 288.5～337 m。观测场蒸发量背景值为 1 571.1 mm，日照时数背景值 1 451.1，无霜期为 329 d，年均温 19.9 ℃，年降水 1 389 mm，＞10 ℃有效积温为 6 300 ℃；土壤属于棕色石灰土，其土壤剖面特征：0～15 cm 耕作层，15～24.5 cm 亚耕作层，24.5～61 cm 淀积层，

图 2-5　坡地草本饲料辅助观测场

61～87 cm半风化层，87 cm以下为母岩层。观测场水分来源主要以降水为主，灌溉能力一般。建站前土地利用方式为拓荒、放牧。观测场建立后，种植结构为多年生牧草，施肥制度为常规施肥管理，灌溉制度为雨水，集雨自流灌溉。观测场地貌地形为坡地，农田类型属于旱地，植被类型属草本饲料生态系统，种植桂牧一号，主要以降水为主，灌溉能力一般，排水能力保证率大于90%。

环江站坡地草本饲料辅助观测场针对桂西北喀斯特峰丛洼地区代表性的坡耕地，对桂牧一号单作农田生态系统进行土壤、生物环境要素的长期定位试验，监测指标包括：土壤有机质、微量元素、重金属、pH、阳离子交换量、矿质全量、机械组成、容重及N、P、K养分，土壤微生物生物量碳、作物生育期、作物叶面积与生物量动态、作物收获期植株性状、耕层根系生物量、生物量与籽实产量、收获期植株各器官元素（C、N、P、K、Ca、Mg、S、Si、Zn、Mn、Cu、Fe、B、Mo）含量与能值、病虫害等。

同时，观测场布设有人工径流场（HJAFZ02CRJ_01）、植物动态生长监测（HJAFZ02AZD_01）和土壤水分观测样地（HJAFZ02CTS_01，布设4根TDR管）等观测设施，坡地辅助观测场观测设施配置分布如图2-6所示。

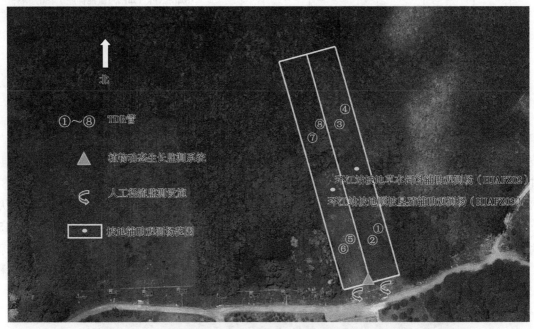

图2-6　坡地辅助观测场观测设施配置分布

环江站坡地草本饲料辅助观测场观测设施/仪器设备情况见表2-3。

表2-3　环江站坡地草本饲料辅助观测场观测设施/仪器设备情况

观测设施名称	布置设备	观测项目	观测目的
人工径流场	2017年以前人工观测；2018年以后自动监测：HOBO翻斗流量计	水土流失量、产流量与径流水质，观测频度：每次雨后收集	长期定位监测喀斯特峰丛洼地坡面旱作农田生态系统草本饲料作物水土流失情况
植物动态生长监测系统	CC5MPX/500网络照相机与CR6数据采集器	植物生长动态影像监测，观测频度：2次/d	长期定位监测喀斯特峰丛洼地坡面旱作农田生态系统牧草物候生长节律影像的动态变化
土壤水分监测	Trime T3C TDR土壤水分剖面仪	土壤体积含水量观测，观测频度：每7 d 1次或每10 d 1次	长期定位监测喀斯特峰丛洼地坡面旱作农田生态系统土壤水分含量的动态变化

2.2.4　环江站坡地顺坡垦殖辅助观测场（HJAFZ03）

坡地辅助观测场顺坡垦殖区（图 2-7）设在环江站所处的核心试验区内，位于广西区环江县大才乡同进村木连屯，经度范围：108°19′26.24″E—108°19′29.11″E；纬度范围：24°44′25.28″N—24°44′28.91″N。观测场 2006 年建立，设计使用年数＞99 年。观测场占地面积 1 893.1 m²，形状为长方形。该地海拔高 288.5～337 m。观测场蒸发量背景值为 1 571.1 mm，日照时数背景值 1 451.1，无霜期为 329 d，年均温 19.9 ℃，年降水 1 389 mm，＞10 ℃有效积温为 6 300 ℃；土壤属于棕色石灰土，其土壤剖面特征：0～15 cm 耕作层，15～24.5 cm 亚耕作层，24.5～61 cm 淀积层，61～87 cm 半风化层，87 cm 以下为母岩层。观测场水分来源主要以降水为主，灌溉能力一般。建站前土地利用方式为拓荒、放牧。观测场建立后，种植结构为单季玉米，施肥制度为常规施肥管理，灌溉制度为雨水，集雨自流灌溉。观测场地貌地形为坡地，农田类型属于旱地，植被类型属顺坡垦殖生态系统，种玉米，主要以降水为主，灌溉能力一般，排水能力保证率大于 90%。

图 2-7　坡地顺坡垦殖辅助观测场

环江站坡地顺坡垦殖辅助观测场针对桂西北喀斯特峰丛洼地区代表性的坡耕地，对单季玉米农田生态系统进行土壤、生物环境要素的长期定位试验，监测指标包括土壤有机质、微量元素、重金属、pH、阳离子交换量、矿质全量、机械组成、容重及 N、P、K 养分，土壤微生物生物量碳、作物生育期、作物叶面积与生物量动态、作物收获期植株性状、耕层根系生物量、生物量与籽实产量、收获期植株各器官元素（C、N、P、K、Ca、Mg、S、Si、Zn、Mn、Cu、Fe、B、Mo）含量与能值、病虫害等。

此外，环江站坡地顺坡垦殖辅助观测场布设有人工径流场（HJAFZ03CRJ_01）、植物动态生长监测（HJAFZ03AZD_01）和土壤水分观测样地［HJAFZ03CTS_01：布设 4 根时域反射仪剖面土壤水分测量管（TDR 仪测管）］等观测设施。

环江站坡地顺坡垦殖辅助观测场观测设施/仪器设备情况见表 2-4。

表 2-4　环江站坡地顺坡垦殖辅助观测场观测设施/仪器设备情况

观测设施名称	布置设备	观测项目	观测目的
人工径流场	2017 年以前人工观测；2018 年以后自动监测：HOBO 翻斗流量计	水土流失量、产流量与径流水质，观测频度：雨后收集	长期定位监测喀斯特峰丛洼地坡面旱作农田生态系统顺坡垦殖作物水土流失情况
植物动态生长监测系统	CC5MPX/500 网络照相机与 CR6 数据采集器	植物生长动态影像监测，观测频度：2 次/d	长期定位监测喀斯特峰丛洼地坡面旱作农田生态系统玉米物候生长节律影像的动态变化
土壤水分监测	Trime T3C TDR 土壤水分剖面仪	土壤体积含水量观测，观测频度：每 7 d 1 次或每 10 d 1 次	长期定位监测喀斯特峰丛洼地坡面旱作农田生态系统土壤水分含量的动态变化

2.2.5　环江站水分辅助观测场

环江站 4 个水分辅助观测场均设在环江站所处的核心试验区内，位于广西区环江县大才乡同进村木连屯，经度范围：108°18′E—108°19′E；纬度范围：24°43′N—24°44′N。观测场 2006 年建立，计划观测年数＞99 年。水分辅助观测场蒸发量背景值为 1 571.1 mm，日照时数背景值 1 451.1，无霜期为 329 d，年均温 19.9 ℃，年降水 1 389 mm，＞10 ℃有效积温为 6 300 ℃；土壤属于棕色石灰土。观测场地貌地形为峰丛洼地，水源以降水、地表补给为主。

观测场建有水分辅助流动水观测点（水质）（HJAFZ04CLB_01）、水分辅助溢出水观测点（水质、水量）（HJAFZ05CLB_01）、水分辅助准静止水观测点（水质）（HJAFZ06CJB_01）、水分辅助观测地下水观测点（水位、水质）（HJAFZ07CDX_01）4 个水分观测采样地。

环江站水分辅助观测场监测项目情况见表 2-5。

表 2-5　环江站水分辅助观测场监测项目情况

观测设施名称	布置设备	观测项目	观测目的
环江站水分辅助流动水观测点（水质、水量）		水质分析，分析项目包括：pH、钙离子、镁离子、钾离子、钠离子、碳酸根离子、重碳酸根离子、氯化物、硫酸根离子、磷酸根离子、硝酸根离子、矿化度、化学需氧量（COD）、水中溶解氧（DO）、总氮、总磷；观测频率：2013 年以前每年两次分旱、雨季监测，2014 年以后每年 3、6、9、12 月各监测一次	长期定位监测喀斯特表层岩溶带地表流动水水质变化状况
环江站水分辅助溢出水观测点（水质、水量）	人工观测与人工采样分析监测		
环江站水分辅助准静止水观测点（水质）			
环江站水分辅助观测地下水观测点（水位、水质）		水质分析项目与监测频度同上；水位观测，观测频率：雨季（4—9 月）每 5 d 1 次，旱季（10 月至次年 3 月）每 10 d 1 次	长期定位监测喀斯特表层岩溶带地下潜水水质以及水位的动态变化

环江站部分水分辅助观测场实景见图 2-8。

环江站水分辅助流动水观测点（水质）　　　　　环江站水分辅助溢出水观测点（水质）

图 2-8　环江站部分水分辅助观测场实景

2.2.6　环江站气象场观测场（HJAQX01）

环江站气象观测场（图 2-9）位于广西区环江县大才乡同进村木连屯环江站核心试验园区内，建于 2005 年，设置为永久使用样地，处于峰丛洼地山麓缓坡之上，四周空旷平坦，未种植高秆作物，没有高大建筑物、树木的遮挡。观测场中心点坐标：24°44′37.1″N；108°19′53.0″E，海拔 279 m，观测场占地 0.062 5 hm²，正方形。气象观测场内种植人工草坪，土壤类型属于钙质湿润富铁土，土壤剖面分层情况：原始耕作层 0～15 cm，原始亚耕作层 15～29 cm，淋溶层 29～55 cm，淀积层 55～104 cm。

气象观测场观测内容包括气象和水分两方面的环境要素指标。共设置观测设施 6 种，包括：①气象场土壤水分长期观测样地（HJAQX01CTS_01）：2 根 TDR 管分别位于西北、东南角；②气象场小型蒸发皿 E601（HJAQX01CZF_01）；③潜水水位观测井（HJAQX01CDX_01）；④雨水采集器（HJAQX01CYS_01）；⑤人工气象观测样地（HJAQX01DRG_01）；⑥自动气象观测样地（HJAQX01DZD_01）。环江站气象观测场内观测设施分布见图 2-10。

图 2-9　环江站气象观测场

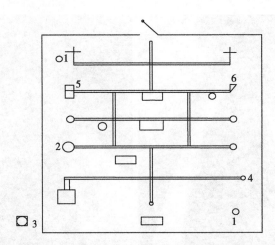

图 2-10　环江站气象观测场内观测设施分布

1. TDR 水分仪观测点：HJAQX01CTS_01　2. E601 自动蒸发皿：HJAQX01CZF_01　3. 潜水水位观测井：HJAQX01CDX_
01　4. 雨水采集器：HJAQX01CYS_01　5. 人工气象观测系统：HJAQX01DRG_01　6. 自动气象观测系统：HJAQX01DZD_01

环江站气象观测场观测设施/仪器设备情况见表 2-6。

表 2-6　环江站气象观测场观测设施/仪器设备情况

观测设施名称	布置设备	观测项目	观测目的
土壤水分监测	Trime T3C TDR 土壤水分剖面仪	土壤体积含水量观测，观测频率：每 7 d 1 次或每 10 d 1 次	长期定位监测喀斯特农田生态系统气象本底观测场内剖面土壤水分含量的动态变化
水面蒸发	小型蒸发皿 E601	水分蒸发长期动态观测，观测频率：1 次/d	长期定位监测喀斯特农田生态系统气象本底观测场内自然水体的蒸发状况
潜水水位	人工观测	水位高度，观测频率：每 7 d 1 次或每 10 d 1 次	长期定位监测喀斯特农田生态系统气象本底观测场地下潜水水位动态变化
雨水收集	降水降尘自动采样器（APS-3A）	降雨、降尘量，观测频率：2012 年以前 1 次/季度；2013 年以后 1 次/月；雨水化学分析	长期定位监测喀斯特农田生态系统气象本底观测场雨水水温、水质表现性状、pH、SO_4^{2-}、非溶性物质总量等化学性状的变化
人工气象观测站	人工观测	天气状况、气压、风向与风速、空气温度、空气湿度、降雨、地表温度、日照时数、有雾日数等，观测频率：每天分别对以上各指标进行 1~3 次观测	采用人工方法长期定位监测喀斯特农田生态系统气象环境要素指标的动态变化
自动气象观测站	2013 年以前采用 Vaisala M520；2014 年以后采用 Vaisala MAWS301	天气状况、气压、风向与风速、空气温度、空气湿度、降雨、地表温度、日照时数、有雾日数等，观测频率：按照每小时、每日、每月三个时间尺度分别对以上各指标进行自动观测	采用自动观测技术长期定位监测喀斯特农田生态系统气象环境要素指标的动态变化

2.2.7　环江站宜州区德胜镇地罗村站区调查点（HJAZQ01）

宜州区德胜镇地罗村站区调查点位于环江站南围宜州区德胜镇地罗村境内，地罗村所处地理坐标：24°43.238′N，108°17.755′E。调查点于 2006 年建立，设计使用年数＞30 年。设置了两块不同类型的旱地农田观测采样地，地罗村桑苗土壤、生物长期采样地（HJAZQ01AB0 _ 01）、地罗村旱地土壤、生物长期采样地（HJAZQ01AB0 _ 02），地罗村站区调查点长期采样地分布见图 2 - 11，采样地地处典型的喀斯特谷地。调查点处蒸发量背景值为 1 571.1 mm，日照时数背景值 1 451.1，无霜期为 329 d，年均温 19.9 ℃，年降水 1 389 mm，＞10 ℃有效积温为 6 300 ℃，土壤属于棕色石灰土。

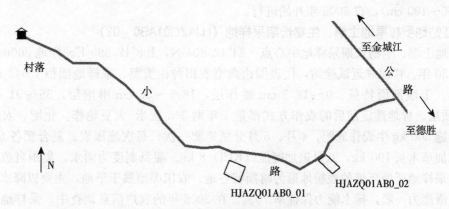

图 2 - 11　地罗村站区调查点长期采样地分布

2.2.7.1　环江站地罗村桑苗土壤、生物长期采样地（HJAZQ01AB0 _ 01）

　　地罗村桑苗土壤、生物长期采样地（图 2 - 12）中心点地理坐标：24°42.797′N，108°17.873′E。样地 2006 年建立，计划观测年数＞30 年。样地代表环江喀斯特生态试验站周边典型农田种植类型。采样地面积 1 186 m²，形状为不规则四边形。该地海拔大约 211 m。土壤剖面特征 0～13 cm 耕作层，13～27 cm 亚耕作层，27～56 cm 淋溶层，56～103 cm 淀积层，未见母质层。采样地 2006 年以前，玉米-大豆轮作，1 年两作，化肥、农家肥结合施用；2006 年初改种桑苗，于当年初施底肥，此后分别在每年 4 月、7 月施肥，尿素、复合肥施肥量每亩各 50 kg，灌溉制度为雨水，集雨自流灌溉，耕作措施为人工。采样地所处环境的地貌地形为喀斯特谷地，农田类型属于旱地，主要以降水为主，养分水平中等，灌溉能力一般，排水能力保证率大于 70％。

图 2 - 12　地罗村桑苗土壤、生物长期采样地

　　样地的土壤、生物观测项目内容以及采样观测要求如下：

（1）表层土壤速效养分：碱解氮、速效磷、速效钾；1 次/年，表层（0～20 cm）作物收获后采样，自 2006 年开始进行。

（2）表层土壤养分：全氮、pH、有机质、缓效钾；每 3 年 1 次，表层（0～20 cm），自 2006 年开始进行。

（3）土壤养分全量：有机质、全氮、全磷、全钾；每 5 年 1 次，剖面（0～20 cm、20～40 cm、40～60 cm、60～100 cm），自 2006 年开始进行。

2.2.7.2　环江站地罗村旱地土壤、生物长期采样地（HJAZQ01AB0_02）

地罗村旱地土壤、生物长期采样地中心点：24°42.804′N，108°17.990′E。样地 2006 年选定，计划观测年数＞30 年。样地靠近试验站，代表周边典型农田种植类型。采样地面积 1 041 m²，形状为不规则四边形。土壤剖面特征、0～18.5 cm 耕作层，18.5～55 cm 淋溶层，55～91 cm 淀积层，91 cm 以下母质层。样地选定前后的农作方式都是 1 年两季，玉米-大豆轮作。化肥、农家肥结合施用，每年开春施 500 kg 牛粪作底肥，4 月、5 月分别追肥一次，每次施尿素、复合肥各 50 kg；七月种植大豆时施加草木灰 100 kg，八月追加钾肥（KCl）8 kg。灌溉制度为雨水，集雨自流灌溉，耕作措施为人工。采样地所处环境的地貌地形为喀斯特谷地，农田类型属于旱地，主要以降水为主，养分水平中等，灌溉能力一般，排水能力保证率 70%。在 2006 年的农户信息调查中，采样地玉米产量每亩 350 kg（脱粒），大豆每亩 100 kg。

由于一年两季作物，地罗村旱地土壤、生物长期采样地土壤、生物采样按作物季进行，观测项目内容、方法与 HJAZQ01AB0_01 的一致。

2.2.8　环江站环江县思恩镇清潭村站区调查点（HJAZQ02）

环江县思恩镇清潭村站区调查点在广西区环江县思恩镇清潭村，村部中心点地理坐标：24°46.818′N，108°16.682′E。调查点于 2006 年建立，设计使用年数＞30 年。选取了两块不同类型的农田观测采样地，清潭村甘蔗土壤、生物长期采样地（HJAZQ02AB0_01）、清潭村水田土壤、生物长期采样地（HJAZQ02AB0_02），清潭村站区调查点长期采样地分布见图 2-13，采样地地处典型的喀斯特谷地。调查点处蒸发量背景值为 1 571.1 mm，日照时数背景值 1 451.1，无霜期为 329 d，年均温 19.9 ℃，年降水 1 389 mm，＞10 ℃有效积温为 6 300 ℃。

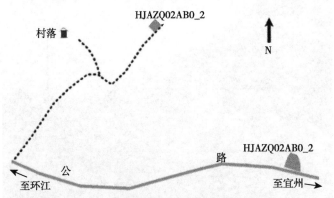

图 2-13　清潭村站区调查长期采样地分布

2.2.8.1　环江站清潭村经济作物土壤生物采样地（HJAZQ02AB0_01）

环江站清潭村经济作物土壤生物采样地（图 2-14），采样地中心点地理位置：24°46.508′N，108°17.773′E，面积 1 880 m²，形状为不规则四边形，样地海拔约 330 m，无坡向坡度。土壤为棕色石灰土，土壤剖面特征 0～14 cm 耕作层，14～26 cm 亚耕作层，26～42 cm 淋溶层，42～62 cm 漂洗层，62～110 cm 为淀积层。采样地 2004 年之前为水田，种植双季稻，1 年两作，化肥、农家肥结合施用，有渠灌；2007—2008 年经农户承包建成后改种植经济作物甘蔗，年投入复合肥每亩 150 kg、尿素每亩 50 kg，另投入少量除草剂的农药，集雨自流灌溉，耕作措施为人工加机械；2009 年开始改种砂糖橘至今。采样地所处环境的地貌地形为喀斯特峰丛谷地，农田类型属于旱地和水田，主要以降水为主，养分水平中等，灌溉能力一般，排水能力保证率大于 70%。

清潭村甘蔗土壤生物采样地土壤、生物采样观测项目内容、方法与地罗村站区调查点采样地 HJAZQ01AB0_01 的一致。

环江站清潭村经济作物土壤生物采样地实景见图 2-14。

图 2-14　环江站清潭村经济作物土壤生物采样地实景

2.2.8.2　环江站清潭村水田土壤、生物长期采样地（HJAZQ02AB0_02）

环江站清潭村水田土壤生物采样地 2006 年建成，计划观测年数>30 年。采样地中心点地理位置：24°46.754′N，108°17.408′E。清潭村甘蔗土壤、生物长期采样地面积 750 m²，形状为长方形。样地海拔约 316 m，无坡向坡度。土壤属于潜育性水稻土，土壤剖面特征：0~15 cm 耕作层，15~23 cm 犁底层，23~55 cm 淋溶层，55~110 cm 淀积层，未见母质层（耕作层与犁底层有轻微潜育化现象）。采样地建立前后，均为水田类型，种植双季稻，1 年两作，化肥、农家肥结合施用，有渠灌。采样地施肥管理措施：早稻施肥多以钙镁磷复合肥、KCl、尿素为主，前者作为底肥每亩量为 15 kg，后两者在栽种后半个月作追肥使用，每亩用量分别为 10 kg、15 kg；晚稻不施钙镁磷肥，只施加 KCl、尿素，施用量同前。灌溉制度为雨水，集雨自流灌溉，耕作措施为人工加机械。采样地所处环境的地貌地形为喀斯特峰丛谷地，农田类型属于旱水田，养分水平中等，灌溉能力一般，排水能力保证率大于 70%。

环江站清潭村水田土壤生物采样地实景见图 2-15。

图 2-15　环江站清潭村水田土壤生物采样地实景

　　由于一年两季作物，清潭村水田土壤生物采样地土壤、生物采样按作物季进行，观测项目内容、方法与地罗村站区调查点采样地 HJAZQ01AB0_01 的一致。

2.2.9　环江站喀斯特常绿落叶阔叶混交林生物多样性观测场（HJASY07）

　　环江站喀斯特常绿落叶阔叶混交林生物多样性研究样地（HJASY07ABC_01）建于 2014 年，设计为永久使用样地，位于广西壮族自治区环江县木论国家级自然保护区内（25°8′N，108°0′E），海拔 442.6～651.4 m（最大高差 208.8 m），样地表面呈正方形，东西、南北长均为 500 m，面积 250 000 m²。所在区域为典型的喀斯特峰丛洼地，地形多变，生境复杂。该样地是目前全球喀斯特地区面积最大的森林动态监测样地。

　　环江站喀斯特常绿落叶阔叶混交林生物多样性研究样地见图 2-16。

图 2-16　环江站喀斯特常绿落叶阔叶混交林生物多样性研究样地

　　研究样地设置目标：①揭示西南喀斯特植物时空分布的生理生态适应机制，指导其植被迅速恢复与生态重建；②群落中性理论和生态位理论适应性的综合评价及二者关键要素的整合，发展比较完善的喀斯特群落构建方法和理论。围绕以下内容开展研究：森林物种空间分布格局与物种共存机制；森林生物多样性动态变化与维持机制；植物-动物-微生物相互作用；喀斯特森林的碳汇特性及与全球变化的关系；气候变化对森林生态系统格局、关键生态过程及主要服务功能的影响。

　　参考 CTFS 样地建设标准，将整个样地划分为 625 个 20 m×20 m 的样方，调查样方内所有胸径（DBH）≥1 cm 的木本植物，挂牌，记录物种名称、胸径、坐标等，同时进行了灌木、草本调查、表层土样采集及土层深度测定。样地内布设有 151 个大小为 0.5 m² 的凋落物种子雨收集框和 453 个大小为 1 m×1 m 幼苗样方。样地植被调查每 5 年进行 1 次，调查指标包括植物多样性、土壤属性、凋落物、种子雨、幼苗等。生成构建研究数据涵盖植物因子群（9 个），包括丰富度、Simpson 指数、Shannon 指数、均匀度、密度、盖度、平均冠幅、平均胸径、平均树高；土壤理化因子群（17 个），包括土壤水分、石砾含量、根系含量、pH、有机质、全 N、全 P、全 K、碱解 N、速效 P、速效 K、Ca、Mg、Si、Fe、Al、Mn。土壤微生物因子群（9 个），包括 Cmic、Nmic、Pmic、细菌、真菌、放线菌、多样性；地形因子群（5 个），包括海拔、坡位、坡度、岩石裸露率、土层厚度。

　　此外，研究样地布设有涡度观测系统（HJASY07CWD_01）、植物动态生长监测系统（HJASY07AZD_01）、红外监测相机（布设 13 套）和植物树干液流计等观测设施，分别对喀斯特常绿落叶阔叶混交林二氧化碳通量、潜热通量、显热通量动态变化、不同树种物候生长节律影像的动态变化、林内动物与植物多样性等内容开展长期定位监测，各监测观测点在场地中的具体分布如图 2 - 17 所示。

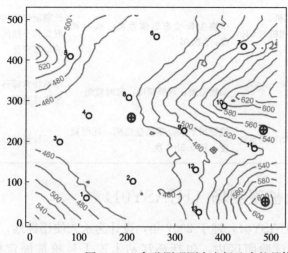

图 2-17　各监测观测点在场地中的具体分布

环江站喀斯特常绿落叶阔叶混交林生物多样性研究样地通量观测塔及观测设施实景见图 2-18。

图 2-18　环江站喀斯特常绿落叶阔叶混交林生物多样性研究样地通量观测塔及观测设施实景

环江站喀斯特常绿落叶阔叶混交林生物多样性研究样地观测设施/仪器设备情况见表 2-7。

表 2-7　环江站喀斯特常绿落叶阔叶混交林生物多样性研究样地观测设施/仪器设备情况

观测设施名称	布置设备	观测项目	观测目的
涡度观测系统	美国 LI - COR LI - 7500A 高频数据记录，CSAT3 超声风速仪	净辐射、光合有效辐射、空气温湿度、降雨、土壤温湿度、冠层辐射温度，观测频度：每 0.5 h 1 次	长期定位监测喀斯特常绿落叶阔叶混交林二氧化碳通量、潜热通量、显热通量动态变化

（续）

观测设施名称	布置设备	观测项目	观测目的
植物动态生长监测系统	SEQUOIA/4 多光谱相机、CC5MPX/500 网络照相机与 CR6 数据采集器	植物生长动态影像监测，观测频度：2次/d	长期定位监测喀斯特常绿落叶阔叶混交林不同树种物候生长节律影像的动态变化
红外监测相机	GPS 红外相机 ltl5210	动物监测，观测频度：实时监测	喀斯特常绿落叶阔叶林动物分布及多样性监测
植物树干液流计	TDP 植物茎秆液流自动监测系统	植物树干水分茎流量监测，观测频度：每 0.5 h 1 次	分析计量植物耗水

2.2.10　环江站生态封育植被观测场（HJASY01）

环江站生态封育植被观测场（HJASY01）建于 2007 年，设计为永久使用样地，位于广西区环江县大才乡同进村木连屯环江站核心试验园区内，包括环江站木连Ⅰ号植被固定样地（HJASY01 AB0 _ 01）与环江站木连Ⅱ号植被固定样地（HJASY01AB0 _ 02）。

木连Ⅰ号样地（经纬度范围）：24°44.140′N—24°44.191′N、108°19.260′E—108°19.320′E，长方形（200 m×40 m），样地建立之初为喀斯特坡地自然恢复灌丛生态系统，主要建群种：黄荆、老虎刺、白茅、蕨等，不施肥，无灌溉，土壤为棕色石灰土；木连Ⅱ号样地（经纬度范围）：24°44.100′N—24°44.150′N、108°19.386′E—108°19.458′E，长方形（160 m×40 m），样地建立之初为喀斯特坡地自然恢复的次生林地生态系统，主要建群种：圆叶乌桕、黄荆、小构树、老虎刺、白茅、蕨等，不施肥，无灌溉，土壤为棕色石灰土。通过定期调查样地内自然演替植被的群落特征，研究喀斯特峰丛坡地自然恢复草灌与次生林生态系统的植物多样性变化，揭示喀斯特自然恢复下峰丛洼地植被与土壤的时空分布格局及驱动机制。

木连Ⅰ号样地、木连Ⅱ号样地分别定期进行植被样方调查（图 2 - 19、图 2 - 20），对胸径≥1 cm 乔木定位、挂牌，测量胸径、高度、冠幅等植物参数，且每 5 年复查 1 次，草本植物调查每 1 年进行 4 次（即季节变化）；对土壤水分、土壤常规养分等环境要素指标取样分析，土壤水分采样使用 5 m×5 m 网格，用烘干法测定 0～10 cm 表土层土壤水分，利用地统计学和经典统计学分析土壤水分的空间分布格局；土壤养分采样使用 10 m×10 m 网格，室内分析各营养元素指标，利用地统计学和经典统计学分析各元素的空间分布格局。

图 2 - 19　环江站生态封育植被观测场——木连Ⅰ号样地样方调查

图 2-20　环江站生态封育植被观测场——木连 II 号样地

环江站组织培养实验室内景见图 2-21。

图 2-21　环江站组织培养实验室内景

2.2.11　环江站作物生态种植试验场（HJASY08）

　　环江站作物生态种植试验场（HJASY08）位于广西壮族自治区环江县大才乡同进村木连屯环江站核心试验园区内，建于 2013 年，完善于 2015 年，包括环江站组织培养实验室（HJASY08AB0_01）、环江站外源氮输入与自然草地碳氮循环样地（HJASY08ABC_01）、环江站外源氮输入与人工草地碳氮循环样地（HJASY08ABC_02）三部分。组织培养实验室设计为长期试验设施，使用时限 20 年；外源氮输入与自然草地碳氮循环样地（图 2-22）和外源氮输入与人工草地碳氮循环样地（图 2-23）均设计为永久使用样地。

图 2 - 22　环江站外源氮输入与自然草地碳氮循环样地

图 2 - 23　环江站外源氮输入与人工草地碳氮循环样地

环江站组织培养实验室建设使用面积 42 m²，设施中心经纬度坐标：108.3249°E、24.7400°N，组织培养室配备了超净工作台、超纯水器（UPT - I - 10L）、立式压力蒸汽灭菌器（LS - B50L）、容声冰箱（BCD - 202M/T）、超声波清洗器（AS20500BT）等设备，可对 12 种乔木树种、6 种草本林下物种共 18 种目标种进行组织培养，其中对铁皮石斛、岩黄连和金线莲等物种完成了组培条件的筛选。依托组培实验室，利用环江站前期物种引种栽培和野外植被调查的积累成果，筛选具有经济价值、市场需求、生态恢复价值的桂西北适生物种，并结合喀斯特退化生态系统恢复与石漠化防治的特定需求，对目标种开展组培无性繁殖培养试验。

环江站外源氮输入与自然草地碳氮循环样地呈长方形，面积 540 m²，地处环江站核心试验园区中心的洼地，样地中心经纬度坐标：108.3229°E、24.7397°N，海拔 294 m。样地植被以撂荒草地为主，包括五节芒、类芦、蔓生莠竹等物种，土壤为棕色石灰土。样地建立后，设置 5 种施肥处理：对照（CK：0 g/m²）、低氮（N1：5 g/m²）、高氮（N2：10 g/m²）、磷肥（P：5 g/m²）和氮磷肥共施

（N：10 g/m²，P：5 g/m²）；4 种豆科灌木引种处理：引种 2 种豆科灌木：深紫木蓝和紫穗槐，均采用 2 种不同的种植密度：中等种植密度（D1：1.5 m×2 m）和高种植密度（D2：1 m×1 m）；共 9 个处理（CK、N1、N2、P、NP、D1 木、D2 木、D1 紫、D2 紫），3 个重复，共计 27 个试验小区。依托样地研究自然草地生态系统各要素和碳氮循环对模拟氮沉降和豆科植物引种的响应。

　　环江站外源氮输入与人工草地碳氮循环样地呈长方形，面积 540 m²，地处环江站核心试验园区中心的洼地，样地中心经纬度坐标：108.3238°E、24.7384°N，海拔 298 m。样地植被以人工草地为主，即桂牧一号，土壤为棕色石灰土。样地建立后，设置 3 种施肥水平：对照（CK：0 g/m²）、氮肥（N：50 g/m²）和磷肥（P：15 g/m²）；3 种紫穗槐种植水平：对照（CK：不种紫穗槐）、中等种植密度（D1：1.5 m×2 m）和高种植密度（D2：1 m×2 m）；共 9 个处理（3 种施肥水平与 3 种植水平交互下），3 个重复，共计 27 个试验小区。依托样地研究人工草地生态系统各要素和碳氮循环对模拟氮沉降和豆科植物引种的响应。

2.2.12　环江站喀斯特生态系统（灌丛）模拟冠层氮沉降试验场（HJASY10）

　　环江站喀斯特生态系统（灌丛）模拟冠层氮沉降试验场（HJASY10）目前设置了环江站喀斯特生态系统（灌丛）模拟冠层氮沉降综合样地（HJASY10ABC_01），建设于 2016 年，2018 年正式投入使用，设计作为开展模拟氮沉降监测研究的长期样地，使用年限为 10 年。样地位于广西壮族自治区环江县大才乡同进村木连屯环江站核心试验园区北部的峰丛坡地上，中心经纬度坐标：108.3261°E、24.7450°N，海拔 272～647.2 m，呈长方形，占地面积 2 500 m²。样地建立在自然封育 15 年后的放牧草坡，目前植被以灌草为主，杂生一年生草本植物，主要的植物物种有檵木（*Loropetalum chinensis*）、黄荆（*Vitex negundo*）、火棘（*Pyracantha fortuneana*）、南岭柞木（*Xylosma controversa*）、杜茎山（*Maesa japonica*）、马桑（*Coriaria nepalensis*）、豆梨（*Pyrus calleryana*）、盐肤木（*Rhus chinensis*）、毛桐（*Mallotus japonicus*）和鸭脚木（*Schefflera octophylla*）等。

　　环江站喀斯特生态系统（灌丛）模拟冠层氮沉降综合样地共设置林冠模拟氮沉降子样地 12 个，每个子样地投影面积 100 m²。在样地的上、下坡位分别树立两对杆，从上往下设置两条喷淋水管，每个水管上均匀设置喷淋头 6 个，每个子样地共有喷淋头 12 个，保证喷淋均匀。样地实验采用随机区组设计，设置 4 个区组（重复），每个区组对应 3 个子样地随机安排 3 个处理（图 2-24），分别为对照 [CK，0 kg/（hm²·a）]、高氮沉降模拟 [HN，50 kg/hm²·a]、低氮沉降模拟 [LN，25 kg/（hm²·a）]。模拟氮沉降喷淋试验为每月 1 次，氮素采用 NH₄NO₃（纯度为 99.8%）；所有子样地喷淋时所用压力和持续时间相同，保证其增雨效果一致。此外，各子样地均设置有不同土层淋溶水土过

图 2-24　环江站喀斯特生态系统（灌丛）模拟冠层氮沉降综合样地及其实验区组设计
注：样地之间设置缓冲带用于施工建设、日常维护管理和采样，样地内的植被得到了较好的保护

程收集装置、干湿沉降采集装置、喀斯特断面悬崖植被恢复设施［环江站喀斯特生态系统（灌丛）模拟冠层氮沉降综合样地喷淋设施见图2-25］，可采集土壤样品、植被样品进行实验室分析工作，也可以根据后续试验需求安装土壤水分测定仪、光合作用仪、呼吸作用采集箱等野外观测设备；可以实现对土壤容重、有机碳、全氮等土壤基本理化性质指标，植被群落结构，碳氮磷沉降量，土层水分迁移量以及水体样品中溶解性有机碳氮、CEC等多项指标的监测；开展氮沉降作用下喀斯特峰丛坡地群落组成和演替规律分析、喀斯特生态系统生物地球化学循环过程、喀斯特坡地三维水文过程、土壤食物网组成与功能变化特征、碳氮耦合关系和化学计量平衡分析、地上地下生态系统互作关系等研究方向。

图2-25 环江站喀斯特生态系统（灌丛）模拟冠层氮沉降综合样地喷淋设施

环江站喀斯特生态系统（灌丛）模拟冠层氮沉降综合样地附属实验观测设施见图2-26。

图2-26 环江站喀斯特生态系统（灌丛）模拟冠层氮沉降综合样地附属实验观测设施
A. 地表及地下三维水土过程观测实验设施，B. 喀斯特断面悬崖植被恢复设施

2.2.13 环江站农田地力养分提升观测场（HJAYJ06）

环江站农田地力养分提升观测场（HJAYJ06）目前设置了环江站豆科植物结瘤固氮影响因素研究样地（HJAYJ06AB0_01）和环江站杂交构树管理措施固定样地（HJAYJ06AB0_02），建设启用于2018年，设计作为开展模拟氮沉降监测研究的长期样地，使用年限为10年；两个样地均位于广西壮族自治区环江县大才乡同进村木连屯环江站核心试验园中心的洼地区。

环江站豆科植物结瘤固氮影响因素研究样地呈长方形，面积526.5 m²，样地中心经纬度坐标：

108.3242°E、24.7395°N，海拔 275 m。样地植被以单作豆科作物为主，包括大豆、花生、苜蓿、三叶草等，土壤为棕色石灰土。样地根据实验处理分别添加氮肥、钼肥、硼肥、根瘤菌，辅以相应的除草、收获措施，开展豆科植物结瘤固氮影响因素的研究。

环江站豆科植物结瘤固氮影响因素研究样地与试验样方布设见图 2-27。

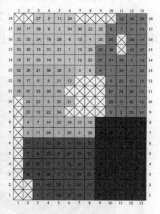

豆科植物结瘤固氮影响因素实验样地　　　　　　　　样方分布

图 2-27　环江站豆科植物结瘤固氮影响因素研究样地与试验样方布设

环江站杂交构树管理措施固定样地由两块试验样地构成，均呈长方形，面积共计 374 m²，两块样地中心经纬度坐标分别为：108.323 0°E、24.739 0°N，108.322 7°E、24.739 4°N，位于洼地中心的缓坡地段，海拔 279～281 m。样地植被以多年生牧草的杂交构树为主，土壤为棕色石灰土。样地根据杂交构树管理措施，设置了 7 个处理，分别为对照、氮肥 20g/（m²·a）、磷肥 10g/（m²·a）、氮肥＋磷肥、添加豆科牧草、添加丛枝菌根真菌、添加豆科牧草和丛枝菌根真菌，开展生物调控措施和化肥对杂交构树生态系统服务的影响研究。

环江站杂交构树管理措施固定样地见图 2-28。

图 2-28　环江站杂交构树管理措施固定样地

2.3　环江站主要观测设施

2.3.1　环江站农田小气象观测场（HJAQX02）

喀斯特峰丛洼地农田小气象观测场建于 2008 年 5 月，作为长期观测试验设施，同年 10 月开始观测峰丛洼地农田小气候环境要素的变化规律。观测场分别设置在广西壮族自治区环江县木论自然保护区边缘农作区与下南乡古周村农作区，经度范围：107°54′01″E—108°05′51″E，纬度范围：

24°54′42.6″N—25°12′22″N。两个农田小气候观测场均选择旱作农田生态系统试验地，布设农田小气候观测系统。观测场布设在典型喀斯特峰丛洼地中央平坦的低地中间，样地区域为正方形：10 m×10 m＝100 m²。该地区的地貌侵蚀类型为溶蚀。

环江站农田小气象观测系统在各试验区实景见图 2-29。

两个农田小气象观测样地分别为古周农田小气候观测样地（HJAQX02DXQ_01）和木论农田小气候观测样地（HJAQX02DXQ_02），观测项目包括风速风向、空气温湿度、日照时数净辐射、降雨、相对湿度、大气压、土壤含水量、土壤温度等。

木论农田小气候观测系统   古周农田小气候观测系统

图 2-29 环江站农田小气象观测系统在各试验区实景

2.3.1.1 环江站古周农田小气候观测系统（HJAQX02DXQ_01）

环江站古周农田小气候观测系统位于环江县下南乡古周村，中心点地理坐标为 24°54′56″N、107°57′03″E，站点海拔 376 m，为典型的喀斯特峰丛洼地旱作农业生态系统，观测样地位于洼地处的平坦农田上。田间作物以玉米-大豆轮作为主。

小气候观测系统架设在 6 m 高的三角支架上，能够自动监测气象要素指标（包括风速风向、空气温湿度、日照时数净辐射、降雨、相对湿度、大气压）。另外，有地下埋设的土壤含水量（10 cm，20 cm，30 cm，40 cm）和土壤温度传感器（0 cm，5 cm，10 cm，15 cm，20 cm，25 cm，30 cm，40 cm）。高精度数据采集系统（CR1000，USA）采用 1Hz 的取样频率，取样周期为 900s，每小时记录 1 次。生态系统气象观测是基本的环境要素监测指标，环江站古周农田小气候观测系统可为各项在该区进行的科学研究提供气象环境的基础本底数据，同时为探讨峰丛洼地旱地农田生态系统的小气候环境要素变化规律积累科学数据。该设施为环江站承担的科研任务提供了基础观测数据。

2.3.1.2 环江站木论农田小气候观测系统（HJAQX02DXQ_02）

木论农田小气候观测系统位于环江县木论乡木论自然保护区外围农作区，中心点地理坐标为 25°8′51″N，108°2′53″E，站点海拔 270 m。木论喀斯特自然保护区面积大，森林分布较完整、原生性强、覆盖率高，是中亚热带地区除了贵州茂兰之外的另一个保存得好的喀斯特森林，在世界上也是罕见的。保护区年平均气温 19.3 ℃，≥10 ℃年积温 6 260 ℃，无霜期 310 d，年降水量 1 529 mm，年均相对湿度为 79%，气候条件优越。适宜植物以及其他生物的繁衍。林区石山裸露面积达 80%～90%，土壤主要为由白云岩、石灰岩风化形成的石灰土，局部出现由燧石灰岩风化形成的硅质土。该地区农田主要种植桑苗。

木论农田小气候观测系统自动监测气象要素指标与古周观测样地相同，包含风速、风向、空气温湿度、日照时数、净辐射、降雨、相对湿度、大气压。另外，有地下埋设的土壤含水量（10 cm，20 cm，30 cm，40 cm），土壤温度传感器（0 cm，5 cm，10 cm，15 cm，20 cm，25 cm，30 cm，40 cm）。高精度数据采集系统（CR1000，USA）采用 1Hz 的取样频率，取样周期为 900s，每 1h 记录 1 次。环江站木论农田小气候观测系统可为各项在该区进行的科学研究提供气象环境的基础本底数据，同时为探讨喀斯特常绿落叶阔叶混交林自然保护区外围峰丛洼地农作区旱作经济作物农田生态系统的小气候环境要素变化规律积累科学数据。该设施为环江站承担的科研任务提供了基础观测数据。

2.3.2　环江站喀斯特坡地水土过程长期观测试验场（HJASY06CRJ_01）

环江站喀斯特坡地水土过程长期观测试验场（图 2-30）始建于 2014 年，并于 2016 年 12 月全部建成投入使用。该试验场设置对照、坡耕地、经济林、牧草 4 个处理，每个处理 3 次重复，共计 12 个小区，各小区投影面积 100 m²，共分为两个连片区，两个连片试验区中心地理坐标分别为：108°19′31.24″E、24°44′29.20″N，108°19′32.05″E、24°44′30.22″N；海拔 304～318 m。

图 2-30　环江站喀斯特坡地水土过程长期观测试验场

试验场研究目标：探讨岩-土"二元"结构坡地水分、养分迁移过程、途径及其耦合规律；建立岩土结构对水土"二元"过程的影响及其适应性调控；揭示地上地下生物群落协同及其对养分循环的作用机制；解释植物用水策略对岩土构造的响应机理。监测指标包括土壤剖面碳氮循环过程，水文和养分流失途径，地表土壤侵蚀和地下漏失动态，土壤水/植物水/不同水体氢氧同位素。

各小区均创建了土壤-表层岩溶带体系立体三维水文动态监测设施和设备，能够同时满足蒸散发、土壤-表层岩溶带非饱和水分、地表径流、壤中流、表层岩溶带侧渗、地下水位等水文参数的实时动态监测。与此同时，对以上不同水文路径的水样进行动态取样分析，为喀斯特地上地下三维体系中水文、侵蚀、养分流失、污染物迁移途径和过程内容的研究提供条件支撑。依托此试验设施，环江站先后开展了"土流失/漏失关键过程与阻控技术""喀斯特坡地土壤-表层岩溶带养分"等国家重点研发计划专题、国家自然科学基金面上项目等科研任务。

小区的立体监测方法和相关仪器设备布置情况如下：

（1）含水量、地下水位监测：小区（投影面积为 5 m×20 m）下方开挖断面，坡脚修建地表径流集流槽收集地表径流和泥沙，坡断面沿岩土界面每隔 1 m 设置一个沟槽测定壤中流，同时在坡断面最底端收集表层岩溶带侧渗水。在每个小区的 5 个沟槽中，选择一个沟槽对应的基岩起伏较大部分，分别在坡上、坡下两个位置安装 TDR 土壤水分探头监测土壤剖面含水量动态变化，每个位置监测 3 个土层深度土壤含水量（表层 0～15 cm、中间层、岩石土壤界面处）。同时每小区分上、中、下坡安装 3 个浅层地下水位计用于监测坡面水位动态变化，12 小区共计 36 个。以上仪器既能满足同时对两个基岩起伏差异较大小区的密集监测需要，又可以将这些仪器分散到 12 个小区满足平时自然条件下的监测。

（2）产流过程、降雨过程监测：每个小区监测 7 个产流出口，具体为：1 个地表径流出口、5 个
壤中流出口、1 个表层岩溶带侧渗出口。共计 84 套翻斗式流量计，用于在模拟降雨或自然降雨过程
中记录产流量，同时配置 1 套翻斗式雨量计记录降雨过程。

环江站喀斯特坡地水土过程长期观测试验场监测方法及设备见图 2-31。

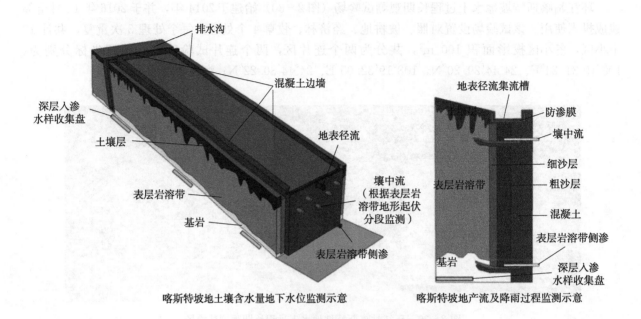

喀斯特坡地土壤含水量地下水位监测示意　　　喀斯特坡地产流及降雨过程监测示意

喀斯特坡地水土过程长期观测试验场实景

图 2-31　环江站喀斯特坡地水土过程长期观测试验场监测方法及设备

环江站喀斯特坡地水土过程长期观测试验场观测仪器设备情况见表 2-8。

表 2-8　环江站喀斯特坡地水土过程长期观测试验场观测仪器设备情况

观测设施名称	布置设备	观测项目	观测目的
土壤含水量、温度、介电常数传感器	Hydra2 三参数土壤温湿度传感器	土壤体积含水量、土壤温度，观测频度：1 次/d	长期定位喀斯特峰丛洼地坡面不同坡位、土地利用方式土壤分层含水量时空动态过程

（续）

观测设施名称	布置设备	观测项目	观测目的
浅层地下水位计	HOBO 水位计	浅层地下水位连续自动记录，观测频度：1 次/d	长期定位喀斯特峰丛洼地坡面土岩界面瞬时地下水位形成、发展趋势监测
三参数水位计	LTC 水温、水位、电导率记录仪	界面产流水水温电导率自动记录，观测频度：1 次/d	长期定位喀斯特峰丛洼地坡面降水分配量和产流中新、旧水贡献率分析
翻斗式自计流量计	HOBO 事件记录仪	地表径流、土岩界面流、表层岩溶带侧渗量，观测频度：1 次/h	长期定位喀斯特峰丛洼地坡面不同界面产流过程
雨量计	HOBO 自计式雨量筒	自然降雨过程、模拟降雨过程，观测频度：1 次/h	获取坡面降雨过程参数

2.3.3 环江站木连典型石生生境控水观测场（HJAYJ02）

　　环江站木连典型石生生境控水观测场位于环江站核心试验园区西南坡面的两处孤立出露基岩（S1 和 S2），启用于 2008 年，设置为长期设施，包括环江站木连典型石生生境控水试验样地（HJAYJ02ABC_01）、环江站石生生境植被水文研究观测点（HJAYJ02AC0_01）、环江站木连典型石生生境控水观测场植物动态生长监测点（HJAYJ02AZD_01）三部分。其中构成木连典型石生生境控水试验样地的两处出露基岩顶部面积均约为 100 m²，平均高出坡面约 8 m，基岩表面以灌草丛植被类型为主（环江站木连典型石生生境控水观测场实景见图 2-32），通过定期测定植物水分环境变化及植物对变化水分环境的响应指标，从而揭示典型喀斯特生境植物水分适应机制。试验观测场于 2015 年改造建设，通过搭建透明通风遮雨棚，完全或一定比例剔除降雨对 S1 的直接补给，与不做任何遮雨处理的 S2 形成对照。S1 中心点坐标 24°44′22.30″N、108°19′13.62″E，S2 中心点坐标 24°44′23.95″N、108°19′12.17″E。

图 2-32　环江站木连典型石生生境控水观测场实景

　　围绕喀斯特坡地石生植物-水分的关系，试验观测场分别开展了植物水势、植物光合作用、叶绿素含量、叶面积指数、叶片气孔度、植物耗水来源分析、植物树干水分茎流量、植物物候生长节律影像等指标的观测研究，配套了植物压力室水势仪、植物光合作用仪、叶绿素计、叶面积仪、叶片气孔导度计、植物/土壤水真空抽提装置、液态水稳定同位素分析仪、稳定同位素质谱仪、植物树干液流计、植物动态生长监测系统等野外便携、原位定点监测以及室内分析的仪器设备。环江站木连典型石生生境控水观测场观测仪器设备情况见表 2-9。依托此试验设施获得的科研数据，分别支撑了"地表-地下水资源综合调控与高效""水分限制对喀斯特坡地灌草群落正向演替的影响及其机理""构建喀斯特坡地水文调节型群落的障碍削减研究"等国家重点研发计划专题、国家自然科学基金面上项目以及中国科学院西部青年学者等科研项目的实施。

表2-9　环江站木连典型石生生境控水观测场观测仪器设备情况

观测设施名称	主要观测设备	设备型号	观测项目	观测目的
环江站石生生境植被水文研究观测点（HJAYJ02AC0_01）	植物树干液流计	德国 Ecomatik SF－L；Campbell CR1000 数据采集器	植物树干水分茎流量监测，观测频率：1 次/半小时	分析计量植物耗水
环江站木连典型石生生境控水观测场植物动态生长监测点（HJAYJ02AZD_01）	植物动态生长监测系统	CC5MPX/500 网络照相机与 CR6 数据采集器	植物生长动态影像监测，观测频率：2次/d	长期定位监测喀斯特石生生境植被物候生长节律影像的动态变化

环江站木连典型石生生境控水观测场植物树干液流计实景见图2-33。

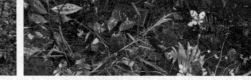

图2-33　环江站木连典型石生生境控水观测场植物树干液流计实景

2.3.4　环江站喀斯特土壤侵蚀与养分迁移综合试验场（HJASY04）

环江站喀斯特土壤侵蚀与养分迁移综合试验场包括环江站喀斯特土壤侵蚀与养分迁移模拟试验微区（HJASY04BC0_01）、环江站农田土壤-养分漏失阻控试验点（HJASY04BC0_02）、环江站人工模拟降雨厅（HJASY04CJY_01）三项试验设施，分别建设启用于2014年，均为长期设施。环江站喀斯特土壤侵蚀与养分迁移模拟试验微区和人工模拟降雨厅位于环江站核心试验园区，环江站农田土壤-养分漏失阻控试验点位于环江县下南乡古周村。

喀斯特土壤侵蚀与养分迁移模拟微区及其模拟降雨场景见图2-34。

图2-34　喀斯特土壤侵蚀与养分迁移模拟微区及其模拟降雨场景

喀斯特土壤侵蚀与养分迁移模拟微区为钢筋混凝土结构，上部为 200 cm×200 cm×160 cm 的收纳池，用于装填不同裂隙度的预制石灰岩岩块和土壤。收纳池外侧为开口设计，用宽 160 cm、高150 cm 的预制钢挡板密封。外侧钢挡板按照实验需要分别在距离上端 10 cm、20 cm、30 cm、50 cm、70 cm、100 cm 的位置开孔，作为设备安置孔，孔径大小为 5 cm，用于安放土壤水分抽提装置和观察壤中流。该平台根据岩石裂隙度和土壤覆盖情况的不同，共布置有 6 个处理，每个处理 4 个重复，总共 24 个微区。其处理方式和研究内容如下：①微区尺寸：长×宽×深＝2 m×2 m×1.2 m。②处理方式：10％裂隙、埋深高 50 cm；20％裂隙、埋深 50 cm；30％裂隙、埋深 50 cm；10％裂隙、出露；30％裂隙、出露；全土；6 个处理 4 个重复，共计 24 个小区。

人工模拟降雨厅包括中心控制室、水文模拟大厅、降雨发生系统和喀斯特地上地下二元结构三维平台四部分，建筑总面积 390 m²，建筑物高 7 m，宽 15 m，长 26 m（图 2-35）。中心控制室和水文模拟大厅组成该平台的主体框架，降雨发生系统和喀斯特地上地下二元结构三维平台嵌套在水文模拟大厅内。水文模拟大厅配备德国 LECHLER 喷嘴，采用上喷式洒水，受雨区域降雨强度范围可在 35~200 mm/h 范围内进行调节。降雨发生系统根据试验需要，还可以布设在室外的控制试验区中使用。该平台能够满足喀斯特地区土壤地表侵蚀、地下漏失、养分和污染物迁移、水文过程等方面的机理性探讨。

图 2-35　环江站人工模拟降雨厅

环江站农田土壤-养分漏失阻控试验点，是针对西南喀斯特地区落水洞、漏斗等地貌驱动的土壤流失于地下系统的特有水土流失方式，研发试验工程措施技术，建造用于围堵分布在喀斯特洼地农田中的落水洞、漏斗，从而阻控水土流失的试验设施。设施修建围堵落水洞的围墙，并在围墙上留有若干圆形孔，孔中填充以生物质炭类的滤料，用于过滤流入落水洞的水并吸附水中带走的土壤及其养分，以减少喀斯特峰丛洼地区土壤和养分垂直漏失（2014 年环江站农田土壤-养分漏失阻控试验点设施效果见图 2-36）。2015 年，考虑到雨季的消落于洞口的水面可能远高于围堵墙，设施进行了改良，在落水洞横切面平封并覆盖生物质炭，确保生物质炭能充分吸收水体中的养分（2015 年环江站农田土壤-养分漏失阻控试验点设施改良效果见图 2-37）。

图 2-36　2014 年环江站农田土壤——养分漏失阻控试验点设施改良效果

图 2-37　2015 年环江站农田土壤——养分漏失阻控试验点设施改良效果

环江站喀斯特土壤侵蚀与养分迁移综合试验场设施情况见表 2-10。

表 2-10　环江站喀斯特土壤侵蚀与养分迁移综合试验场设施情况

观测设施名称	设计使用年限	设施中心点经度	设施中心点纬度	海拔（m）	观测项目	观测目的
环江站喀斯特土壤侵蚀与养分迁移模拟试验微区	20 年	108.32 46°	24.740 2°	298	模拟不同岩-土裂隙环境观测土壤侵蚀量与养分迁移量，观测频度：次/不定期	喀斯特地区多石、多裂隙环境的土壤侵蚀与养分迁移观测
环江站人工模拟降雨厅	15 年	108.326 5°	24.740 8°	291	模拟降雨强度、降水量、雨滴直径观测径流速率、泥沙浓度，观测频度：次/不定期	观测不同试验处理土槽中，土壤侵蚀过程、地表径流过程、壤中流过程、地下漏失过程、养分流失过程、重金属迁移过程等
环江站农田土壤-养分漏失阻控试验点	10 年	107.954 9°	24.918 9°	388	对喀斯特落水洞环境观测阻控流失的土壤侵蚀量与养分迁移量，观测频度：次/不定期	评估喀斯特落水洞水土阻控效果，进而优化改进阻控技术

　　基于环江站喀斯特土壤侵蚀与养分迁移综合试验场，台站相继开展了模拟观测喀斯特地区多石、多裂隙环境的土壤侵蚀与养分迁移规律，完善喀斯特水土过程研究领域的观测技术手段，研发喀斯特土壤漏失阻控技术，有效支撑了国家科技支撑课题、国家重点研发项目以及中国科学院西部行动计划项目等科研任务的实施。

第3章

环江站联网长期观测数据集

3.1 生物观测数据集

3.1.1 喀斯特农田生态系统作物种类与产值数据集

(1) 概述。喀斯特农田生态系统作物种类与产值数据集选择桂西北喀斯特峰丛洼地代表性的农田类型,汇集了包括水稻、玉米、大豆、甘蔗4种农作物,5块长期监测样地2007—2015年在作物名称、品种、播种量、播种面积、占总播比率、单产、直接成本和产值等指标的观测数据。

(2) 数据采集和处理方法。数据采集通过调查、采样、分析获得,其中环江站旱地综合观测场土壤生物水分采样地(HJAZH01ABC _ 01)、环江站旱地土壤、生物、水分辅助观测采样地(HJAFZ01ABC _ 01)、环江站坡地顺坡垦殖辅助观测场水土生采样地(HJAFZ03ABC _ 01)3个样地的数据为自测获取;环江站地罗村玉米地土壤生物长期采样地(HJAZQ01AB0 _ 02)、环江站清潭村经济作物土壤生物长期采样地(HJAZQ02AB0 _ 01)、环江站清潭村水田土壤生物长期采样地(HJAZQ02AB0 _ 02)等3个站区调查点的数据采取农户调查和自测相结合的方法采集。每年在作物播种和收获季节详细调查记录作物名称、品种、播种量、播种面积、单季作物占总播比率、单产、直接成本和产值等相关的背景值信息,再根据所获得信息值来计算所需要的数据值。

(3) 数据质量控制和评估。

①数据获取过程的质量控制。对于农户调查获取的数据,尽量进行多人次重复验证调查,并与对应田间调查地块进行自测,对比两种方法获取数据的吻合程度,避免出现因人为原因产生的错误数据。对于自测数据,应严格、详细地记录调查时间,检查并记录样地名称代码,真实记录每季作物种类及品种。

②规范原始数据记录的质控措施。原始数据记录是保证各种数据问题的溯源查询依据,要求做到:数据真实、记录规范、书写清晰、数据集辅助信息完整等。使用专用、规范印制的数据记录表和记录本,根据本站调查任务制定年度工作调查记录本,按照调查内容和时间顺序依次排列,装订成册。使用铅笔或黑色碳素笔规范、整齐地填写,原始数据不准删除或涂改,如记录或观测有误,需将原有数据轻画横线标记,将审核后的正确数据记录在原数据旁或备注栏,并签名或盖章。

③数据辅助信息记录的质控措施。在进行农户或田间自测调查时,要求对样地位置、调查日期、调查农户信息、样地环境状况做翔实描述与记录,并对相关的样地管理措施、病虫害、灾害等信息同时记录。

④数据质量评估。将所获取的数据与各项辅助信息数据以及历史数据信息进行比较,评价数据的正确性、一致性、完整性、可比性和连续性,经过站长和数据管理员审核认定,批准上报。对历年上报的数据由本站生物监测负责人进行整理和质量控制,对异常数据进行核实,并根据生物分中心的审核结果再次进行修正。质控方法包括阈值检查(根据多年数据比对,对监测数据超出历史数据阈值范围进行校验,删除异常值或加以标注说明)、一致性检查(例如数量级与其他测量值是否相同)等。

在质控数据的基础上，以年为基础单元，统计各样地的作物种植种类、品种信息等。

（4）数据价值。喀斯特农田生态系统作物种类与产值数据集为西南喀斯特峰丛洼地农业区代表性作物种类、产值提供背景研究数据，为区域农田生物环境要素监测、优化农作物种植措施与施肥方式调控技术的研发、评估喀斯特峰丛洼地农业区生产力水平等方面发挥重要的作用。

（5）喀斯特农田生态系统作物种类与产值数据。环江站喀斯特农田生态系统作物种类与产值数据见表 3-1～表 3-5。同时，更多"环江站喀斯特农田生态系统作物种类与产值监测数据"服务请访问 http：//hja.cern.ac.cn/meta/detail/AA01。

表 3-1　2007—2015 年环江站喀斯特农田生态系统旱地综合观测场作物种类与产值数据

年份	作物名称	作物品种	样地代码	播种量/(kg/hm²)	播种面积/hm²	占总播比率/%	单产/(kg/hm²)	直接成本/(元/hm²)	产值/(元/hm²)
2007	玉米	正大 999	HJAZH01ABC_01	22.50	0.16	50	6 253.06	6 077.10	10 004.89
2007	大豆	桂春 5 号	HJAZH01ABC_01	30.00	0.16	50	1 030.84	2 535.00	5 772.70
2008	玉米	正大 999	HJAZH01ABC_01	22.50	0.16	50	5 268.80	7 095.00	8 430.08
2008	大豆	桂春 5 号	HJAZH01ABC_01	30.00	0.16	50	509.20	2 835.00	3 055.20
2009	玉米	瑞单 8 号	HJAZH01ABC_01	—	—	—	—	—	—
2009	大豆	桂春 5 号	HJAZH01ABC_01	—	—	—	—	—	—
2010	玉米	瑞单 8 号	HJAZH01ABC_01	24.84	0.16	50	6 194.95	8 658.26	11 770.40
2010	大豆	桂春 5 号	HJAZH01ABC_01	45.16	0.16	50	1 000.76	8 131.40	6 004.55
2011	玉米	瑞单 8 号	HJAZH01ABC_01	18.63	0.16	50	5 789.28	9 968.94	13 894.27
2011	大豆	桂春 5 号	HJAZH01ABC_01	34.16	0.16	50	751.55	8 894.41	3 757.77
2012	玉米	瑞单 8 号	HJAZH01ABC_01	19.88	0.16	50	5 867.95	9 559.01	14 083.08
2012	大豆	桂春 5 号	HJAZH01ABC_01	37.27	0.16	50	2 320.03	6 254.66	13 920.20
2013	玉米	瑞单 8 号	HJAZH01ABC_01	19.25	0.16	50	9 919.71	9 378.88	19 839.43
2013	大豆	桂春 5 号	HJAZH01ABC_01	40.37	0.16	50	2 154.49	5 993.79	11 634.26
2014	玉米	瑞单 8 号	HJAZH01ABC_01	21.84	0.16	50	9 529.28	9 158.87	19 058.56
2014	大豆	桂春 5 号	HJAZH01ABC_01	54.29	0.16	50	2 446.24	5 793.77	13 209.72
2015	玉米	瑞单 8 号	HJAZH01ABC_01	24.38	0.16	50	9 826.17	13 110.04	22 600.18
2015	大豆	桂春 5 号	HJAZH01ABC_01	44.37	0.16	50	1 076.82	9 421.03	7 537.77

表 3-2　2007—2015 年环江站喀斯特农田生态系统坡地顺坡垦殖辅助观测场作物种类与产值

年份	作物名称	作物品种	样地代码	播种量/(kg/hm²)	播种面积/hm²	占总播比率/%	单产/(kg/hm²)	直接成本/(元/hm²)	产值/(元/hm²)
2007	玉米	正大 999	HJAFZ03ABC_01	22.50	0.12	100	3 616.39	4 952.10	5 786.23
2008	玉米	正大 999	HJAFZ03ABC_01	—	—	—	—	—	—
2009	玉米	瑞单 8 号	HJAFZ03ABC_01	22.50	0.12	100	1 080.90	6 645.00	1 729.44
2010	玉米	瑞单 8 号	HJAFZ03ABC_01	19.17	0.12	100	5 420.34	4 051.81	10 298.65
2011	玉米	瑞单 8 号	HJAFZ03ABC_01	13.33	0.12	100	2 296.77	8 483.33	5 512.26

（续）

年份	作物名称	作物品种	样地代码	播种量/ (kg/hm²)	播种面积/ hm²	占总播比率/ %	单产/ (kg/hm²)	直接成本/ (元/hm²)	产值/ (元/hm²)
2012	玉米	瑞单 8 号	HJAFZ03ABC_01	17.50	0.12	100	3 905.23	9 070.83	9 372.56
2013	玉米	瑞单 8 号	HJAFZ03ABC_01	15.83	0.12	100	7 675.74	7 833.33	15 351.48
2014	玉米	瑞单 8 号	HJAFZ03ABC_01	13.87	0.12	100	6 796.74	7 623.31	13 593.48
2015	玉米	瑞单 8 号	HJAFZ03ABC_01	20.63	0.12	100	7 664.99	9 629.56	17 629.48

表 3-3　2007—2015 年环江站喀斯特农田生态系统德胜镇地罗村地罗组站区调查点作物种类与产值

年份	作物名称	作物品种	样地代码	播种量/ (kg/hm²)	播种面积/ hm²	占总播比率/ %	单产/ (kg/hm²)	直接成本/ (元/hm²)	产值/ (元/hm²)
2007	玉米	正大 619	HJAZQ01AB0_02	22.50	0.12	50	6 301.00	3 489.60	10 081.60
2007	大豆	桂春 5 号	HJAZQ01AB0_02	30.00	0.12	50	1 319.02	630.00	7 386.49
2008	玉米	正大 619	HJAZQ01AB0_02	22.50	0.12	50	3 656.30	2 983.50	5 850.08
2008	大豆	桂春 5 号	HJAZQ01AB0_02	30.00	0.12	50	1 049.20	742.50	6 295.20
2009	玉米	瑞单 8 号	HJAZQ01AB0_02	—			—	—	—
2009	大豆	桂春 5 号	HJAZQ01AB0_02	—			—	—	—
2010	玉米	正大 818	HJAZQ01AB0_02	12.61	0.12	50	6 760.82	4 253.63	13 522.00
2010	大豆	桂春 5 号	HJAZQ01AB0_02	12.61	0.12	50	473.26	847.55	2 838.00
2011	玉米	瑞单 8 号	HJAZQ01AB0_02	16.81	0.12	50	4 825.78	3 361.34	11 581.87
2011	大豆	绿星 699	HJAZQ01AB0_02	20.75	0.12	50	300.52	1 873.95	1 502.62
2012	玉米	桂玉 609	HJAZQ01AB0_02	13.45	0.12	50	2 968.57	3 577.82	7 124.56
2012	大豆	桂春 5 号	HJAZQ01AB0_02	25.21	0.12	50	906.70	2 016.81	5 440.20
2013	玉米	桂玉 609	HJAZQ01AB0_02	16.81	0.12	50	9 933.22	4 369.75	21 853.09
2013	大豆	桂春 5 号	HJAZQ01AB0_02	36.13	0.12	50	1 252.49	2 731.09	6 888.71
2014	玉米	桂玉 609	HJAZQ01AB0_02	11.42	0.12	50	9 510.55	4 359.74	20 923.20
2014	大豆	桂春 5 号	HJAZQ01AB0_02	25.50	0.12	50	1 362.99	2 591.08	7 496.46
2015	玉米	正大 818	HJAZQ01AB0_02	26.97	0.12	50	1 332.44	4 587.20	3 064.61
2015	大豆	桂春 5 号	HJAZQ01AB0_02	27.37	0.12	50	826.04	2 947.48	5 782.31

表 3-4　2007—2008 年环江站喀斯特农田生态系统思恩镇清潭村下哨组站区调查点作物种类与产值

年份	作物名称	作物品种	样地代码	播种量/ (kg/hm²)	播种面积/ hm²	占总播比率/ %	单产/ (kg/hm²)	直接成本/ (元/hm²)	产值/ (元/hm²)
2007	甘蔗	台糖 16 号	HJAZQ02AB0_01	22 500	0.19	100	60 964.42	13 497.69	15 241.10
2008	甘蔗	台糖 25 号	HJAZQ02AB0_01	22 500	0.19	100	101 106.80	9 921.75	26 287.77

表 3-5 2007 年、2008 年、2010 年、2011 年、2012 年、2013 年、2014 年、2015 年环江站喀斯特
农田生态系统思恩镇清潭村内哨组站区调查点作物种类与产值

年份	作物名称	作物品种	样地代码	播种量/(kg/hm²)	播种面积/hm²	占总播比率/%	单产/(kg/hm²)	直接成本/(元/hm²)	产值/(元/hm²)
2007	早稻	宜香 99	HJAZQ02AB0_02	22.50	0.08	50	6 796.88	3 382.50	10 195.32
2007	晚稻	湘优 24	HJAZQ02AB0_02	15.00	0.08	50	6 159.99	3 660.00	9 239.99
2008	早稻	Ⅱ优 13 号	HJAZQ02AB0_02	15.00	0.08	50	4 973.69	4 365.00	12 931.60
2008	晚稻	311 714	HJAZQ02AB0_02	18.75	0.08	50	3 034.59	4 263.75	6 069.18
2010	早稻	桑丰优	HJAZQ02AB0_02	65.80	0.08	50	7 628.50	3 774.50	30 516.00
2010	晚稻	国稻 1 号	HJAZQ02AB0_02	66.70	0.08	50	4 276.43	4 143.60	18 814.40
2011	早稻	天优 998	HJAZQ02AB0_02	20.00	0.08	50	6 393.98	4 906.67	16 624.35
2011	晚稻	泸优 11	HJAZQ02AB0_02	13.33	0.08	50	5 584.67	4 053.33	18 987.87
2012	早稻	研优 1 号	HJAZQ02AB0_02	13.33	0.08	50	5 859.35	8 973.33	15 234.31
2012	晚稻	五优 308	HJAZQ02AB0_02	13.33	0.08	50	3 572.97	9 986.67	10 004.31
2013	早稻	桂两优 2 号	HJAZQ02AB0_02	13.33	0.08	50	5 560.00	7 066.67	15 568.00
2013	晚稻	桂两优 2 号	HJAZQ02AB0_02	13.33	0.08	50	4 293.33	7 333.33	15 026.67
2014	早稻	桂两优 2 号	HJAZQ02AB0_02	13.33	0.08	50	4 538.44	7 256.69	12 707.62
2014	晚稻	十优 838	HJAZQ02AB0_02	13.33	0.08	50	5 244.58	7 183.33	18 356.02
2015	早稻	研优 888	HJAZQ02AB0_02	65.80	0.08	50	7 143.93	6 667.98	18 574.23
2015	晚稻	野香优 2 号	HJAZQ02AB0_02	66.70	0.08	50	5 052.31	6 428.56	18 188.30

3.1.2 喀斯特农田生态系统复种指数与作物轮作体系数据集

（1）概述。喀斯特农田生态系统复种指数与作物轮作体系数据集收集了环江站 2007—2015 年 8 块长期监测样地的年度复种指数与作物轮作体系观测数据，包括农田类型、复种指数、轮作体系、当年作物等内容，涉及玉米、大豆、牧草、双季稻、桑树、甘蔗等作物。观测样地包括地罗村桑树生物土壤采样地（HJAZQ01AB0_01）、地罗村玉米地土壤生物长期采样地（HJAZQ01AB0_02）、清潭村甘蔗土壤生物长期采样地（HJAZQ02AB0_01）、清潭村水田土壤生物长期采样地（HJAZQ02AB0_02）、旱地综合观测场土壤生物水分采样地（HJAZH01ABC_01）、旱地辅助观测场土壤生物水分采样地（HJAFZ01ABC_01）、坡地牧草辅助观测场土壤生物水分采样地（HJAFZ02ABC_01）、坡地顺坡垦殖辅助观测场土壤生物水分采样地（HJAFZ03ABC_01），通过对各监测试验样地每年实地调查、分析获得数据。数据表中"→"表示年间作物接茬种植，"-"表示年内接茬种植，计量单位为百分比（%）。

（2）数据采集和处理方法。环江站地罗村桑树生物土壤采样地（HJAZQ01AB0_01）、环江站地罗村玉米地土壤生物长期采样地（HJAZQ01AB0_02）、环江站清潭村经济作物土壤生物长期采样地（HJAZQ02AB0_01）、环江站清潭村水田土壤生物长期采样地（HJAZQ02AB0_02）4 个站区调查点的数据采集方法采取农户调查和自测相结合，环江站旱地综合观测场土壤生物水分采样地（HJAZH01ABC_01）、环江站旱地辅助观测场土壤生物水分采样地（HJAFZ01ABC_01）、环江站坡地牧草辅助观测场土壤生物水分采样地（HJAFZ02ABC_01）、环江站坡地顺坡垦殖辅助观测场土

壤生物水分采样地（HJAFZ03ABC_01）4 个样地的数据为自测获取的。每年于作物收获季节详细记录农田类型、复种指数、轮作体系、当年作物等信息。复种指数（%）＝样地全年农作物收获面积/样地耕地总面积×100%。

（3）数据质量控制和评估。

①数据获取过程的质量控制。对于农户调查获取的数据，尽量进行多人次重复验证调查，并与对应田间调查地块进行自测，对比两种方法获取数据的吻合程度，避免出现因人为原因产生的错误数据。对于自测数据，应严格、详细地记录调查时间，检查并记录样地名称代码，真实记录每季作物种类及品种。

②规范原始数据记录的质控措施。原始数据记录是保证各种数据问题的溯源查询依据，要求做到：数据真实、记录规范、书写清晰、数据集辅助信息完整等。使用专用、规范印制的数据记录表和记录本，根据本站调查任务制定年度工作调查记录本，按照调查内容和时间顺序依次排列，装订成册。使用铅笔或黑色碳素笔规范、整齐地填写，原始数据不准删除或涂改，如记录或观测有误，需将原有数据轻画横线标记，将审核后的正确数据记录在原数据旁或备注栏，并签名或盖章。

③数据质量的质控措施。在进行农户或田间自测调查时，要求对样地位置、调查日期、调查农户信息、样地环境状况做翔实描述与记录，并对相关的样地管理措施、病虫害、灾害等信息同时记录。将所获取的数据与各项辅助信息数据以及历史数据信息进行比较，评价数据的正确性、一致性、完整性、可比性和连续性，经过站长和数据管理员审核认定，批准上报。对历年上报的数据由本站生物监测负责人进行整理和质量控制，对异常数据进行核实，并根据生物分中心的审核结果再次进行修正。质控方法包括阈值检查（根据多年数据比对，对监测数据超出历史数据阈值范围进行校验，删除异常值或加以标注说明）、一致性检查（例如数量级与其他测量值是否相同）等。在质控数据的基础上，以年为基础单元，统计各样地的复种指数。

（4）数据价值。复种指数为全年农作物总收获面积占耕地面积的百分比，是反映耕地利用程度的指标，同时也体现了当地水热条件、土壤肥力，以及水利设施、人员劳动力、科技水平等条件及其变化。环江站所处经济生态区域是我国中亚热带湿润地区-黔桂喀斯特常绿阔叶林-农业生态区，水、热和生物资源丰富，复合农业经营的气候生产潜力高，是我国特色农林产品的产地。本数据集反映了环江县域代表的桂西北喀斯特峰丛洼地区主要作物的播种情况。

（5）喀斯特农田生态系统复种指数与作物轮作体系数据。喀斯特农田生态系统复种指数与作物轮作体系数据见表 3-6～表 3-13。同时，更多"环江站喀斯特农田生态系统复种指数与作物轮作体系数据"服务请访问 http://hja.cern.ac.cn/meta/detail/AA02。

表 3-6　2007—2015 年环江站喀斯特农田生态系统旱地综合观测场复种指数与作物轮作体系

年份	样地代码	农田类型	复种指数/%	轮作体系	当年作物
2007	HJAZH01ABC_01	洼地旱地	200	玉米-大豆	玉米、大豆
2008	HJAZH01ABC_01	洼地旱地	200	玉米-大豆	玉米、大豆
2009	HJAZH01ABC_01	洼地旱地	200	玉米-大豆	玉米、大豆
2010	HJAZH01ABC_01	洼地旱地	200	玉米-大豆	玉米、大豆
2011	HJAZH01ABC_01	洼地旱地	200	玉米-大豆	玉米、大豆
2012	HJAZH01ABC_01	洼地旱地	200	玉米-大豆	玉米、大豆
2013	HJAZH01ABC_01	洼地旱地	200	玉米-大豆	玉米、大豆
2014	HJAZH01ABC_01	洼地旱地	200	玉米-大豆	玉米、大豆
2015	HJAZH01ABC_01	洼地旱地	200	玉米-大豆	玉米、大豆

表 3 - 7　2007—2015 年环江站喀斯特农田生态系统旱地辅助观测场复种指数与作物轮作体系

年份	样地代码	农田类型	复种指数/%	轮作体系	当年作物
2007	HJAFZ01ABC_01	洼地旱地	200	玉米-大豆	玉米、大豆
2008	HJAFZ01ABC_01	洼地旱地	200	玉米-大豆	玉米、大豆
2009	HJAFZ01ABC_01	洼地旱地	200	玉米-大豆	玉米、大豆
2010	HJAFZ01ABC_01	洼地旱地	200	玉米-大豆	玉米、大豆
2011	HJAFZ01ABC_01	洼地旱地	200	玉米-大豆	玉米、大豆
2012	HJAFZ01ABC_01	洼地旱地	200	玉米-大豆	玉米、大豆
2013	HJAFZ01ABC_01	洼地旱地	200	玉米-大豆	玉米、大豆
2014	HJAFZ01ABC_01	洼地旱地	200	玉米-大豆	玉米、大豆
2015	HJAFZ01ABC_01	洼地旱地	200	玉米-大豆	玉米、大豆

表 3 - 8　2007—2015 年环江站喀斯特农田生态系统坡地草本饲料辅助观测场复种指数与作物轮作体系

年份	样地代码	农田类型	复种指数/%	轮作体系	当年作物
2007	HJAFZ02ABC_01	坡地旱地	100	牧草-牧草	牧草
2008	HJAFZ02ABC_01	坡地旱地	100	牧草-牧草	牧草
2009	HJAFZ02ABC_01	坡地旱地	100	牧草-牧草	牧草
2010	HJAFZ02ABC_01	坡地旱地	100	牧草-牧草	牧草
2011	HJAFZ02ABC_01	坡地旱地	100	牧草-牧草	牧草
2012	HJAFZ02ABC_01	坡地旱地	100	牧草-牧草	牧草
2013	HJAFZ02ABC_01	坡地旱地	100	牧草-牧草	牧草
2014	HJAFZ02ABC_01	坡地旱地	100	牧草-牧草	牧草
2015	HJAFZ02ABC_01	坡地旱地	100	牧草-牧草	牧草

表 3 - 9　2007—2015 年环江站喀斯特农田生态系统坡地顺坡垦殖辅助观测场复种指数与作物轮作体系

年份	样地代码	农田类型	复种指数/%	轮作体系	当年作物
2007	HJAFZ03ABC_01	坡地旱地	100	玉米-玉米	玉米
2008	HJAFZ03ABC_01	坡地旱地	100	玉米-玉米	玉米
2009	HJAFZ03ABC_01	坡地旱地	100	玉米-玉米	玉米
2010	HJAFZ03ABC_01	坡地旱地	100	玉米-玉米	玉米
2011	HJAFZ03ABC_01	坡地旱地	100	玉米-玉米	玉米
2012	HJAFZ03ABC_01	坡地旱地	100	玉米-玉米	玉米
2013	HJAFZ03ABC_01	坡地旱地	100	玉米-玉米	玉米
2014	HJAFZ03ABC_01	坡地旱地	100	玉米-玉米	玉米
2015	HJAFZ03ABC_01	坡地旱地	100	玉米-玉米	玉米

表 3-10 2007—2015 年环江站喀斯特农田生态系统德胜镇地罗村冷坡组站区调查点复种指数与作物轮作体系

年份	样地代码	农田类型	复种指数/%	轮作体系	当年作物
2007	HJAZQ01AB0_01	旱地	100	桑树-桑树	桑树
2008	HJAZQ01AB0_01	旱地	100	桑树-桑树	桑树
2009	HJAZQ01AB0_01	旱地	100	桑树-桑树	桑树
2010	HJAZQ01AB0_01	旱地	100	桑树-桑树	桑树
2011	HJAZQ01AB0_01	旱地	100	桑树-桑树	桑树
2012	HJAZQ01AB0_01	旱地	100	桑树-桑树	桑树
2013	HJAZQ01AB0_01	旱地	100	桑树-桑树	桑树
2014	HJAZQ01AB0_01	旱地	100	桑树-桑树	桑树
2015	HJAZQ01AB0_01	旱地	100	桑树-桑树	桑树

表 3-11 2007—2015 年环江站喀斯特农田生态系统德胜镇地罗村地罗组站区调查点复种指数与作物轮作体系

年份	样地代码	农田类型	复种指数/%	轮作体系	当年作物
2007	HJAZQ01AB0_02	旱地	200	玉米-大豆→玉米-大豆	玉米、大豆
2008	HJAZQ01AB0_02	旱地	200	玉米-大豆→玉米-大豆	玉米、大豆
2009	HJAZQ01AB0_02	旱地	200	玉米-大豆→玉米-大豆	玉米、大豆
2010	HJAZQ01AB0_02	旱地	200	玉米-大豆→玉米-大豆	玉米、大豆
2011	HJAZQ01AB0_02	旱地	200	玉米-大豆→玉米-大豆	玉米、大豆
2012	HJAZQ01AB0_02	旱地	200	玉米-大豆→玉米-大豆	玉米、大豆
2013	HJAZQ01AB0_02	旱地	200	玉米-大豆→玉米-大豆	玉米、大豆
2014	HJAZQ01AB0_02	旱地	200	玉米-大豆→玉米-大豆	玉米、大豆
2015	HJAZQ01AB0_02	旱地	200	玉米-大豆→玉米-大豆	玉米、大豆

表 3-12 2007—2015 年环江站喀斯特农田生态系统思恩镇清潭村下哨组站区调查点复种指数与作物轮作体系

年份	样地代码	农田类型	复种指数/%	轮作体系	当年作物
2007	HJAZQ02AB0_01	旱地	100	甘蔗-甘蔗	甘蔗
2008	HJAZQ02AB0_01	旱地	100	甘蔗-甘蔗	甘蔗
2009	HJAZQ02AB0_01	旱地	100	相橘类经济作物单种	甘蔗
2010	HJAZQ02AB0_01	旱地	100	相橘类经济作物单种	甘蔗
2011	HJAZQ02AB0_01	旱地	100	相橘类经济作物单种	甘蔗
2012	HJAZQ02AB0_01	旱地	100	相橘类经济作物单种	甘蔗
2013	HJAZQ02AB0_01	旱地	100	相橘类经济作物单种	甘蔗
2014	HJAZQ02AB0_01	旱地	100	相橘类经济作物单种	甘蔗
2015	HJAZQ02AB0_01	旱地	100	相橘类经济作物单种	甘蔗

表 3-13 2007—2015 年环江站喀斯特农田生态系统思恩镇清潭村内哨组站区调查点复种指数与作物轮作体系

年份	样地代码	农田类型	复种指数/%	轮作体系	当年作物
2007	HJAZQ02AB0_02	水田	200	双季稻-双季稻	双季稻
2008	HJAZQ02AB0_02	旱地	200	双季稻-双季稻	双季稻
2009	HJAZQ02AB0_02	旱地	200	双季稻-双季稻	双季稻
2010	HJAZQ02AB0_02	旱地	200	双季稻-双季稻	双季稻
2011	HJAZQ02AB0_02	旱地	200	双季稻-双季稻	双季稻
2012	HJAZQ02AB0_02	旱地	200	双季稻-双季稻	双季稻
2013	HJAZQ02AB0_02	旱地	200	双季稻-双季稻	双季稻
2014	HJAZQ02AB0_02	旱地	200	双季稻-双季稻	双季稻
2015	HJAZQ02AB0_02	旱地	200	双季稻-双季稻	双季稻

3.1.3 喀斯特农田生态系统主要作物灌溉制度数据集

（1）概述。本数据集包括环江站 2007—2015 年调查点清潭村水田生物土壤采样地（HJAZQ02AB0_02）的年度作物灌溉制度调查数据，涉及双季水稻作物，数据包括作物名称、灌溉时间、作物物候期、灌溉水源、灌溉方式、灌溉量等内容。数据通过对采样地实地调查、记录获得；灌溉时间记录方式为"月/日/年"，灌溉量计量单位为"mm"。

（2）数据采集和处理方法。本数据集的数据采用农户调查和自测相结合方法来获取。每年于作物收获季节详细记录作物名称、灌溉时间、作物相应物候期、灌溉水源、灌溉方式及灌溉量等相关的背景值信息，再根据所获得信息值来计算所需要的数据值。

（3）数据质量控制和评估。

①数据获取过程的质量控制。对于农户调查获取的数据，尽量进行多人次重复验证调查，并与对应田间调查地块进行自测，对比两种方法获取数据的吻合程度，避免出现因人为原因产生的错误数据。

②规范原始数据记录的质控措施。原始数据记录是保证各种数据问题的溯源查询依据，需要做到：数据真实、记录规范、书写清晰、数据集辅助信息完整等。使用专用、规范印制的数据记录表和记录本，根据本站调查任务制定年度工作调查记录本，按照调查内容和时间顺序依次排列，装订成册。使用铅笔或黑色碳素笔规范、整齐地填写，原始数据不准删除或涂改，如记录或观测有误，需将原有数据轻画横线标记，将审核后的正确数据记录在原数据旁或备注栏，并签名或盖章。对于数据辅助信息记录的质控措施：在进行农户调查时，对样地位置、调查日期、调查农户信息、样地环境状况做翔实描述与记录，并对相关的样地管理措施、病虫害、灾害等信息同时记录。

③数据质量评估。对历年上报的数据由本站生物监测负责人进行整理和质量控制，对异常数据进行核实，并根据生物分中心的审核结果再次进行修正。质控方法包括阈值检查（根据多年数据比对，对监测数据超出历史数据阈值范围进行校验，删除异常值或加以标注说明）、一致性检查（例如数量级与其他测量值是否相同）等。在质控数据的基础上，以年为基础单元，统计各样地的灌溉制度。

④数据价值。喀斯特农田生态系统主要作物灌溉制度数据集反映了桂西北喀斯特峰丛洼地农业区水稻种植季中的灌水次数、灌水时间、灌水定额和灌溉定额，对同类型区水稻种植的合理灌溉制度制定，以及优化灌溉制度，促进水稻的稳产、高产，节省灌溉用水量等农作措施有指导作用。

⑤喀斯特农田生态系统主要作物灌溉制度数据。2007 年、2008 年、2010 年、2011 年、2012 年、

2015 年环江站喀斯特农田生态系统思恩镇站区调查点（清潭村内哨组水田）灌溉制度数据见表 3 -
14。同时，更多"环江站喀斯特农田生态系统主要作物灌溉制度数据"服务请访问 http：//
hja. cern. ac. cn/meta/detail/AA05。

**表 3 - 14　2007 年、2008 年、2010 年、2011 年、2012 年、2015 年环江站喀斯特农田生态
系统思恩镇站区调查点（清潭村内哨组水田）灌溉制度数据**

年份	样地代码	作物名称	灌溉时间（月/日/年）	作物物候期	灌溉水源	灌溉方式	灌溉量/mm
2007	HJAZQ02AB0_02	早稻	04/02/2007	耙田	地表水	沟灌	15.0
2007	HJAZQ02AB0_02	早稻	04/11/2007	返青期	地表水	沟灌	5.0
2007	HJAZQ02AB0_02	晚稻	07/31/2007	耕地	地表水	沟灌	20.0
2007	HJAZQ02AB0_02	晚稻	08/07/2007	返青期	地表水	沟灌	10.0
2007	HJAZQ02AB0_02	晚稻	08/16/2007	分蘖期	地表水	沟灌	10.0
2007	HJAZQ02AB0_02	晚稻	08/28/2007	分蘖期	地表水	沟灌	15.0
2007	HJAZQ02AB0_02	晚稻	09/15/2007	拔节期	地表水	沟灌	20.0
2007	HJAZQ02AB0_02	晚稻	09/27/2007	抽穗期	地表水	沟灌	10.0
2007	HJAZQ02AB0_02	晚稻	10/11/2007	灌浆期	地表水	沟灌	20.0
2008	HJAZQ02AB0_02	早稻	04/05/2008	耕地	地表水	沟灌	15.0
2008	HJAZQ02AB0_02	早稻	04/13/2008	耙田	地表水	沟灌	10.0
2008	HJAZQ02AB0_02	晚稻	08/06/2008	耕地	地表水	沟灌	20.0
2008	HJAZQ02AB0_02	晚稻	08/10/2008	返青期	地表水	沟灌	10.0
2008	HJAZQ02AB0_02	晚稻	08/20/2008	分蘖期	地表水	沟灌	5.0
2008	HJAZQ02AB0_02	晚稻	09/10/2008	分蘖期	地表水	沟灌	10.0
2008	HJAZQ02AB0_02	晚稻	09/20/2008	拔节期	地表水	沟灌	15.0
2008	HJAZQ02AB0_02	晚稻	09/28/2008	抽穗期	地表水	沟灌	15.0
2008	HJAZQ02AB0_02	晚稻	10/08/2008	灌浆期	地表水	沟灌	15.0
2008	HJAZQ02AB0_02	晚稻	10/15/2008	灌浆期	地表水	沟灌	15.0
2010	HJAZQ02AB0_02	早稻	04/13/2010	移栽期	地表水	沟灌	30.0
2010	HJAZQ02AB0_02	晚稻	08/12/2010	移栽期	地表水	沟灌	30.0
2010	HJAZQ02AB0_02	晚稻	09/08/2010	分蘖期	地表水	沟灌	10.0
2010	HJAZQ02AB0_02	晚稻	09/17/2010	拔节期	地表水	沟灌	15.0
2010	HJAZQ02AB0_02	晚稻	10/12/2010	抽穗期	地表水	沟灌	10.0
2011	HJAZQ02AB0_02	早稻	05/04/2011	插秧期	地表水	沟灌	45.0
2012	HJAZQ02AB0_02	早稻	04/13/2012	插秧期	地表水	沟灌	30.0
2012	HJAZQ02AB0_02	晚稻	08/12/2012	插秧期	地表水	沟灌	35.0
2015	HJAZQ02AB0_02	早稻	04/18/2015	移栽期	地表水	沟灌	30.0

3.1.4　喀斯特农田生态系统作物生育动态数据集

（1）概述。本数据集包括环江站 2007—2015 年 5 块长期监测样地的年度作物生育动态观测数据，

包括玉米、大豆、水稻等作物品种及其生育期的准确时间等内容。观测样地包括地罗村玉米地土壤生物长期采样地（HJAZQ01AB0＿02）、清潭村水田土壤生物长期采样地（HJAZQ02AB0＿02）、旱地综合观测场土壤生物水分采样地（HJAZH01ABC＿01）、旱地辅助观测场土壤生物水分采样地（HJAFZ01ABC＿01）、坡地顺坡垦殖辅助观测场土壤生物水分采样地（HJAFZ03ABC＿01）；数据通过对样地中作物生长季的实地调查而获得。

（2）数据采集和处理方法。参照《陆地生态系统生物观测规范》对各物种各生育期的定义，两个站区调查点地罗村玉米地土壤生物长期采样地（HJAZQ01AB0＿02）、清潭村水田土壤生物长期采样地（HJAZQ02AB0＿02）的数据采集方法采取农户调查和自测相结合；旱地综合观测场土壤生物水分采样地（HJAZH01ABC＿01）、旱地辅助观测场土壤生物水分采样地（HJAFZ01ABC＿01）、坡地顺坡垦殖辅助观测场土壤生物水分采样地（HJAFZ03ABC＿01）的数据为自测获取。每年在进行不同作物各生育期生物量调查时，详细记录作物名称、品种，以及播种时间、移栽时间等相关的背景值信息，以获得所需要的数据值。

（3）数据质量控制和评估。

①数据获取过程的质量控制。因为观测指标会因观测人员习惯及视觉评估的差异可能导致数据差异，所以我们首先保证野外监测人员的固定性，再是野外监测人员每天均对各样地作物生长状况进行观察，以保证数据的可靠性。

②规范原始数据记录的质控措施。原始数据记录是 CERN 长期观测最重要的资料，是保证各种数据的溯源查询依据，因此需做到记录规范，书写清晰、真实、完整，各项辅助信息明确等。根据本站调查任务，野外监测人员在专用记录本上提前制定好近期调查表格，保证记录规范性，在观察中及时记录好日期数据。

③数据质量的质控措施。原始记录经过检查后，首先由数据获取人进行初级填报，由生物监测负责人初审数据，将其与各辅助信息及历史数据进行比较，如有疑问及异常数据反复与数据获取人核实，以保证数据录入的正确性，然后经主管人员审核认定无误后上报生物分中心。由生物分中心数据审核负责人再次对数据进行审核，以保证数据的真实性、一致性、可比性和连续性。

（4）数据价值。喀斯特农田生态系统作物生育动态数据集反映了桂西北喀斯特峰丛洼地农业区传统代表性作物玉米、大豆、水稻等多年在种植期中出现生育性状表征变化的日期，也反映了作物生长过程经历各生育性状的时间。数据对同类型区相关作物的引种、茬口安排、品种布局、栽培管理以及品种选育等都有指导意义。

（5）喀斯特农田生态系统作物生育动态数据。喀斯特农田生态系统作物生育动态数据见表3-15～表3-22。同时，更多"环江站喀斯特农田生态系统作物生育动态数据"服务请访问 http：//hja. cern. ac. cn/meta/detail/AA061、http：//hja. cern. ac. cn/meta/detail/AA063、http：//hja. cern. ac. cn/meta/detail/AA065。

表3-15　2007—2015年环江站喀斯特农田生态系统旱地综合观测场玉米生育动态

年份	样地代码	作物品种	播种期 (月/日/年)	出苗期 (月/日/年)	五叶期 (月/日/年)	拔节期 (月/日/年)	抽雄期 (月/日/年)	吐丝期 (月/日/年)	成熟期 (月/日/年)	收获期 (月/日/年)
2007	HJAZH01ABC＿01	正大999	03/14/2007	03/24/2007	04/10/2007	04/22/2007	05/22/2007	05/29/2007	07/15/2007	07/26/2007
2008	HJAZH01ABC＿01	正大999	03/11/2008	03/20/2008	04/15/2008	05/12/2008	05/18/2008	05/25/2008	07/11/2008	07/19/2008
2009	HJAZH01ABC＿01	正大999	03/05/2009	03/14/2009	05/14/2009	05/26/2009	06/12/2009	06/17/2009	07/03/2009	07/13/2009
2010	HJAZH01ABC＿01	瑞单8号	03/06/2010	03/22/2010	05/04/2010	05/24/2010	06/11/2010	06/18/2010	06/20/2010	08/18/2010
2011	HJAZH01ABC＿01	瑞单8号	03/04/2011	03/26/2011	04/19/2011	05/18/2011	06/12/2011	06/16/2011	07/13/2011	07/31/2011

（续）

年份	样地代码	作物品种	播种期 (月/日/年)	出苗期 (月/日/年)	五叶期 (月/日/年)	拔节期 (月/日/年)	抽雄期 (月/日/年)	吐丝期 (月/日/年)	成熟期 (月/日/年)	收获期 (月/日/年)
2012	HJAZH01ABC_01	瑞单8号	03/08/2012	03/18/2012	04/10/2012	05/07/2012	05/28/2012	06/07/2012	07/17/2012	07/21/2012
2013	HJAZH01ABC_01	瑞单8号	02/27/2013	03/05/2013	04/16/2013	05/07/2013	05/23/2013	05/29/2013	06/21/2013	07/23/2013
2014	HJAZH01ABC_01	瑞单8号	02/27/2014	03/08/2014	04/27/2014	05/14/2014	05/31/2014	06/04/2014	06/28/2014	07/04/2014
2015	HJAZH01ABC_01	瑞单8号	03/11/2015	03/21/2015	04/12/2015	05/10/2015	06/09/2015	06/15/2015	06/26/2015	07/21/2015

表 3-16　2007—2015 年环江站喀斯特农田生态系统旱地辅助观测场玉米生育动态

年份	样地代码	作物品种	播种期 (月/日/年)	出苗期 (月/日/年)	五叶期 (月/日/年)	拔节期 (月/日/年)	抽雄期 (月/日/年)	吐丝期 (月/日/年)	成熟期 (月/日/年)	收获期 (月/日/年)
2007	HJAFZ01ABC_01	正大999	03/14/2007	03/24/2007	04/10/2007	04/22/2007	05/22/2007	05/29/2007	07/15/2007	07/27/2007
2008	HJAFZ01ABC_01	正大999	03/08/2008	03/18/2008	04/14/2008	05/11/2008	05/18/2008	05/25/2008	07/11/2008	07/24/2008
2009	HJAFZ01ABC_01	正大999	03/03/2009	03/13/2009	05/14/2009	05/24/2009	06/11/2009	06/17/2009	07/02/2009	07/11/2009
2010	HJAFZ01ABC_01	瑞单8号	03/07/2010	03/20/2010	04/15/2010	05/26/2010	06/10/2010	06/14/2010	06/20/2010	08/26/2010
2011	HJAFZ01ABC_01	瑞单8号	03/04/2011	03/25/2011	04/18/2011	05/14/2011	06/05/2011	06/08/2011	06/27/2011	07/30/2011
2012	HJAFZ01ABC_01	瑞单8号	03/08/2012	03/18/2012	04/08/2012	05/04/2012	05/23/2012	06/08/2012	07/12/2012	07/18/2012
2013	HJAFZ01ABC_01	瑞单8号	02/27/2013	03/05/2013	04/16/2013	05/06/2013	05/24/2013	05/29/2013	06/22/2013	07/17/2013
2014	HJAFZ01ABC_01	瑞单8号	02/27/2014	03/08/2014	04/28/2014	05/14/2014	05/30/2014	06/04/2014	06/29/2014	07/06/2014
2015	HJAFZ01ABC_01	瑞单8号	03/09/2015	03/17/2015	04/11/2015	05/11/2015	06/07/2015	06/14/2015	06/27/2015	07/23/2015

表 3-17　2007—2015 年环江站喀斯特农田生态系统坡地顺坡垦殖辅助观测场玉米生育动态

年份	样地代码	作物品种	播种期 (月/日/年)	出苗期 (月/日/年)	五叶期 (月/日/年)	拔节期 (月/日/年)	抽雄期 (月/日/年)	吐丝期 (月/日/年)	成熟期 (月/日/年)	收获期 (月/日/年)
2007	HJAFZ03ABC_01	正大999	03/14/2007	03/24/2007	04/10/2007	04/23/2007	05/24/2007	06/01/2007	07/17/2007	07/30/2007
2008	HJAFZ03ABC_01	正大999	03/12/2008	03/21/2008	04/16/2008	05/14/2008	05/20/2008	05/27/2008	07/15/2008	07/23/2008
2009	HJAFZ03ABC_01	正大999	03/07/2009	03/04/2009	05/14/2009	05/26/2009	06/12/2009	06/17/2009	07/06/2009	07/29/2009
2010	HJAFZ03ABC_01	瑞单8号	03/07/2010	03/18/2010	05/04/2010	05/23/2010	06/17/2010	06/20/2010	06/25/2010	08/14/2010
2011	HJAFZ03ABC_01	瑞单8号	03/07/2011	03/26/2011	05/18/2011	06/03/2011	06/22/2011	06/26/2011	07/08/2011	08/04/2011
2012	HJAFZ03ABC_01	瑞单8号	03/08/2012	03/17/2012	04/14/2012	05/11/2012	06/01/2012	06/07/2012	07/14/2012	07/20/2012
2013	HJAFZ03ABC_01	瑞单8号	03/01/2013	03/08/2013	04/16/2013	05/07/2013	05/24/2013	06/04/2013	06/21/2013	07/24/2013
2014	HJAFZ03ABC_01	瑞单8号	03/03/2014	03/10/2014	04/29/2014	05/16/2014	06/03/2014	06/05/2014	06/26/2014	07/08/2014
2015	HJAFZ03ABC_01	瑞单8号	03/17/2015	03/25/2015	04/15/2015	05/13/2015	06/12/2015	06/19/2015	06/25/2015	07/24/2015

表 3 - 18　2007—2015 年环江站喀斯特农田生态系统德胜镇地罗村地罗组站区调查点玉米生育动态

年份	样地代码	作物品种	播种期 (月/日/年)	出苗期 (月/日/年)	五叶期 (月/日/年)	拔节期 (月/日/年)	抽雄期 (月/日/年)	吐丝期 (月/日/年)	成熟期 (月/日/年)	收获期 (月/日/年)
2007	HJAZQ01AB0_02	正大 619	03/19/2007	03/26/2007	04/15/2007	04/26/2007	05/23/2007	06/01/2007	07/13/2007	07/25/2007
2008	HJAZQ01AB0_02	正大 619	03/19/2008	03/26/2008	04/16/2008	05/18/2008	05/23/2008	05/26/2008	07/13/2008	07/20/2008
2009	HJAZQ01AB0_02	正大 619	03/07/2009	03/15/2009	05/13/2009	05/27/2009	06/05/2009	06/11/2009	07/03/2009	07/11/2009
2010	HJAZQ01AB0_02	正大 818	03/05/2010	03/17/2010	05/08/2010	05/21/2010	06/19/2010	06/23/2010	06/29/2010	08/09/2010
2011	HJAZQ01AB0_02	绿星 699	03/05/2011	03/23/2011	04/21/2011	05/18/2011	06/06/2011	06/08/2011	06/28/2011	07/25/2011
2012	HJAZQ01AB0_02	桂玉 609	03/05/2012	03/23/2012	04/08/2012	05/13/2012	06/02/2012	06/08/2012	07/08/2012	07/14/2012
2013	HJAZQ01AB0_02	桂玉 609	03/02/2013	03/10/2013	04/19/2013	05/07/2013	05/27/2013	06/04/2013	06/19/2013	07/22/2013
2014	HJAZQ01AB0_02	桂玉 609	03/01/2014	03/07/2014	04/13/2014	05/08/214	05/27/2014	06/02/2014	06/22/2014	07/02/2014
2015	HJAZQ01AB0_02	桂玉 609	03/06/2015	03/17/2015	04/08/2015	05/10/2015	06/08/2015	06/14/2015	06/212015	07/18/2015

表 3 - 19　2007—2015 年环江站喀斯特农田生态系统旱地综合观测场大豆生育动态

年份	样地代码	作物品种	播种期 (月/日/年)	出苗期 (月/日/年)	开花期 (月/日/年)	结荚期 (月/日/年)	鼓粒期 (月/日/年)	成熟期 (月/日/年)	收获期 (月/日/年)
2007	HJAZH01ABC_01	桂春 5 号	07/11/2007	07/15/2007	08/23/2007	09/01/2007	09/19/2007	10/15/2007	10/20/2007
2008	HJAZH01ABC_01	桂春 5 号	07/26/2008	08/02/2008	09/18/2008	9/23/2008	10/15/2008	10/26/2008	10/27/2008
2009	HJAZH01ABC_01	桂春 5 号	07/16/2009	07/29/2009	09/07/2009	09/16/2009	10/03/2009	10/22/2009	11/01/2009
2010	HJAZH01ABC_01	桂春 5 号	07/21/2010	07/25/2010	08/19/2010	09/06/2010	09/21/2010	10/19/2010	10/28/2010
2011	HJAZH01ABC_01	桂春 5 号	06/07/2011	06/15/2011	08/26/2011	09/16/2011	10/12/2011	10/27/2011	11/12/2011
2012	HJAZH01ABC_01	桂春 5 号	07/04/2012	07/18/2012	08/23/2012	09/06/2012	09/16/2012	10/11/2012	10/19/2012
2013	HJAZH01ABC_01	桂春 5 号	06/18/2013	07/08/2013	08/11/2013	09/09/2013	09/29/2013	10/12/2013	10/20/2013
2014	HJAZH01ABC_01	桂春 5 号	06/24/2014	07/08/2014	08/06/2014	08/31/2014	09/24/2014	10/04/2014	10/07/2014
2015	HJAZH01ABC_01	桂春 5 号	07/15/2015	07/21/2015	09/08/2015	09/16/2015	09/27/2015	10/24/2015	11/12/2015

表 3 - 20　2007—2015 年环江站喀斯特农田生态系统旱地辅助观测场大豆生育动态

年份	样地代码	作物品种	播种期 (月/日/年)	出苗期 (月/日/年)	开花期 (月/日/年)	结荚期 (月/日/年)	鼓粒期 (月/日/年)	成熟期 (月/日/年)	收获期 (月/日/年)
2007	HJAFZ01ABC_01	桂春 5 号	07/11/2007	07/15/2007	08/23/2007	09/01/2007	09/19/2007	10/15/2007	10/20/2007
2008	HJAFZ01ABC_01	桂春 5 号	07/25/2008	08/01/2008	09/18/2008	09/23/2008	10/15/2008	10/26/2008	10/27/2008
2009	HJAFZ01ABC_01	桂春 5 号	07/18/2009	08/01/2009	09/10/2009	09/18/2009	10/06/2009	10/23/2009	11/03/2009
2010	HJAFZ01ABC_01	桂春 5 号	07/19/2010	07/24/2010	08/27/2010	09/03/2010	09/18/2010	10/15/2010	10/29/2010
2011	HJAFZ01ABC_01	桂春 5 号	06/06/2011	06/16/2011	08/24/2011	09/16/2011	10/08/2011	10/31/2011	11/13/2011
2012	HJAFZ01ABC_01	桂春 5 号	07/05/2012	07/16/2012	08/25/2012	09/07/2012	09/17/2012	10/13/2012	10/21/2012
2013	HJAFZ01ABC_01	桂春 5 号	06/17/2013	07/06/2013	08/10/2013	09/07/2013	09/26/2013	10/11/2013	10/21/2013
2014	HJAFZ01ABC_01	桂春 5 号	06/26/2014	07/09/2014	08/09/2014	08/30/2014	09/22/2014	10/05/2014	10/10/2014
2015	HJAFZ01ABC_01	桂春 5 号	07/16/2015	07/23/2015	09/04/2015	09/13/2015	09/23/2015	10/21/2015	11/14/2015

表 3-21　2007—2015 年环江站喀斯特农田生态系统德胜镇地罗村地罗组站区调查点大豆生育动态

年份	样地代码	作物品种	播种期 (月/日/年)	出苗期 (月/日/年)	开花期 (月/日/年)	结荚期 (月/日/年)	鼓粒期 (月/日/年)	成熟期 (月/日/年)	收获期 (月/日/年)
2007	HJAZQ01AB0_02	地方传统品种	06/28/2007	07/03/2007	08/10/2007	08/18/2007	09/06/2007	09/28/2007	10/02/2007
2008	HJAZQ01AB0_02	地方传统品种	06/08/2008	06/15/2008	08/12/2008	08/15/2008	09/13/2008	09/25/2008	10/02/2008
2009	HJAZQ01AB0_02	桂春 5 号	07/10/2009	07/19/2009	08/21/2009	09/10/2009	09/22/2009	10/11/2009	10/19/2009
2010	HJAZQ01AB0_02	桂春 5 号	07/17/2010	08/01/2010	08/14/2010	09/02/2010	09/17/2010	10/11/2010	10/16/2010
2011	HJAZQ01AB0_02	桂春 5 号	06/07/2011	06/17/2011	07/27/2011	09/01/2011	09/21/2011	10/11/2011	10/14/2011
2012	HJAZQ01AB0_02	桂春 5 号	06/29/2012	07/13/2012	08/13/2012	09/03/2012	09/18/2012	10/09/2012	10/15/2012
2013	HJAZQ01AB0_02	桂春 5 号	07/07/2013	07/19/2013	08/08/2013	09/09/2013	09/27/2013	10/13/2013	10/17/2013
2014	HJAZQ01AB0_02	桂春 5 号	06/20/2014	07/01/2014	08/07/2014	08/23/2014	09/19/2014	10/02/2014	10/09/2014
2015	HJAZQ01AB0_02	桂春 5 号	07/11/2015	07/16/2015	08/26/2015	09/09/2015	09/18/2015	10/15/2015	11/05/2015

表 3-22　2007—2015 年环江站喀斯特农田生态系统思恩镇清潭村内哨组站区调查点水稻生育动态

年份	名称	样地代码	作物品种	播种期 (月/日/年)	出苗期 (月/日/年)	三叶期 (月/日/年)	移栽期 (月/日/年)	返青期 (月/日/年)	分蘖期 (月/日/年)	拔节期 (月/日/年)	抽穗期 (月/日/年)	蜡熟期 (月/日/年)	收获期 (月/日/年)
2007	早稻	HJAZQ02AB0_02	宜香 99	03/16/2007	03/22/2007	04/07/2007	04/10/2007	04/16/2007	05/23/2007	06/15/2007	06/22/2007	07/28/2007	07/31/2007
2007	晚稻	HJAZQ02AB0_02	湘优 24	07/06/2007	07/10/2007	07/22/2007	08/06/2007	08/12/2007	08/22/2007	09/22/2007	11/04/2007	11/08/2007
2008	早稻	HJAZQ02AB0_02	Ⅱ优 13	03/20/2008	03/26/2008	04/10/2008	04/14/2008	04/20/2008	05/28/2008	06/19/2008	06/26/2008	08/02/2008	08/05/2008
2008	晚稻	HJAZQ02AB0_02	311714	07/07/2008	07/11/2008	07/23/2008	08/07/2008	08/12/2008	09/02/2008	09/15/2008	09/23/2008	11/05/2008	11/10/2008
2009	早稻	HJAZQ02AB0_02	桑丰优	03/12/2009	03/20/2009	03/27/2009	04/10/2009	04/16/2009	05/13/2009	05/29/2009	06/11/2009	06/22/2009	07/08/2009
2009	晚稻	HJAZQ02AB0_02	国稻 1 号	07/11/2009	07/18/2009	07/26/2009	08/09/2009	08/17/2009	08/26/2009	09/21/2009	10/05/2009	10/19/2009	10/29/2009
2010	早稻	HJAZQ02AB0_02	桑丰优	03/14/2010	03/21/2010	03/29/2010	04/10/2010	05/02/2010	05/19/2010	06/17/2010	07/09/2010	07/19/2010	08/05/2010
2010	晚稻	HJAZQ02AB0_02	国稻 1 号	07/09/2010	07/16/2010	07/26/2010	08/14/2010	08/20/2010	09/11/2010	09/19/2010	10/11/2010	10/25/2010	11/15/2010
2011	早稻	HJAZQ02AB0_02	天优 998	03/14/2011	03/22/2011	03/30/2011	04/28/2011	05/04/2011	05/18/2011	06/10/2011	07/11/2011	07/24/2011	08/07/2011
2011	晚稻	HJAZQ02AB0_02	泸优 11	07/12/2011	07/20/2011	07/27/2011	08/13/2011	08/19/2011	09/01/2011	09/19/2011	10/12/2011	11/02/2011	11/18/2011
2012	早稻	HJAZQ02AB0_02	研优 1 号	03/14/2012	03/21/2012	03/27/2012	04/20/2012	05/03/2012	05/12/2012	06/11/2012	07/09/2012	07/26/2012	08/08/2012
2012	晚稻	HJAZQ02AB0_02	五优 308	07/09/2012	07/16/2012	07/24/2012	08/13/2012	08/18/2012	09/01/2012	09/17/2012	10/07/2012	10/22/2012	11/07/2012
2013	早稻	HJAZQ02AB0_02	桂两优 2 号	03/12/2013	03/16/2013	03/24/2013	04/13/2013	04/24/2013	05/28/2013	06/14/2013	07/12/2013	07/28/2013	08/08/2013
2013	晚稻	HJAZQ02AB0_02	桂两优 2 号	07/06/2013	07/11/2013	07/18/2013	08/15/2013	09/03/2013	09/26/2013	10/16/2013	10/31/2013	11/12/2013
2014	早稻	HJAZQ02AB0_02	桂两优 2 号	03/02/2014	03/06/2014	03/12/2014	03/24/2014	03/28/2014	05/14/2014	06/04/2014	06/28/2014	07/21/2014	08/01/2014
2014	晚稻	HJAZQ02AB0_02	十优 838	07/01/2014	07/07/2014	07/15/2014	08/04/2014	08/19/2014	09/05/2014	09/26/2014	10/07/214	10/17/2014	11/03/2014
2015	早稻	HJAZQ02AB0_02	研优 888	03/15/2015	03/22/2015	03/27/2015	04/20/2015	05/14/2015	05/28/2015	06/14/2015	07/08/2015	07/15/2015	08/06/2015
2015	晚稻	HJAZQ02AB0_02	野香优 2 号	07/07/2015	07/18/2015	07/29/2015	08/18/2015	08/17/2015	09/04/2015	09/16/2015	10/10/2015	10/24/2015	11/10/2015

3.1.5 喀斯特农田生态系统作物耕作层根生物量数据集

（1）概述。本数据集包括环江站 2010—2013 年 5 块长期监测样地的年度作物耕作层根生物量观测数据，包括作物名称、作物品种、作物生育时期、样方面积、耕作层深度、根干重及占总根干重比例等内容，涉及玉米、大豆、水稻等作物。观测样地包括综合观测场土壤生物水分采样地（HJAZH01ABC_01）、旱地辅助观测场土壤生物水分采样地（HJAFZ01ABC_01）、坡地顺坡垦殖辅助观测场土壤生物水分采样地（HJAFZ03ABC_01）、地罗村玉米地土壤生物长期采样地（HJAZQ01AB0_02）、清潭村水田土壤生物长期采样地（HJAZQ02AB0_02），数据通过样方调查、处理计算而获得。

（2）数据采集和处理方法。1 个综合观测场和 2 个辅助观测场的数据为自测获取，2 个站区调查点的数据采集采取农户调查和自测相结合方法，每个观测场（或样地）取 6 个重复样。每年于作物生长盛期和收获季节详细记录作物名称、作物品种、样方面积、根干重和占总根干重比例等相关的背景值信息，再根据所获得信息值来计算所需要的数据值。

（3）数据质量控制和评估。

①数据获取过程的质量控制。对于农户调查获取的数据，尽量进行多人次重复验证调查，并与对应田间调查地块进行自测，对比两种方法获取数据的吻合程度，避免出现因人为原因产生的错误数据。对于自测数据，保证调查人员的固定性，以减小观测数据的偶然误差，严格、详细地记录调查时间，检查并记录样地名称代码，真实记录每季作物种类及品种。

②规范原始数据记录的质控措施。原始数据记录是保证各种数据问题的溯源查询依据，要求做到：数据真实、记录规范、书写清晰、数据集辅助信息完整等。使用专用、规范印制的数据记录表和记录本，根据本站调查任务制定年度工作调查记录本，按照调查内容和时间顺序依次排列，装订成册。使用铅笔或黑色碳素笔规范、整齐地填写，原始数据不准删除或涂改，如记录或观测有误，需将原有数据轻画横线标记，将审核后的正确数据记录在原数据旁或备注栏，并签名或盖章。数据辅助信息记录的质控措施：在进行农户或田间自测调查时，要求对样地位置、调查日期、调查农户信息、样地环境状况做翔实描述与记录，并对相关的样地管理措施、病虫害、灾害等信息同时记录。

③数据质量的质控措施。原始记录经过检查后，首先由数据获取人进行初级填报，由生物监测负责人初审数据，通过与各辅助信息及历史数据进行比较，分别进行阈值检查（根据多年数据比对，对监测数据超出历史数据阈值范围进行校验，删除异常值或加以标注说明）、一致性检查（例如数量级与其他测量值是否相同），如有疑问及异常数据反复与数据获取人核实，以保证数据录入的正确性，然后经生物监测负责人审核认定无误后上报生物分中心。之后，由分中心数据审核负责人再次对数据进行审核，并反馈修正，以保证数据的真实性、一致性、可比性和连续性。在质控数据的基础上，以年和不同作物为基础单元，统计各作物的耕作层生物量数据。

（4）数据价值。喀斯特农田生态系统作物耕作层根生物量监测数据集反映了桂西北喀斯特峰丛洼地农业区传统代表性作物玉米、大豆、水稻等观测样地作物成熟收获期耕层根系生物量值的变化情况数据。数据为同类型区相关作物农田土壤质量的评价提供参考。

（5）喀斯特农田生态系统作物耕作层根生物量监测数据。喀斯特农田生态系统作物耕作层根生物量监测数据见表 3-23～表 3-28。同时，更多"环江站喀斯特农田生态系统作物耕作层根生物量监测数据"服务请访问 http：//hja.cern.ac.cn/meta/detail/AA08。

表 3 - 23　2010 年、2012 年、2013 年环江站喀斯特农田生态系统旱地综合观测场玉米/大豆耕作层根生物量

月/日/年	样地代码	作物名称	作物品种	作物生育时期	样方号	样方面积/（cm×cm）	耕作层深度/cm	根干重/（g/m²）	占总根干重比例/%
08/10/2012	HJAZH01ABC_01	玉米	瑞单8号	收获期	1	22×17	10	170.03	89.40
08/10/2012	HJAZH01ABC_01	玉米	瑞单8号	收获期	2	21×23	10	98.10	92.20
08/10/2012	HJAZH01ABC_01	玉米	瑞单8号	收获期	3	26×20	10	114.96	93.80
08/10/2012	HJAZH01ABC_01	玉米	瑞单8号	收获期	4	20.5×21	10	202.58	92.00
08/10/2012	HJAZH01ABC_01	玉米	瑞单8号	收获期	5	23.6×23	10	157.48	90.50
08/10/2012	HJAZH01ABC_01	玉米	瑞单8号	收获期	6	24×21.8	10	179.26	92.20
07/19/2013	HJAZH01ABC_01	玉米	瑞单8号	收获期	1	25×26	10	190.77	72.00
07/19/2013	HJAZH01ABC_01	玉米	瑞单8号	收获期	2	30×26	10	153.97	79.40
07/19/2013	HJAZH01ABC_01	玉米	瑞单8号	收获期	3	26×23.5	10	101.47	66.40
07/19/2013	HJAZH01ABC_01	玉米	瑞单8号	收获期	4	22.2×23.9	10	287.42	79.00
07/19/2013	HJAZH01ABC_01	玉米	瑞单8号	收获期	5	21.3×22.6	10	388.88	77.20
07/19/2013	HJAZH01ABC_01	玉米	瑞单8号	收获期	6	22.6×24.1	10	232.81	71.60
10/29/2010	HJAZH01ABC_01	大豆	桂春5号	收获期	1	4.0×2.0	20	7.75	—
10/29/2010	HJAZH01ABC_01	大豆	桂春5号	收获期	2	4.0×2.0	20	6.04	—
10/29/2010	HJAZH01ABC_01	大豆	桂春5号	收获期	3	4.0×2.0	20	10.03	—
10/29/2010	HJAZH01ABC_01	大豆	桂春5号	收获期	4	4.0×2.0	20	10.98	—
10/29/2010	HJAZH01ABC_01	大豆	桂春5号	收获期	5	4.0×2.0	20	10.62	—
10/29/2010	HJAZH01ABC_01	大豆	桂春5号	收获期	6	4.0×2.0	20	8.29	—
11/05/2012	HJAZH01ABC_01	大豆	桂春5号	收获期	1	20×19.5	10	64.36	100.00
11/05/2012	HJAZH01ABC_01	大豆	桂春5号	收获期	2	21.5×24.5	10	52.21	100.00
11/05/2012	HJAZH01ABC_01	大豆	桂春5号	收获期	3	19×25	10	62.53	100.00
11/05/2012	HJAZH01ABC_01	大豆	桂春5号	收获期	4	20×20.5	10	70.24	100.00
11/05/2012	HJAZH01ABC_01	大豆	桂春5号	收获期	5	20×24	10	62.29	100.00
11/05/2012	HJAZH01ABC_01	大豆	桂春5号	收获期	6	21.5×22.5	10	58.09	100.00
10/23/2013	HJAZH01ABC_01	大豆	桂春5号	收获期	1	20×19.5	10	710.26	100.00
10/23/2013	HJAZH01ABC_01	大豆	桂春5号	收获期	2	21.5×24.5	10	514.48	100.00
10/23/2013	HJAZH01ABC_01	大豆	桂春5号	收获期	3	19×25	10	633.68	100.00
10/23/2013	HJAZH01ABC_01	大豆	桂春5号	收获期	4	20×20.5	10	602.44	100.00
10/23/2013	HJAZH01ABC_01	大豆	桂春5号	收获期	5	20×24	10	514.58	100.00
10/23/2013	HJAZH01ABC_01	大豆	桂春5号	收获期	6	21.5×22.5	10	467.18	100.00

表 3 - 24　2012—2013 年环江站喀斯特农田生态系统旱地辅助观测场玉米耕作层根生物量

月/日/年	样地代码	作物名称	作物品种	作物生育时期	样方号	样方面积/(cm×cm)	耕作层深度/cm	根干重/(g/m²)	占总根干重比例/%
08/14/2012	HJAFZ01ABC_01	玉米	瑞单8号	收获期	I-1	20×20	10	49.68	93.80
08/14/2012	HJAFZ01ABC_01	玉米	瑞单8号	收获期	I-2	21×21	10	153.92	86.10
08/14/2012	HJAFZ01ABC_01	玉米	瑞单8号	收获期	I-3	24×18	10	180.14	87.70
08/14/2012	HJAFZ01ABC_01	玉米	瑞单8号	收获期	I-4	19×20	10	166.53	83.10
08/14/2012	HJAFZ01ABC_01	玉米	瑞单8号	收获期	I-5	20×22	10	202.73	89.10
08/14/2012	HJAFZ01ABC_01	玉米	瑞单8号	收获期	I-6	22.5×18	10	204.96	78.90
08/14/2012	HJAFZ01ABC_01	玉米	瑞单8号	收获期	II-1	22×18.7	10	51.63	95.30
08/14/2012	HJAFZ01ABC_01	玉米	瑞单8号	收获期	II-2	20.7×20	10	280.85	87.80
08/14/2012	HJAFZ01ABC_01	玉米	瑞单8号	收获期	II-3	20×22	10	172.11	71.00
08/14/2012	HJAFZ01ABC_01	玉米	瑞单8号	收获期	II-4	26×18	10	252.01	82.80
08/14/2012	HJAFZ01ABC_01	玉米	瑞单8号	收获期	II-5	22×16.3	10	129.22	84.60
08/14/2012	HJAFZ01ABC_01	玉米	瑞单8号	收获期	II-6	22×23	10	113.85	88.70
08/14/2012	HJAFZ01ABC_01	玉米	瑞单8号	收获期	III-1	18×20	10	68.33	85.70
08/14/2012	HJAFZ01ABC_01	玉米	瑞单8号	收获期	III-2	20×21	10	232.48	79.50
08/14/2012	HJAFZ01ABC_01	玉米	瑞单8号	收获期	III-3	23×19	10	176.22	87.20
08/14/2012	HJAFZ01ABC_01	玉米	瑞单8号	收获期	III-4	23.5×18.3	10	195.98	89.00
08/14/2012	HJAFZ01ABC_01	玉米	瑞单8号	收获期	III-5	19×15.8	10	276.08	94.20
08/14/2012	HJAFZ01ABC_01	玉米	瑞单8号	收获期	III-6	20×20	10	173.40	83.40
08/14/2012	HJAFZ01ABC_01	玉米	瑞单8号	收获期	IV-1	22.7×16.8	10	75.13	95.00
08/14/2012	HJAFZ01ABC_01	玉米	瑞单8号	收获期	IV-2	28.5×16.5	10	108.16	88.20
08/14/2012	HJAFZ01ABC_01	玉米	瑞单8号	收获期	IV-3	23.7×21.8	10	205.90	89.70
08/14/2012	HJAFZ01ABC_01	玉米	瑞单8号	收获期	IV-4	24×16	10	119.51	92.10
08/14/2012	HJAFZ01ABC_01	玉米	瑞单8号	收获期	IV-5	28.2×20	10	86.54	93.30
08/14/2012	HJAFZ01ABC_01	玉米	瑞单8号	收获期	IV-6	22×18.7	10	163.61	87.90
07/16/2013	HJAFZ01ABC_01	玉米	瑞单8号	收获期	I-1	18.5×21.8	10	16.36	82.50
07/16/2013	HJAFZ01ABC_01	玉米	瑞单8号	收获期	I-2	21.5×25.6	10	267.62	75.20
07/16/2013	HJAFZ01ABC_01	玉米	瑞单8号	收获期	I-3	32.1×23.2	10	207.59	80.50
07/16/2013	HJAFZ01ABC_01	玉米	瑞单8号	收获期	I-4	23.5×25	10	110.64	54.70
07/16/2013	HJAFZ01ABC_01	玉米	瑞单8号	收获期	I-5	25×26	10	237.85	73.40
07/16/2013	HJAFZ01ABC_01	玉米	瑞单8号	收获期	I-6	21.7×28.2	10	198.55	59.40
07/16/2013	HJAFZ01ABC_01	玉米	瑞单8号	收获期	II-1	21.4×22.3	10	151.92	81.40
07/16/2013	HJAFZ01ABC_01	玉米	瑞单8号	收获期	II-2	22.3×23.4	10	129.74	76.50
07/16/2013	HJAFZ01ABC_01	玉米	瑞单8号	收获期	II-3	21.1×23.2	10	169.96	63.50

（续）

月/日/年	样地代码	作物名称	作物品种	作物生育时期	样方号	样方面积/(cm×cm)	耕作层深度/cm	根干重/(g/m²)	占总根干重比例/%
07/16/2013	HJAFZ01ABC_01	玉米	瑞单8号	收获期	Ⅱ-4	21.2×25.6	10	197.52	69.40
07/16/2013	HJAFZ01ABC_01	玉米	瑞单8号	收获期	Ⅱ-5	20.8×21.3	10	254.83	84.10
07/16/2013	HJAFZ01ABC_01	玉米	瑞单8号	收获期	Ⅱ-6	26×26.5	10	140.78	60.10
07/16/2013	HJAFZ01ABC_01	玉米	瑞单8号	收获期	Ⅲ-1	22×25	10	23.82	46.80
07/16/2013	HJAFZ01ABC_01	玉米	瑞单8号	收获期	Ⅲ-2	21.2×28.5	10	188.84	87.20
07/16/2013	HJAFZ01ABC_01	玉米	瑞单8号	收获期	Ⅲ-3	24×25	10	183.67	78.90
07/16/2013	HJAFZ01ABC_01	玉米	瑞单8号	收获期	Ⅲ-4	22.4×25.1	10	141.22	55.10
07/16/2013	HJAFZ01ABC_01	玉米	瑞单8号	收获期	Ⅲ-5	19.9×26.8	10	246.94	70.90
07/16/2013	HJAFZ01ABC_01	玉米	瑞单8号	收获期	Ⅲ-6	23.5×24.2	10	63.48	70.50
07/16/2013	HJAFZ01ABC_01	玉米	瑞单8号	收获期	Ⅳ-1	24.4×21.9	10	19.65	84.70
07/16/2013	HJAFZ01ABC_01	玉米	瑞单8号	收获期	Ⅳ-2	19.9×24.8	10	175.68	80.10
07/16/2013	HJAFZ01ABC_01	玉米	瑞单8号	收获期	Ⅳ-3	25.5×24.4	10	108.49	61.70
07/16/2013	HJAFZ01ABC_01	玉米	瑞单8号	收获期	Ⅳ-4	17.9×20.1	10	465.27	73.50
07/16/2013	HJAFZ01ABC_01	玉米	瑞单8号	收获期	Ⅳ-5	26.9×24.5	10	173.43	83.20
07/16/2013	HJAFZ01ABC_01	玉米	瑞单8号	收获期	Ⅳ-6	26.5×26.2	10	163.76	84.50

表 3-25　2010 年、2012 年、2015 年环江站喀斯特农田生态系统旱地辅助观测场大豆耕作层根生物量

月/日/年	样地代码	作物名称	作物品种	作物生育时期	样方号	样方面积/(cm×cm)	耕作层深度/cm	根干重/(g/m²)	占总根干重比例/%
10/31/2010	HJAFZ01ABC_01	大豆	桂春5号	成熟收获期	Ⅰ-1	7.5×4.0	20	9.99	100.00
10/31/2010	HJAFZ01ABC_01	大豆	桂春5号	成熟收获期	Ⅰ-2	7.5×4.0	20	12.18	100.00
10/31/2010	HJAFZ01ABC_01	大豆	桂春5号	成熟收获期	Ⅰ-3	7.5×4.0	20	17.70	100.00
10/31/2010	HJAFZ01ABC_01	大豆	桂春5号	成熟收获期	Ⅰ-4	7.5×4.0	20	12.41	100.00
10/31/2010	HJAFZ01ABC_01	大豆	桂春5号	成熟收获期	Ⅰ-5	7.5×4.0	20	11.39	100.00
10/31/2010	HJAFZ01ABC_01	大豆	桂春5号	成熟收获期	Ⅰ-6	7.5×4.0	20	13.54	100.00
10/31/2010	HJAFZ01ABC_01	大豆	桂春5号	成熟收获期	Ⅱ-1	7.5×4.0	20	6.50	100.00
10/31/2010	HJAFZ01ABC_01	大豆	桂春5号	成熟收获期	Ⅱ-2	7.5×4.0	20	14.13	100.00
10/31/2010	HJAFZ01ABC_01	大豆	桂春5号	成熟收获期	Ⅱ-3	7.5×4.0	20	16.45	100.00
10/31/2010	HJAFZ01ABC_01	大豆	桂春5号	成熟收获期	Ⅱ-4	7.5×4.0	20	8.75	100.00
10/31/2010	HJAFZ01ABC_01	大豆	桂春5号	成熟收获期	Ⅱ-5	7.5×4.0	20	14.37	100.00
10/31/2010	HJAFZ01ABC_01	大豆	桂春5号	成熟收获期	Ⅱ-6	7.5×4.0	20	10.01	100.00
10/31/2010	HJAFZ01ABC_01	大豆	桂春5号	成熟收获期	Ⅲ-1	7.5×4.0	20	9.07	100.00
10/31/2010	HJAFZ01ABC_01	大豆	桂春5号	成熟收获期	Ⅲ-2	7.5×4.0	20	13.48	100.00

（续）

月/日/年	样地代码	作物名称	作物品种	作物生育时期	样方号	样方面积/(cm×cm)	耕作层深度/cm	根干重/(g/m²)	占总根干重比例/%
10/31/2010	HJAFZ01ABC_01	大豆	桂春5号	成熟收获期	Ⅲ-3	7.5×4.0	20	11.92	100.00
10/31/2010	HJAFZ01ABC_01	大豆	桂春5号	成熟收获期	Ⅲ-4	7.5×4.0	20	11.47	100.00
10/31/2010	HJAFZ01ABC_01	大豆	桂春5号	成熟收获期	Ⅲ-5	7.5×4.0	20	11.21	100.00
10/31/2010	HJAFZ01ABC_01	大豆	桂春5号	成熟收获期	Ⅲ-6	7.5×4.0	20	8.39	100.00
10/31/2010	HJAFZ01ABC_01	大豆	桂春5号	成熟收获期	Ⅳ-1	7.5×4.0	20	7.77	100.00
10/31/2010	HJAFZ01ABC_01	大豆	桂春5号	成熟收获期	Ⅳ-2	7.5×4.0	20	10.38	100.00
10/31/2010	HJAFZ01ABC_01	大豆	桂春5号	成熟收获期	Ⅳ-3	7.5×4.0	20	10.13	100.00
10/31/2010	HJAFZ01ABC_01	大豆	桂春5号	成熟收获期	Ⅳ-4	7.5×4.0	20	9.91	100.00
10/31/2010	HJAFZ01ABC_01	大豆	桂春5号	成熟收获期	Ⅳ-5	7.5×4.0	20	7.17	100.00
10/31/2010	HJAFZ01ABC_01	大豆	桂春5号	成熟收获期	Ⅳ-6	7.5×4.0	20	13.21	100.00
11/05/2012	HJAFZ01ABC_01	大豆	桂春5号	收获期	Ⅰ-1	21×26	10	71.61	100.00
11/05/2012	HJAFZ01ABC_01	大豆	桂春5号	收获期	Ⅰ-2	23×19	10	81.69	100.00
11/05/2012	HJAFZ01ABC_01	大豆	桂春5号	收获期	Ⅰ-3	21×20	10	105.00	100.00
11/05/2012	HJAFZ01ABC_01	大豆	桂春5号	收获期	Ⅰ-4	21×22	10	68.61	100.00
11/05/2012	HJAFZ01ABC_01	大豆	桂春5号	收获期	Ⅰ-5	22×20	10	119.55	100.00
11/05/2012	HJAFZ01ABC_01	大豆	桂春5号	收获期	Ⅰ-6	21×20	10	146.19	100.00
11/05/2012	HJAFZ01ABC_01	大豆	桂春5号	收获期	Ⅱ-1	24×21.5	10	84.69	100.00
11/05/2012	HJAFZ01ABC_01	大豆	桂春5号	收获期	Ⅱ-2	25×23	10	74.26	100.00
11/05/2012	HJAFZ01ABC_01	大豆	桂春5号	收获期	Ⅱ-3	19×25	10	91.37	100.00
11/05/2012	HJAFZ01ABC_01	大豆	桂春5号	收获期	Ⅱ-4	23×18.5	10	167.10	100.00
11/05/2012	HJAFZ01ABC_01	大豆	桂春5号	收获期	Ⅱ-5	25×20	10	123.80	100.00
11/05/2012	HJAFZ01ABC_01	大豆	桂春5号	收获期	Ⅱ-6	23×19	10	194.28	100.00
11/05/2012	HJAFZ01ABC_01	大豆	桂春5号	收获期	Ⅲ-1	24×21	10	152.58	100.00
11/05/2012	HJAFZ01ABC_01	大豆	桂春5号	收获期	Ⅲ-2	28×20	10	106.07	100.00
11/05/2012	HJAFZ01ABC_01	大豆	桂春5号	收获期	Ⅲ-3	22.5×23	10	98.55	100.00
11/05/2012	HJAFZ01ABC_01	大豆	桂春5号	收获期	Ⅲ-4	20×25	10	114.00	100.00
11/05/2012	HJAFZ01ABC_01	大豆	桂春5号	收获期	Ⅲ-5	19×24	10	80.04	100.00
11/05/2012	HJAFZ01ABC_01	大豆	桂春5号	收获期	Ⅲ-6	21×25	10	95.81	100.00
11/05/2012	HJAFZ01ABC_01	大豆	桂春5号	收获期	Ⅳ-1	22×21	10	77.92	100.00
11/05/2012	HJAFZ01ABC_01	大豆	桂春5号	收获期	Ⅳ-2	21.8×20.8	10	153.71	100.00
11/05/2012	HJAFZ01ABC_01	大豆	桂春5号	收获期	Ⅳ-3	21×23	10	102.90	100.00
11/05/2012	HJAFZ01ABC_01	大豆	桂春5号	收获期	Ⅳ-4	22.7×22	10	96.52	100.00

（续）

月/日/年	样地代码	作物名称	作物品种	作物生育 时期	样方号	样方面积/ （cm×cm）	耕作层 深度/cm	根干重/ （g/m²）	占总根干重 比例/%
11/05/2012	HJAFZ01ABC_01	大豆	桂春5号	收获期	Ⅳ-5	20.5×25	10	116.49	100.00
11/05/2012	HJAFZ01ABC_01	大豆	桂春5号	收获期	Ⅳ-6	20.5×23.5	10	140.53	100.00
10/23/2013	HJAFZ01ABC_01	大豆	桂春5号	收获期	Ⅰ-1	21×26	10	267.40	100.00
10/23/2013	HJAFZ01ABC_01	大豆	桂春5号	收获期	Ⅰ-2	23×19	10	327.23	100.00
10/23/2013	HJAFZ01ABC_01	大豆	桂春5号	收获期	Ⅰ-3	21×20	10	402.38	100.00
10/23/2013	HJAFZ01ABC_01	大豆	桂春5号	收获期	Ⅰ-4	21×22	10	209.96	100.00
10/23/2013	HJAFZ01ABC_01	大豆	桂春5号	收获期	Ⅰ-5	22×20	10	295.45	100.00
10/23/2013	HJAFZ01ABC_01	大豆	桂春5号	收获期	Ⅰ-6	21×20	10	369.05	100.00
10/29/2010	HJAFZ01ABC_01	大豆	桂春5号	收获期	Ⅱ-1	24×21.5	10	405.04	100.00
10/29/2010	HJAFZ01ABC_01	大豆	桂春5号	收获期	Ⅱ-2	25×23	10	485.22	100.00
10/29/2010	HJAFZ01ABC_01	大豆	桂春5号	收获期	Ⅱ-3	19×25	10	273.68	100.00
10/29/2010	HJAFZ01ABC_01	大豆	桂春5号	收获期	Ⅱ-4	23×18.5	10	542.89	100.00
10/29/2010	HJAFZ01ABC_01	大豆	桂春5号	收获期	Ⅱ-5	25×20	10	592.00	100.00
10/29/2010	HJAFZ01ABC_01	大豆	桂春5号	收获期	Ⅱ-6	23×19	10	437.07	100.00
11/05/2012	HJAFZ01ABC_01	大豆	桂春5号	收获期	Ⅲ-1	24×21	10	464.29	100.00
11/05/2012	HJAFZ01ABC_01	大豆	桂春5号	收获期	Ⅲ-2	28×20	10	369.64	100.00
11/05/2012	HJAFZ01ABC_01	大豆	桂春5号	收获期	Ⅲ-3	22.5×23	10	531.40	100.00
11/05/2012	HJAFZ01ABC_01	大豆	桂春5号	收获期	Ⅲ-4	20×25	10	300.00	100.00
11/05/2012	HJAFZ01ABC_01	大豆	桂春5号	收获期	Ⅲ-5	19×24	10	418.86	100.00
11/05/2012	HJAFZ01ABC_01	大豆	桂春5号	收获期	Ⅲ-6	21×25	10	377.14	100.00
10/23/2013	HJAFZ01ABC_01	大豆	桂春5号	收获期	Ⅳ-1	22×21	10	292.21	100.00
10/23/2013	HJAFZ01ABC_01	大豆	桂春5号	收获期	Ⅳ-2	21.8×20.8	10	308.75	100.00
10/23/2013	HJAFZ01ABC_01	大豆	桂春5号	收获期	Ⅳ-3	21×23	10	380.95	100.00
10/23/2013	HJAFZ01ABC_01	大豆	桂春5号	收获期	Ⅳ-4	22.7×22	10	326.39	100.00
10/23/2013	HJAFZ01ABC_01	大豆	桂春5号	收获期	Ⅳ-5	20.5×25	10	376.59	100.00
10/23/2013	HJAFZ01ABC_01	大豆	桂春5号	收获期	Ⅳ-6	20.5×23.5	10	321.74	100.00

表 3-26　2012 年、2013 年环江站喀斯特农田生态系统坡地顺坡垦殖辅助观测场玉米耕作层根生物量

月/日/年	样地代码	作物名称	作物品种	作物生育 时期	样方号	样方面积/ （cm×cm）	耕作层 深度/cm	根干重/ （g/m²）	占总根干重 比例/%
08/10/2012	HJAFZ03ABC_01	玉米	瑞单8号	收获期	1	23×21.5	10	92.44	80.80
08/10/2012	HJAFZ03ABC_01	玉米	瑞单8号	收获期	2	22×21.8	10	127.02	85.30
08/10/2012	HJAFZ03ABC_01	玉米	瑞单8号	收获期	3	20×19.8	10	136.72	88.00

（续）

月/日/年	样地代码	作物名称	作物品种	作物生育时期	样方号	样方面积/(cm×cm)	耕作层深度/cm	根干重/(g/m²)	占总根干重比例/%
08/10/2012	HJAFZ03ABC_01	玉米	瑞单8号	收获期	4	24×23.6	10	113.65	81.80
08/10/2012	HJAFZ03ABC_01	玉米	瑞单8号	收获期	5	20×24.6	10	80.93	73.80
08/10/2012	HJAFZ03ABC_01	玉米	瑞单8号	收获期	6	22×26.3	10	117.25	83.20
07/19/2013	HJAFZ03ABC_01	玉米	瑞单8号	收获期	1	21.9×26.5	10	294.99	74.30
07/19/2013	HJAFZ03ABC_01	玉米	瑞单8号	收获期	2	22.5×21.5	10	205.89	81.20
07/19/2013	HJAFZ03ABC_01	玉米	瑞单8号	收获期	3	21.3×22.6	10	162.87	80.70
07/19/2013	HJAFZ03ABC_01	玉米	瑞单8号	收获期	4	31×26.2	10	148.49	82.80
07/19/2013	HJAFZ03ABC_01	玉米	瑞单8号	收获期	5	22.3×23.5	10	342.91	72.40
07/19/2013	HJAFZ03ABC_01	玉米	瑞单8号	收获期	6	27×27.5	10	123.10	82.30

表 3-27　2010 年、2012 年、2013 年环江站喀斯特农田生态系统德胜镇地罗村地罗组站区调查点玉米/大豆耕作层根生物量

月/日/年	样地代码	作物名称	作物品种	作物生育时期	样方号	样方面积/(cm×cm)	耕作层深度/cm	根干重/(g/m²)	占总根干重比例/%
08/09/2012	HJAZQ01AB0_02	玉米	桂玉609	收获期	1	26×31	10	104.59	89.80
08/09/2012	HJAZQ01AB0_02	玉米	桂玉609	收获期	2	22×31	10	129.13	85.70
08/09/2012	HJAZQ01AB0_02	玉米	桂玉609	收获期	3	23×27	10	58.82	78.60
08/09/2012	HJAZQ01AB0_02	玉米	桂玉609	收获期	4	20×30	10	109.05	81.20
08/09/2012	HJAZQ01AB0_02	玉米	桂玉609	收获期	5	21×25	10	214.95	78.20
08/09/2012	HJAZQ01AB0_02	玉米	桂玉609	收获期	6	21×22	10	177.51	83.30
07/11/2013	HJAZQ01AB0_02	玉米	桂玉609	收获期	1	28×21	10	107.65	68.80
07/11/2013	HJAZQ01AB0_02	玉米	桂玉609	收获期	2	27×24	10	98.15	70.20
07/11/2013	HJAZQ01AB0_02	玉米	桂玉609	收获期	3	26×21	10	91.94	47.40
07/11/2013	HJAZQ01AB0_02	玉米	桂玉609	收获期	4	26×20	10	86.35	45.60
07/11/2013	HJAZQ01AB0_02	玉米	桂玉609	收获期	5	25×23	10	71.48	51.10
07/11/2013	HJAZQ01AB0_02	玉米	桂玉609	收获期	6	23×23	10	117.58	60.30
10/24/2010	HJAZQ01AB0_02	大豆	桂春5号	成熟收获期	1	2.5×3.0	20	5.79	
10/24/2010	HJAZQ01AB0_02	大豆	桂春5号	成熟收获期	2	2.25×3.65	20	6.92	
10/24/2010	HJAZQ01AB0_02	大豆	桂春5号	成熟收获期	3	2.25×3.9	20	7.59	
10/24/2010	HJAZQ01AB0_02	大豆	桂春5号	成熟收获期	4	2.1×4.05	20	9.53	
10/24/2010	HJAZQ01AB0_02	大豆	桂春5号	成熟收获期	5	2.1×4.46	20	12.60	
10/24/2010	HJAZQ01AB0_02	大豆	桂春5号	成熟收获期	6	2.25×4.0	20	15.49	
12/01/2012	HJAZQ01AB0_02	大豆	桂春5号	收获期	1	18×21.2	10	70.49	100.00
12/01/2012	HJAZQ01AB0_02	大豆	桂春5号	收获期	2	26×18.5	10	80.46	100.00
12/01/2012	HJAZQ01AB0_02	大豆	桂春5号	收获期	3	19.5×26.5	10	68.89	100.00
12/01/2012	HJAZQ01AB0_02	大豆	桂春5号	收获期	4	19.5×23.4	10	31.12	100.00
12/01/2012	HJAZQ01AB0_02	大豆	桂春5号	收获期	5	25.5×19	10	38.18	100.00
12/01/2012	HJAZQ01AB0_02	大豆	桂春5号	收获期	6	19×22.2	10	38.64	100.00

（续）

月/日/年	样地代码	作物名称	作物品种	作物生育时期	样方号	样方面积/(cm×cm)	耕作层深度/cm	根干重/(g/m²)	占总根干重比例/%
10/21/2013	HJAZQ01AB0_02	大豆	桂春5号	收获期	1	18×21.2	10	767.82	100.00
10/21/2013	HJAZQ01AB0_02	大豆	桂春5号	收获期	2	26×18.5	10	588.36	100.00
10/21/2013	HJAZQ01AB0_02	大豆	桂春5号	收获期	3	19.5×26.5	10	338.66	100.00
10/21/2013	HJAZQ01AB0_02	大豆	桂春5号	收获期	4	19.5×23.4	10	499.67	100.00
10/21/2013	HJAZQ01AB0_02	大豆	桂春5号	收获期	5	25.5×19	10	412.80	100.00
10/21/2013	HJAZQ01AB0_02	大豆	桂春5号	收获期	6	19×22.2	10	649.60	100.00

表 3－28　2012 年、2013 年环江站喀斯特农田生态系统思恩镇清潭村内哨组站区调查点水稻耕作层根生物量

月/日/年	样地代码	作物名称	作物品种	作物生育时期	样方号	样方面积/(cm×cm)	耕作层深度/cm	根干重/(g/m²)	占总根干重比例/%
08/08/2012	HJAZQ02AB0_02	早稻	研优1号	收获期	1	19×20	20	210.29	100.00
08/08/2012	HJAZQ02AB0_02	早稻	研优1号	收获期	2	21×17.3	20	356.84	100.00
08/08/2012	HJAZQ02AB0_02	早稻	研优1号	收获期	3	21×22	20	224.03	100.00
08/08/2012	HJAZQ02AB0_02	早稻	研优1号	收获期	4	22×22	20	83.74	100.00
08/08/2012	HJAZQ02AB0_02	早稻	研优1号	收获期	5	20×19.6	20	116.53	100.00
08/08/2012	HJAZQ02AB0_02	早稻	研优1号	收获期	6	22×20	20	113.45	100.00
08/08/2013	HJAZQ02AB0_02	早稻	桂两优2号	收获期	1	18.7×20	20	231.42	100.00
08/08/2013	HJAZQ02AB0_02	早稻	桂两优2号	收获期	2	20.4×17.3	20	279.10	100.00
08/08/2013	HJAZQ02AB0_02	早稻	桂两优2号	收获期	3	20.5×22	20	186.45	100.00
08/08/2013	HJAZQ02AB0_02	早稻	桂两优2号	收获期	4	21.7×22	20	165.06	100.00
08/08/2013	HJAZQ02AB0_02	早稻	桂两优2号	收获期	5	20.5×19.6	20	210.68	100.00
08/08/2013	HJAZQ02AB0_02	早稻	桂两优2号	收获期	6	22.1×20	20	216.18	100.00
11/22/2012	HJAZQ02AB0_02	晚稻	五优308	收获期	1	18×19	20	144.74	100.00
11/22/2012	HJAZQ02AB0_02	晚稻	五优308	收获期	2	20×18	20	128.06	100.00
11/22/2012	HJAZQ02AB0_02	晚稻	五优308	收获期	3	20×17.5	20	142.29	100.00
11/22/2012	HJAZQ02AB0_02	晚稻	五优308	收获期	4	20×20	20	182.25	100.00
11/22/2012	HJAZQ02AB0_02	晚稻	五优308	收获期	5	20×20	20	120.50	100.00
11/22/2012	HJAZQ02AB0_02	晚稻	五优308	收获期	6	20×20	20	456.50	100.00
11/22/2013	HJAZQ02AB0_02	晚稻	桂两优2号	收获期	1	19.1×19	20	154.31	100.00
11/22/2013	HJAZQ02AB0_02	晚稻	桂两优2号	收获期	2	17.5×18	20	276.19	100.00
11/22/2013	HJAZQ02AB0_02	晚稻	桂两优2号	收获期	3	18.7×17.5	20	238.35	100.00
11/22/2013	HJAZQ02AB0_02	晚稻	桂两优2号	收获期	4	16×20	20	112.50	100.00
11/22/2013	HJAZQ02AB0_02	晚稻	桂两优2号	收获期	5	22×20	20	136.36	100.00
11/22/2013	HJAZQ02AB0_02	晚稻	桂两优2号	收获期	6	20×20	20	115.00	100.00

3.1.6　喀斯特农田生态系统作物收获期性状数据集

（1）概述。本数据集包括环江站 2007—2015 年 5 块长期监测样地，涉及玉米、大豆、双季水稻

等作物收获期植株性状调查数据。玉米收获期植株性状包括：样地代码、作物品种、调查株数、株高（cm）、结穗高度（cm）、茎粗（cm）、空秆率（%）、果穗长度（cm）、果穗结实长度（cm）、穗粗（cm）、穗行数、行粒数、百粒重（g）、地上部总干重（g/株）、籽粒干重（g/株）等；大豆收获期植株性状包括：样地代码、样方号、调查株数、株高（cm）、茎粗（cm）、单株荚数、每荚粒数、百粒重（g）、地上部总干重（g/株）、籽粒干重（g/株）等；水稻收获期植株性状包括：样地代码、作物品种、调查穴数、株高、单穴总茎数、单穴总穗数、每穗粒数、每穗实粒数、千粒重（g）、地上部总干重（g/穴）、籽粒干重（g/穴）和重复数等14个字段。观测样地包括综合观测场土壤生物水分采样地（HJAZH01ABC_01）、旱地辅助观测场土壤生物水分采样地（HJAFZ01ABC_01）、坡地顺坡垦殖辅助观测场土壤生物水分采样地（HJAFZ03ABC_01）、地罗村玉米地土壤生物长期采样地（HJAZQ01AB0_02）、清潭村水田土壤生物长期采样地（HJAZQ02AB0_02），数据通过样方调查、处理计算而获得。

（2）数据采集和处理方法。每季作物收获期，在规定的生物采样点选择长势一致、株距均匀、具有代表性植株各取6个重复样，样品采回后及时记录总茎数、总穗数、测量株高等指标，并进行人工脱粒，茎叶、籽粒分别称鲜重用纸袋装好，然后在105 ℃杀青15 min，再在85 ℃烘至恒重后称取干重。1个综合观测场和2个辅助观测场的数据为自测获取，2个站区调查点的数据采集采取农户调查和自测相结合方法。

（3）数据质量控制和评估。

①数据获取过程的质量控制。对于农户调查获取的数据，尽量进行多人次重复验证调查，并与对应田间调查地块进行自测，对比两种方法获取数据的吻合程度，避免出现因人为原因产生的错误数据；对于自测数据，应严格、详细地记录调查时间，检查并记录样地名称代码，真实记录每季作物种类及品种。籽粒采取人工脱粒方式，以保证每个样品籽粒全部收获。

②规范原始数据记录的质控措施。原始数据记录是保证各种数据问题的溯源查询依据，要求做到：数据真实、记录规范、书写清晰、数据集辅助信息完整等。使用专用、规范印制的数据记录表和记录本，根据本站调查任务制定年度工作调查记录本，按照调查内容和时间顺序依次排列，装订成册。使用铅笔或黑色碳素笔规范、整齐地填写，原始数据不准删除或涂改，如记录或观测有误，需将原有数据轻画横线标记，将审核后的正确数据记录在原数据旁或备注栏，并签名或盖章。数据辅助信息记录的质控措施：在进行农户或田间自测调查时，要求对样地位置、调查日期、调查农户信息、样地环境状况做翔实描述与记录，并对相关的样地管理措施、病虫害、灾害等信息同时记录。

③数据质量评估。将所获取的数据与各项辅助信息数据以及历史数据信息进行比较，评价数据的正确性、一致性、完整性、可比性和连续性，经过站长和数据管理员审核认定，批准上报。对历年上报的数据由本站生物监测负责人进行整理和质量控制，对异常数据进行核实，并根据生物分中心的审核结果再次进行修正。质控方法包括阈值检查（根据多年数据比对，对监测数据超出历史数据阈值范围进行校验，删除异常值或加以标注说明）、一致性检查（例如数量级与其他测量值是否相同）等。在质控数据的基础上，以年和不同作物为基础单元，统计各作物收获期的性状，并注明调查株数。

（4）数据价值。喀斯特农田生态系统作物收获期性状数据集反映了桂西北喀斯特峰丛洼地农业区传统代表性作物玉米、大豆、水稻（早晚双季稻）等多年收获期植株性状和生物量数据。数据为评价同类型区相关作物收获期品种质量的评定提供数据参考。

（5）喀斯特农田生态系统作物收获期性状数据。喀斯特农田生态系统作物收获期性状数据见表3-29～表3-36。同时，更多"环江站喀斯特农田生态系统作物收获期性状数据"服务请访问http：//hja.cern.ac.cn/meta/detail/AA101、http：//hja.cern.ac.cn/meta/detail/AA103、http：//hja.cern.ac.cn/meta/detail/AA105。

表 3 - 29　2007—2015 年环江站喀斯特农田生态系统旱地综合观测场玉米收获期植株性状

月/日/年	样地代码	物候期	调查株数	株高/cm	结穗高/cm	茎粗/cm	空秆率/%	果穗长度/cm	果穗结实长度/cm	穗粗/cm	穗行数/行	行粒数/个	百粒重/g	地上部总干重/(g/株)	籽粒干重/(g/株)
07/26/2007	HJAZH01ABC_01	收获期	19	253.3	93.5	2.5	1.5	17.4	16.4	4.9	16.0	34.6	27.80	255.30	143.47
07/15/2008	HJAZH01ABC_01	收获期	6	239.9	90.8	1.8	0.1	14.9	12.4	4.7	14.5	25.7	29.75	258.47	124.02
08/17/2009	HJAZH01ABC_01	收获期	10	218.3	78.7	1.8	0.0	17.8	15.2	4.6	14.2	36.2	20.38	192.64	92.24
08/07/2010	HJAZH01ABC_01	收获期	10	235.7	79.8	1.9	0.0	19.4	16.8	4.7	13.3	34.2	31.18	246.71	136.48
08/02/2011	HJAZH01ABC_01	收获期	10	225.8	78.0	1.9	1.9	22.4	20.3	4.5	13.3	37.9	37.40	260.65	127.48
07/24/2012	HJAZH01ABC_01	收获期	10	250.5	93.3	1.9	1.9	19.4	17.5	4.7	14.0	35.6	28.90	382.83	134.68
08/08/2013	HJAZH01ABC_01	收获期	10	261.4	105.5	2.2	0.0	21.0	20.3	4.8	13.1	43.3	32.43	332.13	206.18
08/05/2014	HJAZH01ABC_01	收获期	10	234.0	95.7	1.9	0.0	18.4	17.2	4.5	13.7	36.3	26.18	291.03	174.13
07/24/2015	HJAZH01ABC_01	收获期	10	261.6	103.0	2.1	0.0	19.5	17.7	50.4	13.9	36.9	28.70	384.15	198.83

表 3 - 30　2007—2015 年环江站喀斯特农田生态系统旱地综合观测场大豆收获期植株性状

月/日/年	样地代码	物候期	调查株数	株高/cm	茎粗/cm	单株荚数	每荚粒数	百粒重/g	地上部总干重/(g/株)	籽粒干重/(g/株)
10/24/2007	HJAZH01ABC_01	收获期	23	63.5	—	31.3	2.0	14.10	16.38	6.67
10/27/2008	HJAZH01ABC_01	收获期	20	39.5	—	16.7	1.8	13.68	15.35	3.92
11/03/2009	HJAZH01ABC_01	收获期	20	31.2	—	9.6	10.6	16.87	2.24	0.68
10/25/2010	HJAZH01ABC_01	收获期	20	40.5	—	46.5	1.0	27.60	22.66	9.17
11/16/2011	HJAZH01ABC_01	收获期	20	32.8	0.5	19.8	1.8	28.40	14.70	7.95
10/31/2012	HJAZH01ABC_01	收获期	15	40.9	0.5	34.8	1.2	23.57	19.94	9.72
10/23/2013	HJAZH01ABC_01	收获期	15	68.8	0.8	76.2	2.0	18.00	49.62	22.92
10/18/2014	HJAZH01ABC_01	收获期	15	58.8	0.6	66.2	2.36	18.58	49.20	26.93
11/12/2015	HJAZH01ABC_01	收获期	10	38.7	0.5	30.0	1.2	21.15	27.81	15.52

中国生态系统定位观测与研究数据集
农田生态系统卷 | 广西环江站（2007—2015）

表3-31 2009—2015年环江站喀斯特农田生态系统旱地辅助观测场玉米收获期植株性状

月/日/年	样地代码	样方号	调查株数	株高/cm	结穗高/cm	茎粗/cm	空秆率/%	果穗长度/cm	果穗结实长度/cm	穗粗/cm	穗行数/行	行粒数/个	百粒重/g	地上部总干重/(g/株)	籽粒干重/(g/株)
07/11/2009	HJAFZ01ABC_01	I-1	10	160.9	46.3	1.3	9.9	13.2	10.2	3.9	13.8	24.8	19.32	109.50	63.42
07/11/2009	HJAFZ01ABC_01	I-2	10	234.1	91.6	2.1	1.7	18.6	16.4	4.9	14.8	39.0	23.48	273.21	176.89
07/11/2009	HJAFZ01ABC_01	I-3	10	237.0	91.6	2.0	4.2	20.0	18.2	4.9	14.2	40.6	23.72	287.74	191.58
07/11/2009	HJAFZ01ABC_01	I-4	10	231.5	89.1	2.1	1.7	18.6	16.2	4.9	16.0	38.2	23.52	261.22	170.75
07/11/2009	HJAFZ01ABC_01	I-5	10	227.2	87.7	2.0	0.0	19.9	17.6	4.8	14.0	42.5	22.04	272.85	181.50
07/11/2009	HJAFZ01ABC_01	I-6	10	237.2	86.3	2.2	1.7	18.5	16.0	4.8	15.2	37.8	26.58	307.40	194.67
07/11/2009	HJAFZ01ABC_01	II-1	10	193.0	64.8	1.6	7.7	14.3	12.1	4.3	13.8	32.1	15.14	154.93	88.97
07/11/2009	HJAFZ01ABC_01	II-2	10	234.2	90.6	2.0	0.8	18.5	16.5	4.7	14.0	38.4	24.84	310.68	199.83
07/11/2009	HJAFZ01ABC_01	II-3	10	235.4	92.6	2.0	0.0	19.8	18.0	4.8	14.6	42.3	21.86	293.66	189.24
07/11/2009	HJAFZ01ABC_01	II-4	10	226.4	88.5	2.0	3.4	19.8	17.9	4.9	14.2	42.0	23.60	293.60	201.43
07/11/2009	HJAFZ01ABC_01	II-5	10	234.3	89.2	2.0	4.2	20.6	17.7	4.9	14.4	41.3	25.02	291.59	188.91
07/11/2009	HJAFZ01ABC_01	II-6	10	237.7	95.0	2.1	2.5	21.0	18.2	5.0	14.8	52.7	23.52	314.70	202.00
07/11/2009	HJAFZ01ABC_01	III-1	10	210.7	74.6	1.7	4.2	17.2	14.4	4.6	27.0	36.2	19.76	213.37	123.67
07/11/2009	HJAFZ01ABC_01	III-2	10	234.1	89.8	2.0	4.2	19.6	17.2	4.8	14.8	41.9	23.08	309.02	194.17
07/11/2009	HJAFZ01ABC_01	III-3	10	243.5	94.0	2.1	1.7	19.9	17.9	4.9	14.6	42.7	26.24	299.76	194.83
07/11/2009	HJAFZ01ABC_01	III-4	10	238.7	94.1	2.2	8.3	20.1	18.4	5.0	15.6	41.7	24.94	314.19	203.75
07/11/2009	HJAFZ01ABC_01	III-5	10	237.2	90.5	2.0	9.2	19.0	17.1	4.9	15.2	40.5	23.14	287.04	183.17
07/11/2009	HJAFZ01ABC_01	III-6	10	239.0	96.1	2.2	4.2	21.1	19.3	5.0	14.4	44.3	24.00	336.31	218.82
07/11/2009	HJAFZ01ABC_01	IV-1	10	211.2	72.4	1.7	3.4	16.9	15.0	4.6	14.8	37.9	17.36	213.00	124.79
07/11/2009	HJAFZ01ABC_01	IV-2	10	236.9	93.1	1.9	0.0	18.4	16.3	4.9	16.2	39.6	22.16	286.16	190.68
07/11/2009	HJAFZ01ABC_01	IV-3	10	233.2	89.4	2.0	1.7	20.3	18.4	5.1	15.2	42.3	24.70	308.49	203.00
07/11/2009	HJAFZ01ABC_01	IV-4	10	238.0	89.2	2.0	2.5	20.2	18.1	4.9	14.6	42.4	22.32	298.14	193.08

（续）

月/日/年	样地代码	样方号	调查株数	株高/cm	结穗高/cm	茎粗/cm	空秆率/%	果穗长度/cm	果穗结实长度/cm	穗粗/cm	穗行数/行	行粒数/个	百粒重/g	地上部总干重/(g/株)	籽粒干重/(g/株)
07/11/2009	HJAFZ01ABC_01	IV-5	10	236.7	87.6	1.9	4.2	19.1	18.1	4.8	15.0	41.9	21.96	286.31	183.92
07/11/2009	HJAFZ01ABC_01	IV-6	10	240.6	95.7	2.1	2.5	19.4	17.9	5.1	15.2	40.3	25.14	333.43	218.67
07/30/2010	HJAFZ01ABC_01	I-1	10	189.5	52.5	1.5	30.0	15.0	12.2	4.2	12.8	20.0	29.20	107.97	54.31
07/30/2010	HJAFZ01ABC_01	I-2	10	251.8	96.8	1.9	4.2	19.1	15.4	4.7	12.8	30.2	28.90	210.60	106.00
07/30/2010	HJAFZ01ABC_01	I-3	10	253.0	98.5	1.9	0.0	18.6	15.2	4.6	12.2	34.6	29.70	198.64	98.75
07/30/2010	HJAFZ01ABC_01	I-4	10	238.8	87.6	1.8	5.0	17.9	13.8	4.7	12.6	27.1	28.00	194.25	94.20
07/30/2010	HJAFZ01ABC_01	I-5	10	245.0	93.4	2.0	0.0	19.4	15.7	4.7	12.0	32.0	30.20	225.82	100.66
07/30/2010	HJAFZ01ABC_01	I-6	10	256.5	100.5	2.0	5.8	19.8	27.0	4.7	13.0	34.7	29.60	248.05	117.61
07/31/2010	HJAFZ01ABC_01	II-1	10	199.5	56.8	1.5	30.8	16.4	14.0	4.2	12.4	25.5	27.50	120.34	66.82
07/31/2010	HJAFZ01ABC_01	II-2	10	245.0	93.5	1.9	1.7	19.9	15.8	4.7	12.6	30.8	30.70	216.84	117.52
07/31/2010	HJAFZ01ABC_01	II-3	10	254.0	100.6	1.9	12.5	18.9	14.8	4.7	12.4	28.6	30.00	209.44	107.42
07/31/2010	HJAFZ01ABC_01	II-4	10	239.3	86.5	1.9	0.0	19.9	16.6	4.8	12.8	32.2	29.00	246.38	128.07
07/31/2010	HJAFZ01ABC_01	II-5	10	259.6	103.0	1.9	0.8	20.4	16.8	4.7	12.4	32.4	30.40	239.47	123.58
07/31/2010	HJAFZ01ABC_01	II-6	10	248.9	93.4	2.0	2.5	20.8	16.4	4.6	12.0	31.2	31.20	226.37	113.57
08/01/2010	HJAFZ01ABC_01	III-1	10	223.2	70.4	1.7	35.0	18.2	15.4	4.5	13.2	27.5	29.00	178.09	95.54
08/01/2010	HJAFZ01ABC_01	III-2	10	248.0	93.0	2.0	6.7	18.6	15.7	4.7	13.4	28.7	30.40	220.90	111.61
08/01/2010	HJAFZ01ABC_01	III-3	10	251.0	94.2	2.0	10.0	19.1	15.8	4.7	12.8	31.3	31.20	231.71	118.32
08/01/2010	HJAFZ01ABC_01	III-4	10	258.1	98.0	2.0	0.0	20.1	17.2	4.9	13.0	33.6	30.60	245.76	128.58
08/01/2010	HJAFZ01ABC_01	III-5	10	239.0	81.8	2.0	14.2	19.9	16.3	4.8	13.0	31.2	30.30	228.04	121.71
08/01/2010	HJAFZ01ABC_01	III-6	10	243.8	95.7	2.0	4.2	19.5	16.5	4.7	12.8	31.5	30.80	234.12	124.78
08/03/2010	HJAFZ01ABC_01	IV-1	10	213.6	60.9	1.6	39.2	16.4	13.4	4.4	12.4	23.5	27.50	151.42	76.50
08/03/2010	HJAFZ01ABC_01	IV-2	10	237.9	85.6	2.0	8.3	19.1	15.6	4.8	13.2	29.8	31.40	236.07	121.39

（续）

月/日/年	样地代码	样方号	调查株数	株高/cm	结穗高/cm	茎粗/cm	空秆率/%	果穗长度/cm	果穗结实长度/cm	穗粗/cm	穗行数/行	行粒数/个	百粒重/g	地上部总干重/(g/株)	籽粒干重/(g/株)
08/03/2010	HJAFZ01ABC_01	IV-3	10	252.5	99.0	1.9	9.2	18.8	14.7	4.8	13.0	28.2	31.80	232.67	113.63
08/03/2010	HJAFZ01ABC_01	IV-4	10	248.6	94.4	1.9	14.2	18.3	15.6	4.7	12.6	30.2	31.10	227.96	117.25
08/03/2010	HJAFZ01ABC_01	IV-5	10	249.1	93.7	1.9	9.2	19.4	16.2	4.7	12.8	37.8	31.00	252.31	131.56
08/03/2010	HJAFZ01ABC_01	IV-6	10	240.8	85.6	1.9	3.3	18.6	15.3	4.7	13.2	30.6	31.10	257.54	122.38
08/01/2011	HJAFZ01ABC_01	I-1	10	181.4	48.0	1.4	25.4	17.8	15.7	3.3	11.6	20.4	26.50	79.60	19.50
08/01/2011	HJAFZ01ABC_01	I-2	10	250.1	112.0	2.2	1.7	20.9	19.8	4.5	13.0	38.6	29.40	242.10	117.30
08/01/2011	HJAFZ01ABC_01	I-3	10	248.1	97.2	2.1	4.0	20.2	19.2	4.6	13.3	37.9	28.60	264.70	125.40
08/01/2011	HJAFZ01ABC_01	I-4	10	235.5	94.8	2.1	1.7	20.6	19.2	4.8	13.6	38.1	29.70	267.10	130.50
08/01/2011	HJAFZ01ABC_01	I-5	10	227.2	84.5	2.0	2.5	20.8	18.1	4.3	13.0	37.1	30.20	277.80	125.30
08/01/2011	HJAFZ01ABC_01	I-6	10	244.9	102.2	2.2	1.7	21.5	19.7	4.4	13.0	34.4	29.60	284.90	116.40
08/01/2011	HJAFZ01ABC_01	II-1	10	184.2	55.7	1.6	22.9	17.2	15.1	3.6	11.4	21.5	26.70	87.60	32.60
08/01/2011	HJAFZ01ABC_01	II-2	10	230.2	83.0	2.1	1.7	22.3	20.7	4.4	12.8	39.5	29.60	263.40	117.00
08/01/2011	HJAFZ01ABC_01	II-3	10	244.0	91.0	2.1	5.0	22.4	20.6	4.6	13.8	40.0	31.00	238.40	97.40
08/02/2011	HJAFZ01ABC_01	II-4	10	213.2	83.7	2.2	2.6	23.0	21.4	4.5	14.0	37.1	30.00	226.30	103.10
08/02/2011	HJAFZ01ABC_01	II-5	10	235.6	90.5	2.0	1.7	22.6	21.0	4.5	13.6	40.4	29.60	253.20	117.90
08/02/2011	HJAFZ01ABC_01	II-6	10	242.4	94.5	2.0	2.5	22.1	20.9	4.5	14.0	40.1	29.40	274.30	134.60
08/02/2011	HJAFZ01ABC_01	III-1	10	209.6	63.8	1.6	12.7	16.4	14.2	3.8	12.4	26.0	25.70	123.90	48.60
08/02/2011	HJAFZ01ABC_01	III-2	10	228.1	88.5	2.1	0.8	21.7	20.4	4.7	14.6	38.6	28.80	260.90	129.00
08/02/2011	HJAFZ01ABC_01	III-3	10	245.9	98.0	2.3	0.0	24.0	21.8	4.7	14.0	41.1	29.50	284.00	132.90
08/02/2011	HJAFZ01ABC_01	III-4	10	230.1	88.2	2.1	1.7	21.8	20.7	4.6	12.4	40.2	29.40	252.00	115.10
08/02/2011	HJAFZ01ABC_01	III-5	10	230.9	85.0	2.1	3.4	23.2	21.2	4.6	13.8	40.5	30.30	243.80	109.80
08/02/2011	HJAFZ01ABC_01	III-6	10	229.6	87.5	2.0	1.7	20.2	18.4	4.5	13.6	38.1	29.20	249.00	118.20

（续）

月/日/年	样地代码	样方号	调查株数	株高/cm	结穗高/cm	茎粗/cm	空秆率/%	果穗长度/cm	果穗结实长度/cm	穗粗/cm	穗行数/行	行粒数/个	百粒重/g	地上部总干重/(g/株)	籽粒干重/(g/株)
08/02/2011	HJAFZ01ABC_01	IV-1	10	201.5	62.0	1.6	16.2	21.1	19.3	4.3	13.6	39.1	28.30	126.70	48.50
08/02/2011	HJAFZ01ABC_01	IV-2	10	231.3	85.4	2.1	7.6	17.7	16.1	3.8	10.4	20.7	30.40	273.50	122.90
08/02/2011	HJAFZ01ABC_01	IV-3	10	229.0	86.5	2.0	1.7	21.2	19.9	4.6	13.8	39.9	30.90	281.10	128.60
08/02/2011	HJAFZ01ABC_01	IV-4	10	222.3	85.5	2.0	2.5	20.0	18.6	4.5	13.8	38.2	30.40	274.10	127.70
08/02/2011	HJAFZ01ABC_01	IV-5	10	229.9	84.8	2.0	0.0	21.2	19.9	4.6	13.8	41.0	30.40	254.20	122.50
08/02/2011	HJAFZ01ABC_01	IV-6	10	221.4	88.0	2.0	0.0	22.0	20.4	4.6	14.0	39.8	29.80	283.90	131.10
07/24/2012	HJAFZ01ABC_01	I-1	10	144.2	39.4	1.0	81.7	12.1	8.3	3.2	8.2	10.4	27.40	44.00	8.80
07/24/2012	HJAFZ01ABC_01	I-2	10	254.9	108.3	2.1	6.7	20.6	18.3	4.7	14.2	37.5	27.50	242.10	107.20
07/24/2012	HJAFZ01ABC_01	I-3	10	264.8	109.3	2.2	4.2	19.9	17.5	4.7	13.4	38.5	29.80	290.70	135.20
07/24/2012	HJAFZ01ABC_01	I-4	10	269.8	104.7	2.0	11.7	20.1	17.4	4.8	13.8	38.9	27.80	270.00	121.50
07/24/2012	HJAFZ01ABC_01	I-5	10	262.3	107.1	2.0	0.8	21.8	19.9	4.7	14.2	41.6	27.90	293.30	137.80
07/24/2012	HJAFZ01ABC_01	I-6	10	265.6	116.0	2.3	1.7	20.7	18.3	5.0	13.0	38.3	29.90	287.30	138.60
07/24/2012	HJAFZ01ABC_01	II-1	10	160.5	43.0	1.2	46.7	14.9	11.0	3.8	8.7	18.6	26.50	88.00	26.20
07/24/2012	HJAFZ01ABC_01	II-2	10	260.1	115.1	2.0	12.5	19.6	17.8	4.7	14.2	40.4	29.50	292.30	134.40
07/24/2012	HJAFZ01ABC_01	II-3	10	259.0	108.7	2.0	4.2	19.3	16.6	4.9	13.2	36.0	29.60	250.90	120.10
07/24/2012	HJAFZ01ABC_01	II-4	10	238.5	100.7	2.0	11.7	19.6	17.3	4.9	15.0	33.2	29.20	269.20	123.00
07/24/2012	HJAFZ01ABC_01	II-5	10	257.2	106.3	2.0	9.2	20.9	18.6	4.8	13.8	37.1	30.00	274.90	132.60
07/24/2012	HJAFZ01ABC_01	II-6	10	254.8	106.1	2.1	0.0	18.1	15.7	4.8	14.8	34.2	29.70	289.40	140.30
07/25/2012	HJAFZ01ABC_01	III-1	10	181.9	52.0	1.2	45.8	14.1	11.2	3.8	12.2	19.5	24.70	77.10	11.50
07/25/2012	HJAFZ01ABC_01	III-2	10	252.4	104.3	2.1	13.3	18.7	16.5	4.8	13.4	34.0	30.00	269.50	130.00
07/25/2012	HJAFZ01ABC_01	III-3	10	258.6	109.1	2.0	14.2	20.7	17.5	4.9	14.6	35.0	30.00	279.50	134.80
07/25/2012	HJAFZ01ABC_01	III-4	10	259.7	105.0	1.9	12.5	17.5	15.8	4.6	13.8	35.0	30.40	293.20	130.10

（续）

月/日/年	样地代码	样方号	调查株数	株高/cm	结穗高/cm	茎粗/cm	空秆率/%	果穗长度/cm	果穗结实长度/cm	穗粗/cm	穗行数/行	行粒数/个	百粒重/g	地上部总干重/(g/株)	籽粒干重/(g/株)
07/25/2012	HJAFZ01ABC_01	III-5	10	257.1	94.2	1.9	13.3	18.1	15.8	4.7	13.4	32.1	29.80	256.50	118.10
07/25/2012	HJAFZ01ABC_01	III-6	10	259.7	105.4	2.2	1.7	20.8	18.3	4.9	14.0	36.9	29.30	292.60	142.70
07/25/2012	HJAFZ01ABC_01	IV-1	10	193.5	57.2	1.3	33.3	14.1	11.7	3.8	10.6	18.8	24.90	108.50	41.10
07/25/2012	HJAFZ01ABC_01	IV-2	10	258.9	100.6	1.9	30.0	19.0	17.0	4.6	14.0	35.2	29.10	242.90	106.70
07/25/2012	HJAFZ01ABC_01	IV-3	10	255.8	105.9	1.9	14.2	18.5	16.6	4.7	14.2	35.6	30.30	290.70	135.90
07/25/2012	HJAFZ01ABC_01	IV-4	10	254.5	104.7	2.0	11.7	18.5	27.3	4.8	13.8	32.1	30.20	281.40	127.90
07/25/2012	HJAFZ01ABC_01	IV-5	10	255.6	104.7	1.9	15.8	17.9	15.8	4.9	14.4	32.8	30.30	277.90	128.20
07/25/2012	HJAFZ01ABC_01	IV-6	10	259.6	107.1	2.1	13.3	19.5	17.4	4.8	14.0	36.4	29.90	298.70	130.60
08/13/2013	HJAFZ01ABC_01	I-1	10	176.2	59.1	1.6	46.5	13.1	11.5	4.0	12.2	23.8	25.20	157.40	76.20
08/13/2013	HJAFZ01ABC_01	I-2	10	245.6	99.8	2.2	2.4	20.4	19.2	4.6	12.8	38.4	32.30	429.50	223.50
08/13/2013	HJAFZ01ABC_01	I-3	10	251.9	94.1	2.2	1.5	21.2	20.0	4.6	12.8	40.6	33.70	339.50	190.10
08/13/2013	HJAFZ01ABC_01	I-4	10	248.5	99.4	2.2	5.4	19.9	19.2	4.6	13.4	39.3	30.20	335.80	185.80
08/22/2013	HJAFZ01ABC_01	I-5	10	250.9	97.2	2.2	2.2	19.3	18.3	4.5	12.8	37.6	31.20	1812.50	200.10
08/13/2013	HJAFZ01ABC_01	I-6	10	251.2	96.4	2.2	0.0	21.2	20.4	4.7	12.6	50.9	35.00	421.10	220.40
08/13/2013	HJAFZ01ABC_01	II-1	10	161.3	63.1	1.4	54.8	13.2	10.9	3.8	12.0	23.6	27.30	106.90	46.30
08/22/2013	HJAFZ01ABC_01	II-2	10	241.5	185.2	2.2	1.5	20.6	19.5	4.4	12.4	39.2	31.90	370.70	211.10
08/13/2013	HJAFZ01ABC_01	II-3	10	257.0	96.8	2.3	3.6	19.5	18.3	4.6	13.4	37.3	32.60	391.70	189.90
08/13/2013	HJAFZ01ABC_01	II-4	10	248.4	96.3	2.1	0.7	19.6	18.3	4.3	12.8	37.9	33.40	382.00	229.30
08/22/2013	HJAFZ01ABC_01	II-5	10	253.3	92.7	2.3	2.3	20.6	18.4	4.5	13.4	39.2	31.40	359.60	184.10
08/22/2013	HJAFZ01ABC_01	II-6	10	253.5	96.3	2.2	2.0	19.3	18.0	4.5	13.6	37.8	32.50	383.50	194.10
08/23/2013	HJAFZ01ABC_01	III-1	10	181.8	59.6	1.8	40.4	14.4	12.7	3.9	12.0	23.4	25.70	129.00	63.20
08/13/2013	HJAFZ01ABC_01	III-2	10	240.0	91.5	2.1	0.0	19.3	18.4	4.5	12.8	36.8	30.20	319.90	188.70

（续）

月/日/年	样地代码	样方号	调查株数	株高/cm	结穗高/cm	茎粗/cm	空秆率/%	果穗长度/cm	果穗结实长度/cm	穗粗/cm	穗行数/行	行粒数/个	百粒重/g	地上部总干重/(g/株)	籽粒干重/(g/株)
08/22/2013	HJAFZ01ABC_01	III-3	10	249.3	98.2	2.3	5.2	39.7	17.6	4.6	12.6	36.6	30.20	371.70	204.00
08/23/2013	HJAFZ01ABC_01	III-4	10	242.2	98.2	2.2	0.8	20.5	19.0	4.5	12.2	38.4	31.10	385.70	201.90
08/22/2013	HJAFZ01ABC_01	III-5	10	243.0	92.2	2.2	4.2	19.8	18.6	4.6	12.6	39.4	32.10	372.00	196.30
08/13/2013	HJAFZ01ABC_01	III-6	10	232.4	81.5	2.2	1.6	20.1	19.1	4.7	13.4	37.7	29.60	362.50	214.10
08/22/2013	HJAFZ01ABC_01	IV-1	10	174.8	61.4	1.4	28.1	16.2	14.3	4.0	12.2	30.2	26.80	186.80	83.70
08/22/2013	HJAFZ01ABC_01	IV-2	10	256.8	98.3	2.3	1.3	19.9	19.0	4.6	13.4	48.7	31.60	339.60	191.10
08/22/2013	HJAFZ01ABC_01	IV-3	10	237.5	97.7	2.3	3.6	19.8	17.7	4.5	13.4	37.7	31.60	387.70	206.50
08/22/2013	HJAFZ01ABC_01	IV-4	10	247.0	100.0	2.2	0.8	20.2	19.2	4.6	13.2	40.4	31.20	447.20	219.10
08/22/2013	HJAFZ01ABC_01	IV-5	10	240.1	93.6	2.2	0.8	20.4	19.3	4.4	12.0	38.8	32.20	450.70	271.10
08/22/2013	HJAFZ01ABC_01	IV-6	10	256.5	94.8	2.3	4.5	20.8	19.3	4.6	13.4	40.0	34.20	394.60	212.40
08/05/2014	HJAFZ01ABC_01	I-1	10	163.3	53.0	1.0	78.6	12.8	10.6	3.2	10.0	14.8	21.20	60.70	11.30
08/04/2014	HJAFZ01ABC_01	I-2	10	230.5	91.1	1.6	3.1	17.3	15.5	4.4	13.4	32.9	27.40	272.20	131.00
08/04/2014	HJAFZ01ABC_01	I-3	10	220.9	88.3	2.1	7.7	19.0	17.3	4.8	34.2	35.6	27.50	277.20	124.80
08/04/2014	HJAFZ01ABC_01	I-4	10	217.8	83.5	2.1	5.5	19.1	16.9	4.8	14.0	35.6	26.90	305.90	140.70
08/04/2014	HJAFZ01ABC_01	I-5	10	224.1	84.9	3.8	10.3	18.6	16.9	4.7	13.8	35.8	27.30	281.80	138.30
08/04/2014	HJAFZ01ABC_01	I-6	10	231.9	83.9	1.8	4.6	18.4	16.4	4.3	13.2	33.5	29.10	313.10	140.90
08/05/2014	HJAFZ01ABC_01	II-1	10	163.9	46.2	1.1	78.3	12.3	10.2	3.6	11.2	18.4	21.40	62.80	10.90
08/04/2014	HJAFZ01ABC_01	II-2	10	232.4	94.6	1.8	9.0	18.2	16.2	4.6	13.2	34.7	29.30	275.50	131.00
08/04/2014	HJAFZ01ABC_01	II-3	10	232.1	90.9	2.1	8.0	19.4	17.6	4.8	13.2	35.4	29.30	282.20	128.60
08/04/2014	HJAFZ01ABC_01	II-4	10	230.2	84.5	1.7	4.7	17.6	16.6	4.4	13.0	36.2	30.00	304.30	144.70
08/05/2014	HJAFZ01ABC_01	II-5	10	221.1	85.1	2.1	2.6	18.7	17.2	4.3	13.4	36.0	28.60	280.90	133.20
08/04/2014	HJAFZ01ABC_01	II-6	10	227.1	87.9	1.9	7.9	18.9	18.0	4.4	13.4	35.4	32.50	296.10	140.60

（续）

月/日/年	样地代码	样方号	调查株数	株高/cm	结穗高/cm	茎粗/cm	空秆率/%	果穗长度/cm	果穗结实长度/cm	穗粗/cm	穗行数/行	行粒数/个	百粒重/g	地上部总干重/(g/株)	籽粒干重/(g/株)
08/05/2014	HJAFZ01ABC_01	III-1	10	168.6	47.0	1.5	84.3	13.1	11.2	4.0	11.4	20.2	25.00	90.20	16.80
08/04/2014	HJAFZ01ABC_01	III-2	10	210.6	85.6	2.0	4.8	17.8	16.8	4.6	13.6	33.0	31.10	314.00	139.40
08/05/2014	HJAFZ01ABC_01	III-3	10	229.1	86.6	1.7	7.1	18.4	16.2	4.5	14.0	35.0	28.70	335.70	150.30
08/02/2014	HJAFZ01ABC_01	III-4	10	218.4	78.1	2.3	0.0	18.7	18.0	4.7	13.4	31.8	29.20	346.00	163.40
08/04/2014	HJAFZ01ABC_01	III-5	10	221.8	83.0	1.8	8.7	18.7	16.7	4.5	13.4	35.6	29.40	296.70	134.80
08/04/2014	HJAFZ01ABC_01	III-6	10	224.8	84.0	1.7	4.4	18.6	17.0	4.4	12.8	36.3	29.30	331.40	151.60
08/05/2014	HJAFZ01ABC_01	IV-1	10	163.3	42.9	1.5	65.3	12.7	10.6	3.8	11.8	18.6	22.70	78.10	17.90
08/04/2014	HJAFZ01ABC_01	IV-2	10	217.9	75.4	2.0	3.9	18.2	16.8	4.8	13.6	35.1	30.30	304.00	147.90
08/04/2014	HJAFZ01ABC_01	IV-3	10	216.0	84.3	2.3	3.3	18.6	17.0	4.9	14.0	37.0	30.80	332.90	156.10
08/04/2014	HJAFZ01ABC_01	IV-4	10	218.0	77.0	2.2	2.2	19.6	18.0	4.8	13.4	37.2	29.20	354.90	152.10
08/04/2014	HJAFZ01ABC_01	IV-5	10	221.6	82.9	1.8	3.4	17.8	16.8	4.5	13.6	36.7	30.80	345.90	151.10
08/04/2014	HJAFZ01ABC_01	IV-6	10	208.6	74.7	2.2	1.3	18.0	15.8	4.7	13.2	35.0	30.30	278.90	136.50
08/09/2015	HJAFZ01ABC_01	I-1	10	208.1	74.8	17.7	79.1	18.8	16.4	38.6	11.4	19.7	29.20	52.40	105.10
08/09/2015	HJAFZ01ABC_01	I-2	10	257.6	112.0	21.4	2.6	21.0	18.8	44.7	15.2	37.4	29.10	332.60	208.90
08/09/2015	HJAFZ01ABC_01	I-3	10	255.7	113.2	21.5	1.7	21.6	18.9	47.2	13.2	39.3	28.60	313.20	184.80
08/10/2015	HJAFZ01ABC_01	I-4	10	263.6	109.8	24.0	8.7	21.3	18.9	47.2	13.6	37.1	29.30	384.30	207.50
08/10/2015	HJAFZ01ABC_01	I-5	10	257.9	109.7	20.9	2.6	21.9	19.2	47.2	13.2	35.9	28.60	403.80	211.70
08/10/2015	HJAFZ01ABC_01	I-6	10	263.9	114.8	21.2	0.0	19.5	17.3	49.6	14.6	38.1	28.70	390.40	215.40
08/09/2015	HJAFZ01ABC_01	II-1	10	179.5	51.5	13.9	77.1	12.6	10.4	34.6	9.4	11.7	29.70	39.40	54.40
08/10/2015	HJAFZ01ABC_01	II-2	10	259.1	112.9	21.8	0.0	20.6	18.6	48.7	13.4	42.6	26.40	300.50	171.00
08/10/2015	HJAFZ01ABC_01	II-3	10	274.0	114.4	22.4	6.0	20.4	17.7	50.0	14.4	39.3	31.10	359.80	228.40
08/10/2015	HJAFZ01ABC_01	II-4	10	255.9	109.5	21.5	1.6	20.6	17.9	49.0	14.8	36.8	29.30	363.10	226.00

（续）

月/日/年	样地代码	样方号	调查株数	株高/cm	结穗高/cm	茎粗/cm	空秆率/%	果穗长度/cm	果穗结实长度/cm	穗粗/cm	穗行数/行	行粒数/个	百粒重/g	地上部总干重/(g/株)	籽粒总干重/(g/株)
08/10/2015	HJAFZ01ABC_01	II-5	10	266.4	116.4	22.1	0.0	19.6	18.4	48.2	13.2	41.3	29.40	291.90	198.30
08/10/2015	HJAFZ01ABC_01	II-6	10	256.4	110.8	21.4	3.7	19.9	18.0	49.7	14.0	40.7	30.00	394.70	234.60
08/11/2015	HJAFZ01ABC_01	III-1	10	198.6	60.1	15.4	66.3	14.4	11.5	39.2	12.0	18.3	27.90	79.90	129.60
08/11/2015	HJAFZ01ABC_01	III-2	10	267.0	109.4	22.9	0.0	21.4	18.9	49.3	13.6	42.2	32.00	390.80	236.80
08/11/2015	HJAFZ01ABC_01	III-3	10	264.2	106.6	21.7	9.1	21.0	18.8	49.9	13.6	42.9	32.20	378.40	258.70
08/11/2015	HJAFZ01ABC_01	III-4	10	258.3	107.5	21.9	4.4	19.8	18.5	49.5	14.0	39.7	31.50	383.50	232.20
08/11/2015	HJAFZ01ABC_01	III-5	10	260.2	108.4	22.6	6.5	21.2	19.2	51.0	14.6	43.2	32.10	370.00	223.00
08/11/2015	HJAFZ01ABC_01	III-6	10	264.5	105.9	22.5	1.9	21.6	19.7	49.8	15.0	42.4	29.30	451.00	242.20
08/11/2015	HJAFZ01ABC_01	IV-1	10	202.6	63.7	16.9	53.6	17.8	15.0	37.0	11.2	19.7	28.10	53.10	40.30
08/11/2015	HJAFZ01ABC_01	IV-2	10	272.9	117.2	22.3	7.0	21.1	18.9	48.3	13.8	40.8	31.00	366.00	216.10
08/11/2015	HJAFZ01ABC_01	IV-3	10	252.6	111.7	21.1	1.0	20.0	18.3	48.7	14.8	39.7	31.80	441.50	237.30
08/11/2015	HJAFZ01ABC_01	IV-4	10	255.7	103.7	22.4	0.0	19.0	17.0	47.4	13.6	38.5	30.40	419.80	225.10
08/12/2015	HJAFZ01ABC_01	IV-5	10	260.8	111.0	22.5	0.0	21.9	19.6	46.9	13.6	40.1	30.60	398.20	228.00
08/11/2015	HJAFZ01ABC_01	IV-6	10	261.7	113.0	22.6	20.0	20.0	18.1	50.8	14.2	42.0	30.50	391.60	222.40

表 3 - 32　2009—2015 年环江站喀斯特农田生态系统旱地辅助观测场大豆收获期植株性状

月/日/年	样地代码	样方号	调查株数	株高/cm	茎粗/cm	单株荚数	每荚粒数	百粒重/g	地上部总干重/(g/株)	籽粒干重/(g/株)
10/31/2009	HJAFZ01ABC_01	I-1	30	44.3	—	14.3	11.0	18.98	4.49	1.49
10/31/2009	HJAFZ01ABC_01	I-2	30	47.8	—	37.1	56.0	19.48	7.82	6.24
10/31/2009	HJAFZ01ABC_01	I-3	30	43.5	—	31.1	46.2	20.14	8.31	6.23
10/31/2009	HJAFZ01ABC_01	I-4	30	47.7	—	35.1	45.2	19.56	8.19	6.05
10/31/2009	HJAFZ01ABC_01	I-5	30	55.3	—	27.0	36.4	20.12	7.53	4.99

（续）

月/日/年	样地代码	样方号	调查株数	株高/cm	茎粗/cm	单株荚数	每荚粒数	百粒重/g	地上部总干重/（g/株）	籽粒干重/（g/株）
10/31/2009	HJAFZ01ABC_01	I-6	30	55.7	—	44.3	50.1	20.72	10.47	6.78
11/01/2009	HJAFZ01ABC_01	II-1	30	36.2	—	10.4	11.5	18.60	2.95	1.18
11/01/2009	HJAFZ01ABC_01	II-2	30	31.2	—	25.5	36.1	19.78	5.94	4.85
11/01/2009	HJAFZ01ABC_01	II-3	30	43.9	—	27.9	40.7	19.68	6.23	4.62
11/02/2009	HJAFZ01ABC_01	II-4	30	38.1	—	16.3	24.7	19.16	4.76	3.25
11/02/2009	HJAFZ01ABC_01	II-5	30	40.7	—	30.4	32.1	19.46	5.71	4.09
11/02/2009	HJAFZ01ABC_01	II-6	30	43.0	—	32.2	45.6	20.22	6.41	4.19
11/02/2009	HJAFZ01ABC_01	III-1	30	33.4	—	8.6	11.1	18.44	2.82	1.57
11/02/2009	HJAFZ01ABC_01	III-2	30	27.7	—	14.3	23.2	19.34	4.38	3.18
11/02/2009	HJAFZ01ABC_01	III-3	30	21.9	—	15.1	24.0	18.94	4.59	3.13
11/02/2009	HJAFZ01ABC_01	III-4	30	33.3	—	19.3	23.0	18.56	4.00	2.60
11/02/2009	HJAFZ01ABC_01	III-5	30	29.6	—	16.9	23.0	18.96	4.29	2.20
11/02/2009	HJAFZ01ABC_01	III-6	30	40.3	—	20.6	29.7	19.74	5.90	3.72
10/31/2009	HJAFZ01ABC_01	IV-1	30	32.6	—	10.7	12.1	18.32	3.81	1.56
11/02/2009	HJAFZ01ABC_01	IV-2	30	28.7	—	20.4	30.9	19.40	5.66	4.20
11/02/2009	HJAFZ01ABC_01	IV-3	30	33.3	—	19.5	27.4	18.94	4.72	2.85
11/02/2009	HJAFZ01ABC_01	IV-4	30	33.9	—	13.9	20.2	19.22	4.70	3.04
11/02/2009	HJAFZ01ABC_01	IV-5	30	27.4	—	14.0	23.7	19.26	4.70	3.41
11/02/2009	HJAFZ01ABC_01	IV-6	30	33.2	—	16.6	23.3	19.60	4.74	3.10
10/24/2010	HJAFZ01ABC_01	I-1	20	35.1	—	18.0	1.0	30.00	12.20	4.35
10/27/2010	HJAFZ01ABC_01	I-2	20	53.0	—	55.0	1.0	28.10	28.87	12.03
10/26/2010	HJAFZ01ABC_01	I-3	20	51.0	—	71.0	1.0	29.40	29.22	12.34

（续）

月/日/年	样地代码	样方号	调查株数	株高/cm	茎粗/cm	单株荚数	每荚粒数	百粒重/g	地上部总干重/（g/株）	籽粒干重/（g/株）
10/26/2010	HJAFZ01ABC_01	I-4	20	48.1	—	49.0	1.0	28.70	27.87	12.52
10/26/2010	HJAFZ01ABC_01	I-5	20	49.2	—	53.0	1.0	29.80	24.38	9.33
10/26/2010	HJAFZ01ABC_01	I-6	20	53.6	—	54.0	1.0	30.00	33.31	13.89
10/24/2010	HJAFZ01ABC_01	II-1	20	35.7	—	19.0	1.0	28.40	10.20	3.99
10/26/2010	HJAFZ01ABC_01	II-2	20	51.4	—	60.0	1.0	30.00	32.62	12.22
10/26/2010	HJAFZ01ABC_01	II-3	20	49.4	—	55.0	1.0	29.50	29.80	11.16
10/27/2010	HJAFZ01ABC_01	II-4	20	50.4	—	44.0	1.0	28.70	21.33	10.32
10/27/2010	HJAFZ01ABC_01	II-5	20	53.2	—	54.0	1.0	29.80	26.38	10.42
10/27/2010	HJAFZ01ABC_01	II-6	20	48.2	—	43.0	1.0	29.30	31.91	12.39
10/24/2010	HJAFZ01ABC_01	III-1	20	40.8	—	29.0	1.0	28.60	13.97	5.65
10/26/2010	HJAFZ01ABC_01	III-2	20	47.0	—	55.0	1.0	29.30	22.03	9.87
10/27/2010	HJAFZ01ABC_01	III-3	20	47.0	—	54.0	1.0	28.70	24.44	10.59
10/26/2010	HJAFZ01ABC_01	III-4	20	46.1	—	44.0	1.0	28.50	26.25	11.45
10/26/2010	HJAFZ01ABC_01	III-5	20	44.7	—	48.0	1.0	28.60	16.80	7.58
10/26/2010	HJAFZ01ABC_01	III-6	20	48.0	—	47.0	1.0	28.60	29.56	12.99
10/24/2010	HJAFZ01ABC_01	IV-1	20	40.5	—	28.0	1.0	28.60	11.46	4.86
10/27/2010	HJAFZ01ABC_01	IV-2	20	46.4	—	72.0	1.0	29.10	22.06	8.51
10/24/2010	HJAFZ01ABC_01	IV-3	20	44.4	—	35.0	1.0	28.20	21.83	9.81
10/27/2010	HJAFZ01ABC_01	IV-4	20	46.9	—	49.0	1.0	29.60	26.07	8.87
10/24/2010	HJAFZ01ABC_01	IV-5	20	39.0	—	35.0	1.0	29.00	21.80	7.69
10/24/2010	HJAFZ01ABC_01	IV-6	20	51.8	—	54.0	1.0	28.50	28.51	12.42
11/13/2011	HJAFZ01ABC_01	I-1	20	27.4	0.4	15.0	1.0	26.60	6.80	3.00

（续）

月/日/年	样地代码	样方号	调查株数	株高/cm	茎粗/cm	单株荚数	每荚粒数	百粒重/g	地上部总干重/(g/株)	籽粒干重/(g/株)
11/13/2011	HJAFZ01ABC_01	I-2	20	31.4	0.6	30.0	1.0	30.00	17.33	9.70
11/13/2011	HJAFZ01ABC_01	I-3	20	33.8	0.6	26.0	2.0	29.20	15.15	8.80
11/13/2011	HJAFZ01ABC_01	I-4	20	32.9	0.6	31.0	2.0	28.20	13.78	8.30
11/13/2011	HJAFZ01ABC_01	I-5	20	32.8	0.6	27.0	2.0	28.30	14.62	8.00
11/15/2011	HJAFZ01ABC_01	I-6	20	31.9	0.6	38.0	1.0	30.50	20.90	12.00
11/13/2011	HJAFZ01ABC_01	II-1	20	26.6	0.4	10.0	1.0	25.70	4.93	2.60
11/13/2011	HJAFZ01ABC_01	II-2	20	31.4	0.6	29.0	2.0	30.10	16.06	9.20
11/13/2011	HJAFZ01ABC_01	II-3	20	32.8	0.6	31.0	2.0	28.70	18.14	10.30
11/13/2011	HJAFZ01ABC_01	II-4	20	31.1	0.5	23.0	2.0	27.00	11.97	6.70
11/13/2011	HJAFZ01ABC_01	II-5	20	32.6	0.6	31.0	2.0	30.00	17.72	10.10
11/13/2011	HJAFZ01ABC_01	II-6	20	30.0	0.6	29.0	2.0	27.50	14.04	8.10
11/13/2011	HJAFZ01ABC_01	III-1	20	28.6	0.5	20.0	1.0	24.90	7.46	3.50
11/13/2011	HJAFZ01ABC_01	III-2	20	31.8	0.6	38.0	2.0	28.50	17.48	9.00
11/13/2011	HJAFZ01ABC_01	III-3	20	32.8	0.6	37.0	2.0	28.90	21.71	11.70
11/15/2011	HJAFZ01ABC_01	III-4	20	30.0	0.5	24.0	2.0	25.90	10.59	5.80
11/15/2011	HJAFZ01ABC_01	III-5	20	28.8	0.5	21.0	1.0	27.30	9.24	5.00
11/15/2011	HJAFZ01ABC_01	III-6	20	33.8	0.5	30.0	1.0	27.30	13.70	7.60
11/15/2011	HJAFZ01ABC_01	IV-1	20	27.1	0.4	18.0	1.0	24.20	6.77	3.00
11/15/2011	HJAFZ01ABC_01	IV-2	20	28.8	0.5	29.0	1.0	29.10	16.65	8.80
11/15/2011	HJAFZ01ABC_01	IV-3	20	31.5	0.5	26.0	2.0	28.10	16.17	8.30
11/15/2011	HJAFZ01ABC_01	IV-4	20	32.4	0.6	31.0	2.0	29.90	20.02	10.80
11/15/2011	HJAFZ01ABC_01	IV-5	20	29.4	0.5	26.0	1.0	28.00	14.01	7.40

（续）

月/日/年	样地代码	样方号	调查株数	株高/cm	茎粗/cm	单株荚数	每荚粒数	百粒重/g	地上部总干重/(g/株)	籽粒干重/(g/株)
11/15/2011	HJAFZ01ABC_01	IV-6	20	30.4	0.5	31.0	2.0	28.70	19.44	10.00
10/29/2012	HJAFZ01ABC_01	I-1	15	44.5	0.5	29.0	1.0	26.40	23.17	6.20
10/29/2012	HJAFZ01ABC_01	I-2	15	61.9	0.7	69.0	1.0	25.50	47.01	16.70
10/29/2012	HJAFZ01ABC_01	I-3	15	85.3	0.7	76.0	1.0	27.00	48.63	15.30
10/29/2012	HJAFZ01ABC_01	I-4	15	63.7	0.7	65.0	1.0	27.00	46.63	17.00
10/29/2012	HJAFZ01ABC_01	I-5	15	63.2	0.7	68.0	1.0	27.10	48.16	17.60
10/29/2012	HJAFZ01ABC_01	I-6	15	74.1	0.7	48.0	1.0	27.30	57.27	17.10
10/30/2012	HJAFZ01ABC_01	II-1	15	46.7	0.5	32.0	1.0	26.10	17.52	6.50
10/30/2012	HJAFZ01ABC_01	II-2	15	60.8	0.6	45.0	1.0	29.00	56.87	21.40
10/30/2012	HJAFZ01ABC_01	II-3	15	60.7	0.6	44.0	1.0	27.00	48.51	19.20
10/30/2012	HJAFZ01ABC_01	II-4	15	53.3	0.6	50.0	1.0	30.00	40.89	12.50
10/30/2012	HJAFZ01ABC_01	II-5	15	61.3	0.7	75.0	1.0	28.70	49.43	19.30
10/30/2012	HJAFZ01ABC_01	II-6	15	50.2	0.7	62.0	1.0	28.20	50.75	19.80
10/31/2012	HJAFZ01ABC_01	III-1	15	48.5	0.5	32.0	1.0	25.90	15.80	6.30
10/30/2012	HJAFZ01ABC_01	III-2	15	54.1	0.6	62.0	1.0	27.90	29.85	13.20
10/30/2012	HJAFZ01ABC_01	III-3	15	51.5	0.6	64.0	1.0	28.20	34.89	15.40
10/31/2012	HJAFZ01ABC_01	III-4	15	46.4	0.6	58.0	1.0	26.60	33.88	14.30
10/31/2012	HJAFZ01ABC_01	III-5	15	46.7	0.6	45.0	1.0	28.10	34.15	12.40
10/30/2012	HJAFZ01ABC_01	III-6	15	53.4	0.7	68.0	1.0	27.20	29.37	12.90
10/31/2012	HJAFZ01ABC_01	IV-1	15	43.7	0.5	38.0	1.0	26.30	15.79	5.00
10/31/2012	HJAFZ01ABC_01	IV-2	15	61.6	0.7	75.0	1.0	29.00	41.16	16.70
10/31/2012	HJAFZ01ABC_01	IV-3	15	51.9	0.6	58.0	1.0	26.90	34.70	13.30

（续）

月/日/年	样地代码	样方号	调查株数	株高/cm	茎粗/cm	单株荚数	每荚粒数	百粒重/g	地上部总干重/(g/株)	籽粒干重/(g/株)
10/31/2012	HJAFZ01ABC_01	IV-4	15	50.4	0.7	59.0	1.0	29.90	34.79	13.40
11/02/2012	HJAFZ01ABC_01	IV-5	15	85.8	0.7	55.0	1.0	27.70	46.86	17.90
10/31/2012	HJAFZ01ABC_01	IV-6	15	40.8	0.6	44.0	1.0	28.80	66.64	21.30
10/24/2013	HJAFZ01ABC_01	I-1	15	61.0	0.5	36.0	1.0	22.20	9.66	3.90
10/24/2013	HJAFZ01ABC_01	I-2	15	56.2	0.6	43.0	2.0	26.40	26.28	12.10
10/25/2013	HJAFZ01ABC_01	I-3	15	61.3	0.6	36.0	2.0	27.40	26.39	13.20
10/25/2013	HJAFZ01ABC_01	I-4	15	49.7	0.6	41.0	2.0	23.60	22.16	10.80
10/25/2013	HJAFZ01ABC_01	I-5	15	56.5	0.6	49.0	2.0	22.00	25.08	12.70
10/28/2013	HJAFZ01ABC_01	I-6	15	58.7	0.7	47.0	2.0	26.50	32.81	14.00
10/28/2013	HJAFZ01ABC_01	II-1	15	67.8	0.6	41.0	2.0	23.40	10.92	4.70
10/28/2013	HJAFZ01ABC_01	II-2	15	71.3	0.8	92.0	2.0	25.30	23.19	10.70
10/29/2013	HJAFZ01ABC_01	II-3	15	61.6	0.7	47.0	2.0	25.60	28.15	14.10
10/29/2013	HJAFZ01ABC_01	II-4	15	64.3	0.8	66.0	2.0	23.80	31.79	15.80
10/29/2013	HJAFZ01ABC_01	II-5	15	65.4	0.8	69.0	2.0	25.60	33.33	15.80
10/30/2013	HJAFZ01ABC_01	II-6	15	62.7	0.8	64.0	2.0	24.20	25.99	11.80
10/30/2013	HJAFZ01ABC_01	III-1	15	63.9	1.1	43.0	2.0	22.50	14.83	6.60
11/05/2013	HJAFZ01ABC_01	III-2	15	58.9	0.8	54.0	2.0	24.40	24.46	11.50
11/05/2013	HJAFZ01ABC_01	III-3	15	60.6	0.8	83.0	2.0	23.90	27.89	13.00
11/06/2013	HJAFZ01ABC_01	III-4	15	56.7	0.7	53.0	2.0	22.60	19.69	9.00
11/06/2013	HJAFZ01ABC_01	III-5	15	59.2	0.7	60.0	2.0	21.60	25.12	12.20
11/06/2013	HJAFZ01ABC_01	III-6	15	57.2	0.7	59.0	2.0	19.40	22.83	10.50
11/13/2013	HJAFZ01ABC_01	IV-1	15	62.6	0.6	44.0	2.0	22.90	11.43	5.00

（续）

月/日/年	样地代码	样方号	调查株数	株高/cm	茎粗/cm	单株荚数	每荚粒数	百粒重/g	地上部总干重/(g/株)	籽粒干重/(g/株)
11/13/2013	HJAFZ01ABC_01	IV-2	15	57.9	0.7	51.0	2.0	24.40	22.28	11.10
11/14/2013	HJAFZ01ABC_01	IV-3	15	61.1	0.8	57.0	2.0	22.80	21.20	9.50
11/14/2013	HJAFZ01ABC_01	IV-4	15	60.1	0.8	62.0	2.0	22.40	31.46	14.90
11/14/2013	HJAFZ01ABC_01	IV-5	15	61.7	0.8	60.0	2.0	21.10	29.24	14.30
11/15/2013	HJAFZ01ABC_01	IV-6	15	61.9	0.7	60.0	2.0	21.70	22.75	10.60
10/18/2014	HJAFZ01ABC_01	I-1	15	50.9	0.4	19.0	1.7	25.90	20.06	5.80
10/20/2014	HJAFZ01ABC_01	I-2	15	48.8	0.7	74.0	1.7	26.80	72.33	20.30
10/18/2014	HJAFZ01ABC_01	I-3	15	47.0	0.6	49.0	1.8	25.90	71.73	21.80
10/14/2014	HJAFZ01ABC_01	I-4	15	42.1	0.6	40.0	2.0	25.10	62.50	24.00
10/18/2014	HJAFZ01ABC_01	I-5	15	49.3	0.6	50.0	1.9	24.50	54.91	18.90
10/18/2014	HJAFZ01ABC_01	I-6	15	43.0	0.6	43.0	2.2	25.70	82.61	26.20
10/18/2014	HJAFZ01ABC_01	II-1	15	47.5	0.5	18.0	1.7	26.00	18.31	5.60
10/18/2014	HJAFZ01ABC_01	II-2	15	52.3	0.7	58.0	1.9	26.90	69.21	21.70
10/20/2014	HJAFZ01ABC_01	II-3	15	50.5	0.6	55.0	1.7	27.40	66.98	21.20
10/18/2014	HJAFZ01ABC_01	II-4	15	51.1	0.5	49.0	1.6	29.00	71.56	25.00
10/20/2014	HJAFZ01ABC_01	II-5	15	53.7	0.6	51.0	1.7	27.40	73.01	24.40
10/18/2014	HJAFZ01ABC_01	II-6	15	52.3	0.6	66.0	1.6	27.40	86.80	25.50
10/20/2014	HJAFZ01ABC_01	III-1	15	50.1	0.5	28.0	1.6	25.50	29.84	7.60
10/20/2014	HJAFZ01ABC_01	III-2	15	41.8	0.6	50.0	2.0	27.40	67.58	21.00
10/18/2014	HJAFZ01ABC_01	III-3	15	42.2	0.6	53.0	2.1	29.40	56.13	19.50
10/18/2014	HJAFZ01ABC_01	III-4	15	52.5	0.6	45.0	2.0	27.30	58.63	20.70
10/18/2014	HJAFZ01ABC_01	III-5	15	50.8	0.6	50.0	2.0	27.50	54.35	17.60

(续)

月/日/年	样地代码	样方号	调查株数	株高/cm	茎粗/cm	单株荚数	每荚粒数	百粒重/g	地上部总干重/(g/株)	籽粒干重/(g/株)
10/20/2014	HJAFZ01ABC_01	Ⅲ-6	15	51.0	0.6	54.0	2.1	25.70	71.40	26.30
10/18/2014	HJAFZ01ABC_01	Ⅳ-1	15	47.0	0.4	17.0	1.6	25.50	19.98	6.10
10/20/2014	HJAFZ01ABC_01	Ⅳ-2	15	48.9	0.6	48.0	1.8	26.50	70.62	24.30
10/20/2014	HJAFZ01ABC_01	Ⅳ-3	15	57.4	0.6	54.0	1.8	27.30	67.32	24.10
10/20/2014	HJAFZ01ABC_01	Ⅳ-4	15	55.3	0.7	69.0	1.7	28.10	65.19	21.20
10/18/2014	HJAFZ01ABC_01	Ⅳ-5	15	51.4	0.6	72.0	1.9	25.10	85.01	28.10
10/31/2014	HJAFZ01ABC_01	Ⅳ-6	15	52.5	0.6	48.0	2.1	25.20	68.65	22.30
11/13/2015	HJAFZ01ABC_01	Ⅰ-1	10	32.9	0.3	15.0	2.0	19.90	10.12	5.30
11/13/2015	HJAFZ01ABC_01	Ⅰ-2	10	36.4	0.6	51.0	2.0	20.80	13.00	6.80
11/13/2015	HJAFZ01ABC_01	Ⅰ-3	10	38.1	0.5	39.0	2.0	19.80	13.67	7.20
11/13/2015	HJAFZ01ABC_01	Ⅰ-4	10	41.6	0.7	44.0	2.0	19.80	13.58	7.00
11/13/2015	HJAFZ01ABC_01	Ⅰ-5	10	36.1	0.6	34.0	2.0	20.40	12.78	6.30
11/13/2015	HJAFZ01ABC_01	Ⅰ-6	10	42.8	0.5	41.0	2.0	20.70	15.41	8.40
11/13/2015	HJAFZ01ABC_01	Ⅱ-1	10	33.6	0.4	15.0	2.0	19.50	10.77	5.30
11/13/2015	HJAFZ01ABC_01	Ⅱ-2	10	38.8	0.6	33.0	2.0	20.40	14.02	7.20
11/13/2015	HJAFZ01ABC_01	Ⅱ-3	10	37.7	0.5	35.0	2.0	20.30	12.47	6.40
11/13/2015	HJAFZ01ABC_01	Ⅱ-4	10	38.7	0.6	33.0	2.0	20.50	10.05	5.00
11/13/2015	HJAFZ01ABC_01	Ⅱ-5	10	35.6	0.5	33.0	1.0	20.80	10.10	5.30
11/13/2015	HJAFZ01ABC_01	Ⅱ-6	10	38.4	0.6	36.0	2.0	21.60	13.33	6.90
11/13/2015	HJAFZ01ABC_01	Ⅲ-1	10	37.3	0.5	18.0	2.0	19.80	15.07	7.10
11/13/2015	HJAFZ01ABC_01	Ⅲ-2	10	36.2	0.5	37.0	2.0	19.00	10.55	5.50
11/13/2015	HJAFZ01ABC_01	Ⅲ-3	10	40.6	0.6	46.0	2.0	19.70	12.74	6.80

（续）

月/日/年	样地代码	样方号	调查株数	株高/cm	茎粗/cm	单株荚数	每荚粒数	百粒重/g	地上部总干重/(g/株)	籽粒干重/(g/株)
11/13/2015	HJAFZ01ABC_01	III-4	10	40.0	0.6	37.0	3.0	20.40	9.52	5.10
11/13/2015	HJAFZ01ABC_01	III-5	10	35.3	0.5	29.0	2.0	19.10	6.63	3.50
11/13/2015	HJAFZ01ABC_01	III-6	10	37.6	0.5	32.0	2.0	20.20	6.38	3.30
11/15/2015	HJAFZ01ABC_01	IV-1	10	33.1	0.4	19.0	2.0	20.10	10.24	5.10
11/15/2015	HJAFZ01ABC_01	IV-2	10	41.7	0.6	34.0	2.0	20.10	11.77	6.40
11/15/2015	HJAFZ01ABC_01	IV-3	10	40.3	0.6	31.0	2.0	19.80	8.75	4.50
11/15/2015	HJAFZ01ABC_01	IV-4	10	40.4	0.6	35.0	2.0	21.80	9.20	4.80
11/15/2015	HJAFZ01ABC_01	IV-5	10	41.1	0.6	38.0	2.0	20.10	11.86	6.30
11/15/2015	HJAFZ01ABC_01	IV-6	10	41.8	0.6	37.0	2.0	19.60	9.22	4.90

表 3-33　2008—2015 年环江站喀斯特农田生态系统地顺坡地垦殖辅助观测场玉米收获期植株性状

月/日/年	样地代码	物候期	调查株数	株高/cm	结穗高/cm	茎粗/cm	空秆率/%	果穗长度/cm	果穗结实长度/cm	穗粗/cm	穗行数/行	行粒数/个	百粒重/g	地上部总干重/(g/株)	籽粒干重/(g/株)
07/17/2008	HJAFZ03ABC_01	收获期	9	222.9	81.7	4.2	0.7	17.9	15.9	9.9	14.0	31.3	27.16	246.13	125.64
07/29/2009	HJAFZ03ABC_01	收获期	10	190.6	57.4	1.6	0.0	18.2	14.0	4.6	14.3	29.2	23.20	173.33	82.03
08/04/2010	HJAFZ03ABC_01	收获期	10	231.3	80.1	1.9	0.0	19.8	17.2	4.8	13.3	33.4	30.45	238.84	127.09
08/04/2011	HJAFZ03ABC_01	收获期	10	199.4	65.1	1.6	10.6	21.9	19.5	3.9	12.7	25.5	28.73	183.17	78.37
08/02/2012	HJAFZ03ABC_01	收获期	10	220.7	75.4	1.6	10.6	20.0	17.2	4.4	12.6	31.3	33.27	304.12	102.48
08/08/2013	HJAFZ03ABC_01	收获期	10	248.3	95.5	1.9	0.0	20.3	19.3	4.7	13.1	36.5	32.92	282.65	195.83
08/07/2014	HJAFZ03ABC_01	收获期	10	213.1	81.4	1.8	0.0	17.5	16.2	4.5	12.7	33.6	30.42	233.50	154.92
07/10/2015	HJAFZ03ABC_01	收获期	10	242.6	96.9	1.8	0.0	19.2	18.4	46.7	13.9	33.0	30.92	266.67	162.58

表 3 - 34　2007—2015 年环江站喀斯特农田生态系统德胜镇地罗村地罗组站区调查点玉米收获期植株性状

月/日/年	样地代码	物候期	调查株数	株高/cm	结穗高/cm	茎粗/cm	空秆率/%	果穗长度/cm	果穗结实长度/cm	穗粗/cm	穗行数/行	行粒数/个	百粒重/g	地上部总干重/(g/株)	籽粒干重/(g/株)
07/30/2007	HJAZQ01AB0_02	收获期	14	256.8	96.9	2.0	0.0	17.1	14.9	4.2	13.7	34.6	24.17	184.17	110.17
07/13/2008	HJAZQ01AB0_02	收获期	6	250.3	95.3	1.9	0.0	17.8	14.2	4.4	13.2	31.2	29.50	218.77	92.02
07/11/2009	HJAZQ01AB0_02	收获期	10	223.9	90.2	1.8	0.0	20.1	17.2	4.6	13.4	36.9	22.48	218.60	100.65
07/28/2010	HJAZQ01AB0_02	收获期	10	221.1	71.0	1.7	0.0	19.9	16.2	4.7	14.9	31.7	27.18	203.56	104.42
08/01/2011	HJAZQ01AB0_02	收获期	9	212.9	73.1	1.7	2.7	18.1	16.2	4.2	12.7	31.9	24.40	189.12	98.82
07/23/2012	HJAZQ01AB0_02	收获期	9	250.0	102.6	1.9	2.7	17.0	14.6	4.6	16.6	29.7	28.32	272.47	95.42
08/07/2013	HJAZQ01AB0_02	收获期	10	246.7	99.5	2.1	0.0	18.4	17.8	5.0	12.9	37.1	32.73	303.83	204.72
08/08/2014	HJAZQ01AB0_02	收获期	10	218.1	73.5	2.0	0.0	17.8	15.7	4.5	15.2	32.9	29.82	250.57	161.75
08/15/2015	HJAZQ01AB0_02	收获期	10	222.3	89.3	2.1	0.0	18.1	16.2	47.2	13.4	35.8	25.45	292.05	180.12

表 3 - 35　2007—2015 年环江站喀斯特农田生态系统德胜镇地罗村地罗组站区调查点大豆收获期植株性状

月/日/年	样地代码	物候期	调查株数	株高/cm	茎粗/cm	单株荚数	每荚粒数	百粒重/g	地上部总干重/(g/株)	籽粒干重/(g/株)
10/02/2007	HJAZQ01AB0_02	收获期	30	51.0	—	19.0	2.0	16.90	11.03	5.70
10/02/2008	HJAZQ01AB0_02	收获期	20	50.8	—	25.3	1.7	18.97	31.80	5.52
11/03/2009	HJAZQ01AB0_02	收获期	20	38.1	—	11.6	9.7	17.70	2.66	0.78
10/23/2010	HJAZQ01AB0_02	收获期	20	48.7	—	27.7	1.0	19.35	11.53	4.23
11/16/2011	HJAZQ01AB0_02	收获期	20	38.7	0.4	25.3	1.0	14.72	8.96	2.05
11/09/2012	HJAZQ01AB0_02	收获期	15	48.9	0.5	30.7	1.5	21.30	20.89	17.92
11/15/2013	HJAZQ01AB0_02	收获期	15	62.6	0.7	47.5	1.7	19.87	28.78	11.58
11/19/2014	HJAZQ01AB0_02	收获期	15	51.2	0.4	27.0	59.2	26.78	18.82	9.88
11/12/2015	HJAZQ01AB0_02	收获期	10	40.8	0.5	41.8	2.0	19.72	17.65	7.67

表 3 - 36　2007—2015 年环江站喀斯特农田生态系统恩镇恩清覃村内哨组覃站区调查点水稻收获期植株性状

月/日/年	样地代码	作物品种		物候期	调查穴数	株高/cm	单穴总茎数	单穴总穗数	每穗粒数	每穗实粒数	千粒重/g	地上部总干重/(g/穴)	籽粒干重/(g/穴)
07/31/2007	HJAZQ02AB0_02	宜香 99	早稻	收获期	16	87.9	17.0	15.8	79.7	68.8	28.95	48.21	28.17
11/04/2007	HJAZQ02AB0_02	湘优 24	晚稻	收获期	20	80.8	8.8	8.6	185.3	157.2	27.03	51.05	30.75
08/05/2008	HJAZQ02AB0_02	II优 13	早稻	收获期	5	99.9	9.1	9.0	118.8	111.1	28.27	44.15	24.12
11/10/2008	HJAZQ02AB0_02	311714	晚稻	收获期	5	77.0	14.6	13.0	111.3	57.9	26.40	40.76	18.87
08/20/2009	HJAZQ02AB0_02	桑丰优	早稻	收获期	6	101.8	9.2	9.0	155.6	131.6	25.50	48.71	28.10
11/09/2009	HJAZQ02AB0_02	国稻 1 号	晚稻	收获期	6	85.9	11.4	9.4	149.3	94.4	24.30	42.90	22.77
08/13/2010	HJAZQ02AB0_02	桑丰优	早稻	收获期	6	101.4	6.9	6.8	152.1	144.1	26.35	38.53	20.75
11/14/2010	HJAZQ02AB0_02	国稻 1 号	晚稻	收获期	6	87.1	9.7	8.4	136.0	111.3	22.88	37.35	17.43
08/11/2011	HJAZQ02AB0_02	天优 998	早稻	收获期	6	89.2	14.2	12.8	139.9	125.8	22.28	52.34	33.77
11/22/2011	HJAZQ02AB0_02	沪优 11	晚稻	收获期	6	68.0	12.5	12.3	95.7	82.0	22.90	40.54	20.83
08/08/2012	HJAZQ02AB0_02	研优 1 号	早稻	收获期	6	107.3	11.3	10.4	135.2	119.9	21.35	49.46	23.38
11/07/2012	HJAZQ02AB0_02	五优 308	晚稻	收获期	6	61.1	10.1	9.3	106.7	84.8	18.30	31.79	17.52
08/08/2013	HJAZQ02AB0_02	桂两优 2 号	早稻	收获期	6	89.7	10.0	9.9	138.8	103.7	21.65	33.77	17.12
11/28/2013	HJAZQ02AB0_02	桂两优 2 号	晚稻	收获期	6	75.6	8.9	8.7	199.6	148.8	16.45	62.78	26.25
08/01/2014	HJAZQ02AB0_02	桂两优 2 号	早稻	收获期	6	99.1	9.3	8.9	126.6	107.7	19.75	45.29	17.95
11/03/2014	HJAZQ02AB0_02	十优 838	晚稻	收获期	6	85.4	8.3	8.0	134.4	121.1	21.07	56.25	23.17
08/06/2015	HJAZQ02AB0_02	研优 888	早稻	收获期	6	106.9	9.4	8.9	129.2	114.3	24.73	44.38	28.45
11/10/2015	HJAZQ02AB0_02	野香优 2 号	晚稻	收获期	6	85.3	6.4	6.3	22.8	19.5	20.18	33.08	19.37

3.1.7　喀斯特农田生态系统作物收获期测产作物产量数据集

（1）概述。本数据集包括环江站 2007—2015 年 6 块长期监测样地 4 种作物收获期测产数据，作物包括玉米、大豆、水稻、甘蔗。数据包括：样地代码、作物名称、作物品种、株高、密度、穗数、地上部总干重、产量等，数据获取方法：作物收获期测产由样方调查、处理后计算得出；原始数据观测频率：1 次/每作物生长季；数据产品频率：每作物生长季 1 次；单位：高度：cm；地上部总干重、产量：g/m^2；密度：株或穴/m^2；穗数：穗/m^2。数据产品观测层次：作物的群体高度、密度、穗数、地上部总干重和总产量。观测样地包括综合观测场土壤生物水分采样地（HJAZH01ABC_01）、旱地辅助观测场土壤生物水分采样地（HJAFZ01ABC_01）、坡地顺坡垦殖辅助观测场土壤生物水分采样地（HJAFZ03ABC_01）、地罗村玉米地土壤生物长期采样地（HJAZQ01AB0_02）、清潭村经济作物土壤生物长期采样地（HJAZQ02AB0_01）、清潭村水田土壤生物长期采样地（HJAZQ02AB0_02）。

（2）数据采集和处理方法。3 个站区调查点的数据采集方法采取农户调查和自测相结合方法，1 个综合观测场和 2 个辅助观测场的数据为自测获取。每年于作物收获季节，在规定的生物采样点选择长势一致、株距均匀、具有代表性植株各 1 m×1 m 面积，进行采样。样品采回后及时记录总茎数、总穗数、测量株高等指标，并进行人工脱粒，茎叶、籽粒分别称鲜重用纸袋装好，然后在 105 ℃杀青15 min，再在 85 ℃烘至恒重后称取干重，最后换算得到所需数据。

（3）数据质量控制和评估。

①数据获取过程的质量控制。对于农户调查获取的数据，尽量进行多人次重复验证调查，并与对应田间调查地块进行自测，对比两种方法获取数据的吻合程度，避免出现因人为原因产生的错误数据。对于自测数据，应严格、详细地记录调查时间，检查并记录样地名称代码，真实记录每季作物种类及品种。

②规范原始数据记录的质控措施。原始数据记录是保证各种数据问题的溯源查询依据，要求做到：数据真实、记录规范、书写清晰、数据集辅助信息完整等。使用专用、规范印制的数据记录表和记录本，根据本站调查任务制定年度工作调查记录本，按照调查内容和时间顺序依次排列，装订成册。使用铅笔或黑色碳素笔规范、整齐地填写，原始数据不准删除或涂改，如记录或观测有误，需将原有数据轻画横线标记，将审核后正确数据记录在原数据旁或备注栏，并签名或盖章。数据辅助信息记录的质控措施：在进行农户或田间自测调查时，要求对样地位置、调查日期、调查农户信息、样地环境状况做翔实描述与记录，并对相关的样地管理措施、病虫害、灾害等信息同时记录。

③数据质量评估。将所获取的数据与各项辅助信息数据以及历史数据信息进行比较，评价数据的正确性、一致性、完整性、可比性和连续性，经过站长和数据管理员审核认定，批准上报。对历年上报的数据由本站生物监测负责人进行整理和质量控制，对异常数据进行核实，并根据生物分中心的审核结果再次进行修正。质控方法包括阈值检查（根据多年数据比对，对监测数据超出历史数据阈值范围进行校验，删除异常值或加以标注说明）、一致性检查（例如数量级与其他测量值是否相同）等。在质控数据的基础上，以年和不同作物为基础单元，统计各作物收获期的产量。

（4）数据价值。喀斯特农田生态系统作物收获期测产作物产量数据集反映了桂西北喀斯特峰丛洼地农业区传统代表性作物早晚稻、玉米、大豆、甘蔗等多年的产量数据。数据为同类型区相关作物的测产方法的精度评估、农产品区域估产等提供数据支撑。

（5）喀斯特农田生态系统作物收获期测产作物产量数据。喀斯特农田生态系统作物收获期测产作物产量数据见表 3-37～表 3-45。同时，更多"环江站喀斯特农田生态系统作物收获期测产作物产量数据"服务请访问 http：//hja. cern. ac. cn/meta/detail/AA11。

表 3 - 37　2007—2015 年环江站喀斯特农田生态系统旱地综合观测场玉米测产

月/日/年	样地代码	作物名称	作物品种	物候期	株高/cm	密度/(株或穴/m²)	穗数/(穗/m²)	地上部总干重/(g/m²)	产量/(g/m²)
07/26/2007	HJAZH01ABC_01	玉米	正大 999	收获期	253.3	2.5	4.4	1 110.68	625.31
07/19/2008	HJAZH01ABC_01	玉米	正大 999	收获期	239.9	5.1	4.6	1 054.80	526.88
07/13/2009	HJAZH01ABC_01	玉米	正大 999	收获期	218.0	6.0	6.0	783.36	368.96
08/07/2010	HJAZH01ABC_01	玉米	瑞单 8 号	收获期	235.7	4.6	4.6	1 126.89	619.49
08/02/2011	HJAZH01ABC_01	玉米	瑞单 8 号	收获期	225.8	4.5	4.5	1 183.82	578.93
07/24/2012	HJAZH01ABC_01	玉米	瑞单 8 号	收获期	250.5	4.3	4.3	1 669.98	586.79
07/24/2013	HJAZH01ABC_01	玉米	瑞单 8 号	收获期	261.4	4.8	4.8	1 603.87	991.97
08/06/2014	HJAZH01ABC_01	玉米	瑞单 8 号	收获期	234.0	5.5	5.5	1 588.29	952.93
07/24/2015	HJAZH01ABC_01	玉米	瑞单 8 号	收获期	261.6	4.9	4.9	1 900.86	982.62

表 3 - 38　2007—2015 年环江站喀斯特农田生态系统旱地综合观测场大豆测产

月/日/年	样地代码	作物名称	作物品种	物候期	株高/cm	密度/(株或穴/m²)	穗数/(穗/m²)	地上部总干重/(g/m²)	产量/(g/m²)
10/20/2007	HJAZH01ABC_01	大豆	桂春 5 号	收获期	63.5	5.2	13.6	215.96	103.08
10/27/2008	HJAZH01ABC_01	大豆	桂春 5 号	收获期	39.5	4.8	11.7	158.72	50.92
11/30/2009	HJAZH01ABC_01	大豆	桂春 5 号	收获期	31.3	16.0	110.5	363.47	37.75
10/29/2010	HJAZH01ABC_01	大豆	桂春 5 号	收获期	40.5	10.8	10.8	246.40	100.08
11/16/2011	HJAZH01ABC_01	大豆	桂春 5 号	收获期	32.8	3.9	—	138.76	75.16
11/02/2012	HJAZH01ABC_01	大豆	桂春 5 号	收获期	40.9	9.4	24.0	476.07	232.00
11/02/2013	HJAZH01ABC_01	大豆	桂春 5 号	收获期	68.8	4.4	9.4	465.87	215.45
10/18/2014	HJAZH01ABC_01	大豆	桂春 5 号	收获期	58.8	4.2	—	445.80	244.62
11/13/2015	HJAZH01ABC_01	大豆	桂春 5 号	收获期	38.7	3.9	—	192.92	107.68

表 3 - 39　2007—2015 年环江站喀斯特农田生态系统旱地辅助观测场玉米测产

月/日/年	样地代码	作物名称	作物品种	物候期	样方号	株高/cm	密度/(株或穴/m²)	穗数/(穗/m²)	地上部总干重/(g/m²)	产量/(g/m²)
07/26/2007	HJAFZ01ABC_01	玉米	正大 999	收获期	I-1	—	2.2	1.7	580.78	362.5
07/26/2007	HJAFZ01ABC_01	玉米	正大 999	收获期	I-2	—	2.2	2.3	611.75	410.67
07/26/2007	HJAFZ01ABC_01	玉米	正大 999	收获期	I-3	—	2.2	2.4	723.61	423.83
07/26/2007	HJAFZ01ABC_01	玉米	正大 999	收获期	I-4	—	2.2	2.5	618.12	392.33
07/26/2007	HJAFZ01ABC_01	玉米	正大 999	收获期	I-5	—	2.2	2.9	704.24	460
07/26/2007	HJAFZ01ABC_01	玉米	正大 999	收获期	I-6	—	2.2	2.03	769.63	462.83
07/26/2007	HJAFZ01ABC_01	玉米	正大 999	收获期	II-1	—	2.2	2.53	881.15	579.67

（续）

月/日/年	样地代码	作物名称	作物品种	物候期	样方号	株高/ cm	密度/ （株或穴/m²）	穗数/ （穗/m²）	地上部总 干重/（g/m²）	产量/ （g/m²）
07/26/2007	HJAFZ01ABC_01	玉米	正大999	收获期	Ⅱ-2	—	2.2	2.5	814.85	506.33
07/26/2007	HJAFZ01ABC_01	玉米	正大999	收获期	Ⅱ-3	—	2.2	2.03	731.31	461
07/26/2007	HJAFZ01ABC_01	玉米	正大999	收获期	Ⅱ-4	—	2.2	2.4	760.16	511.17
07/26/2007	HJAFZ01ABC_01	玉米	正大999	收获期	Ⅱ-5	—	2.2	2.33	758.88	499.5
07/26/2007	HJAFZ01ABC_01	玉米	正大999	收获期	Ⅱ-6	—	2.2	2.73	908.87	584.5
07/26/2007	HJAFZ01ABC_01	玉米	正大999	收获期	Ⅲ-1	—	2.2	2.47	755.07	486.33
07/26/2007	HJAFZ01ABC_01	玉米	正大999	收获期	Ⅲ-2	—	2.2	2.67	814.89	512.83
07/26/2007	HJAFZ01ABC_01	玉米	正大999	收获期	Ⅲ-3	—	2.2	2.77	957.61	626
07/26/2007	HJAFZ01ABC_01	玉米	正大999	收获期	Ⅲ-4	—	2.2	2.67	908.15	590
07/26/2007	HJAFZ01ABC_01	玉米	正大999	收获期	Ⅲ-5	—	2.2	2.33	742.46	409.33
07/26/2007	HJAFZ01ABC_01	玉米	正大999	收获期	Ⅲ-6	—	2.2	2.47	879.78	541.33
07/26/2007	HJAFZ01ABC_01	玉米	正大999	收获期	Ⅳ-1	—	2.2	2.13	640.5	414.33
07/26/2007	HJAFZ01ABC_01	玉米	正大999	收获期	Ⅳ-2	—	2.2	2.53	835.27	531
07/26/2007	HJAFZ01ABC_01	玉米	正大999	收获期	Ⅳ-3	—	2.2	2.53	693.84	333.33
07/26/2007	HJAFZ01ABC_01	玉米	正大999	收获期	Ⅳ-4	—	2.2	2.67	936.63	595.67
07/26/2007	HJAFZ01ABC_01	玉米	正大999	收获期	Ⅳ-5	—	2.2	2.9	914.25	635
07/26/2007	HJAFZ01ABC_01	玉米	正大999	收获期	Ⅳ-6	—	2.2	2.6	911.72	544.83
07/25/2008	HJAFZ01ABC_01	玉米	正大999	收获期	Ⅰ-1	196.7	2.4	4.37	580.78	362.5
07/25/2008	HJAFZ01ABC_01	玉米	正大999	收获期	Ⅰ-2	225.1	2.4	4.8	611.75	410.67
07/25/2008	HJAFZ01ABC_01	玉米	正大999	收获期	Ⅰ-3	239.6	2.4	4.83	723.61	423.83
07/25/2008	HJAFZ01ABC_01	玉米	正大999	收获期	Ⅰ-4	245.1	2.4	4.8	618.12	392.33
07/25/2008	HJAFZ01ABC_01	玉米	正大999	收获期	Ⅰ-5	235.8	2.4	4.8	704.24	460
07/25/2008	HJAFZ01ABC_01	玉米	正大999	收获期	Ⅰ-6	244.2	2.4	4.83	769.63	462.83
07/25/2008	HJAFZ01ABC_01	玉米	正大999	收获期	Ⅱ-1	228.5	2.4	4.87	881.15	579.67
07/25/2008	HJAFZ01ABC_01	玉米	正大999	收获期	Ⅱ-2	209.9	2.4	4.67	814.85	506.33
07/25/2008	HJAFZ01ABC_01	玉米	正大999	收获期	Ⅱ-3	240	2.4	4.8	731.31	461
07/25/2008	HJAFZ01ABC_01	玉米	正大999	收获期	Ⅱ-4	239.2	2.4	4.83	760.16	511.17
07/25/2008	HJAFZ01ABC_01	玉米	正大999	收获期	Ⅱ-5	240.6	2.4	4.83	758.88	499.5
07/25/2008	HJAFZ01ABC_01	玉米	正大999	收获期	Ⅱ-6	223.3	2.4	4.8	908.87	584.5
07/25/2008	HJAFZ01ABC_01	玉米	正大999	收获期	Ⅲ-1	238.2	2.4	4.37	755.07	486.33
07/25/2008	HJAFZ01ABC_01	玉米	正大999	收获期	Ⅲ-2	235.6	2.4	4.77	814.89	512.83
07/25/2008	HJAFZ01ABC_01	玉米	正大999	收获期	Ⅲ-3	238.4	2.4	4.8	957.61	626

（续）

月/日/年	样地代码	作物名称	作物品种	物候期	样方号	株高/ cm	密度/ (株或穴/m²)	穗数/ (穗/m²)	地上部总 干重/ (g/m²)	产量/ (g/m²)
07/25/2008	HJAFZ01ABC_01	玉米	正大 999	收获期	Ⅲ-4	210.5	2.4	4.7	908.15	590
07/25/2008	HJAFZ01ABC_01	玉米	正大 999	收获期	Ⅲ-5	232.4	2.4	4.77	742.46	409.33
07/25/2008	HJAFZ01ABC_01	玉米	正大 999	收获期	Ⅲ-6	216.2	2.4	4.83	879.78	541.33
07/25/2008	HJAFZ01ABC_01	玉米	正大 999	收获期	Ⅳ-1	236.6	2.4	4.83	640.5	414.33
07/25/2008	HJAFZ01ABC_01	玉米	正大 999	收获期	Ⅳ-2	242.1	2.4	4.47	835.27	531
07/25/2008	HJAFZ01ABC_01	玉米	正大 999	收获期	Ⅳ-3	213.5	2.4	4.73	693.84	333.33
07/25/2008	HJAFZ01ABC_01	玉米	正大 999	收获期	Ⅳ-4	238.8	2.4	4.77	936.63	595.67
07/25/2008	HJAFZ01ABC_01	玉米	正大 999	收获期	Ⅳ-5	239	2.4	4.8	914.25	635
07/25/2008	HJAFZ01ABC_01	玉米	正大 999	收获期	Ⅳ-6	239.2	2.4	4.83	911.72	544.83
07/11/2009	HJAFZ01ABC_01	玉米	正大 999	收获期	Ⅰ-1	237.2	6	6	1 107.84	529.96
07/11/2009	HJAFZ01ABC_01	玉米	正大 999	收获期	Ⅰ-2	237	6	6	1 028.56	529.96
07/11/2009	HJAFZ01ABC_01	玉米	正大 999	收获期	Ⅰ-3	234.1	6	6	1 139.52	536.44
07/11/2009	HJAFZ01ABC_01	玉米	正大 999	收获期	Ⅰ-4	231.5	6	6	1 141	589.12
07/11/2009	HJAFZ01ABC_01	玉米	正大 999	收获期	Ⅰ-5	227.2	6	6	1 105.41	572.72
07/11/2009	HJAFZ01ABC_01	玉米	正大 999	收获期	Ⅰ-6	160.9	6	6	454.6	197.12
07/11/2009	HJAFZ01ABC_01	玉米	正大 999	收获期	Ⅱ-1	234.2	6	6	1 012.84	510.56
07/11/2009	HJAFZ01ABC_01	玉米	正大 999	收获期	Ⅱ-2	234.3	6	6	1 139	611.84
07/11/2009	HJAFZ01ABC_01	玉米	正大 999	收获期	Ⅱ-3	235.4	6	6	1 064.96	563.08
07/11/2009	HJAFZ01ABC_01	玉米	正大 999	收获期	Ⅱ-4	237.7	6	6	1 285.55	659.44
07/11/2009	HJAFZ01ABC_01	玉米	正大 999	收获期	Ⅱ-5	193	6	6	625.12	272.16
07/11/2009	HJAFZ01ABC_01	玉米	正大 999	收获期	Ⅱ-6	226.4	6	6	1 102.08	592.56
07/11/2009	HJAFZ01ABC_01	玉米	正大 999	收获期	Ⅲ-1	243.5	6	6	1 157.6	600.96
07/11/2009	HJAFZ01ABC_01	玉米	正大 999	收获期	Ⅲ-2	234.1	6	6	1 068.4	544.32
07/11/2009	HJAFZ01ABC_01	玉米	正大 999	收获期	Ⅲ-3	210.7	6	6	806.4	411.92
07/11/2009	HJAFZ01ABC_01	玉米	正大 999	收获期	Ⅲ-4	239	6	6	1 265.73	665.12
07/11/2009	HJAFZ01ABC_01	玉米	正大 999	收获期	Ⅲ-5	238.7	6	6	1 176.84	624.08
07/11/2009	HJAFZ01ABC_01	玉米	正大 999	收获期	Ⅲ-6	237.2	6	6	1 048.2	561.16
07/11/2009	HJAFZ01ABC_01	玉米	正大 999	收获期	Ⅳ-1	238	6	6	1 083.12	585.44
07/11/2009	HJAFZ01ABC_01	玉米	正大 999	收获期	Ⅳ-2	236.9	6	6	1 020.24	539
07/11/2009	HJAFZ01ABC_01	玉米	正大 999	收获期	Ⅳ-3	236.7	6	6	980.6	517.52
07/11/2009	HJAFZ01ABC_01	玉米	正大 999	收获期	Ⅳ-4	211.2	6	6	790.08	410.64
07/11/2009	HJAFZ01ABC_01	玉米	正大 999	收获期	Ⅳ-5	233.2	6	6	1 195.84	663.92

（续）

月/日/年	样地代码	作物名称	作物品种	物候期	样方号	株高/cm	密度/(株或穴/m²)	穗数/(穗/m²)	地上部总干重/(g/m²)	产量/(g/m²)
07/11/2009	HJAFZ01ABC_01	玉米	正大999	收获期	IV-6	240.6	6	6	1 279.32	635.4
07/30/2010	HJAFZ01ABC_01	玉米	瑞单8号	收获期	I-1	189.5	4	2.8	151.37	67.54
07/30/2010	HJAFZ01ABC_01	玉米	瑞单8号	收获期	I-2	251.8	4	3.83	634.88	363.36
07/30/2010	HJAFZ01ABC_01	玉米	瑞单8号	收获期	I-3	253	4	4	679	379.05
07/30/2010	HJAFZ01ABC_01	玉米	瑞单8号	收获期	I-4	238.8	4	3.8	588.47	337.59
07/30/2010	HJAFZ01ABC_01	玉米	瑞单8号	收获期	I-5	245	4	4.03	690.79	398.05
07/30/2010	HJAFZ01ABC_01	玉米	瑞单8号	收获期	I-6	256.5	4	3.77	732.61	418.38
07/30/2010	HJAFZ01ABC_01	玉米	瑞单8号	收获期	II-1	199.5	4	2.77	222.09	111.76
07/30/2010	HJAFZ01ABC_01	玉米	瑞单8号	收获期	II-2	245	4	3.93	698.1	397.17
07/30/2010	HJAFZ01ABC_01	玉米	瑞单8号	收获期	II-3	254	4	3.5	643.23	363.48
07/30/2010	HJAFZ01ABC_01	玉米	瑞单8号	收获期	II-4	239.3	4	4.03	687.46	389.97
07/30/2010	HJAFZ01ABC_01	玉米	瑞单8号	收获期	II-5	259.6	4	3.97	716.26	413.63
07/30/2010	HJAFZ01ABC_01	玉米	瑞单8号	收获期	II-6	248.9	4	3.9	735.73	420.93
07/30/2010	HJAFZ01ABC_01	玉米	瑞单8号	收获期	III-1	223.2	4	2.6	402.56	212.89
07/30/2010	HJAFZ01ABC_01	玉米	瑞单8号	收获期	III-2	248	4	3.73	759.65	420.7
07/30/2010	HJAFZ01ABC_01	玉米	瑞单8号	收获期	III-3	251	4	3.6	779.81	419.22
07/30/2010	HJAFZ01ABC_01	玉米	瑞单8号	收获期	III-4	258.1	4	4.07	687.54	370.85
07/30/2010	HJAFZ01ABC_01	玉米	瑞单8号	收获期	III-5	239	4	3.43	648.63	352.01
07/30/2010	HJAFZ01ABC_01	玉米	瑞单8号	收获期	III-6	243.8	4	3.83	768.03	439.92
07/30/2010	HJAFZ01ABC_01	玉米	瑞单8号	收获期	IV-1	213.6	4	2.43	366.54	188.67
07/30/2010	HJAFZ01ABC_01	玉米	瑞单8号	收获期	IV-2	237.9	4	3.67	735.27	395.36
07/30/2010	HJAFZ01ABC_01	玉米	瑞单8号	收获期	IV-3	252.5	4	3.63	737.22	389.04
07/30/2010	HJAFZ01ABC_01	玉米	瑞单8号	收获期	IV-4	248.6	4	3.43	779.02	417.79
07/30/2010	HJAFZ01ABC_01	玉米	瑞单8号	收获期	IV-5	249.1	4	3.63	776.14	413.83
07/30/2010	HJAFZ01ABC_01	玉米	瑞单8号	收获期	IV-6	240.8	4	3.87	756.38	444.89
08/01/2011	HJAFZ01ABC_01	玉米	瑞单8号	收获期	I-1	181.4	3.8	2.83	302.29	74.17
08/01/2011	HJAFZ01ABC_01	玉米	瑞单8号	收获期	I-2	250.1	4.03	3.97	976.58	473.16
08/01/2011	HJAFZ01ABC_01	玉米	瑞单8号	收获期	I-3	248.1	4.13	3.97	1 094.22	518.16
08/01/2011	HJAFZ01ABC_01	玉米	瑞单8号	收获期	I-4	235.5	4	3.93	1 068.34	522
08/01/2011	HJAFZ01ABC_01	玉米	瑞单8号	收获期	I-5	227.2	4	3.9	1 111.39	501.06
08/01/2011	HJAFZ01ABC_01	玉米	瑞单8号	收获期	I-6	244.9	4	3.93	1 139.71	465.43
08/01/2011	HJAFZ01ABC_01	玉米	瑞单8号	收获期	II-1	184.2	3.93	3.03	344.63	128.09

（续）

月/日/年	样地代码	作物名称	作物品种	物候期	样方号	株高/ cm	密度/ （株或穴/m²）	穗数/ （穗/m²）	地上部总 干重/（g/m²）	产量/ （g/m²）
08/01/2011	HJAFZ01ABC_01	玉米	瑞单8号	收获期	Ⅱ-2	230.2	3.93	3.87	1 036.17	460.31
08/01/2011	HJAFZ01ABC_01	玉米	瑞单8号	收获期	Ⅱ-3	244	4.03	3.83	961.55	392.71
08/01/2011	HJAFZ01ABC_01	玉米	瑞单8号	收获期	Ⅱ-4	213.2	3.83	3.73	867.51	395.09
08/01/2011	HJAFZ01ABC_01	玉米	瑞单8号	收获期	Ⅱ-5	235.6	3.97	3.9	1 004.28	467.7
08/01/2011	HJAFZ01ABC_01	玉米	瑞单8号	收获期	Ⅱ-6	242.4	3.97	3.87	1 088.09	534.01
08/01/2011	HJAFZ01ABC_01	玉米	瑞单8号	收获期	Ⅲ-1	209.6	3.93	3.43	487.3	191.21
08/01/2011	HJAFZ01ABC_01	玉米	瑞单8号	收获期	Ⅲ-2	228.1	4.03	4	1 052.17	520.27
08/01/2011	HJAFZ01ABC_01	玉米	瑞单8号	收获期	Ⅲ-3	245.9	3.97	3.97	1 126.63	527.26
08/01/2011	HJAFZ01ABC_01	玉米	瑞单8号	收获期	Ⅲ-4	230.1	3.97	3.9	999.66	456.68
08/01/2011	HJAFZ01ABC_01	玉米	瑞单8号	收获期	Ⅲ-5	230.9	3.97	3.83	967.12	435.64
08/01/2011	HJAFZ01ABC_01	玉米	瑞单8号	收获期	Ⅲ-6	229.6	4	3.93	996.13	472.85
08/01/2011	HJAFZ01ABC_01	玉米	瑞单8号	收获期	Ⅳ-1	201.5	3.9	3.27	494.08	189.18
08/01/2011	HJAFZ01ABC_01	玉米	瑞单8号	收获期	Ⅳ-2	231.3	3.97	3.67	1 084.69	487.4
08/01/2011	HJAFZ01ABC_01	玉米	瑞单8号	收获期	Ⅳ-3	229	3.93	3.87	1 105.52	505.94
08/01/2011	HJAFZ01ABC_01	玉米	瑞单8号	收获期	Ⅳ-4	222.3	4	3.9	1 096.36	510.91
08/01/2011	HJAFZ01ABC_01	玉米	瑞单8号	收获期	Ⅳ-5	229.9	3.97	3.97	1 008.4	485.82
08/01/2011	HJAFZ01ABC_01	玉米	瑞单8号	收获期	Ⅳ-6	221.4	4	4	1 135.78	524.34
07/26/2012	HJAFZ01ABC_01	玉米	瑞单8号	收获期	Ⅰ-1	144.2	4	1.03	176.19	35.27
07/26/2012	HJAFZ01ABC_01	玉米	瑞单8号	收获期	Ⅰ-2	254.9	4	4	968.25	428.96
07/26/2012	HJAFZ01ABC_01	玉米	瑞单8号	收获期	Ⅰ-3	264.8	4		1 162.93	540.86
07/26/2012	HJAFZ01ABC_01	玉米	瑞单8号	收获期	Ⅰ-4	269.8	4	3.87	1 080.2	486.17
07/26/2012	HJAFZ01ABC_01	玉米	瑞单8号	收获期	Ⅰ-5	262.3	4	4	1 173.01	551.34
07/26/2012	HJAFZ01ABC_01	玉米	瑞单8号	收获期	Ⅰ-6	265.6	4		1 149.26	554.43
07/26/2012	HJAFZ01ABC_01	玉米	瑞单8号	收获期	Ⅱ-1	160.5	4	2.47	352.03	104.78
07/26/2012	HJAFZ01ABC_01	玉米	瑞单8号	收获期	Ⅱ-2	260.1	4	3.83	1 169.2	537.66
07/26/2012	HJAFZ01ABC_01	玉米	瑞单8号	收获期	Ⅱ-3	259	4	4	1 003.69	480.55
07/26/2012	HJAFZ01ABC_01	玉米	瑞单8号	收获期	Ⅱ-4	238.5	4	3.87	1 076.86	492.08
07/26/2012	HJAFZ01ABC_01	玉米	瑞单8号	收获期	Ⅱ-5	257.2	4	3.97	1 099.42	530.3
07/26/2012	HJAFZ01ABC_01	玉米	瑞单8号	收获期	Ⅱ-6	254.8	4	4	1 157.42	561.28
07/26/2012	HJAFZ01ABC_01	玉米	瑞单8号	收获期	Ⅲ-1	181.9	4	2.43	308.52	46
07/26/2012	HJAFZ01ABC_01	玉米	瑞单8号	收获期	Ⅲ-2	252.4	4	3.8	1 078.07	520.03
07/26/2012	HJAFZ01ABC_01	玉米	瑞单8号	收获期	Ⅲ-3	258.6	4	3.77	1 118.12	539.27

（续）

月/日/年	样地代码	作物名称	作物品种	物候期	样方号	株高/cm	密度/（株或穴/m²）	穗数/（穗/m²）	地上部总干重/（g/m²）	产量/（g/m²）
07/26/2012	HJAFZ01ABC_01	玉米	瑞单8号	收获期	Ⅲ-4	259.7	4	3.83	1 172.99	520.21
07/26/2012	HJAFZ01ABC_01	玉米	瑞单8号	收获期	Ⅲ-5	257.1	4	3.8	1 026.13	472.44
07/26/2012	HJAFZ01ABC_01	玉米	瑞单8号	收获期	Ⅲ-6	259.7	4	4	1 170.26	570.72
07/26/2012	HJAFZ01ABC_01	玉米	瑞单8号	收获期	Ⅳ-1	193.5	4	3	433.84	164.49
07/26/2012	HJAFZ01ABC_01	玉米	瑞单8号	收获期	Ⅳ-2	258.9	4	3.13	971.46	426.82
07/26/2012	HJAFZ01ABC_01	玉米	瑞单8号	收获期	Ⅳ-3	255.8	4	3.77	1 162.68	543.78
07/26/2012	HJAFZ01ABC_01	玉米	瑞单8号	收获期	Ⅳ-4	254.5	4	3.87	1 125.68	511.52
07/26/2012	HJAFZ01ABC_01	玉米	瑞单8号	收获期	Ⅳ-5	255.6	4	3.7	1 111.51	512.66
07/26/2012	HJAFZ01ABC_01	玉米	瑞单8号	收获期	Ⅳ-6	259.6	4	3.8	1 194.67	522.35
07/26/2013	HJAFZ01ABC_01	玉米	瑞单8号	收获期	Ⅰ-1	176.2	4.73	2.53	745.14	360.75
07/26/2013	HJAFZ01ABC_01	玉米	瑞单8号	收获期	Ⅰ-2	245.6	4.13	4.03	1 775.21	923.75
07/26/2013	HJAFZ01ABC_01	玉米	瑞单8号	收获期	Ⅰ-3	251.9	4.57	4.5	1 550.49	868.34
07/26/2013	HJAFZ01ABC_01	玉米	瑞单8号	收获期	Ⅰ-4	248.5	4.97	4.7	1 667.7	922.6
07/26/2013	HJAFZ01ABC_01	玉米	瑞单8号	收获期	Ⅰ-5	250.9	4.6	4.5	1 662.35	920.65
07/26/2013	HJAFZ01ABC_01	玉米	瑞单8号	收获期	Ⅰ-6	251.2	4.03	4.03	1 698.56	889.01
07/26/2013	HJAFZ01ABC_01	玉米	瑞单8号	收获期	Ⅱ-1	161.3	4.5	2.03	481.16	208.26
07/26/2013	HJAFZ01ABC_01	玉米	瑞单8号	收获期	Ⅱ-2	241.5	4.33	4.27	1 606.34	914.87
07/26/2013	HJAFZ01ABC_01	玉米	瑞单8号	收获期	Ⅱ-3	257	4.6	4.43	1 801.97	873.72
07/26/2013	HJAFZ01ABC_01	玉米	瑞单8号	收获期	Ⅱ-4	248.4	4.6	4.57	1 757.21	1 054.97
07/26/2013	HJAFZ01ABC_01	玉米	瑞单8号	收获期	Ⅱ-5	253.3	4.4	4.3	1 582.35	810.04
07/26/2013	HJAFZ01ABC_01	玉米	瑞单8号	收获期	Ⅱ-6	253.5	4.93	4.83	1 892.15	957.65
07/26/2013	HJAFZ01ABC_01	玉米	瑞单8号	收获期	Ⅲ-1	181.8	4.53	2.7	584.93	286.59
07/26/2013	HJAFZ01ABC_01	玉米	瑞单8号	收获期	Ⅲ-2	240	5.13	5.13	1 642.3	968.59
07/26/2013	HJAFZ01ABC_01	玉米	瑞单8号	收获期	Ⅲ-3	249.3	4.5	4.27	1 672.63	918.09
07/26/2013	HJAFZ01ABC_01	玉米	瑞单8号	收获期	Ⅲ-4	242.2	4.37	4.33	1 684.16	881.57
07/26/2013	HJAFZ01ABC_01	玉米	瑞单8号	收获期	Ⅲ-5	243	3.97	3.8	1 475.79	778.62
07/26/2013	HJAFZ01ABC_01	玉米	瑞单8号	收获期	Ⅲ-6	232.4	4.1	4.03	1 486.06	877.79
07/26/2013	HJAFZ01ABC_01	玉米	瑞单8号	收获期	Ⅳ-1	174.8	4.03	2.9	753.47	337.72
07/26/2013	HJAFZ01ABC_01	玉米	瑞单8号	收获期	Ⅳ-2	256.8	5.13	5.07	1 743.07	980.77
07/26/2013	HJAFZ01ABC_01	玉米	瑞单8号	收获期	Ⅳ-3	237.5	4.57	4.4	1 770.38	942.84
07/26/2013	HJAFZ01ABC_01	玉米	瑞单8号	收获期	Ⅳ-4	247	4.27	4.23	1 908.02	934.96
07/26/2013	HJAFZ01ABC_01	玉米	瑞单8号	收获期	Ⅳ-5	240.1	4.4	4.37	1 983.29	1 192.99

（续）

月/日/年	样地代码	作物名称	作物品种	物候期	样方号	株高/cm	密度/（株或穴/m²）	穗数/（穗/m²）	地上部总干重/（g/m²）	产量/（g/m²）
07/26/2013	HJAFZ01ABC_01	玉米	瑞单8号	收获期	Ⅳ-6	256.5	4.4	4.2	1 736.43	934.41
08/05/2014	HJAFZ01ABC_01	玉米	瑞单8号	收获期	Ⅰ-1	163.3	2.33	2.33	141.59	26.29
08/05/2014	HJAFZ01ABC_01	玉米	瑞单8号	收获期	Ⅰ-2	230.5	5.43	5.43	1 479.05	711.73
08/05/2014	HJAFZ01ABC_01	玉米	瑞单8号	收获期	Ⅰ-3	220.9	5.2	5.2	1 441.39	648.77
08/05/2014	HJAFZ01ABC_01	玉米	瑞单8号	收获期	Ⅰ-4	217.8	4.27	4.27	1 305.35	600.48
08/05/2014	HJAFZ01ABC_01	玉米	瑞单8号	收获期	Ⅰ-5	224.1	5.5	5.5	1 550.06	760.81
08/05/2014	HJAFZ01ABC_01	玉米	瑞单8号	收获期	Ⅰ-6	231.9	5.07	5.07	1 586.47	714.11
08/05/2014	HJAFZ01ABC_01	玉米	瑞单8号	收获期	Ⅱ-1	163.9	3.07	3.07	192.5	33.45
08/05/2014	HJAFZ01ABC_01	玉米	瑞单8号	收获期	Ⅱ-2	232.4	5.57	5.57	1 533.51	729.2
08/05/2014	HJAFZ01ABC_01	玉米	瑞单8号	收获期	Ⅱ-3	232.1	5	5	1 411.06	642.85
08/05/2014	HJAFZ01ABC_01	玉米	瑞单8号	收获期	Ⅱ-4	230.2	4.93	4.93	1 501.31	713.62
08/05/2014	HJAFZ01ABC_01	玉米	瑞单8号	收获期	Ⅱ-5	221.1	5.1	5.1	1 432.84	679.2
08/05/2014	HJAFZ01ABC_01	玉米	瑞单8号	收获期	Ⅱ-6	227.1	5.07	5.07	1 500.42	712.5
08/05/2014	HJAFZ01ABC_01	玉米	瑞单8号	收获期	Ⅲ-1	168.6	2.77	2.77	249.57	46.49
08/05/2014	HJAFZ01ABC_01	玉米	瑞单8号	收获期	Ⅲ-2	210.6	5.6	5.6	1 758.48	780.85
08/05/2014	HJAFZ01ABC_01	玉米	瑞单8号	收获期	Ⅲ-3	229.1	4.67	4.67	1 566.77	701.41
08/05/2014	HJAFZ01ABC_01	玉米	瑞单8号	收获期	Ⅲ-4	218.4	4.37	4.37	1 511.05	713.52
08/05/2014	HJAFZ01ABC_01	玉米	瑞单8号	收获期	Ⅲ-5	221.8	4.6	4.6	1 364.78	620.04
08/05/2014	HJAFZ01ABC_01	玉米	瑞单8号	收获期	Ⅲ-6	224.8	5.27	5.27	1 745.15	798.35
08/05/2014	HJAFZ01ABC_01	玉米	瑞单8号	收获期	Ⅳ-1	163.3	3.37	3.37	262.94	60.24
08/05/2014	HJAFZ01ABC_01	玉米	瑞单8号	收获期	Ⅳ-2	217.9	5.1	5.1	1 550.55	754.2
08/05/2014	HJAFZ01ABC_01	玉米	瑞单8号	收获期	Ⅳ-3	216	5.07	5.07	1 686.88	790.94
08/05/2014	HJAFZ01ABC_01	玉米	瑞单8号	收获期	Ⅳ-4	218	4.6	4.6	1 632.72	699.83
08/05/2014	HJAFZ01ABC_01	玉米	瑞单8号	收获期	Ⅳ-5	221.6	4.9	4.9	1 694.87	740.2
08/05/2014	HJAFZ01ABC_01	玉米	瑞单8号	收获期	Ⅳ-6	208.6	5.27	5.27	1 469.01	718.71
08/09/2015	HJAFZ01ABC_01	玉米	瑞单8号	收获期	Ⅰ-1	208.1	3.03	3.03	158.93	66.58
08/09/2015	HJAFZ01ABC_01	玉米	瑞单8号	收获期	Ⅰ-2	257.6	3.9	3.9	1 297.22	793.9
08/09/2015	HJAFZ01ABC_01	玉米	瑞单8号	收获期	Ⅰ-3	255.7	3.97	3.97	1 242.52	720.83
08/09/2015	HJAFZ01ABC_01	玉米	瑞单8号	收获期	Ⅰ-4	263.6	4.2	4.2	1 614.05	795.4
08/09/2015	HJAFZ01ABC_01	玉米	瑞单8号	收获期	Ⅰ-5	257.9	3.87	3.87	1 561.42	797.46
08/09/2015	HJAFZ01ABC_01	玉米	瑞单8号	收获期	Ⅱ-6	263.9	4	4	1 561.71	861.45
08/09/2015	HJAFZ01ABC_01	玉米	瑞单8号	收获期	Ⅱ-1	179.5	2.77	2.77	109.11	34.48

（续）

月/日/年	样地代码	作物名称	作物品种	物候期	样方号	株高/cm	密度/（株或穴/m²）	穗数/（穗/m²）	地上部总干重/（g/m²）	产量/（g/m²）
08/09/2015	HJAFZ01ABC_01	玉米	瑞单8号	收获期	Ⅱ-2	259.1	3.8	3.8	1 141.89	649.75
08/09/2015	HJAFZ01ABC_01	玉米	瑞单8号	收获期	Ⅱ-3	274	3.87	3.87	1 391.11	829.77
08/09/2015	HJAFZ01ABC_01	玉米	瑞单8号	收获期	Ⅱ-4	255.9	4.27	4.27	1 549.11	949.05
08/09/2015	HJAFZ01ABC_01	玉米	瑞单8号	收获期	Ⅱ-5	266.4	3.67	3.67	1 070.31	726.96
08/09/2015	HJAFZ01ABC_01	玉米	瑞单8号	收获期	Ⅱ-6	256.4	3.57	3.57	1 407.8	805.39
08/09/2015	HJAFZ01ABC_01	玉米	瑞单8号	收获期	Ⅲ-1	198.6	3.27	3.27	261.15	142.6
08/09/2015	HJAFZ01ABC_01	玉米	瑞单8号	收获期	Ⅲ-2	267	3.83	3.83	1 497.91	907.67
08/09/2015	HJAFZ01ABC_01	玉米	瑞单8号	收获期	Ⅲ-3	264.2	3.67	3.67	1 387.48	862.43
08/09/2015	HJAFZ01ABC_01	玉米	瑞单8号	收获期	Ⅲ-4	258.3	3.77	3.77	1 444.65	835.93
08/09/2015	HJAFZ01ABC_01	玉米	瑞单8号	收获期	Ⅲ-5	260.2	3.57	3.57	1 319.78	743.24
08/09/2015	HJAFZ01ABC_01	玉米	瑞单8号	收获期	Ⅲ-6	264.5	3.47	3.47	1 563.41	823.39
08/09/2015	HJAFZ01ABC_01	玉米	瑞单8号	收获期	Ⅳ-1	202.6	2.8	2.8	148.63	52.43
08/09/2015	HJAFZ01ABC_01	玉米	瑞单8号	收获期	Ⅳ-2	272.9	4.3	4.3	1 573.59	864.34
08/09/2015	HJAFZ01ABC_01	玉米	瑞单8号	收获期	Ⅳ-3	252.6	3.4	3.4	1 501.01	799.08
08/09/2015	HJAFZ01ABC_01	玉米	瑞单8号	收获期	Ⅳ-4	255.7	3.83	3.83	1 609.16	862.73
08/09/2015	HJAFZ01ABC_01	玉米	瑞单8号	收获期	Ⅳ-5	260.8	3.53	3.53	1 406.9	805.66
08/09/2015	HJAFZ01ABC_01	玉米	瑞单8号	收获期	Ⅳ-6	261.7	3.73	3.73	1 461.88	830.24

表 3-40　2007—2015 年环江站喀斯特农田生态系统旱地辅助观测场大豆测产

月/日/年	样地代码	作物名称	作物品种	物候期	处理	株高/cm	密度/（株或穴/m²）	穗数/（穗/m²）	地上部总干重/（g/m²）	产量/（g/m²）
10/20/2007	HJAFZ01ABC_01	大豆	桂春5号	收获期	Ⅰ-1	—	3	12	141.41	63.17
10/20/2007	HJAFZ01ABC_01	大豆	桂春5号	收获期	Ⅰ-2	—	3	12	141.99	61.67
10/20/2007	HJAFZ01ABC_01	大豆	桂春5号	收获期	Ⅰ-3	—	3	12	79.03	32.67
10/20/2007	HJAFZ01ABC_01	大豆	桂春5号	收获期	Ⅰ-4	—	3	12	63.06	26.17
10/20/2007	HJAFZ01ABC_01	大豆	桂春5号	收获期	Ⅰ-5	—	3	12	174.69	81.17
10/20/2007	HJAFZ01ABC_01	大豆	桂春5号	收获期	Ⅰ-6	—	3	12	239.65	102.83
10/20/2007	HJAFZ01ABC_01	大豆	桂春5号	收获期	Ⅱ-1	—	3	12	94.2	41
10/20/2007	HJAFZ01ABC_01	大豆	桂春5号	收获期	Ⅱ-2	—	3	12	83.24	37.5
10/20/2007	HJAFZ01ABC_01	大豆	桂春5号	收获期	Ⅱ-3	—	3	12	161.47	75.33
10/20/2007	HJAFZ01ABC_01	大豆	桂春5号	收获期	Ⅱ-4	—	3	12	192.05	85.33
10/20/2007	HJAFZ01ABC_01	大豆	桂春5号	收获期	Ⅱ-5	—	3	12	55.39	23.17
10/20/2007	HJAFZ01ABC_01	大豆	桂春5号	收获期	Ⅱ-6	—	3	12	144.8	60.17

（续）

月/日/年	样地代码	作物名称	作物品种	物候期	处理	株高/ cm	密度/ （株或穴/m²）	穗数/ （穗/m²）	地上部总 干重/（g/m²）	产量/ （g/m²）
10/20/2007	HJAFZ01ABC_01	大豆	桂春5号	收获期	Ⅲ-1	—	3	12	192.93	92.67
10/20/2007	HJAFZ01ABC_01	大豆	桂春5号	收获期	Ⅲ-2	—	3	12	142.47	64
10/20/2007	HJAFZ01ABC_01	大豆	桂春5号	收获期	Ⅲ-3	—	3	12	91.75	38.17
10/20/2007	HJAFZ01ABC_01	大豆	桂春5号	收获期	Ⅲ-4	—	3	12	62.5	26.5
10/20/2007	HJAFZ01ABC_01	大豆	桂春5号	收获期	Ⅲ-5	—	3	12	220.51	100.17
10/20/2007	HJAFZ01ABC_01	大豆	桂春5号	收获期	Ⅲ-6	—	3	12	190.2	82.33
10/20/2007	HJAFZ01ABC_01	大豆	桂春5号	收获期	Ⅳ-1	—	3	12	98.76	44.33
10/20/2007	HJAFZ01ABC_01	大豆	桂春5号	收获期	Ⅳ-2	—	3	12	54.93	24.33
10/20/2007	HJAFZ01ABC_01	大豆	桂春5号	收获期	Ⅳ-3	—	3	12	208.07	97.5
10/20/2007	HJAFZ01ABC_01	大豆	桂春5号	收获期	Ⅳ-4	—	3	12	186.12	81.17
10/20/2007	HJAFZ01ABC_01	大豆	桂春5号	收获期	Ⅳ-5	—	3	12	103.78	44.33
10/20/2007	HJAFZ01ABC_01	大豆	桂春5号	收获期	Ⅳ-6	—	3	12	76.93	35.67
10/27/2008	HJAFZ01ABC_01	大豆	桂春5号	收获期	Ⅰ-1	28.6	4.8	9.83	141.41	63.17
10/27/2008	HJAFZ01ABC_01	大豆	桂春5号	收获期	Ⅰ-2	28.8	4.8	11.28	141.99	61.67
10/27/2008	HJAFZ01ABC_01	大豆	桂春5号	收获期	Ⅰ-3	23.6	4.8	14.28	79.03	32.67
10/27/2008	HJAFZ01ABC_01	大豆	桂春5号	收获期	Ⅰ-4	26	4.8	12.03	63.06	26.17
10/27/2008	HJAFZ01ABC_01	大豆	桂春5号	收获期	Ⅰ-5	32.6	4.8	16.19	174.69	81.17
10/27/2008	HJAFZ01ABC_01	大豆	桂春5号	收获期	Ⅰ-6	28.2	4.8	10.6	239.65	102.83
10/27/2008	HJAFZ01ABC_01	大豆	桂春5号	收获期	Ⅱ-1	19.1	4.8	13.76	94.2	41
10/27/2008	HJAFZ01ABC_01	大豆	桂春5号	收获期	Ⅱ-2	22.7	4.8	4.86	83.24	37.5
10/27/2008	HJAFZ01ABC_01	大豆	桂春5号	收获期	Ⅱ-3	30.6	4.8	9.72	161.47	75.33
10/27/2008	HJAFZ01ABC_01	大豆	桂春5号	收获期	Ⅱ-4	31.4	4.8	10.26	192.05	85.33
10/27/2008	HJAFZ01ABC_01	大豆	桂春5号	收获期	Ⅱ-5	21.1	4.8	14.1	55.39	23.17
10/27/2008	HJAFZ01ABC_01	大豆	桂春5号	收获期	Ⅱ-6	29.8	4.8	13.8	144.8	60.17
10/27/2008	HJAFZ01ABC_01	大豆	桂春5号	收获期	Ⅲ-1	36.5	4.8	11.44	192.93	92.67
10/27/2008	HJAFZ01ABC_01	大豆	桂春5号	收获期	Ⅲ-2	31.8	4.8	11.44	142.47	64
10/27/2008	HJAFZ01ABC_01	大豆	桂春5号	收获期	Ⅲ-3	35.4	4.8	12.65	91.75	38.17
10/27/2008	HJAFZ01ABC_01	大豆	桂春5号	收获期	Ⅲ-4	22.9	4.8	5.02	62.5	26.5
10/27/2008	HJAFZ01ABC_01	大豆	桂春5号	收获期	Ⅲ-5	31	4.8	11.24	220.51	100.17
10/27/2008	HJAFZ01ABC_01	大豆	桂春5号	收获期	Ⅲ-6	27.5	4.8	11.47	190.2	82.33

（续）

月/日/年	样地代码	作物名称	作物品种	物候期	处理	株高/cm	密度/(株或穴/m²)	穗数/(穗/m²)	地上部总干重/(g/m²)	产量/(g/m²)
10/27/2008	HJAFZ01ABC_01	大豆	桂春5号	收获期	Ⅳ-1	27.8	4.8	8.6	98.76	44.33
10/27/2008	HJAFZ01ABC_01	大豆	桂春5号	收获期	Ⅳ-2	23.8	4.8	4.27	54.93	24.33
10/27/2008	HJAFZ01ABC_01	大豆	桂春5号	收获期	Ⅳ-3	32	4.8	8.24	208.07	97.5
10/27/2008	HJAFZ01ABC_01	大豆	桂春5号	收获期	Ⅳ-4	26.5	4.8	8.43	186.12	81.17
10/27/2008	HJAFZ01ABC_01	大豆	桂春5号	收获期	Ⅳ-5	29.7	4.8	11.74	103.78	44.33
10/27/2008	HJAFZ01ABC_01	大豆	桂春5号	收获期	Ⅳ-6	31	4.8	10.13	76.93	35.67
11/28/2009	HJAFZ01ABC_01	大豆	桂春5号	收获期	Ⅰ-1	55.7	16	16.97	303.74	125.55
11/28/2009	HJAFZ01ABC_01	大豆	桂春5号	收获期	Ⅰ-2	43.5	16	16.33	245.78	110.65
11/28/2009	HJAFZ01ABC_01	大豆	桂春5号	收获期	Ⅰ-3	47.8	16	16.17	233.66	110.11
11/28/2009	HJAFZ01ABC_01	大豆	桂春5号	收获期	Ⅰ-4	47.7	16	16.33	241.33	110.21
11/28/2009	HJAFZ01ABC_01	大豆	桂春5号	收获期	Ⅰ-5	55.3	16	20	259.75	108.66
11/28/2009	HJAFZ01ABC_01	大豆	桂春5号	收获期	Ⅰ-6	44.3	16	21.07	130.99	33.54
11/28/2009	HJAFZ01ABC_01	大豆	桂春5号	收获期	Ⅱ-1	31.2	16	15.73	176.3	83.46
11/28/2009	HJAFZ01ABC_01	大豆	桂春5号	收获期	Ⅱ-2	40.7	16	18.33	185.53	81.38
11/28/2009	HJAFZ01ABC_01	大豆	桂春5号	收获期	Ⅱ-3	43.9	16	18.6	207.82	93.19
11/28/2009	HJAFZ01ABC_01	大豆	桂春5号	收获期	Ⅱ-4	43	16	18.47	200.67	84.31
11/28/2009	HJAFZ01ABC_01	大豆	桂春5号	收获期	Ⅱ-5	36.2	16	20.57	87.63	25.75
11/28/2009	HJAFZ01ABC_01	大豆	桂春5号	收获期	Ⅱ-6	38.1	16	18.03	149.83	63.72
11/28/2009	HJAFZ01ABC_01	大豆	桂春5号	收获期	Ⅲ-1	21.9	16	7.1	58.86	25.59
11/28/2009	HJAFZ01ABC_01	大豆	桂春5号	收获期	Ⅲ-2	27.7	16	9.23	73.88	33.02
11/28/2009	HJAFZ01ABC_01	大豆	桂春5号	收获期	Ⅲ-3	33.4	16	16	73.72	27.49
11/28/2009	HJAFZ01ABC_01	大豆	桂春5号	收获期	Ⅲ-4	40.3	16	12.83	128.68	52.7
11/28/2009	HJAFZ01ABC_01	大豆	桂春5号	收获期	Ⅲ-5	33.3	16	10.1	70.14	29.7
11/28/2009	HJAFZ01ABC_01	大豆	桂春5号	收获期	Ⅲ-6	29.6	16	6.43	44.69	16.61
11/28/2009	HJAFZ01ABC_01	大豆	桂春5号	收获期	Ⅳ-1	27.4	16	8.07	70.08	31.54
11/28/2009	HJAFZ01ABC_01	大豆	桂春5号	收获期	Ⅳ-2	28.7	16	8.47	88.79	40.64
11/28/2009	HJAFZ01ABC_01	大豆	桂春5号	收获期	Ⅳ-3	33.8	16	11.97	97.57	40.09
11/28/2009	HJAFZ01ABC_01	大豆	桂春5号	收获期	Ⅳ-4	32.6	16	13	73.78	22.13
11/28/2009	HJAFZ01ABC_01	大豆	桂春5号	收获期	Ⅳ-5	33.3	16	10.67	84.23	33.84
11/28/2009	HJAFZ01ABC_01	大豆	桂春5号	收获期	Ⅳ-6	33.2	16	12.47	102.02	42.38

（续）

月/日/年	样地代码	作物名称	作物品种	物候期	处理	株高/cm	密度/（株或穴/m²）	穗数/（穗/m²）	地上部总干重/（g/m²）	产量/（g/m²）
10/31/2010	HJAFZ01ABC_01	大豆	桂春5号	收获期	Ⅰ-1	35.1	12.27	12.27	149.65	53.37
10/31/2010	HJAFZ01ABC_01	大豆	桂春5号	收获期	Ⅰ-2	53	10.23	10.23	295.44	123.07
10/31/2010	HJAFZ01ABC_01	大豆	桂春5号	收获期	Ⅰ-3	51	9.93	9.93	290.22	122.61
10/31/2010	HJAFZ01ABC_01	大豆	桂春5号	收获期	Ⅰ-4	48.1	10.2	10.2	284.27	127.66
10/31/2010	HJAFZ01ABC_01	大豆	桂春5号	收获期	Ⅰ-5	49.2	10.17	10.17	247.88	94.9
10/31/2010	HJAFZ01ABC_01	大豆	桂春5号	收获期	Ⅰ-6	53.6	9.97	9.97	332.02	138.46
10/31/2010	HJAFZ01ABC_01	大豆	桂春5号	收获期	Ⅱ-1	35.7	11.27	11.27	114.87	44.94
10/31/2010	HJAFZ01ABC_01	大豆	桂春5号	收获期	Ⅱ-2	51.4	9.6	9.6	313.14	117.31
10/31/2010	HJAFZ01ABC_01	大豆	桂春5号	收获期	Ⅱ-3	49.4	10.3	10.3	306.91	114.95
10/31/2010	HJAFZ01ABC_01	大豆	桂春5号	收获期	Ⅱ-4	50.4	10.3	10.3	219.71	106.32
10/31/2010	HJAFZ01ABC_01	大豆	桂春5号	收获期	Ⅱ-5	53.2	10.17	10.17	268.16	105.98
10/31/2010	HJAFZ01ABC_01	大豆	桂春5号	收获期	Ⅱ-6	48.2	10.2	10.2	325.48	126.38
10/31/2010	HJAFZ01ABC_01	大豆	桂春5号	收获期	Ⅲ-1	40.8	11.87	11.87	165.8	67.05
10/31/2010	HJAFZ01ABC_01	大豆	桂春5号	收获期	Ⅲ-2	47	11.27	11.27	248.2	111.22
10/31/2010	HJAFZ01ABC_01	大豆	桂春5号	收获期	Ⅲ-3	47	10.07	10.07	246.02	106.58
10/31/2010	HJAFZ01ABC_01	大豆	桂春5号	收获期	Ⅲ-4	46.1	10.97	10.97	287.91	125.61
10/31/2010	HJAFZ01ABC_01	大豆	桂春5号	收获期	Ⅲ-5	44.7	11.6	11.6	194.92	87.88
10/31/2010	HJAFZ01ABC_01	大豆	桂春5号	收获期	Ⅲ-6	48	9.5	9.5	280.86	123.4
10/31/2010	HJAFZ01ABC_01	大豆	桂春5号	收获期	Ⅳ-1	40.5	11.73	11.73	134.42	57
10/31/2010	HJAFZ01ABC_01	大豆	桂春5号	收获期	Ⅳ-2	46.4	9.2	9.2	203	78.28
10/31/2010	HJAFZ01ABC_01	大豆	桂春5号	收获期	Ⅳ-3	44.4	12	12	261.92	117.72
10/31/2010	HJAFZ01ABC_01	大豆	桂春5号	收获期	Ⅳ-4	46.9	8.73	8.73	227.66	77.44
10/31/2010	HJAFZ01ABC_01	大豆	桂春5号	收获期	Ⅳ-5	39	10.47	10.47	228.18	80.47
10/31/2010	HJAFZ01ABC_01	大豆	桂春5号	收获期	Ⅳ-6	51.8	10.3	10.3	293.7	127.95
11/13/2011	HJAFZ01ABC_01	大豆	桂春5号	收获期	Ⅰ-1	27.4	3.17	—	46.26	20.09
11/13/2011	HJAFZ01ABC_01	大豆	桂春5号	收获期	Ⅰ-2	31.4	2.87	—	131.73	73.53
11/13/2011	HJAFZ01ABC_01	大豆	桂春5号	收获期	Ⅰ-3	33.8	2.83	—	110.07	63.76
11/13/2011	HJAFZ01ABC_01	大豆	桂春5号	收获期	Ⅰ-4	32.9	3.23	—	102.47	62
11/13/2011	HJAFZ01ABC_01	大豆	桂春5号	收获期	Ⅰ-5	32.8	3.07	—	92.13	50.63
11/13/2011	HJAFZ01ABC_01	大豆	桂春5号	收获期	Ⅰ-6	31.9	2.4	—	146.29	83.71

（续）

月/日/年	样地代码	作物名称	作物品种	物候期	处理	株高/cm	密度/（株或穴/m²）	穗数/（穗/m²）	地上部总干重/（g/m²）	产量/（g/m²）
11/13/2011	HJAFZ01ABC_01	大豆	桂春5号	收获期	II-1	26.6	3.4	—	31.37	16.32
11/13/2011	HJAFZ01ABC_01	大豆	桂春5号	收获期	II-2	31.4	3.1	—	101.15	57.65
11/13/2011	HJAFZ01ABC_01	大豆	桂春5号	收获期	II-3	32.8	2.97	—	127.56	72.52
11/13/2011	HJAFZ01ABC_01	大豆	桂春5号	收获期	II-4	31.1	3.6	—	96.16	53.63
11/13/2011	HJAFZ01ABC_01	大豆	桂春5号	收获期	II-5	32.6	2.93	—	109.88	62.64
11/13/2011	HJAFZ01ABC_01	大豆	桂春5号	收获期	II-6	30	3.2	—	88.01	50.98
11/13/2011	HJAFZ01ABC_01	大豆	桂春5号	收获期	III-1	28.6	3.07	—	53.94	25.46
11/13/2011	HJAFZ01ABC_01	大豆	桂春5号	收获期	III-2	31.8	2.97	—	145.64	75.32
11/15/2011	HJAFZ01ABC_01	大豆	桂春5号	收获期	III-3	32.8	3	—	168.64	90.85
11/15/2011	HJAFZ01ABC_01	大豆	桂春5号	收获期	III-4	30	2.97	—	74.14	40.73
11/15/2011	HJAFZ01ABC_01	大豆	桂春5号	收获期	III-5	28.8	2.53	—	56.35	30.62
11/15/2011	HJAFZ01ABC_01	大豆	桂春5号	收获期	III-6	33.8	2.8	—	108.69	60.41
11/15/2011	HJAFZ01ABC_01	大豆	桂春5号	收获期	IV-1	27.1	2.63	—	48.51	21.29
11/15/2011	HJAFZ01ABC_01	大豆	桂春5号	收获期	IV-2	28.8	2.93	—	113.78	59.84
11/15/2011	HJAFZ01ABC_01	大豆	桂春5号	收获期	IV-3	31.5	2.8	—	126.1	65.04
11/15/2011	HJAFZ01ABC_01	大豆	桂春5号	收获期	IV-4	32.4	2.73	—	148.81	80.26
11/15/2011	HJAFZ01ABC_01	大豆	桂春5号	收获期	IV-5	29.4	2.67	—	95.72	50.34
11/15/2011	HJAFZ01ABC_01	大豆	桂春5号	收获期	IV-6	30.4	2.4	—	90.7	46.53
10/27/2012	HJAFZ01ABC_01	大豆	桂春5号	收获期	I-1	44.5	3.1	6.63	153.72	41.11
10/27/2012	HJAFZ01ABC_01	大豆	桂春5号	收获期	I-2	61.9	2.9	7.53	354.16	125.9
10/27/2012	HJAFZ01ABC_01	大豆	桂春5号	收获期	I-3	85.3	2.83	7.2	350.16	110.03
10/27/2012	HJAFZ01ABC_01	大豆	桂春5号	收获期	I-4	63.7	3.17	7.27	338.83	123.21
10/27/2012	HJAFZ01ABC_01	大豆	桂春5号	收获期	I-5	63.2	3	6.23	300.19	109.42
10/27/2012	HJAFZ01ABC_01	大豆	桂春5号	收获期	I-6	74.1	2.5	6.83	391.32	116.62
10/27/2012	HJAFZ01ABC_01	大豆	桂春5号	收获期	II-1	46.7	3.47	6.2	108.6	40.21
10/27/2012	HJAFZ01ABC_01	大豆	桂春5号	收获期	II-2	60.8	3.13	6.13	348.8	131.24
10/27/2012	HJAFZ01ABC_01	大豆	桂春5号	收获期	II-3	60.7	3.07	6.87	333.11	131.71
10/27/2012	HJAFZ01ABC_01	大豆	桂春5号	收获期	II-4	53.3	3.57	7.87	321.69	98.2
10/27/2012	HJAFZ01ABC_01	大豆	桂春5号	收获期	II-5	61.3	2.97	6.03	298.21	116.5
10/27/2012	HJAFZ01ABC_01	大豆	桂春5号	收获期	II-6	50.2	3.23	6	304.5	118.89

（续）

月/日/年	样地代码	作物名称	作物品种	物候期	处理	株高/cm	密度/（株或穴/m²）	穗数/（穗/m²）	地上部总干重/（g/m²）	产量/（g/m²）
10/27/2012	HJAFZ01ABC_01	大豆	桂春5号	收获期	Ⅲ-1	48.5	3.1	7.07	111.64	44.41
10/27/2012	HJAFZ01ABC_01	大豆	桂春5号	收获期	Ⅲ-2	54.1	3.03	8.17	243.75	107.55
10/27/2012	HJAFZ01ABC_01	大豆	桂春5号	收获期	Ⅲ-3	51.5	3	7.6	265.14	116.75
10/27/2012	HJAFZ01ABC_01	大豆	桂春5号	收获期	Ⅲ-4	46.4	2.97	6.93	234.92	98.9
10/27/2012	HJAFZ01ABC_01	大豆	桂春5号	收获期	Ⅲ-5	46.7	2.53	6.3	215.17	77.82
10/27/2012	HJAFZ01ABC_01	大豆	桂春5号	收获期	Ⅲ-6	53.4	2.93	7.77	228.14	100.49
10/27/2012	HJAFZ01ABC_01	大豆	桂春5号	收获期	Ⅳ-1	43.7	2.7	7	110.53	34.7
10/27/2012	HJAFZ01ABC_01	大豆	桂春5号	收获期	Ⅳ-2	61.6	2.97	6.67	274.38	111.19
10/27/2012	HJAFZ01ABC_01	大豆	桂春5号	收获期	Ⅳ-3	51.9	2.8	7.63	264.87	101.48
10/27/2012	HJAFZ01ABC_01	大豆	桂春5号	收获期	Ⅳ-4	50.4	2.77	7.27	252.83	97.14
10/27/2012	HJAFZ01ABC_01	大豆	桂春5号	收获期	Ⅳ-5	85.8	2.67	6.67	312.41	119.22
10/27/2012	HJAFZ01ABC_01	大豆	桂春5号	收获期	Ⅳ-6	40.8	2.47	4.5	299.9	95.78
10/27/2013	HJAFZ01ABC_01	大豆	桂春5号	收获期	Ⅰ-1	61	3.53	9.83	94.95	38.74
10/27/2013	HJAFZ01ABC_01	大豆	桂春5号	收获期	Ⅰ-2	56.2	3.33	11.6	304.82	140.65
10/27/2013	HJAFZ01ABC_01	大豆	桂春5号	收获期	Ⅰ-3	61.3	3.37	10.7	282.38	141.06
10/27/2013	HJAFZ01ABC_01	大豆	桂春5号	收获期	Ⅰ-4	49.7	3.23	11.17	247.48	120.83
10/27/2013	HJAFZ01ABC_01	大豆	桂春5号	收获期	Ⅰ-5	56.5	3.17	10.33	259.21	130.91
10/27/2013	HJAFZ01ABC_01	大豆	桂春5号	收获期	Ⅰ-6	58.7	3.4	11.23	368.56	157.4
10/27/2013	HJAFZ01ABC_01	大豆	桂春5号	收获期	Ⅱ-1	67.8	3.87	17.03	186.05	80.59
10/27/2013	HJAFZ01ABC_01	大豆	桂春5号	收获期	Ⅱ-2	71.3	3.17	14.7	340.96	157.47
10/27/2013	HJAFZ01ABC_01	大豆	桂春5号	收获期	Ⅱ-3	61.6	3.23	11.17	314.31	157.94
10/27/2013	HJAFZ01ABC_01	大豆	桂春5号	收获期	Ⅱ-4	64.3	3.33	9.27	294.63	146.06
10/27/2013	HJAFZ01ABC_01	大豆	桂春5号	收获期	Ⅱ-5	65.4	2.97	9.5	316.63	149.7
10/27/2013	HJAFZ01ABC_01	大豆	桂春5号	收获期	Ⅱ-6	62.7	3.53	10.83	281.55	127.88
10/27/2013	HJAFZ01ABC_01	大豆	桂春5号	收获期	Ⅲ-1	63.9	3.6	10.5	155.76	68.85
10/27/2013	HJAFZ01ABC_01	大豆	桂春5号	收获期	Ⅲ-2	58.9	2.9	11.2	273.92	129.23
10/27/2013	HJAFZ01ABC_01	大豆	桂春5号	收获期	Ⅲ-3	60.6	3.03	11.63	324.4	151.53
10/27/2013	HJAFZ01ABC_01	大豆	桂春5号	收获期	Ⅲ-4	56.7	3.17	15.37	302.6	138.38
10/27/2013	HJAFZ01ABC_01	大豆	桂春5号	收获期	Ⅲ-5	59.2	2.63	9.5	238.61	115.54
10/27/2013	HJAFZ01ABC_01	大豆	桂春5号	收获期	Ⅲ-6	57.2	3	12.2	278.56	128.16

（续）

月/日/年	样地代码	作物名称	作物品种	物候期	处理	株高/cm	密度/（株或穴/m²）	穗数/（穗/m²）	地上部总干重/（g/m²）	产量/（g/m²）
10/27/2013	HJAFZ01ABC_01	大豆	桂春5号	收获期	IV-1	62.6	3.47	13.57	155.06	68.47
10/27/2013	HJAFZ01ABC_01	大豆	桂春5号	收获期	IV-2	57.9	3.37	11.63	259.25	129.26
10/27/2013	HJAFZ01ABC_01	大豆	桂春5号	收获期	IV-3	61.1	3.3	12.9	273.49	122.19
10/27/2013	HJAFZ01ABC_01	大豆	桂春5号	收获期	IV-4	60.1	3.27	10.23	321.96	152.67
10/27/2013	HJAFZ01ABC_01	大豆	桂春5号	收获期	IV-5	61.7	3.17	8.97	262.17	128.09
10/27/2013	HJAFZ01ABC_01	大豆	桂春5号	收获期	IV-6	61.9	3.2	12.1	275.24	128.14
10/18/2014	HJAFZ01ABC_01	大豆	桂春5号	收获期	I-1	50.9	3.43	—	127.04	36.93
10/18/2014	HJAFZ01ABC_01	大豆	桂春5号	收获期	I-2	48.8	2.93	—	448.44	125.58
10/18/2014	HJAFZ01ABC_01	大豆	桂春5号	收获期	I-3	47	3.47	—	533.19	161.96
10/18/2014	HJAFZ01ABC_01	大豆	桂春5号	收获期	I-4	42.1	3.03	—	383.32	147.4
10/18/2014	HJAFZ01ABC_01	大豆	桂春5号	收获期	I-5	49.3	3.03	—	364.26	125.24
10/18/2014	HJAFZ01ABC_01	大豆	桂春5号	收获期	I-6	43	2.9	—	509.41	161.41
10/18/2014	HJAFZ01ABC_01	大豆	桂春5号	收获期	II-1	47.5	3.33	—	143.41	43.62
10/18/2014	HJAFZ01ABC_01	大豆	桂春5号	收获期	II-2	52.3	2.8	—	470.61	147.26
10/18/2014	HJAFZ01ABC_01	大豆	桂春5号	收获期	II-3	50.5	3.03	—	509.07	161.48
10/18/2014	HJAFZ01ABC_01	大豆	桂春5号	收获期	II-4	51.1	3.13	—	422.23	147.64
10/18/2014	HJAFZ01ABC_01	大豆	桂春5号	收获期	II-5	53.7	3.27	—	540.28	180.56
10/18/2014	HJAFZ01ABC_01	大豆	桂春5号	收获期	II-6	52.3	3	—	515.04	151.44
10/18/2014	HJAFZ01ABC_01	大豆	桂春5号	收获期	III-1	50.1	3.27	—	169.12	42.89
10/18/2014	HJAFZ01ABC_01	大豆	桂春5号	收获期	III-2	41.8	2.9	—	434.74	135.1
10/18/2014	HJAFZ01ABC_01	大豆	桂春5号	收获期	III-3	42.2	2.77	—	370.47	128.59
10/18/2014	HJAFZ01ABC_01	大豆	桂春5号	收获期	III-4	52.5	2.93	—	373.28	131.71
10/18/2014	HJAFZ01ABC_01	大豆	桂春5号	收获期	III-5	50.8	2.87	—	304.34	98.52
10/18/2014	HJAFZ01ABC_01	大豆	桂春5号	收获期	III-6	51	2.73	—	318.92	117.54
10/18/2014	HJAFZ01ABC_01	大豆	桂春5号	收获期	IV-1	47	3.2	—	137.17	42.22
10/18/2014	HJAFZ01ABC_01	大豆	桂春5号	收获期	IV-2	48.9	3.13	—	397.8	136.73
10/18/2014	HJAFZ01ABC_01	大豆	桂春5号	收获期	IV-3	57.4	3.13	—	392.67	140.62
10/18/2014	HJAFZ01ABC_01	大豆	桂春5号	收获期	IV-4	55.3	2.57	—	360.73	117.26
10/18/2014	HJAFZ01ABC_01	大豆	桂春5号	收获期	IV-5	51.4	3.07	—	427.89	141.41
10/18/2014	HJAFZ01ABC_01	大豆	桂春5号	收获期	IV-6	52.5	3.07	—	411.9	133.68

（续）

月/日/年	样地代码	作物名称	作物品种	物候期	处理	株高/cm	密度/（株或穴/m²）	穗数/（穗/m²）	地上部总干重/（g/m²）	产量/（g/m²）
11/13/2015	HJAFZ01ABC_01	大豆	桂春5号	收获期	I-1	32.9	5.43	—	55	28.54
11/13/2015	HJAFZ01ABC_01	大豆	桂春5号	收获期	I-2	36.4	9.37	—	121.73	63.69
11/13/2015	HJAFZ01ABC_01	大豆	桂春5号	收获期	I-3	38.1	8.27	—	112.97	59.41
11/13/2015	HJAFZ01ABC_01	大豆	桂春5号	收获期	I-4	41.6	9.1	—	123.54	63.52
11/13/2015	HJAFZ01ABC_01	大豆	桂春5号	收获期	I-5	36.1	8.37	—	106.9	52.75
11/13/2015	HJAFZ01ABC_01	大豆	桂春5号	收获期	I-6	42.8	8.1	—	124.85	68.16
11/13/2015	HJAFZ01ABC_01	大豆	桂春5号	收获期	II-1	33.6	5.2	—	56.02	27.77
11/13/2015	HJAFZ01ABC_01	大豆	桂春5号	收获期	II-2	38.8	7.77	—	108.86	55.91
11/13/2015	HJAFZ01ABC_01	大豆	桂春5号	收获期	II-3	37.7	9.07	—	113.09	58.07
11/13/2015	HJAFZ01ABC_01	大豆	桂春5号	收获期	II-4	38.7	8.6	—	86.43	43.37
11/13/2015	HJAFZ01ABC_01	大豆	桂春5号	收获期	II-5	35.6	8.1	—	81.83	42.65
11/13/2015	HJAFZ01ABC_01	大豆	桂春5号	收获期	II-6	38.4	8.4	—	111.99	58.26
11/13/2015	HJAFZ01ABC_01	大豆	桂春5号	收获期	III-1	37.3	4.57	—	68.84	32.22
11/13/2015	HJAFZ01ABC_01	大豆	桂春5号	收获期	III-2	36.2	9.4	—	99.18	51.99
11/13/2015	HJAFZ01ABC_01	大豆	桂春5号	收获期	III-3	40.6	8.63	—	109.99	58.78
11/13/2015	HJAFZ01ABC_01	大豆	桂春5号	收获期	III-4	40	8.7	—	82.83	44.23
11/13/2015	HJAFZ01ABC_01	大豆	桂春5号	收获期	III-5	35.3	9.47	—	62.72	32.95
11/13/2015	HJAFZ01ABC_01	大豆	桂春5号	收获期	III-6	37.6	8.53	—	54.48	28.51
11/13/2015	HJAFZ01ABC_01	大豆	桂春5号	收获期	IV-1	33.1	5.4	—	55.31	27.57
11/13/2015	HJAFZ01ABC_01	大豆	桂春5号	收获期	IV-2	41.7	8.57	—	100.8	55.14
11/13/2015	HJAFZ01ABC_01	大豆	桂春5号	收获期	IV-3	40.3	9.1	—	79.6	40.91
11/13/2015	HJAFZ01ABC_01	大豆	桂春5号	收获期	IV-4	40.4	8.37	—	76.96	40.21
11/13/2015	HJAFZ01ABC_01	大豆	桂春5号	收获期	IV-5	41.1	7.83	—	92.94	49.16
11/13/2015	HJAFZ01ABC_01	大豆	桂春5号	收获期	IV-6	41.8	8.77	—	80.79	42.8

表 3-41　2008—2015 年环江站喀斯特农田生态系统坡地顺坡垦殖辅助观测场玉米测产

月/日/年	样地代码	作物名称	作物品种	物候期	株高/cm	密度/（株或穴/m²）	穗数/（穗/m²）	地上部总干重/（g/m²）	产量/（g/m²）
07/17/2008	HJAFZ03ABC_01	玉米	正大999	收获期	182.1	4.0	3.1	237.58	108.09
07/29/2009	HJAFZ03ABC_01	玉米	正大999	收获期	190.6	6.0	6.0	698.49	328.10
08/04/2010	HJAFZ03ABC_01	玉米	瑞单8号	收获期	231.3	4.2	4.2	1 254.19	542.03

94

（续）

月/日/年	样地代码	作物名称	作物品种	物候期	株高/ cm	密度/ (株或穴/m²)	穗数/ (穗/m²)	地上部总干重/ (g/m²)	产量/ (g/m²)
08/04/2011	HJAFZ03ABC_01	玉米	瑞单8号	收获期	199.4	2.9	2.9	532.36	229.68
08/02/2012	HJAFZ03ABC_01	玉米	瑞单8号	收获期	220.7	3.8	3.8	1 162.69	390.52
08/02/2013	HJAFZ03ABC_01	玉米	瑞单8号	收获期	248.3	3.9	3.9	1 106.68	767.57
08/07/2014	HJAFZ03ABC_01	玉米	瑞单8号	收获期	213.1	4.4	4.4	1 023.16	679.67
07/10/2015	HJAFZ03ABC_01	玉米	瑞单8号	收获期	242.6	4.7	4.7	1 261.23	766.50

表3-42　2007—2015年环江站喀斯特农田生态系统德胜镇地罗村地罗组站区调查点玉米测产

月/日/年	样地代码	作物名称	作物品种	物候期	株高/ cm	密度/ (株或穴/m²)	穗数/ (穗/m²)	地上部总干重/ (g/m²)	产量/ (g/m²)
07/13/2007	HJAZQ01AB0_02	玉米	正大619	收获期	256.8	2.5	5.7	1 050.53	630.12
07/13/2008	HJAZQ01AB0_02	玉米	正大619	收获期	250.3	4.2	4.2	928.33	451.37
07/11/2009	HJAZQ01AB0_02	玉米	正大619	收获期	223.2	6.0	6.0	874.41	402.60
07/28/2010	HJAZQ01AB0_02	玉米	正大818	收获期	221.1	4.2	4.2	1 092.46	435.67
08/01/2011	HJAZQ01AB0_02	玉米	绿星699	收获期	212.9	4.8	4.8	917.92	482.58
07/23/2012	HJAZQ01AB0_02	玉米	桂玉609	收获期	250.0	5.7	5.7	1 546.72	542.23
07/23/2013	HJAZQ01AB0_02	玉米	桂玉609	收获期	246.7	4.8	4.8	1 476.63	993.32
08/08/2014	HJAZQ01AB0_02	玉米	桂玉609	收获期	218.1	5.9	5.9	1 474.18	951.05
08/14/2015	HJAZQ01AB0_02	玉米	桂玉609	收获期	222.3	5.4	5.4	205.70	133.24

表3-43　2008—2015年环江站喀斯特农田生态系统德胜镇地罗村地罗组站区调查点大豆测产

月/日/年	样地代码	作物名称	作物品种	物候期	株高/ cm	密度/ (株或穴/m²)	穗数/ (穗/m²)	地上部总干重/ (g/m²)	产量/ (g/m²)
10/02/2008	HJAZQ01AB0_02	大豆	地方传统品种	收获期	50.7	5.6	20.3	362.53	108.78
11/29/2009	HJAZQ01AB0_02	大豆	地方传统品种	收获期	38.1	15.0	—	294.83	83.87
10/15/2010	HJAZQ01AB0_02	大豆	桂春5号	收获期	48.7	3.6	3.6	131.13	47.33
11/17/2011	HJAZQ01AB0_02	大豆	桂春5号	收获期	38.7	6.1	—	132.21	30.05
11/09/2012	HJAZQ01AB0_02	大豆	桂春5号	收获期	48.9	4.0	12.9	267.03	232.01
11/09/2013	HJAZQ01AB0_02	大豆	桂春5号	收获期	62.6	3.1	10.8	310.08	125.25
11/14/2014	HJAZQ01AB0_02	大豆	桂春5号	收获期	51.2	3.7	—	259.85	136.30
11/12/2015	HJAZQ01AB0_02	大豆	桂春5号	收获期	40.8	3.9	—	189.82	82.61

表 3 - 44　2007 年、2018 年环江站喀斯特农田生态系统思恩镇清潭村下哨组站区调查点甘蔗测产

月/日/年	样地代码	作物名称	作物品种	物候期	株高/cm	密度/（株或穴/m²)	穗数/（穗/m²)	地上部总干重/（g/m²)	产量/（g/m²)
12/30/2007	HJAZQ02AB0_01	甘蔗	台糖 16 号（大叶型）	收获期	390.3	9.4	9.4	3 574.82	6 096.44
12/30/2008	HJAZQ02AB0_01	甘蔗	台糖 25 号（大叶型）	收获期	364.6	10.2	10.2	4 621.43	10 110.68

表 3 - 45　2007—2015 年环江站喀斯特农田生态系统思恩镇清潭村内哨组站区调查点水稻测产

月/日/年	样地代码	作物名称	作物品种	物候期	株高/cm	密度/（株或穴/m²)	穗数/（穗/m²)	地上部总干重/（g/m²)	产量/（g/m²)
07/28/2007	HJAZQ02AB0_02	早稻	宜香 99	收获期	87.9	25.0	393.8	1 205.22	704.35
11/04/2007	HJAZQ02AB0_02	晚稻	湘优 24	收获期	80.9	20.3	171.3	1 024.85	616.00
08/05/2008	HJAZQ02AB0_02	早稻	Ⅱ优 13	收获期	102.7	20.7	185.0	750.25	497.37
11/10/2008	HJAZQ02AB0_02	晚稻	311714	收获期	80.3	16.0	190.8	677.63	303.46
08/04/2009	HJAZQ02AB0_02	水稻	桑丰优	收获期	106.2	24.0	139.7	1 337.58	814.75
11/09/2009	HJAZQ02AB0_02	水稻	国稻 1 号	收获期	85.8	17.5	154.2	1 046.05	445.17
08/13/2010	HJAZQ02AB0_02	早稻	桑丰优	收获期	101.4	23.5	183.2	1 175.78	762.85
11/16/2010	HJAZQ02AB0_02	晚稻	国稻 1 号	收获期	87.1	24.8	199.2	920.98	427.65
08/12/2011	HJAZQ02AB0_02	早稻	天优 998	收获期	89.2	19.0	12.8	993.01	639.40
11/24/2011	HJAZQ02AB0_02	晚稻	泸优 11	收获期	68.0	18.0	12.3	1 087.10	558.47
08/08/2012	HJAZQ02AB0_02	早稻	研优 1 号	收获期	107.3	25.3	260.2	1 240.31	585.94
11/07/2012	HJAZQ02AB0_02	晚稻	五优 308	收获期	61.1	20.7	260.2	652.53	357.30
08/08/2013	HJAZQ02AB0_02	早稻	桂两优 2 号	收获期	104.0	9.9		942.07	478.69
11/07/2013	HJAZQ02AB0_02	晚稻	桂两优 2 号	收获期	75.6	8.9	8.7	1 434.79	600.32
08/01/2014	HJAZQ02AB0_02	早稻	桂两优 2 号	收获期	99.1	25.7	8.9	1 147.28	453.84
11/03/2014	HJAZQ02AB0_02	晚稻	十优 838	收获期	85.4	22.7	8.0	1 272.31	524.46
08/06/2015	HJAZQ02AB0_02	早稻	研优 888	收获期	106.9	25.2	224.3	1 113.77	714.39
11/11/2015	HJAZQ02AB0_02	晚稻	野香优 2 号	收获期	85.3	26.0	162.7	862.40	505.23

3.1.8　喀斯特农田生态系统作物元素含量与热值数据集

（1）概述。本数据集包括环江站 2007—2015 年 6 块长期监测样地的 4 种作物收获期各部位（根、茎叶、籽实）元素含量及能值数据，作物包括水稻、玉米、大豆、桑树 4 种，涉及作物名称、作物品种、采样部位、全碳、全氮、全磷、全钾、全硫、全钙、全镁、全铁、全锰、全铜、全锌、全钼、全硼、全硅、热值和灰分等监测分析数据信息。监测数据是分别间隔 2 年/次、3 年/次采集样品进行分析，每 5 年为一个交替周期，往复采样监测。观测样地包括综合观测场土壤生物水分采样地（HJAZH01ABC_01）、旱地辅助观测场土壤生物水分采样地（HJAFZ01ABC_01）、坡地顺坡垦殖辅助观测场土壤生物水分采样地（HJAFZ03ABC＿01）、地罗村桑树生物土壤采样地（HJAZQ01AB0＿01）、地罗村玉米地土壤生物长期采样地（HJAZQ01AB0＿02）、清潭村水田土壤生物长期采样地（HJAZQ02AB0＿02）。

（2）数据采集和处理方法。根据中国生态系统研究网络生物监测规范，每2～3年，在收获期植株性状调查基础上，分别将洗净、烘干后的植物根、茎叶、籽实进行粉碎，封口袋分装以备室内分析（若分析时间较长，将样品放入干燥器中，以保持干燥）。样品分析均采用经典方法及国标方法，例如：全碳采用重铬酸钾-硫酸氧化法测定（李酉开，1983）；全氮、全磷、全钾采用硫酸-双氧水消解，流动注射仪法测定（鲁如坤，1999）；全硫、全钙、全镁、全铁、全锰、全铜、全锌采用硝酸-高氯酸消煮，流动注射仪法测定（董鸣，1996）；全钼采用 HNO_3 - $HClO_4$ 消煮，电感耦合等离子体-质谱（ICP - MS）法测定（董鸣，1996）；全硼采用干灰化，流动注射仪法测定（鲁如坤，1999）；全硅采用质量法测定（董鸣，1996）；干重热值采用氧弹法测定（董鸣，1996）；灰分采用干灰化法测定（董鸣，1996）等。

（3）数据质量控制和评估。

①数据获取过程的质量控制。对于农户调查获取的数据，尽量进行多人次重复验证调查，并与对应田间调查地块进行自测，对比两种方法获取数据的吻合程度，避免出现因人为原因产生的错误数据。对于自测数据，应严格、详细地记录调查时间，检查并记录样地名称代码，真实记录每季作物种类及品种。

②规范原始数据记录的质控措施。原始数据记录是保证各种数据问题的溯源查询依据，要求做到：数据真实、记录规范、书写清晰、数据集辅助信息完整等。使用专用、规范印制的数据记录表和记录本，根据本站调查任务制定年度工作调查记录本，按照调查内容和时间顺序依次排列，装订成册。

③数据辅助信息记录的质控措施。在进行农户或田间自测调查时，要求对样地位置、调查日期、调查农户信息、样地环境状况做翔实描述与记录，并对相关的样地管理措施、病虫害、灾害等信息同时记录。将所获取的数据与各项辅助信息数据以及历史数据信息进行比较，评价数据的正确性、一致性、完整性、可比性和连续性，经过站长和数据管理员审核认定，批准上报。对历年上报的数据由本站生物监测负责人进行整理和质量控制，对异常数据进行核实，并根据生物分中心的审核结果再次进行修正。采取阈值检查（根据多年数据比对，对监测数据超出历史数据阈值范围进行校验，删除异常值或加以标注说明）、一致性检查（例如数量级与其他测量值是否相同）等手段，统计、评价数据质量。

（4）数据价值。喀斯特农田生态系统作物元素含量与能值数据集反映了桂西北喀斯特峰丛洼地农业区传统代表性作物早晚稻、玉米、大豆、桑叶的主要品种和主要代表性生育期间的不同植株器官组织样品的矿质元素含量与能值。数据为同类型区相关作物的品质评定提供参考数据。

（5）喀斯特农田生态系统作物元素含量与能值数据。喀斯特农田生态系统作物元素含量与能值数据见表3-46～表3-51。同时，更多"环江站喀斯特农田生态系统作物元素含量与能值数据"服务请访问 http：//hja. cern. ac. cn/meta/detail/AA12。

表 3－46　2007 年、2010 年、2012 年、2015 年环江站喀斯特农田生态系统旱地综合观测场玉米元素含量与能值

月/日/年	样地代码	玉米品种	采样部位	全碳/(g/kg)	全氮/(g/kg)	全磷/(g/kg)	全钾/(g/kg)	全硫/(g/kg)	全钙/(g/kg)	全镁/(g/kg)	全铁/(g/kg)	全锰/(mg/kg)	全铜/(mg/kg)	全锌/(mg/kg)	全钼/(mg/kg)	全硼/(mg/kg)	全硅/(g/kg)	热值/(MJ/kg)	灰分/%
05/26/2007	HJAZH01ABC_01	正大999	叶	27.89	2.90	0.27	1.76	—	0.30	0.56	0.01	63.95	10.25	30.39	—	—	1.42	17.42	0.03
05/26/2007	HJAZH01ABC_01	正大999	茎秆	26.84	1.93	0.23	3.21	—	0.36	1.28	0.03	36.42	7.58	57.28	—	—	0.28	17.98	0.04
05/26/2007	HJAZH01ABC_01	正大999	根部	29.02	1.37	0.10	1.10	—	0.18	0.35	0.33	146.41	9.96	39.95	—	—	—	17.92	0.04
05/26/2007	HJAZH01ABC_01	正大999	叶鞘	26.89	1.71	0.20	1.77	—	0.37	1.10	0.01	81.80	5.08	26.88	—	—	1.28	18.69	0.04
05/26/2007	HJAZH01ABC_01	正大999	雄穗	31.40	3.38	0.53	2.57	—	0.08	0.36	0.01	20.75	10.00	63.09	—	—	—	18.01	0.02
06/06/2007	HJAZH01ABC_01	正大999	叶	34.94	2.81	0.29	1.96	—	0.38	0.71	0.02	65.84	9.42	30.65	—	—	1.46	18.45	0.04
06/06/2007	HJAZH01ABC_01	正大999	茎秆	38.23	1.26	0.11	0.95	—	0.15	0.50	0.01	17.36	5.28	28.21	—	—	1.03	18.70	0.02
06/06/2007	HJAZH01ABC_01	正大999	根部	38.06	2.30	0.14	1.00	—	0.94	0.51	0.02	43.31	7.68	23.51	—	—	0.21	17.88	0.03
06/06/2007	HJAZH01ABC_01	正大999	叶鞘	35.09	1.14	0.12	1.31	—	0.30	0.75	0.01	105.76	4.04	13.90	—	—	1.12	16.23	0.05
06/06/2007	HJAZH01ABC_01	正大999	雄穗	48.85	1.18	0.16	0.85	—	0.12	0.23	0.01	16.48	3.71	29.91	—	—	0.28	17.86	0.02
06/06/2007	HJAZH01ABC_01	正大999	雌穗	39.17	2.22	0.30	1.90	—	0.06	0.22	0.01	15.52	5.81	31.71	—	—	0.22	18.46	0.04
07/26/2007	HJAZH01ABC_01	正大999	叶	44.75	0.95	0.06	0.64	—	0.58	0.72	0.06	133.24	8.07	18.01	—	—	0.63	16.48	0.05
07/26/2007	HJAZH01ABC_01	正大999	茎秆	44.99	1.07	0.06	0.90	—	0.52	0.22	0.02	69.12	7.19	17.42	—	—	0.47	17.98	0.03
07/26/2007	HJAZH01ABC_01	正大999	根部	47.49	1.03	0.05	1.58	—	0.22	0.22	0.07	41.07	5.56	12.63	—	—	0.78	15.47	0.02
09/02/2010	HJAZH01ABC_01	瑞单8号	秸秆	467.54	6.33	0.69	8.89	0.08	0.37	0.25	0.02	36.12	8.16	32.84	0	4.24	2.66	17.71	5.54
09/01/2010	HJAZH01ABC_01	瑞单8号	籽粒	491.10	13.38	3.05	5.50	0.11	0.01	0.12	0.00	5.75	3.76	29.94	0	3.13	0.02	18.73	1.52
09/15/2012	HJAZH01ABC_01	瑞单8号	秸秆	482.06	4.22	0.48	11.02	—	—	—	—	—	—	—	—	—	—	—	—
09/15/2012	HJAZH01ABC_01	瑞单8号	籽粒	504.93	13.24	3.26	4.98	—	—	—	—	—	—	—	—	—	—	—	—
07/24/2015	HJAZH01ABC_01	瑞单8号	秸秆	437.72	8.94	0.64	13.30	0.73	3.37	3.02	0.15	37.55	4.53	20.47	0.07	4.81	14.06	17.32	5.50
07/24/2015	HJAZH01ABC_01	瑞单8号	籽粒	434.77	16.03	3.15	4.42	1.00	0.09	1.02	0.03	4.55	2.00	27.42	0.12	0.76	3.68	17.82	1.40
08/30/2007	HJAZH01ABC_01	桂春5号	叶	47.34	3.30	0.27	1.00	—	1.25	1.25	0.03	133.87	11.28	99.04	—	—	0.28	17.15	0.06
08/30/2007	HJAZH01ABC_01	桂春5号	茎秆	46.67	1.43	0.19	1.03	—	0.74	0.74	0.01	34.11	11.14	22.57	—	—	0.36	16.84	0.04

（续）

月/日/年	样地代码	玉米品种	采样部位	全碳/(g/kg)	全氮/(g/kg)	全磷/(g/kg)	全钾/(g/kg)	全硫/(g/kg)	全钙/(g/kg)	全镁/(g/kg)	全铁/(g/kg)	全锰/(mg/kg)	全铜/(mg/kg)	全锌/(mg/kg)	全钼/(mg/kg)	全硼/(mg/kg)	全硅/(g/kg)	热值/(MJ/kg)	灰分/%
08/30/2007	HJAZH01ABC_01	桂春5号	根部	46.77	1.11	0.14	0.54	—	0.43	0.43	0.07	49.48	9.92	17.75	—	—	0.15	17.60	0.03
11/14/2010	HJAZH01ABC_01	桂春5号	秸秆	466.34	8.54	1.04	10.14	0.11	0.55	0.23	0.01	30.67	10.98	18.60	0	21.96	0.22	17.45	3.88
11/19/2010	HJAZH01ABC_01	桂春5号	籽粒	550.21	46.98	4.47	16.91	0.38	0.18	0.21	0.01	31.09	18.74	65.19	1	33.68	0.06	23.25	5.49
12/04/2012	HJAZH01ABC_01	桂春5号	秸秆	446.67	13.11	1.50	14.44	—	—	—	—	—	—	—	—	—	—	—	—
12/04/2012	HJAZH01ABC_01	桂春5号	籽粒	551.23	50.04	4.37	18.46	—	—	—	—	—	—	—	—	—	—	—	—
11/13/2015	HJAZH01ABC_01	瑞单8号	秸秆	451.42	11.48	1.04	12.32	0.55	5.46	2.50	0.21	42.42	5.88	10.43	0.04	21.14	2.57	17.92	3.89
11/13/2015	HJAZH01ABC_01	瑞单8号	籽粒	523.28	51.63	5.29	16.90	3.19	1.95	2.59	0.09	33.54	10.73	43.54	0.75	21.62	1.53	22.93	4.62

表3-47　2010年、2012年、2015年环江站喀斯特农田生态系统旱地辅助观测场玉米元素含量与能值

月/日/年	样地代码	玉米品种	样方号	采样部位	全碳/(g/kg)	全氮/(g/kg)	全磷/(g/kg)	全钾/(g/kg)	全硫/(g/kg)	全钙/(g/kg)	全镁/(g/kg)	全铁/(g/kg)	全锰/(mg/kg)	全铜/(mg/kg)	全锌/(mg/kg)	全钼/(mg/kg)	全硼/(mg/kg)	全硅/(g/kg)	热值/(MJ/kg)	灰分/%
08/02/2010	HJAFZ01ABC_01	瑞单8号	I-1	秸秆	482.64	5.60	0.49	4.86	0.08	0.33	0.24	0.03	25.59	8.09	21.59	0.11	4.81	1.63	20.1	3.5
08/02/2010	HJAFZ01ABC_01	瑞单8号	I-2	秸秆	479.13	4.92	0.39	10.22	0.06	0.29	0.20	0.02	25.00	7.05	13.48	0.05	4.33	1.66	20.2	4.5
08/02/2010	HJAFZ01ABC_01	瑞单8号	I-3	秸秆	483.39	5.06	0.52	9.84	0.06	0.26	0.19	0.02	18.05	7.52	11.62	0.05	4.93	1.63	18.5	4.2
08/02/2010	HJAFZ01ABC_01	瑞单8号	I-4	秸秆	474.36	4.41	0.45	10.21	0.07	0.29	0.18	0.02	25.87	6.27	14.41	0.08	4.12	1.70	18.3	4.4
08/02/2010	HJAFZ01ABC_01	瑞单8号	I-5	秸秆	482.24	5.09	0.64	7.82	0.06	0.29	0.22	0.01	17.31	5.96	17.77	0.07	4.06	1.33	18.2	3.4
08/02/2010	HJAFZ01ABC_01	瑞单8号	I-6	秸秆	473.72	4.75	0.49	10.91	0.06	0.28	0.19	0.02	18.10	5.81	12.09	0.05	4.70	1.60	18.2	4.7
08/06/2010	HJAFZ01ABC_01	瑞单8号	II-1	秸秆	483.30	4.82	0.37	5.85	0.09	0.31	0.23	0.02	19.27	6.11	17.68	0.05	4.49	2.77	18.5	4.7
08/06/2010	HJAFZ01ABC_01	瑞单8号	II-2	秸秆	481.46	5.46	0.61	10.90	0.07	0.29	0.20	0.01	17.44	6.60	15.58	0.10	4.42	2.22	18.5	4.6
08/06/2010	HJAFZ01ABC_01	瑞单8号	II-3	秸秆	477.70	5.69	0.71	10.57	0.07	0.28	0.19	0.01	19.40	6.32	11.77	0.25	5.10	1.88	18.7	4.3
08/06/2010	HJAFZ01ABC_01	瑞单8号	II-4	秸秆	470.68	4.94	0.53	12.04	0.06	0.27	0.18	0.01	18.51	5.70	9.27	0.56	4.90	1.96	18.1	4.6
08/06/2010	HJAFZ01ABC_01	瑞单8号	II-5	秸秆	485.19	4.26	0.50	9.37	0.06	0.30	0.19	0.01	14.11	6.25	9.16	0.30	3.89	1.79	18.1	4.0

（续）

月/日/年	样地代码	玉米品种	样方号	采样部位	全碳/(g/kg)	全氮/(g/kg)	全磷/(g/kg)	全钾/(g/kg)	全硫/(g/kg)	全钙/(g/kg)	全镁/(g/kg)	全铁/(g/kg)	全锰/(mg/kg)	全铜/(mg/kg)	全锌/(mg/kg)	全钼/(mg/kg)	全硼/(mg/kg)	全硅/(g/kg)	热值/(MJ/kg)	灰分/%
08/06/2010	HJAFZ01ABC_01	端单8号	II-6	秸秆	470.33	5.15	0.48	13.42	0.06	0.25	0.15	0.01	19.70	5.59	7.63	0.12	4.95	1.98	18.2	4.8
08/06/2010	HJAFZ01ABC_01	端单8号	III-1	秸秆	496.41	4.71	0.60	3.94	0.11	0.35	0.23	0.01	17.59	5.89	15.10	0.07	5.47	3.22	18.4	5.3
08/06/2010	HJAFZ01ABC_01	端单8号	III-2	秸秆	471.20	6.02	0.68	12.46	0.07	0.34	0.21	0.01	19.71	6.08	10.87	0.07	4.80	2.39	18.6	5.4
08/06/2010	HJAFZ01ABC_01	端单8号	III-3	秸秆	475.13	5.91	0.86	11.16	0.07	0.31	0.19	0.01	16.33	5.81	11.96	0.42	4.17	2.26	18.2	4.9
08/06/2010	HJAFZ01ABC_01	端单8号	III-4	秸秆	485.05	5.37	0.40	12.41	0.06	0.32	0.19	0.01	19.18	5.77	7.61	0.33	4.53	2.79	18.2	5.6
08/06/2010	HJAFZ01ABC_01	端单8号	III-5	秸秆	469.07	6.34	0.76	10.83	0.07	0.32	0.20	0.01	17.90	6.23	10.73	0.44	4.50	2.27	18.3	5.0
08/06/2010	HJAFZ01ABC_01	端单8号	III-6	秸秆	472.81	6.39	0.79	13.44	0.07	0.28	0.18	0.01	15.75	5.41	10.83	0.21	5.42	3.35	18.1	5.6
09/02/2010	HJAFZ01ABC_01	端单8号	IV-1	秸秆	472.39	5.60	0.63	6.55	0.09	0.37	0.24	0.01	14.66	5.91	12.59	0.21	4.58	2.17	17.7	4.3
09/02/2010	HJAFZ01ABC_01	端单8号	IV-2	秸秆	476.39	5.00	0.44	9.80	0.06	0.32	0.19	0.01	21.24	6.10	8.81	0.28	4.84	1.79	18.0	4.3
09/02/2010	HJAFZ01ABC_01	端单8号	IV-3	秸秆	475.68	6.30	0.72	9.48	0.07	0.32	0.21	0.01	16.25	6.47	9.89	0.28	7.12	1.77	17.9	4.3
09/03/2010	HJAFZ01ABC_01	端单8号	IV-4	秸秆	478.17	7.10	0.91	11.34	0.08	0.38	0.19	0.01	21.73	6.62	10.61	0.18	6.30	1.97	17.4	5.1
09/03/2010	HJAFZ01ABC_01	端单8号	IV-5	秸秆	473.64	5.79	0.66	9.40	0.07	0.37	0.20	0.01	20.14	6.26	10.63	0.47	4.79	2.08	17.5	4.7
09/03/2010	HJAFZ01ABC_01	端单8号	IV-6	秸秆	467.84	7.21	0.90	11.41	0.09	0.33	0.18	0.01	18.76	5.76	12.77	0.55	5.25	2.18	17.9	5.1
09/09/2010	HJAFZ01ABC_01	端单8号	I-1	籽粒	487.43	14.48	3.05	5.59	0.12	0.02	0.10	0.01	7.09	3.23	30.82	0.46	3.33	0.35	17.7	1.8
09/09/2010	HJAFZ01ABC_01	端单8号	I-2	籽粒	493.12	15.71	3.42	7.55	0.12	0.02	0.13	0.01	7.46	3.82	41.44	0.67	4.02	0.34	18.4	2.3
09/09/2010	HJAFZ01ABC_01	端单8号	I-3	籽粒	501.72	15.82	3.44	7.36	0.11	0.02	0.12	0.01	6.03	3.50	32.61	0.75	3.86	0.37	18.6	2.3
09/09/2010	HJAFZ01ABC_01	端单8号	I-4	籽粒	490.80	14.96	3.20	6.86	0.10	0.02	0.10	0.00	5.30	3.06	27.06	0.12	3.83	0.33	18.3	1.9
09/09/2010	HJAFZ01ABC_01	端单8号	I-5	籽粒	492.84	15.51	3.02	6.10	0.11	0.01	0.11	0.01	5.54	4.40	27.10	0.08	3.22	0.26	18.3	1.9
09/09/2010	HJAFZ01ABC_01	端单8号	I-6	籽粒	499.26	14.88	3.66	7.93	0.11	0.02	0.13	0.01	6.19	3.35	37.10	0.19	4.46	0.24	18.8	2.0
09/03/2010	HJAFZ01ABC_01	端单8号	II-1	籽粒	494.16	12.33	2.72	5.66	0.10	0.01	0.09	0.00	4.11	2.28	26.65	0.08	3.62	0.27	18.3	1.5
09/03/2010	HJAFZ01ABC_01	端单8号	II-2	籽粒	492.84	15.54	3.24	6.30	0.11	0.02	0.12	0.00	5.37	2.96	31.56	0.12	3.94	0.22	18.7	4.6
09/03/2010	HJAFZ01ABC_01	端单8号	II-3	籽粒	496.26	15.77	3.29	6.50	0.10	0.02	0.11	0.00	5.30	3.24	32.46	0.15	3.71	0.27	18.9	1.8

（续）

月/日/年	样地代码	玉米品种	样方号	采样部位	全碳/(g/kg)	全氮/(g/kg)	全磷/(g/kg)	全钾/(g/kg)	全硫/(g/kg)	全钙/(g/kg)	全镁/(g/kg)	全铁/(g/kg)	全锰/(mg/kg)	全铜/(mg/kg)	全锌/(mg/kg)	全钼/(mg/kg)	全硼/(mg/kg)	全硅/(g/kg)	热值/(MJ/kg)	灰分/%
09/03/2010	HJAF201ABC_01	瑞单8号	II-4	籽粒	499.25	15.20	3.13	6.79	0.11	0.02	0.11	0.00	5.47	2.70	27.69	0.06	3.80	0.29	18.6	1.7
09/03/2010	HJAF201ABC_01	瑞单8号	II-5	籽粒	489.83	15.62	3.29	6.65	0.11	0.02	0.11	0.00	5.01	2.57	29.36	0.06	3.09	0.26	18.9	1.7
09/02/2010	HJAF201ABC_01	瑞单8号	II-6	籽粒	496.66	15.55	3.24	6.56	0.11	0.01	0.12	0.00	6.14	2.90	30.78	0.06	3.48	0.17	18.6	1.8
09/02/2010	HJAF201ABC_01	瑞单8号	III-1	籽粒	494.74	13.41	3.23	7.05	0.10	0.01	0.12	0.00	5.11	2.52	30.69	0.17	4.76	0.27	18.4	1.9
09/02/2010	HJAF201ABC_01	瑞单8号	III-2	籽粒	500.07	15.41	3.03	7.76	0.11	0.01	0.13	0.01	5.96	2.33	33.51	0.07	3.76	0.21	18.4	1.8
09/03/2010	HJAF201ABC_01	瑞单8号	III-3	籽粒	502.56	14.87	3.33	7.30	0.11	0.01	0.13	0.00	5.80	3.16	34.86	0.32	5.46	0.16	18.7	1.9
09/03/2010	HJAF201ABC_01	瑞单8号	III-4	籽粒	502.56	15.46	3.03	6.07	0.11	0.04	0.12	0.00	5.28	2.23	29.12	0.04	3.22	0.27	18.4	1.7
09/03/2010	HJAF201ABC_01	瑞单8号	III-5	籽粒	503.83	15.61	3.34	7.10	0.11	0.02	0.14	0.00	6.07	2.85	34.64	0.15	3.24	0.23	18.7	1.9
09/03/2010	HJAF201ABC_01	瑞单8号	III-6	籽粒	512.40	15.26	3.37	7.16	0.11	0.01	0.14	0.00	5.80	3.83	33.73	0.09	3.23	0.13	18.7	2.0
09/03/2010	HJAF201ABC_01	瑞单8号	IV-1	籽粒	492.82	14.13	3.15	6.31	0.11	0.02	0.12	0.00	5.23	3.10	33.98	0.04	4.25	0.21	18.6	1.8
09/03/2010	HJAF201ABC_01	瑞单8号	IV-2	籽粒	498.80	15.57	3.47	6.93	0.11	0.04	0.14	0.00	6.50	3.97	35.02	0.30	4.97	0.25	18.8	1.8
09/03/2010	HJAF201ABC_01	瑞单8号	IV-3	籽粒	490.62	15.37	2.95	5.90	0.10	0.01	0.11	0.00	4.42	2.44	25.47	0.06	4.21	0.17	18.5	1.6
09/03/2010	HJAF201ABC_01	瑞单8号	IV-4	籽粒	512.34	15.57	3.48	7.57	0.11	0.02	0.14	0.00	6.32	3.82	34.07	0.07	3.78	0.17	18.7	2.0
09/03/2010	HJAF201ABC_01	瑞单8号	IV-5	籽粒	537.47	16.72	3.40	6.80	0.12	0.02	0.14	0.01	6.46	3.84	36.88	0.10	4.32	0.43	19.0	1.8
09/03/2010	HJAF201ABC_01	瑞单8号	IV-6	籽粒	501.24	15.37	3.44	7.65	0.11	0.02	0.14	0.01	6.61	3.97	35.28	0.08	4.25	0.15	19.0	2.2
09/12/2012	HJAF201ABC_01	瑞单8号	I-1	秸秆	510.70	7.45	1.02	3.59	—	—	—	—	—	—	—	—	—	—	—	—
09/12/2012	HJAF201ABC_01	瑞单8号	I-2	秸秆	485.98	5.38	0.52	7.62	—	—	—	—	—	—	—	—	—	—	—	—
09/12/2012	HJAF201ABC_01	瑞单8号	I-3	秸秆	480.24	5.92	0.57	8.44	—	—	—	—	—	—	—	—	—	—	—	—
09/12/2012	HJAF201ABC_01	瑞单8号	I-4	秸秆	478.47	6.68	0.66	6.70	—	—	—	—	—	—	—	—	—	—	—	—
09/12/2012	HJAF201ABC_01	瑞单8号	I-5	秸秆	486.31	4.42	0.43	8.71	—	—	—	—	—	—	—	—	—	—	—	—
09/12/2012	HJAF201ABC_01	瑞单8号	I-6	秸秆	484.94	6.18	0.71	11.20	—	—	—	—	—	—	—	—	—	—	—	—
09/12/2012	HJAF201ABC_01	瑞单8号	II-1	秸秆	514.35	5.66	0.72	3.20	—	—	—	—	—	—	—	—	—	—	—	—

(续)

月/日/年	样地代码	玉米品种	样方号	采样部位	全碳/(g/kg)	全氮/(g/kg)	全磷/(g/kg)	全钾/(g/kg)	全硫/(g/kg)	全钙/(g/kg)	全镁/(g/kg)	全铁/(g/kg)	全锰/(mg/kg)	全铜/(mg/kg)	全锌/(mg/kg)	全钼/(mg/kg)	全硼/(mg/kg)	全硅/(g/kg)	热值/(MJ/kg)	灰分/%
09/12/2012	HJAFZ01ABC_01	瑞单8号	II-2	秸秆	503.31	5.80	0.58	10.43	—	—	—	—	—	—	—	—	—	—	—	—
09/12/2012	HJAFZ01ABC_01	瑞单8号	II-3	秸秆	473.43	6.11	0.63	10.29	—	—	—	—	—	—	—	—	—	—	—	—
09/12/2012	HJAFZ01ABC_01	瑞单8号	II-4	秸秆	471.11	5.76	0.76	11.79	—	—	—	—	—	—	—	—	—	—	—	—
09/12/2012	HJAFZ01ABC_01	瑞单8号	II-5	秸秆	497.28	5.62	0.57	8.28	—	—	—	—	—	—	—	—	—	—	—	—
09/12/2012	HJAFZ01ABC_01	瑞单8号	II-6	秸秆	496.05	4.82	0.62	13.10	—	—	—	—	—	—	—	—	—	—	—	—
09/12/2012	HJAFZ01ABC_01	瑞单8号	III-1	秸秆	504.28	4.70	1.02	2.12	—	—	—	—	—	—	—	—	—	—	—	—
09/12/2012	HJAFZ01ABC_01	瑞单8号	III-2	秸秆	499.46	5.56	0.59	9.65	—	—	—	—	—	—	—	—	—	—	—	—
09/12/2012	HJAFZ01ABC_01	瑞单8号	III-3	秸秆	507.43	5.00	0.53	12.76	—	—	—	—	—	—	—	—	—	—	—	—
09/12/2012	HJAFZ01ABC_01	瑞单8号	III-4	秸秆	505.81	3.55	0.32	14.64	—	—	—	—	—	—	—	—	—	—	—	—
09/12/2012	HJAFZ01ABC_01	瑞单8号	III-5	秸秆	494.51	3.95	0.47	13.31	—	—	—	—	—	—	—	—	—	—	—	—
09/12/2012	HJAFZ01ABC_01	瑞单8号	III-6	秸秆	502.02	5.28	0.61	10.62	—	—	—	—	—	—	—	—	—	—	—	—
09/12/2012	HJAFZ01ABC_01	瑞单8号	IV-1	秸秆	510.93	4.13	0.86	4.12	—	—	—	—	—	—	—	—	—	—	—	—
09/12/2012	HJAFZ01ABC_01	瑞单8号	IV-2	秸秆	502.56	5.77	0.47	8.28	—	—	—	—	—	—	—	—	—	—	—	—
09/12/2012	HJAFZ01ABC_01	瑞单8号	IV-3	秸秆	502.59	4.58	0.68	14.19	—	—	—	—	—	—	—	—	—	—	—	—
09/12/2012	HJAFZ01ABC_01	瑞单8号	IV-4	秸秆	503.11	5.40	0.50	12.00	—	—	—	—	—	—	—	—	—	—	—	—
09/12/2012	HJAFZ01ABC_01	瑞单8号	IV-5	秸秆	498.16	5.99	0.57	8.05	—	—	—	—	—	—	—	—	—	—	—	—
09/12/2012	HJAFZ01ABC_01	瑞单8号	IV-6	秸秆	496.06	5.50	0.70	14.42	—	—	—	—	—	—	—	—	—	—	—	—
09/12/2012	HJAFZ01ABC_01	瑞单8号	I-1	籽粒	505.15	13.93	3.09	4.48	—	—	—	—	—	—	—	—	—	—	—	—
09/12/2012	HJAFZ01ABC_01	瑞单8号	I-2	籽粒	510.12	13.51	3.11	5.21	—	—	—	—	—	—	—	—	—	—	—	—
09/13/2012	HJAFZ01ABC_01	瑞单8号	I-3	籽粒	521.61	13.12	3.37	4.93	—	—	—	—	—	—	—	—	—	—	—	—
09/13/2012	HJAFZ01ABC_01	瑞单8号	I-4	籽粒	515.73	13.51	2.98	4.24	—	—	—	—	—	—	—	—	—	—	—	—
09/13/2012	HJAFZ01ABC_01	瑞单8号	I-5	籽粒	522.52	13.47	3.24	4.91	—	—	—	—	—	—	—	—	—	—	—	—

（续）

月/日/年	样地代码	玉米品种	样方号	采样部位	全碳/(g/kg)	全氮/(g/kg)	全磷/(g/kg)	全钾/(g/kg)	全硫/(g/kg)	全钙/(g/kg)	全镁/(g/kg)	全铁/(g/kg)	全锰/(mg/kg)	全铜/(mg/kg)	全锌/(mg/kg)	全钼/(mg/kg)	全硼/(mg/kg)	全硅/(g/kg)	热值/(MJ/kg)	灰分/%
09/13/2012	HJAFZ01ABC_01	瑞单8号	I-6	籽粒	500.63	14.69	3.85	6.00	—	—	—	—	—	—	—	—	—	—	—	—
09/13/2012	HJAFZ01ABC_01	瑞单8号	II-1	籽粒	534.37	12.30	3.11	4.34	—	—	—	—	—	—	—	—	—	—	—	—
09/13/2012	HJAFZ01ABC_01	瑞单8号	II-2	籽粒	518.23	13.21	3.25	4.95	—	—	—	—	—	—	—	—	—	—	—	—
09/13/2012	HJAFZ01ABC_01	瑞单8号	II-3	籽粒	515.31	13.71	3.58	5.61	—	—	—	—	—	—	—	—	—	—	—	—
09/13/2012	HJAFZ01ABC_01	瑞单8号	II-4	籽粒	501.61	13.58	3.11	4.62	—	—	—	—	—	—	—	—	—	—	—	—
09/13/2012	HJAFZ01ABC_01	瑞单8号	II-5	籽粒	509.54	13.78	3.23	5.38	—	—	—	—	—	—	—	—	—	—	—	—
09/13/2012	HJAFZ01ABC_01	瑞单8号	II-6	籽粒	506.97	12.63	2.71	4.00	—	—	—	—	—	—	—	—	—	—	—	—
09/13/2012	HJAFZ01ABC_01	瑞单8号	III-1	籽粒	480.90	10.26	3.21	4.93	—	—	—	—	—	—	—	—	—	—	—	—
09/13/2012	HJAFZ01ABC_01	瑞单8号	III-2	籽粒	500.46	13.67	3.49	5.80	—	—	—	—	—	—	—	—	—	—	—	—
09/13/2012	HJAFZ01ABC_01	瑞单8号	III-3	籽粒	512.68	13.90	3.49	5.17	—	—	—	—	—	—	—	—	—	—	—	—
09/13/2012	HJAFZ01ABC_01	瑞单8号	III-4	籽粒	498.73	12.76	3.11	4.76	—	—	—	—	—	—	—	—	—	—	—	—
09/13/2012	HJAFZ01ABC_01	瑞单8号	III-5	籽粒	510.00	14.26	3.51	4.78	—	—	—	—	—	—	—	—	—	—	—	—
09/13/2012	HJAFZ01ABC_01	瑞单8号	III-6	籽粒	518.77	14.40	3.59	5.32	—	—	—	—	—	—	—	—	—	—	—	—
09/13/2012	HJAFZ01ABC_01	瑞单8号	IV-1	籽粒	502.99	10.99	2.92	4.68	—	—	—	—	—	—	—	—	—	—	—	—
09/13/2012	HJAFZ01ABC_01	瑞单8号	IV-2	籽粒	535.33	13.42	2.98	4.47	—	—	—	—	—	—	—	—	—	—	—	—
09/13/2012	HJAFZ01ABC_01	瑞单8号	IV-3	籽粒	491.40	14.35	3.36	4.91	—	—	—	—	—	—	—	—	—	—	—	—
09/13/2012	HJAFZ01ABC_01	瑞单8号	IV-4	籽粒	497.21	13.55	3.06	4.01	—	—	—	—	—	—	—	—	—	—	—	—
09/13/2012	HJAFZ01ABC_01	瑞单8号	IV-5	籽粒	525.73	13.51	3.65	5.75	—	—	—	—	—	—	—	—	—	—	—	—
09/13/2012	HJAFZ01ABC_01	瑞单8号	IV-6	籽粒	519.45	14.02	3.25	4.14	—	—	—	—	—	—	—	—	—	—	—	—
08/09/2015	HJAFZ01ABC_01	瑞单8号	I-1	秸秆	433.88	9.70	0.87	8.40	0.57	2.25	1.83	0.24	37.06	3.99	23.81	0.01	5.74	13.27	16.7	5.0
08/09/2015	HJAFZ01ABC_01	瑞单8号	I-2	秸秆	451.77	10.35	0.49	21.79	0.59	1.43	1.98	0.08	17.68	3.90	14.36	0.04	3.96	6.13	17.1	5.8
08/09/2015	HJAFZ01ABC_01	瑞单8号	I-3	秸秆	448.39	8.82	0.58	12.29	0.53	1.71	2.00	0.16	24.57	4.28	23.29	0.05	3.05	9.19	17.1	4.5

（续）

月/日/年	样地代码	玉米品种	样方号	采样部位	全碳/(g/kg)	全氮/(g/kg)	全磷/(g/kg)	全钾/(g/kg)	全硫/(g/kg)	全钙/(g/kg)	全镁/(g/kg)	全铁/(g/kg)	全锰/(mg/kg)	全铜/(mg/kg)	全锌/(mg/kg)	全钼/(mg/kg)	全硼/(mg/kg)	全硅/(g/kg)	热值/(MJ/kg)	灰分/%
08/10/2015	HJAFZ01ABC_01	瑞单8号	I-4	秸秆	446.13	8.54	0.44	13.20	0.67	2.72	3.44	0.11	27.32	4.14	13.97	0.08	3.20	8.15	17.0	4.6
08/10/2015	HJAFZ01ABC_01	瑞单8号	I-5	秸秆	430.80	9.96	0.37	20.57	0.70	3.44	2.71	0.12	44.64	4.85	13.37	0.04	3.24	12.27	16.2	6.6
08/09/2015	HJAFZ01ABC_01	瑞单8号	I-6	秸秆	437.92	10.69	0.65	6.64	1.21	4.25	6.45	0.13	31.40	5.74	24.16	0.09	4.18	10.18	16.8	5.0
08/10/2015	HJAFZ01ABC_01	瑞单8号	II-1	秸秆	437.36	8.10	2.11	9.82	0.59	2.02	2.50	0.14	28.80	2.69	27.17	0.09	2.26	15.41	16.6	5.6
08/10/2015	HJAFZ01ABC_01	瑞单8号	II-2	秸秆	442.92	7.52	1.24	11.59	0.61	1.94	2.19	0.11	32.45	2.35	20.58	0.06	2.54	11.07	16.9	4.8
08/10/2015	HJAFZ01ABC_01	瑞单8号	II-3	秸秆	438.72	7.52	0.71	6.78	0.64	2.55	2.47	0.12	34.77	2.73	18.51	0.07	2.58	12.51	16.6	4.9
08/10/2015	HJAFZ01ABC_01	瑞单8号	II-4	秸秆	445.12	7.73	1.62	10.04	0.32	2.22	2.85	0.19	42.16	2.82	22.36	0.01	4.89	12.43	16.8	5.0
08/10/2015	HJAFZ01ABC_01	瑞单8号	II-5	秸秆	444.19	8.17	1.76	9.86	0.55	1.53	2.09	0.12	28.70	2.77	19.76	0.01	4.06	10.83	17.0	4.9
08/10/2015	HJAFZ01ABC_01	瑞单8号	II-6	秸秆	440.86	7.38	1.27	13.16	0.61	1.80	2.80	0.12	30.69	2.39	13.49	0.03	4.41	11.86	16.7	5.4
08/11/2015	HJAFZ01ABC_01	瑞单8号	III-1	秸秆	421.88	7.92	2.24	10.96	0.58	2.12	2.46	0.38	38.93	2.36	24.07	0.08	3.70	15.93	16.0	6.3
08/11/2015	HJAFZ01ABC_01	瑞单8号	III-2	秸秆	449.84	9.10	0.52	13.42	0.55	1.42	2.57	0.25	27.03	2.45	10.69	0.02	2.98	5.43	16.9	4.0
08/11/2015	HJAFZ01ABC_01	瑞单8号	III-3	秸秆	445.42	8.58	0.96	15.44	0.56	1.57	2.22	0.25	33.57	2.99	13.88	0.02	2.75	9.36	16.8	5.4
08/11/2015	HJAFZ01ABC_01	瑞单8号	III-4	秸秆	451.18	9.84	0.69	7.34	0.77	1.85	2.58	0.54	53.82	3.56	13.43	0.05	2.79	7.76	17.3	3.7
08/11/2015	HJAFZ01ABC_01	瑞单8号	III-5	秸秆	454.95	8.55	0.79	10.43	0.70	1.54	2.41	0.32	34.83	2.69	14.96	0.02	2.25	7.55	17.4	3.9
08/11/2015	HJAFZ01ABC_01	瑞单8号	III-6	秸秆	452.06	10.12	0.48	10.57	0.66	2.10	2.92	0.43	42.97	2.91	13.19	0.01	2.06	7.49	17.0	4.2
08/11/2015	HJAFZ01ABC_01	瑞单8号	IV-1	秸秆	444.08	9.77	0.96	10.92	0.69	2.31	2.36	0.41	45.96	4.14	23.86	0.06	2.49	9.98	16.8	5.0
08/11/2015	HJAFZ01ABC_01	瑞单8号	IV-2	秸秆	461.00	9.00	0.34	10.86	0.47	1.46	2.01	0.26	26.10	2.46	9.13	0.05	3.80	4.66	17.5	3.6
08/11/2015	HJAFZ01ABC_01	瑞单8号	IV-3	秸秆	460.72	9.97	0.50	11.34	0.54	2.02	3.18	0.47	36.43	2.47	8.62	0.02	3.14	5.87	17.5	4.0
08/11/2015	HJAFZ01ABC_01	瑞单8号	IV-4	秸秆	448.44	9.80	0.59	15.92	0.59	1.81	3.11	0.41	35.16	2.80	11.67	0.05	4.11	5.21	17.1	4.6
08/12/2015	HJAFZ01ABC_01	瑞单8号	IV-5	秸秆	452.68	9.75	0.74	13.58	0.60	1.60	2.71	0.49	34.33	2.45	12.20	0.03	3.11	5.97	17.3	4.3
08/11/2015	HJAFZ01ABC_01	瑞单8号	IV-6	秸秆	457.72	7.81	0.32	12.10	0.44	1.69	2.24	0.16	27.13	2.54	12.57	0.00	2.88	4.53	17.3	3.6
08/09/2015	HJAFZ01ABC_01	瑞单8号	I-1	籽粒	436.45	17.58	3.88	5.24	1.22	0.08	1.30	0.03	6.36	2.49	27.95	0.12	1.25	0.25	17.6	1.9

（续）

月/日/年	样地代码	玉米品种	样方号	采样部位	全碳/(g/kg)	全氮/(g/kg)	全磷/(g/kg)	全钾/(g/kg)	全硫/(g/kg)	全钙/(g/kg)	全镁/(g/kg)	全铁/(g/kg)	全锰/(mg/kg)	全铜/(mg/kg)	全锌/(mg/kg)	全钼/(mg/kg)	全硼/(mg/kg)	全硅/(g/kg)	热值/(MJ/kg)	灰分/%
08/09/2015	HJAFZ01ABC_01	瑞单8号	I-2	籽粒	436.85	14.84	3.28	5.17	1.01	0.05	1.08	0.03	4.84	2.53	25.14	0.07	0.80	0.06	17.5	1.6
08/09/2015	HJAFZ01ABC_01	瑞单8号	I-3	籽粒	430.08	15.03	3.06	4.92	1.03	0.05	1.02	0.02	4.63	1.94	20.97	0.08	0.73	0.41	17.7	1.5
08/10/2015	HJAFZ01ABC_01	瑞单8号	I-4	籽粒	440.40	15.77	3.30	4.82	0.99	0.06	1.07	0.03	4.59	2.01	21.08	0.10	0.88	0.29	18.1	1.6
08/10/2015	HJAFZ01ABC_01	瑞单8号	I-5	籽粒	430.22	15.55	3.37	4.60	1.00	0.05	1.12	0.03	4.97	2.01	21.47	0.27	1.04	0.11	17.8	1.6
08/10/2015	HJAFZ01ABC_01	瑞单8号	I-6	籽粒	439.27	15.56	3.08	4.47	0.98	0.06	1.04	0.03	4.27	1.89	20.96	0.12	0.92	0.05	18.0	1.5
08/10/2015	HJAFZ01ABC_01	瑞单8号	II-1	籽粒	433.66	15.05	1.30	2.20	0.85	0.05	0.41	0.02	2.99	1.76	12.04	0.08	0.33	0.15	17.7	0.7
08/10/2015	HJAFZ01ABC_01	瑞单8号	II-2	籽粒	435.61	14.91	2.71	4.13	0.75	0.06	0.95	0.03	3.96	1.87	19.62	0.13	0.45	0.37	17.9	1.4
08/10/2015	HJAFZ01ABC_01	瑞单8号	II-3	籽粒	434.67	14.22	3.08	4.43	0.88	0.06	1.04	0.03	4.77	2.09	20.13	0.07	0.81	0.33	17.9	1.5
08/10/2015	HJAFZ01ABC_01	瑞单8号	II-4	籽粒	438.30	15.48	3.12	4.41	0.98	0.06	1.03	0.03	4.68	1.86	20.99	0.10	0.68	0.35	18.1	1.5
08/10/2015	HJAFZ01ABC_01	瑞单8号	II-5	籽粒	440.87	15.50	3.04	4.36	0.90	0.06	1.02	0.03	4.34	1.83	21.18	0.10	0.53	0.25	18.1	1.5
08/10/2015	HJAFZ01ABC_01	瑞单8号	II-6	籽粒	438.29	15.38	3.24	4.70	0.95	0.05	1.04	0.11	5.01	2.08	21.37	0.08	0.72	0.00	18.1	1.6
08/11/2015	HJAFZ01ABC_01	瑞单8号	III-1	籽粒	441.66	15.25	3.07	4.31	1.00	0.07	0.99	0.06	4.19	1.90	22.64	0.12	0.77	0.00	18.2	1.5
08/11/2015	HJAFZ01ABC_01	瑞单8号	III-2	籽粒	438.08	14.69	3.05	4.29	0.96	0.07	0.99	0.03	4.42	1.60	17.84	0.06	0.55	0.00	18.3	1.4
08/11/2015	HJAFZ01ABC_01	瑞单8号	III-3	籽粒	436.77	15.43	3.13	4.66	0.94	0.05	1.04	0.03	4.49	2.02	21.50	0.15	1.11	0.11	18.0	1.5
08/11/2015	HJAFZ01ABC_01	瑞单8号	III-4	籽粒	437.11	14.43	3.25	4.75	0.94	0.05	1.11	0.02	4.93	2.03	20.73	0.06	1.09	0.00	18.0	1.5
08/11/2015	HJAFZ01ABC_01	瑞单8号	III-5	籽粒	437.61	15.71	3.15	4.61	0.94	0.05	1.08	0.02	4.58	1.71	18.90	0.08	0.96	0.00	17.6	1.5
08/11/2015	HJAFZ01ABC_01	瑞单8号	III-6	籽粒	441.03	15.74	3.21	4.64	0.96	0.07	1.07	0.03	4.62	1.70	21.45	0.08	0.74	0.00	18.2	1.5
08/11/2015	HJAFZ01ABC_01	瑞单8号	IV-1	籽粒	444.40	16.83	3.32	4.06	0.94	0.06	1.08	0.03	4.49	1.71	19.56	0.07	0.73	0.00	18.4	1.5
08/11/2015	HJAFZ01ABC_01	瑞单8号	IV-2	籽粒	439.70	15.73	2.91	4.07	0.92	0.06	0.97	0.03	4.50	1.62	17.19	0.07	0.68	0.00	18.0	1.3
08/11/2015	HJAFZ01ABC_01	瑞单8号	IV-3	籽粒	439.20	15.16	3.32	4.80	0.94	0.06	1.14	0.03	5.15	1.94	20.71	0.07	1.03	0.00	17.7	1.5
08/11/2015	HJAFZ01ABC_01	瑞单8号	IV-4	籽粒	432.41	13.90	3.10	4.74	0.94	0.09	1.03	0.03	4.77	2.05	20.69	0.08	0.70	0.00	17.1	1.5
08/12/2015	HJAFZ01ABC_01	瑞单8号	IV-5	籽粒	437.18	13.99	3.20	4.55	0.91	0.05	1.04	0.02	4.53	1.65	20.74	0.09	0.67	0.51	17.4	1.4

（续）

月/日/年	样地代码	玉米品种	样方号	采样部位	全碳/(g/kg)	全氮/(g/kg)	全磷/(g/kg)	全钾/(g/kg)	全硫/(g/kg)	全钙/(g/kg)	全镁/(g/kg)	全铁/(g/kg)	全锰/(mg/kg)	全铜/(mg/kg)	全锌/(mg/kg)	全钼/(mg/kg)	全硼/(mg/kg)	全硅/(g/kg)	热值/(MJ/kg)	灰分/%
08/11/2015	HJAFZ01ABC_01	端单8号	IV-6	籽粒	437.58	14.01	2.75	4.15	0.84	0.04	0.92	0.02	3.82	1.66	17.81	0.09	0.88	0.42	17.4	1.3

表 3-48　2010 年、2012 年、2015 年环江站喀斯特农田生态系统旱地辅助观测场大豆元素含量与能值

月/日/年	样地代码	作物品种	样方号	采样部位	全碳/(g/kg)	全氮/(g/kg)	全磷/(g/kg)	全钾/(g/kg)	全硫/(g/kg)	全钙/(g/kg)	全镁/(g/kg)	全铁/(g/kg)	全锰/(mg/kg)	全铜/(mg/kg)	全锌/(mg/kg)	全钼/(mg/kg)	全硼/(mg/kg)	全硅/(g/kg)	热值/(MJ/kg)	灰分/%
11/14/2010	HJAFZ01ABC_01	桂春5号	I-1	秸秆	452.05	9.30	0.76	4.12	0.18	0.63	0.33	0.45	18.34	13.05	18.04	0.08	23.09	0.21	16.8	3.1
11/14/2010	HJAFZ01ABC_01	桂春5号	I-2	秸秆	469.13	8.04	0.97	10.76	0.15	0.57	0.21	0.35	28.23	9.97	17.78	0.05	19.88	0.21	18.1	3.6
11/14/2010	HJAFZ01ABC_01	桂春5号	I-3	秸秆	460.01	8.15	1.09	11.69	0.13	0.51	0.21	0.42	22.38	10.26	21.10	0.10	20.22	0.24	18.2	3.7
11/14/2010	HJAFZ01ABC_01	桂春5号	I-4	秸秆	459.42	8.15	0.90	11.00	0.12	0.57	0.23	0.58	22.55	9.17	14.09	0.11	20.24	0.27	17.5	3.8
11/14/2010	HJAFZ01ABC_01	桂春5号	I-5	秸秆	469.37	7.47	0.85	6.55	0.13	0.52	0.24	0.28	22.34	10.50	15.69	0.07	19.94	0.90	18.2	3.1
11/14/2010	HJAFZ01ABC_01	桂春5号	I-6	秸秆	623.45	8.64	1.17	12.52	0.14	0.53	0.20	0.39	22.08	10.62	18.13	0.05	17.93	0.25	18.2	4.0
11/14/2010	HJAFZ01ABC_01	桂春5号	II-1	秸秆	447.59	8.70	0.81	5.13	0.17	0.65	0.32	0.53	21.80	12.78	19.57	0.07	23.79	0.20	17.3	3.9
11/14/2010	HJAFZ01ABC_01	桂春5号	II-2	秸秆	460.33	7.01	0.97	11.36	0.11	0.50	0.18	0.26	20.38	9.02	16.43	0.09	18.52	0.19	18.1	3.7
11/14/2010	HJAFZ01ABC_01	桂春5号	II-3	秸秆	457.43	7.88	0.94	11.21	0.12	0.54	0.21	0.42	22.62	9.34	16.81	0.12	18.36	0.18	18.1	4.0
11/14/2010	HJAFZ01ABC_01	桂春5号	II-4	秸秆	468.94	7.17	0.84	12.52	0.14	0.54	0.21	0.38	27.42	9.98	18.55	0.16	18.22	0.24	17.8	4.3
11/14/2010	HJAFZ01ABC_01	桂春5号	II-5	秸秆	452.62	6.84	0.92	9.42	0.13	0.53	0.21	0.26	23.29	9.56	15.94	0.06	21.35	0.12	18.1	3.2
11/14/2010	HJAFZ01ABC_01	桂春5号	II-6	秸秆	478.16	3.40	0.43	6.67	0.13	0.52	0.20	0.41	24.48	9.59	18.51	0.16	20.14	0.12	18.1	3.9
11/14/2010	HJAFZ01ABC_01	桂春5号	III-1	秸秆	467.01	9.46	1.26	7.02	0.14	0.60	0.30	0.61	23.75	11.49	19.40	0.05	24.36	0.26	17.1	3.7
11/14/2010	HJAFZ01ABC_01	桂春5号	III-2	秸秆	468.35	7.16	1.03	12.06	0.11	0.54	0.19	0.41	23.97	8.85	15.18	0.04	17.41	0.28	17.8	3.6
11/14/2010	HJAFZ01ABC_01	桂春5号	III-3	秸秆	476.46	6.68	0.98	10.89	0.11	0.58	0.19	0.32	30.39	10.19	16.85	0.06	19.23	0.44	17.9	3.7
11/13/2010	HJAFZ01ABC_01	桂春5号	III-4	秸秆	452.21	7.39	1.13	13.63	0.14	0.58	0.21	0.42	24.64	9.73	17.67	0.21	23.07	0.29	17.8	4.3
11/13/2010	HJAFZ01ABC_01	桂春5号	III-5	秸秆	464.57	7.28	1.06	11.62	0.11	0.54	0.21	0.42	25.69	8.96	18.71	0.07	21.82	0.26	18.1	3.7

（续）

月/日/年	样地代码	作物品种	样方号	采样部位	全碳/(g/kg)	全氮/(g/kg)	全磷/(g/kg)	全钾/(g/kg)	全硫/(g/kg)	全钙/(g/kg)	全镁/(g/kg)	全铁/(g/kg)	全锰/(mg/kg)	全铜/(mg/kg)	全锌/(mg/kg)	全钼/(mg/kg)	全硼/(mg/kg)	全硅/(g/kg)	热值/(MJ/kg)	灰分/%
11/13/2010	HJAFZ01ABC_01	桂春5号	Ⅲ-6	稻秆	471.17	7.92	1.38	13.50	0.13	0.56	0.19	0.39	29.17	10.39	19.49	0.11	19.96	0.33	18.1	4.2
11/13/2010	HJAFZ01ABC_01	桂春5号	Ⅳ-1	稻秆	461.00	10.30	1.32	7.15	0.14	0.62	0.30	0.63	24.69	12.24	19.28	0.12	25.96	0.39	17.5	3.8
11/13/2010	HJAFZ01ABC_01	桂春5号	Ⅳ-2	稻秆	462.35	6.71	0.95	10.71	0.12	0.55	0.22	0.46	25.69	10.06	18.06	0.17	19.42	0.40	18.1	3.6
11/13/2010	HJAFZ01ABC_01	桂春5号	Ⅳ-3	稻秆	464.54	8.22	1.02	12.37	0.12	0.59	0.25	0.62	28.17	8.35	18.71	0.09	23.49	0.31	17.2	4.2
11/13/2010	HJAFZ01ABC_01	桂春5号	Ⅳ-4	稻秆	464.20	7.22	0.96	11.32	0.11	0.56	0.20	0.36	23.74	10.99	18.31	0.06	16.66	0.26	18.2	3.5
11/13/2010	HJAFZ01ABC_01	桂春5号	Ⅳ-5	稻秆	469.53	9.52	1.41	10.46	0.11	0.51	0.25	0.66	23.44	7.75	18.98	0.14	21.40	0.27	18.2	3.9
11/13/2010	HJAFZ01ABC_01	桂春5号	Ⅳ-6	稻秆	476.01	6.20	0.95	12.77	0.12	0.53	0.17	0.25	26.73	9.03	15.90	0.10	18.65	0.32	18.1	3.6
11/18/2010	HJAFZ01ABC_01	桂春5号	Ⅰ-1	籽粒	563.36	49.36	4.35	16.61	0.38	0.20	0.19	0.02	28.91	19.73	65.27	1.86	32.45	0.13	22.8	4.7
11/18/2010	HJAFZ01ABC_01	桂春5号	Ⅰ-2	籽粒	538.40	46.54	4.45	18.50	0.36	0.18	0.20	0.01	32.93	16.58	58.98	0.61	28.90	0.10	23.1	5.3
11/18/2010	HJAFZ01ABC_01	桂春5号	Ⅰ-3	籽粒	565.44	45.59	4.58	18.72	0.34	0.17	0.20	0.05	209.23	16.95	62.31	0.61	32.10	0.27	23.0	5.8
11/18/2010	HJAFZ01ABC_01	桂春5号	Ⅰ-4	籽粒	553.60	46.80	4.51	18.88	0.37	0.18	0.21	0.02	32.93	16.70	58.09	0.60	29.59	0.29	23.1	5.6
11/18/2010	HJAFZ01ABC_01	桂春5号	Ⅰ-5	籽粒	547.74	47.08	4.66	18.42	0.34	0.18	0.20	0.01	28.66	17.20	55.71	0.75	27.35	0.13	23.0	5.1
11/18/2010	HJAFZ01ABC_01	桂春5号	Ⅰ-6	籽粒	537.50	44.20	4.70	18.95	0.37	0.21	0.21	0.01	27.98	17.10	59.28	0.70	27.59	0.07	23.0	5.5
11/17/2010	HJAFZ01ABC_01	桂春5号	Ⅱ-1	籽粒	561.68	49.57	4.57	16.79	0.39	0.20	0.19	0.05	34.84	19.93	66.00	0.66	34.88	0.11	23.1	5.0
11/17/2010	HJAFZ01ABC_01	桂春5号	Ⅱ-2	籽粒	549.46	46.84	4.64	18.97	0.36	0.20	0.20	0.01	26.86	16.38	61.22	0.86	23.50	0.17	23.1	5.4
11/17/2010	HJAFZ01ABC_01	桂春5号	Ⅱ-3	籽粒	531.87	46.44	4.60	18.75	0.40	0.19	0.21	0.01	33.65	18.30	60.78	0.55	30.71	0.14	23.1	5.4
11/17/2010	HJAFZ01ABC_01	桂春5号	Ⅱ-4	籽粒	537.31	47.38	5.20	18.95	0.38	0.19	0.21	0.01	31.00	18.16	65.98	0.68	29.24	0.07	23.1	5.4
11/17/2010	HJAFZ01ABC_01	桂春5号	Ⅱ-5	籽粒	531.36	45.36	4.68	18.56	0.37	0.19	0.21	0.02	32.43	18.04	60.37	0.65	30.47	0.18	23.4	5.7
11/17/2010	HJAFZ01ABC_01	桂春5号	Ⅱ-6	籽粒	538.46	47.02	4.79	18.63	0.39	0.18	0.21	0.02	33.71	18.49	62.94	0.49	30.34	0.30	23.1	5.4
11/18/2010	HJAFZ01ABC_01	桂春5号	Ⅲ-1	籽粒	548.39	47.72	4.72	17.61	0.38	0.21	0.18	0.03	33.31	20.04	70.49	0.58	35.20	0.52	23.4	5.2
11/17/2010	HJAFZ01ABC_01	桂春5号	Ⅲ-2	籽粒	540.58	44.40	4.73	18.51	0.37	0.19	0.20	0.01	29.33	17.11	62.98	0.57	24.69	0.11	23.3	5.3
11/18/2010	HJAFZ01ABC_01	桂春5号	Ⅲ-3	籽粒	545.93	46.63	4.71	18.54	0.35	0.19	0.19	0.03	34.57	16.43	61.45	0.86	24.39	0.31	23.1	5.3

（续）

月/日/年	样地代码	作物品种	样方号	采样部位	全碳/(g/kg)	全氮/(g/kg)	全磷/(g/kg)	全钾/(g/kg)	全硫/(g/kg)	全钙/(g/kg)	全镁/(g/kg)	全铁/(g/kg)	全锰/(mg/kg)	全铜/(mg/kg)	全锌/(mg/kg)	全钼/(mg/kg)	全硼/(mg/kg)	全硅/(g/kg)	热值/(MJ/kg)	灰分/%
11/18/2010	HJAFZ01ABC_01	桂春5号	III-4	籽粒	540.25	45.67	4.75	18.57	0.33	0.19	0.19	0.01	28.43	16.41	63.40	0.50	29.62	0.11	23.2	5.2
11/18/2010	HJAFZ01ABC_01	桂春5号	III-5	籽粒	553.69	7.01	2.99	6.28	0.33	0.19	0.19	0.01	28.39	16.47	64.37	0.81	28.47	0.07	23.0	5.1
11/18/2010	HJAFZ01ABC_01	桂春5号	III-6	籽粒	552.85	46.20	4.83	18.61	0.35	0.18	0.19	0.01	27.47	17.79	63.51	0.39	27.98	0.08	23.4	5.5
11/18/2010	HJAFZ01ABC_01	桂春5号	IV-1	籽粒	541.62	48.60	4.82	16.83	0.36	0.19	0.18	0.02	40.11	19.52	70.30	0.83	33.99	0.19	23.1	5.0
11/18/2010	HJAFZ01ABC_01	桂春5号	IV-2	籽粒	566.14	46.60	4.75	19.24	0.35	0.21	0.19	0.01	28.84	16.88	62.42	0.65	21.59	0.15	23.4	5.2
11/18/2010	HJAFZ01ABC_01	桂春5号	IV-3	籽粒	495.38	46.15	4.64	19.27	0.35	0.19	0.20	0.02	32.77	16.98	66.40	0.52	29.65	0.17	22.7	5.4
11/18/2010	HJAFZ01ABC_01	桂春5号	IV-4	籽粒	546.88	46.08	4.68	18.91	0.35	0.21	0.20	0.01	28.56	18.00	66.24	0.79	22.77	0.04	23.3	2.9
11/18/2010	HJAFZ01ABC_01	桂春5号	IV-5	籽粒	547.43	47.10	4.77	18.76	0.36	0.21	0.20	0.01	31.09	17.99	71.61	0.96	26.78	0.03	23.1	5.1
11/18/2010	HJAFZ01ABC_01	桂春5号	IV-6	籽粒	539.36	45.38	4.62	19.40	0.33	0.19	0.19	0.01	27.85	16.31	66.19	0.59	27.56	0.03	22.9	5.2
12/05/2012	HJAFZ01ABC_01	桂春5号	I-1	秸秆	473.02	14.98	1.16	4.35	—							—			—	—
12/05/2012	HJAFZ01ABC_01	桂春5号	I-2	秸秆	470.35	18.34	1.51	15.50	—							—			—	—
12/05/2012	HJAFZ01ABC_01	桂春5号	I-3	秸秆	465.90	16.47	1.50	13.78	—							—			—	—
12/05/2012	HJAFZ01ABC_01	桂春5号	I-4	秸秆	451.00	11.72	1.19	15.17	—							—			—	—
12/05/2012	HJAFZ01ABC_01	桂春5号	I-5	秸秆	478.90	27.80	2.17	13.10	—							—			—	—
12/05/2012	HJAFZ01ABC_01	桂春5号	I-6	秸秆	472.13	17.71	1.64	17.16	—							—			—	—
12/05/2012	HJAFZ01ABC_01	桂春5号	II-1	秸秆	464.89	11.93	0.94	6.25	—							—			—	—
12/05/2012	HJAFZ01ABC_01	桂春5号	II-2	秸秆	444.68	15.32	1.46	15.46	—							—			—	—
12/05/2012	HJAFZ01ABC_01	桂春5号	II-3	秸秆	450.20	10.27	1.07	7.93	—							—			—	—
12/05/2012	HJAFZ01ABC_01	桂春5号	II-4	秸秆	441.54	22.80	1.87	16.81	—							—			—	—
12/05/2012	HJAFZ01ABC_01	桂春5号	II-5	秸秆	452.09	16.66	1.67	15.31	—							—			—	—
12/05/2012	HJAFZ01ABC_01	桂春5号	II-6	秸秆	441.97	13.47	1.59	16.73	—							—			—	—
12/05/2012	HJAFZ01ABC_01	桂春5号	III-1	秸秆	489.47	13.67	1.53	4.92	—							—			—	—

（续）

月/日/年	样地代码	作物品种	样方号	采样部位	全碳/(g/kg)	全氮/(g/kg)	全磷/(g/kg)	全钾/(g/kg)	全硫/(g/kg)	全钙/(g/kg)	全镁/(g/kg)	全铁/(g/kg)	全锰/(mg/kg)	全铜/(mg/kg)	全锌/(mg/kg)	全钼/(mg/kg)	全硼/(mg/kg)	全硅/(g/kg)	热值/(MJ/kg)	灰分/%
12/05/2012	HJAFZ01ABC_01	桂春5号	III-2	秸秆	443.09	10.32	1.09	12.11	—	—	—	—	—	—	—	—	—	—	—	—
12/05/2012	HJAFZ01ABC_01	桂春5号	III-3	秸秆	431.28	10.81	1.11	14.85	—	—	—	—	—	—	—	—	—	—	—	—
12/05/2012	HJAFZ01ABC_01	桂春5号	III-4	秸秆	462.48	13.07	1.48	17.47	—	—	—	—	—	—	—	—	—	—	—	—
12/05/2012	HJAFZ01ABC_01	桂春5号	III-5	秸秆	470.17	21.51	1.67	14.81	—	—	—	—	—	—	—	—	—	—	—	—
12/05/2012	HJAFZ01ABC_01	桂春5号	III-6	秸秆	450.32	9.00	1.11	15.73	—	—	—	—	—	—	—	—	—	—	—	—
12/05/2012	HJAFZ01ABC_01	桂春5号	IV-1	秸秆	450.95	16.92	1.74	5.23	—	—	—	—	—	—	—	—	—	—	—	—
12/06/2012	HJAFZ01ABC_01	桂春5号	IV-2	秸秆	441.13	8.22	0.73	14.55	—	—	—	—	—	—	—	—	—	—	—	—
12/06/2012	HJAFZ01ABC_01	桂春5号	IV-3	秸秆	441.18	11.16	1.34	15.60	—	—	—	—	—	—	—	—	—	—	—	—
12/06/2012	HJAFZ01ABC_01	桂春5号	IV-4	秸秆	450.61	9.04	1.06	15.83	—	—	—	—	—	—	—	—	—	—	—	—
12/06/2012	HJAFZ01ABC_01	桂春5号	IV-5	秸秆	467.29	8.61	1.02	13.53	—	—	—	—	—	—	—	—	—	—	—	—
12/06/2012	HJAFZ01ABC_01	桂春5号	IV-6	秸秆	441.24	14.39	1.56	16.60	—	—	—	—	—	—	—	—	—	—	—	—
12/06/2012	HJAFZ01ABC_01	桂春5号	I-1	籽粒	540.42	47.86	4.00	15.32	—	—	—	—	—	—	—	—	—	—	—	—
12/06/2012	HJAFZ01ABC_01	桂春5号	I-2	籽粒	538.89	48.72	4.27	17.99	—	—	—	—	—	—	—	—	—	—	—	—
12/06/2012	HJAFZ01ABC_01	桂春5号	I-3	籽粒	558.05	48.05	4.29	17.45	—	—	—	—	—	—	—	—	—	—	—	—
12/06/2012	HJAFZ01ABC_01	桂春5号	I-4	籽粒	592.52	47.63	4.19	17.68	—	—	—	—	—	—	—	—	—	—	—	—
12/06/2012	HJAFZ01ABC_01	桂春5号	I-5	籽粒	547.11	48.80	4.17	17.26	—	—	—	—	—	—	—	—	—	—	—	—
12/06/2012	HJAFZ01ABC_01	桂春5号	I-6	籽粒	555.78	49.78	4.36	17.94	—	—	—	—	—	—	—	—	—	—	—	—
12/06/2012	HJAFZ01ABC_01	桂春5号	II-1	籽粒	549.40	50.30	3.99	16.18	—	—	—	—	—	—	—	—	—	—	—	—
12/06/2012	HJAFZ01ABC_01	桂春5号	II-2	籽粒	563.78	50.02	4.42	17.72	—	—	—	—	—	—	—	—	—	—	—	—
12/06/2012	HJAFZ01ABC_01	桂春5号	II-3	籽粒	567.46	45.40	4.01	19.40	—	—	—	—	—	—	—	—	—	—	—	—
12/06/2012	HJAFZ01ABC_01	桂春5号	II-4	籽粒	543.52	49.00	4.16	17.78	—	—	—	—	—	—	—	—	—	—	—	—
12/06/2012	HJAFZ01ABC_01	桂春5号	II-5	籽粒	542.03	45.81	4.12	19.54	—	—	—	—	—	—	—	—	—	—	—	—

（续）

月/日/年	样地代码	作物品种	样方号	采样部位	全碳/(g/kg)	全氮/(g/kg)	全磷/(g/kg)	全钾/(g/kg)	全硫/(g/kg)	全钙/(g/kg)	全镁/(g/kg)	全铁/(g/kg)	全锰/(mg/kg)	全铜/(mg/kg)	全锌/(mg/kg)	全钼/(mg/kg)	全硼/(mg/kg)	全硅/(g/kg)	热值/(MJ/kg)	灰分/%
12/06/2012	HJAFZ01ABC_01	桂春5号	II-6	籽粒	538.80	46.50	4.23	20.25	—	—	—	—	—	—	—	—	—	—	—	—
12/06/2012	HJAFZ01ABC_01	桂春5号	III-1	籽粒	531.75	37.93	3.58	17.10	—	—	—	—	—	—	—	—	—	—	—	—
12/06/2012	HJAFZ01ABC_01	桂春5号	III-2	籽粒	535.81	47.68	4.22	17.31	—	—	—	—	—	—	—	—	—	—	—	—
12/06/2012	HJAFZ01ABC_01	桂春5号	III-3	籽粒	525.38	39.21	3.62	19.12	—	—	—	—	—	—	—	—	—	—	—	—
12/06/2012	HJAFZ01ABC_01	桂春5号	III-4	籽粒	533.74	49.60	4.66	18.42	—	—	—	—	—	—	—	—	—	—	—	—
12/06/2012	HJAFZ01ABC_01	桂春5号	III-5	籽粒	525.38	51.88	4.52	18.09	—	—	—	—	—	—	—	—	—	—	—	—
12/06/2012	HJAFZ01ABC_01	桂春5号	III-6	籽粒	539.29	46.97	4.42	17.32	—	—	—	—	—	—	—	—	—	—	—	—
12/06/2012	HJAFZ01ABC_01	桂春5号	IV-1	籽粒	510.94	36.95	3.74	15.96	—	—	—	—	—	—	—	—	—	—	—	—
12/06/2012	HJAFZ01ABC_01	桂春5号	IV-2	籽粒	525.33	47.15	4.22	17.02	—	—	—	—	—	—	—	—	—	—	—	—
12/06/2012	HJAFZ01ABC_01	桂春5号	IV-3	籽粒	551.79	50.13	4.47	17.84	—	—	—	—	—	—	—	—	—	—	—	—
12/06/2012	HJAFZ01ABC_01	桂春5号	IV-4	籽粒	555.65	49.63	4.50	18.02	—	—	—	—	—	—	—	—	—	—	—	—
12/06/2012	HJAFZ01ABC_01	桂春5号	IV-5	籽粒	550.91	47.14	4.28	17.37	—	—	—	—	—	—	—	—	—	—	—	—
12/06/2012	HJAFZ01ABC_01	桂春5号	IV-6	籽粒	529.74	44.87	4.19	19.41	—	—	—	—	—	—	—	—	—	—	—	—
11/13/2015	HJAFZ01ABC_01	桂春5号	I-1	秸秆	452.64	8.67	0.63	6.52	0.59	5.89	3.28	0.22	30.74	6.50	9.99	0.05	22.10	1.44	16.7	2.7
11/13/2015	HJAFZ01ABC_01	桂春5号	I-2	秸秆	441.96	10.30	1.12	17.89	0.51	5.59	2.23	0.11	35.94	3.87	7.88	0.01	20.13	1.43	17.0	5.0
11/13/2015	HJAFZ01ABC_01	桂春5号	I-3	秸秆	443.40	12.19	1.45	18.63	0.60	5.59	2.42	0.16	34.68	4.46	8.96	0.05	23.36	2.00	17.1	5.1
11/13/2015	HJAFZ01ABC_01	桂春5号	I-4	秸秆	440.67	12.56	1.53	18.99	0.55	6.08	2.56	0.21	37.80	4.22	10.04	0.03	23.58	2.16	17.2	5.7
11/13/2015	HJAFZ01ABC_01	桂春5号	I-5	秸秆	444.33	10.42	1.23	16.31	0.53	5.81	2.45	0.17	32.04	4.27	7.46	0.03	21.72	1.58	17.1	4.6
11/13/2015	HJAFZ01ABC_01	桂春5号	I-6	秸秆	442.44	10.37	1.45	18.33	0.57	5.67	2.28	0.17	33.36	4.49	9.18	0.03	22.40	1.63	17.0	5.3
11/13/2015	HJAFZ01ABC_01	桂春5号	II-1	秸秆	446.74	10.53	0.81	9.83	0.76	6.41	3.27	0.23	34.35	6.71	14.10	0.07	22.97	1.79	17.3	3.9
11/13/2015	HJAFZ01ABC_01	桂春5号	II-2	秸秆	428.89	10.09	1.24	17.28	0.52	5.48	1.99	0.16	32.95	4.35	9.35	0.01	19.25	1.45	17.0	4.8
11/13/2015	HJAFZ01ABC_01	桂春5号	II-3	秸秆	447.85	11.28	1.29	17.19	0.56	5.30	2.28	0.10	31.30	4.78	7.96	0.03	21.56	1.38	17.1	4.8

(续)

月/日/年	样地代码	作物品种	样方号	采样部位	全碳/(g/kg)	全氮/(g/kg)	全磷/(g/kg)	全钾/(g/kg)	全硫/(g/kg)	全钙/(g/kg)	全镁/(g/kg)	全铁/(g/kg)	全锰/(mg/kg)	全铜/(mg/kg)	全锌/(mg/kg)	全钼/(mg/kg)	全硼/(mg/kg)	全硅/(g/kg)	热值/(MJ/kg)	灰分/%
11/13/2015	HJAFZ01ABC_01	桂春5号	II-4	秸秆	447.34	10.83	0.82	15.55	0.52	4.58	1.96	0.15	26.02	5.56	7.93	0.02	12.94	1.43	17.2	3.7
11/13/2015	HJAFZ01ABC_01	桂春5号	II-5	秸秆	443.40	13.98	1.67	15.57	0.79	6.64	3.09	0.59	64.26	6.27	13.49	0.02	22.62	3.57	17.0	5.1
11/13/2015	HJAFZ01ABC_01	桂春5号	II-6	秸秆	443.88	11.26	1.22	17.10	0.57	6.00	2.31	0.20	35.13	4.98	8.63	0.11	17.13	1.49	17.3	4.8
11/13/2015	HJAFZ01ABC_01	桂春5号	III-1	秸秆	447.37	10.76	1.07	8.96	0.71	6.56	3.69	0.29	37.52	6.89	11.48	0.03	24.33	1.85	17.4	4.0
11/13/2015	HJAFZ01ABC_01	桂春5号	III-2	秸秆	442.73	10.77	1.36	18.98	0.56	6.28	2.74	0.24	39.12	4.77	8.17	0.03	21.21	1.39	17.1	5.4
11/13/2015	HJAFZ01ABC_01	桂春5号	III-3	秸秆	440.38	10.93	1.25	17.97	0.47	5.79	2.34	0.19	32.44	4.60	7.26	0.02	17.90	1.39	16.9	5.0
11/13/2015	HJAFZ01ABC_01	桂春5号	III-4	秸秆	440.85	11.32	1.31	17.52	0.59	6.34	2.61	0.33	43.43	5.15	10.53	0.02	20.05	1.79	17.5	5.2
11/13/2015	HJAFZ01ABC_01	桂春5号	III-5	秸秆	444.28	10.49	1.17	16.63	0.50	5.97	2.29	0.30	37.64	4.91	8.06	0.04	20.02	1.70	17.5	4.5
11/13/2015	HJAFZ01ABC_01	桂春5号	III-6	秸秆	440.65	12.65	1.51	18.72	0.67	6.49	2.77	0.47	48.70	5.38	12.84	0.02	23.13	2.51	17.3	5.3
11/13/2015	HJAFZ01ABC_01	桂春5号	IV-1	秸秆	446.03	10.47	0.83	10.84	0.63	6.41	3.14	0.37	40.88	6.57	12.15	0.06	19.75	1.70	17.5	3.6
11/15/2015	HJAFZ01ABC_01	桂春5号	IV-2	秸秆	439.86	10.29	1.15	18.36	0.51	5.98	2.10	0.31	36.07	5.04	8.44	0.03	15.73	1.51	17.2	4.5
11/15/2015	HJAFZ01ABC_01	桂春5号	IV-3	秸秆	442.85	10.41	1.09	16.21	0.51	5.54	2.19	0.26	31.31	4.81	7.53	0.02	12.96	1.63	17.0	4.1
11/15/2015	HJAFZ01ABC_01	桂春5号	IV-4	秸秆	435.87	10.59	1.40	20.41	0.59	6.90	2.93	0.27	34.50	5.54	9.30	0.02	22.23	1.85	17.2	5.2
11/15/2015	HJAFZ01ABC_01	桂春5号	IV-5	秸秆	436.90	10.48	1.42	15.80	0.54	6.63	3.04	0.19	31.77	4.75	8.59	0.10	22.27	1.65	17.1	4.5
11/15/2015	HJAFZ01ABC_01	桂春5号	IV-6	秸秆	436.63	12.85	1.54	16.77	0.70	6.61	2.85	0.38	41.89	5.09	11.48	0.03	20.05	2.74	17.0	5.1
11/15/2015	HJAFZ01ABC_01	桂春5号	I-1	籽粒	516.30	49.19	4.64	13.86	3.17	2.15	2.28	0.07	27.90	10.61	45.13	0.08	21.41	0.73	23.5	3.8
11/13/2015	HJAFZ01ABC_01	桂春5号	I-2	籽粒	522.00	49.88	5.33	16.94	2.98	2.21	2.69	0.09	34.01	9.59	38.67	0.98	16.32	0.68	23.7	4.4
11/13/2015	HJAFZ01ABC_01	桂春5号	I-3	籽粒	520.22	49.23	5.41	16.73	3.04	2.07	2.70	0.07	30.25	9.75	41.47	0.44	19.03	0.66	23.3	4.4
11/13/2015	HJAFZ01ABC_01	桂春5号	I-4	籽粒	520.07	48.94	5.36	16.90	2.98	1.95	2.62	0.07	28.79	9.65	38.41	0.65	19.55	0.70	23.3	4.6
11/13/2015	HJAFZ01ABC_01	桂春5号	I-5	籽粒	518.84	50.53	5.43	16.61	3.15	2.08	2.51	0.09	28.73	10.35	42.41	0.70	20.35	0.67	23.1	4.6
11/13/2015	HJAFZ01ABC_01	桂春5号	I-6	籽粒	523.46	49.77	5.33	17.16	3.18	2.04	2.65	0.07	27.80	9.62	42.02	0.88	18.73	0.89	23.2	4.7
11/13/2015	HJAFZ01ABC_01	桂春5号	II-1	籽粒	525.40	47.91	4.71	15.06	3.25	2.04	2.33	0.08	26.54	11.30	48.22	0.66	24.80	0.56	23.2	4.2

（续）

月/日/年	样地代码	作物品种	样方号	采样部位	全碳/(g/kg)	全氮/(g/kg)	全磷/(g/kg)	全钾/(g/kg)	全硫/(g/kg)	全钙/(g/kg)	全镁/(g/kg)	全铁/(g/kg)	全锰/(mg/kg)	全铜/(mg/kg)	全锌/(mg/kg)	全钼/(mg/kg)	全硼/(mg/kg)	全硅/(g/kg)	热值/(MJ/kg)	灰分/%
11/13/2015	HJAFZ01ABC_01	桂春5号	II-2	籽粒	522.50	49.34	5.41	16.17	2.89	2.07	2.70	0.07	30.25	8.95	40.46	0.85	19.03	0.77	23.6	4.5
11/13/2015	HJAFZ01ABC_01	桂春5号	II-3	籽粒	520.23	49.72	5.32	16.64	3.22	1.90	2.54	0.07	28.00	9.72	42.84	0.40	19.66	3.19	23.9	4.7
11/13/2015	HJAFZ01ABC_01	桂春5号	II-4	籽粒	520.88	50.73	5.09	16.04	2.81	2.03	2.52	0.07	28.86	9.91	39.65	0.49	18.71	1.95	23.8	4.5
11/13/2015	HJAFZ01ABC_01	桂春5号	II-5	籽粒	521.35	50.10	5.22	17.42	3.32	1.97	2.57	0.06	29.41	10.01	42.52	0.78	19.54	2.32	23.8	4.6
11/13/2015	HJAFZ01ABC_01	桂春5号	II-6	籽粒	521.87	49.94	5.11	16.12	3.23	1.93	2.46	0.06	28.29	10.76	41.84	0.96	15.12	2.56	23.4	4.6
11/13/2015	HJAFZ01ABC_01	桂春5号	III-1	籽粒	520.49	47.93	5.41	15.78	3.75	2.07	2.70	0.07	30.25	11.59	48.18	0.48	19.03	2.18	23.9	4.4
11/13/2015	HJAFZ01ABC_01	桂春5号	III-2	籽粒	521.78	49.06	5.30	17.04	3.11	1.93	2.59	0.07	29.92	10.50	44.88	0.34	18.32	1.53	24.0	4.7
11/13/2015	HJAFZ01ABC_01	桂春5号	III-3	籽粒	523.11	50.65	4.29	16.57	3.03	1.74	1.99	0.05	23.98	10.21	44.03	0.73	15.87	1.61	23.7	4.7
11/13/2015	HJAFZ01ABC_01	桂春5号	III-4	籽粒	522.86	48.30	5.57	16.12	3.12	2.14	2.50	0.09	35.44	10.32	45.77	0.38	14.22	1.40	23.7	4.5
11/13/2015	HJAFZ01ABC_01	桂春5号	III-5	籽粒	526.12	50.13	5.48	16.08	3.13	1.90	2.49	0.07	30.54	11.16	45.76	0.79	22.17	1.77	24.0	4.7
11/13/2015	HJAFZ01ABC_01	桂春5号	III-6	籽粒	523.96	51.78	5.36	16.61	3.15	1.94	2.41	0.06	29.51	10.22	47.97	0.75	18.14	1.70	23.9	4.7
11/15/2015	HJAFZ01ABC_01	桂春5号	IV-1	籽粒	515.61	47.40	4.82	14.80	3.27	1.93	2.32	0.09	29.39	11.48	47.87	0.53	23.73	1.78	23.8	4.3
11/15/2015	HJAFZ01ABC_01	桂春5号	IV-2	籽粒	520.85	47.36	5.55	16.74	2.96	2.20	2.50	0.10	34.12	10.64	43.25	0.51	16.01	1.78	23.8	4.6
11/15/2015	HJAFZ01ABC_01	桂春5号	IV-3	籽粒	516.69	49.07	5.48	16.65	3.11	1.94	2.43	0.09	29.78	10.20	42.32	0.39	19.17	1.73	23.6	4.6
11/15/2015	HJAFZ01ABC_01	桂春5号	IV-4	籽粒	519.64	49.04	5.73	16.88	3.22	2.32	2.57	0.11	27.39	11.36	44.09	0.77	15.51	2.04	23.8	5.0
11/15/2015	HJAFZ01ABC_01	桂春5号	IV-5	籽粒	521.21	48.78	5.66	15.86	3.06	2.45	2.62	0.10	29.96	11.58	48.73	0.60	22.88	1.94	23.7	4.9
11/15/2015	HJAFZ01ABC_01	桂春5号	IV-6	籽粒	519.47	49.26	5.77	15.15	3.18	2.07	2.60	0.08	28.18	10.75	49.65	0.84	19.37	1.51	23.5	4.7

表 3-49　2007—2015 年环江站喀斯特农田生态系统地顺坡垦殖辅助观测场玉米元素含量与能值

月/日/年	样地代码	玉米品种	采样部位	全碳/(g/kg)	全氮/(g/kg)	全磷/(g/kg)	全钾/(g/kg)	全硫/(g/kg)	全钙/(g/kg)	全镁/(g/kg)	全铁/(g/kg)	全锰/(mg/kg)	全铜/(mg/kg)	全锌/(mg/kg)	全钼/(mg/kg)	全硼/(mg/kg)	全硅/(g/kg)	热值/(MJ/kg)	灰分/%
06/06/2007	HJAFZ03ABC_01	正大999	叶	42.58	2.75	0.21	1.31	—	0.50	1.00	0.02	45.63	9.30	26.37	—	—	0.35	18.25	0.02
06/06/2007	HJAFZ03ABC_01	正大999	茎秆	38.25	0.95	0.08	1.09	—	0.15	0.55	0.01	10.88	5.94	23.02	—	—	0.13	17.42	0.01

（续）

月/日/年	样地代码	玉米品种	采样部位	全碳/(g/kg)	全氮/(g/kg)	全磷/(g/kg)	全钾/(g/kg)	全硫/(g/kg)	全钙/(g/kg)	全镁/(g/kg)	全铁/(g/kg)	全锰/(mg/kg)	全铜/(mg/kg)	全锌/(mg/kg)	全钼/(mg/kg)	全硼/(mg/kg)	全硅/(g/kg)	热值/(MJ/kg)	灰分/%
06/06/2007	HJAFZ03ABC_01	正大999	根部	39.00	1.14	0.06	0.77	—	0.22	0.32	0.04	33.55	4.45	14.42	—	—	0.28	18.00	0.02
06/06/2007	HJAFZ03ABC_01	正大999	叶鞘	36.28	0.89	0.08	1.38	—	0.27	0.84	0.02	90.91	3.58	18.73	—	—	0.53	17.91	0.04
06/06/2007	HJAFZ03ABC_01	正大999	雄穗	30.77	1.02	0.10	1.12	—	0.19	0.52	0.01	33.28	3.65	59.50	—	—	0.39	—	0.02
06/06/2007	HJAFZ03ABC_01	正大999	雌穗	49.05	1.86	0.25	1.48	—	0.07	0.27	0.01	15.05	5.87	35.41	—	—	8.00	18.53	0.02
08/31/2010	HJAFZ03ABC_01	瑞单8号	秸秆	469.74	6.28	0.57	8.61	0.10	0.38	0.26	0.01	28.78	9.53	17.38	0	4.74	0.84	17.89	3.08
09/03/2010	HJAFZ03ABC_01	瑞单8号	籽粒	488.16	14.68	3.00	4.96	0.11	0.02	0.11	0.00	5.73	2.96	28.70	0	3.38	0.03	18.69	1.72
09/16/2012	HJAFZ03ABC_01	瑞单8号	秸秆	506.51	5.41	0.61	6.49	—	—	—	—	—	—	—	—	—	—	—	—
09/16/2012	HJAFZ03ABC_01	瑞单8号	籽粒	509.79	14.20	3.31	5.27	—	—	—	—	—	—	—	—	—	—	—	—
07/10/2015	HJAFZ03ABC_01	瑞单8号	秸秆	382.34	7.94	0.52	8.76	0.73	2.61	2.97	0.12	28.44	5.34	21.85	0	3.13	1.32	17.62	2.96
07/10/2015	HJAFZ03ABC_01	瑞单8号	籽粒	438.29	14.71	3.17	4.51	1.06	0.07	1.02	0.02	4.48	1.99	28.31	0	0.43	2.52	18.08	1.62

表 3-50　2007 年、2010 年、2012 年、2015 年环江站喀斯特农田生态系统德胜镇地罗村冷坡组站区调查点桑树元素含量与能值

月/日/年	样地代码	桑树品种	采样部位	全碳/(g/kg)	全氮/(g/kg)	全磷/(g/kg)	全钾/(g/kg)	全硫/(g/kg)	全钙/(g/kg)	全镁/(g/kg)	全铁/(g/kg)	全锰/(mg/kg)	全铜/(mg/kg)	全锌/(mg/kg)	全钼/(mg/kg)	全硼/(mg/kg)	全硅/(g/kg)	热值/(MJ/kg)	灰分/%
07/13/2007	HJAZQ01AB0_01	特2号	桑叶	47.13	3.49	0.32	2.17	—	1.35	0.86	0.01	101.40	7.88	28.02	—	—	0.63	16.32	0.06
07/22/2007	HJAZQ01AB0_01	特2号	茎秆	47.16	3.41	0.34	1.62	—	1.81	0.87	0.02	112.77	8.31	26.56	—	—	0.50	19.47	0.07
07/22/2007	HJAZQ01AB0_01	特2号	根部	49.44	0.64	0.12	0.62	—	0.36	0.11	0.00	13.29	4.99	9.36	—	—	3.52	17.51	0.01
09/01/2007	HJAZQ01AB0_01	特2号	桑叶	47.22	3.63	0.30	1.89	—	0.86	0.86	0.02	88.58	8.16	33.76	—	—	0.35	18.01	0.08
11/19/2010	HJAZQ01AB0_01	桂桑12号	秸秆	487.23	9.47	2.23	8.40	0.09	0.57	0.23	0.01	41.24	8.52	29.59	0	17.33	0.13	17.92	3.41
12/16/2012	HJAZQ01AB0_01	桂桑12号	秸秆	488.51	7.93	1.50	5.34	—	—	—	—	—	—	—	—	—	—	—	—
12/10/2015	HJAZQ01AB0_01	桂桑12号	秸秆	467.92	12.30	1.89	5.24	0.67	5.10	1.78	0.06	43.07	3.52	14.20	0	12.23	3.59	18.05	2.67

表 3 - 51　2007 年、2010 年、2012 年、2015 年环江站喀斯特农田生态系统德胜镇地罗村地罗组站区调查点玉米-大豆元素含量与能值

月/日/年	样地代码	玉米品种	采样部位	全碳/(g/kg)	全氮/(g/kg)	全磷/(g/kg)	全钾/(g/kg)	全硫/(g/kg)	全钙/(g/kg)	全镁/(g/kg)	全铁/(g/kg)	全锰/(mg/kg)	全铜/(mg/kg)	全锌/(mg/kg)	全钼/(mg/kg)	全硼/(mg/kg)	全硅/(g/kg)	热值/(MJ/kg)	灰分/%
05/30/2007	HJAZQ01AB0_02	正大619	叶	48.95	2.29	0.21	1.01	—	0.67	0.45	0.01	40.23	9.43	23.48	—	—	1.03	17.87	0.03
05/30/2007	HJAZQ01AB0_02	正大619	茎秆	47.58	0.91	0.09	1.22	—	0.32	0.32	0.00	5.17	3.02	24.60	—	—	0.25	18.96	0.02
05/30/2007	HJAZQ01AB0_02	正大619	根部	47.84	0.98	0.06	0.89	—	0.35	0.19	0.04	16.86	3.72	10.30	—	—	0.53	17.49	0.03
05/30/2007	HJAZQ01AB0_02	正大619	叶鞘	44.41	0.78	0.08	1.71	—	0.55	0.48	0.01	63.69	3.32	13.04	—	—	1.00	19.63	0.05
05/30/2007	HJAZQ01AB0_02	正大619	雄穗	51.16	2.52	0.36	1.51	—	0.12	0.18	0.00	12.15	7.16	47.03	—	—	0.11	17.95	0.02
05/30/2007	HJAZQ01AB0_02	正大619	雌穗	48.40	2.52	0.38	2.23	—	0.10	0.17	0.00	11.00	5.95	35.97	—	—	0.12	19.28	0.04
07/30/2007	HJAZQ01AB0_02	正大619	叶部	44.85	0.66	0.04	0.36	—	0.37	0.37	0.03	64.42	10.25	18.74	—	—	0.45	17.13	0.03
07/30/2007	HJAZQ01AB0_02	正大619	茎秆	47.10	0.37	0.05	1.08	—	0.20	0.14	0.01	7.07	5.80	18.25	—	—	1.28	19.22	0.01
07/30/2007	HJAZQ01AB0_02	正大619	根部	47.51	0.44	0.05	1.86	—	0.14	0.28	0.03	12.04	8.69	14.38	—	—	0.43	18.25	0.02
07/30/2007	HJAZQ01AB0_02	正大619	地上部	46.12	0.55	0.06	0.97	—	0.28	0.18	0.02	33.68	6.97	19.28	—	—	0.38	18.62	0.02
08/02/2010	HJAZQ01AB0_02	正大818	秸秆	467.54	4.51	0.42	9.80	0.07	0.47	0.18	0.02	29.91	6.08	19.96	—	3.64	1.82	17.72	4.85
08/03/2010	HJAZQ01AB0_02	正大818	籽粒	491.09	12.89	2.03	5.44	0.10	0.02	0.02	0.00	4.57	3.35	29.02	—	3.01	0.07	18.46	1.44
09/15/2012	HJAZQ01AB0_02	桂玉609	秸秆	488.21	4.17	0.71	12.14												
09/15/2012	HJAZQ01AB0_02	桂玉609	籽粒	486.73	12.57	3.24	5.17												
08/14/2015	HJAZQ01AB0_02	桂玉609	秸秆	443.05	10.95	0.48	15.06	0.87	3.94	2.90	0.18	41.92	5.86	26.85	0	4.34	9.89	17.16	5.40
08/14/2015	HJAZQ01AB0_02	桂玉609	籽粒	430.91	14.61	2.64	4.46	1.08	0.09	0.90	0.04	3.32	1.74	23.11	—	0.69	1.10	17.58	1.35
09/01/2007	HJAZQ01AB0_02	地方品种	叶片	47.85	3.88	0.22	1.30	—	0.63	0.63	0.02	125.70	8.43	60.10	—	—	0.90	18.25	0.03
09/01/2007	HJAZQ01AB0_02	地方品种	茎秆	45.57	1.36	0.18	1.51	—	0.44	0.44	0.01	38.85	7.35	21.41	—	—	—	—	0.05
09/01/2007	HJAZQ01AB0_02	地方品种	全植株	46.38	2.78	0.27	1.60	—	0.62	0.62	0.04	93.65	11.50	44.30	0	—	0.13	18.55	0.04
11/14/2010	HJAZQ01AB0_02	桂春5号	秸秆	455.28	13.72	1.17	7.65	0.13	0.89	0.25	0.02	29.85	8.06	22.49	—	17.71	0.31	17.46	4.34
11/18/2010	HJAZQ01AB0_02	桂春5号	籽粒	523.24	49.15	4.62	16.94	0.40	0.25	0.18	0.01	33.37	16.56	82.26	1	26.97	0.05	22.72	5.16
12/04/2012	HJAZQ01AB0_02	桂春5号	秸秆	460.57	9.61	0.91	7.58												

（续）

月/日/年	样地代码	玉米品种	采样部位	全碳/(g/kg)	全氮/(g/kg)	全磷/(g/kg)	全钾/(g/kg)	全硫/(g/kg)	全钙/(g/kg)	全镁/(g/kg)	全铁/(g/kg)	全锰/(mg/kg)	全铜/(mg/kg)	全锌/(mg/kg)	全钼/(mg/kg)	全硼/(mg/kg)	全硅/(g/kg)	热值/(MJ/kg)	灰分/%
12/04/2012	HJAZQ01AB0_02	桂春5号	籽粒	538.72	50.06	4.03	16.90	—	—	—	—	—	—	—	—	—	—	—	—
11/12/2015	HJAZQ01AB0_02	桂春5号	秸秆	438.16	15.67	1.37	17.18	0.97	9.15	3.19	0.35	37.77	6.65	19.26	0	24.19	2.95	17.71	6.19
11/12/2015	HJAZQ01AB0_02	桂春5号	籽粒	511.53	62.71	6.11	17.19	3.92	1.86	2.20	0.08	24.48	12.32	61.50	3	26.20	1.80	23.35	5.31

表3-52　2007年、2010年、2012年、2015年环江站喀斯特农田生态系统恩思镇清潭村内哨组站区调查点水稻元素含量与能值

月/日/年	样地代码	作物名称	作物品种	采样部位	全碳/(g/kg)	全氮/(g/kg)	全磷/(g/kg)	全钾/(g/kg)	全硫/(g/kg)	全钙/(g/kg)	全镁/(g/kg)	全铁/(g/kg)	全锰/(mg/kg)	全铜/(mg/kg)	全锌/(mg/kg)	全钼/(mg/kg)	全硼/(mg/kg)	全硅/(g/kg)	热值/(MJ/kg)	灰分/%
05/23/2007	HJAZQ02AB0_02	早稻	宜香99	地上部	27.79	2.77	0.28	2.93	—	0.44	0.35	0.02	113.79	4.92	19.80	—	—	2.97	17.50	0.05
05/23/2007	HJAZQ02AB0_02	早稻	宜香99	根部	26.70	1.30	0.23	1.70	—	0.27	0.35	1.51	78.14	6.81	55.58	—	—	2.54	18.10	0.06
09/04/2010	HJAZQ02AB0_02	早稻	桑丰优	秸秆	423.28	5.74	0.84	27.02	0.08	0.39	0.13	0.04	143.99	3.18	32.62	0	4.11	8.73	15.86	15.03
09/01/2010	HJAZQ02AB0_02	早稻	桑丰优	籽粒	463.38	9.69	2.29	4.98	0.09	0.04	0.12	0.01	30.80	3.28	25.60	0	2.82	2.77	17.33	4.61
09/13/2012	HJAZQ02AB0_02	早稻	研优1号	秸秆	443.26	8.11	1.65	18.54	—	—	—	—	—	—	—	—	—	—	—	—
09/13/2012	HJAZQ02AB0_02	早稻	研优1号	籽粒	481.96	12.77	3.27	4.79	—	—	—	—	—	—	—	—	—	—	—	—
08/06/2015	HJAZQ02AB0_02	早稻	研优888	秸秆	405.03	9.81	0.67	25.20	1.49	4.34	2.30	0.30	304.11	2.82	78.28	0	3.77	27.83	15.49	10.71
08/06/2015	HJAZQ02AB0_02	早稻	研优888	籽粒	430.07	13.81	2.76	2.82	1.17	0.88	1.32	0.50	47.66	3.45	28.33	1	0.42	8.98	16.97	3.10
08/29/2007	HJAZQ02AB0_02	晚稻	湘优24	地上部	45.55	3.02	0.24	2.98	—	0.24	0.24	0.04	78.63	3.48	19.75	—	—	4.91	18.73	0.06
08/29/2007	HJAZQ02AB0_02	晚稻	湘优24	根部	42.07	1.49	0.19	1.17	—	0.26	0.26	2.02	83.57	7.26	41.64	—	—	1.61	19.19	0.12
11/19/2010	HJAZQ02AB0_02	晚稻	国稻1号	秸秆	442.03	7.15	0.97	19.01	0.21	0.53	0.23	0.02	184.17	2.37	43.80	1	5.75	5.66	16.71	11.02
11/19/2010	HJAZQ02AB0_02	晚稻	国稻1号	籽粒	463.18	12.85	3.35	8.18	0.15	0.07	0.18	0.05	72.95	2.81	42.29	0	5.18	3.49	17.55	6.23
12/04/2012	HJAZQ02AB0_02	晚稻	五优308	秸秆	432.79	9.25	1.34	17.26	—	—	—	—	—	—	—	—	—	—	—	—
12/04/2012	HJAZQ02AB0_02	晚稻	五优308	籽粒	459.02	12.59	2.72	3.98	—	—	—	—	—	—	—	—	—	—	—	—
11/11/2015	HJAZQ02AB0_02	晚稻	野香优2号	秸秆	399.65	10.97	1.32	20.97	1.11	4.59	2.12	1.07	411.15	2.59	57.59	1	4.97	40.32	15.24	11.54
11/11/2015	HJAZQ02AB0_02	晚稻	野香优2号	籽粒	437.80	14.35	2.86	2.94	1.17	0.39	1.08	0.15	40.25	2.10	19.58	1	0.95	8.18	17.62	2.67

3.2 土壤联网长期观测数据集

3.2.1 喀斯特农田生态系统土壤交换量数据集

(1) 概述。本数据集包括环江站 2010 年和 2015 年 8 块长期监测样地表层（0~20 cm）土壤阳离子交换量（CEC）及交换性阳离子（包括交换性钙离子、交换性镁离子、交换性钾离子、交换性钠离子）含量数据；原始数据观测频率：每 5 年 1 次；数据产品更新频率：每 5 年 1 次。观测样地包括综合观测场土壤生物水分采样地（HJAZH01ABC_01）、旱地辅助观测场土壤生物水分采样地（HJAFZ01ABC_01）、坡地牧草辅助观测场土壤生物水分采样地（HJAFZ02ABC_01）、坡地顺坡垦殖辅助观测场土壤生物水分采样地（HJAFZ03ABC_01）、地罗村桑树生物土壤采样地（HJAZQ01AB0_01）、地罗村玉米地土壤生物长期采样地（HJAZQ01AB0_02）、清潭村经济作物土壤生物长期采样地（HJAZQ02AB0_01）、清潭村水田土壤生物长期采样地（HJAZQ02AB0_02）。

(2) 数据采集和处理方法。按照中国生态系统研究网络长期观测规范，表层土壤阳离子交换性能监测频率为 1 次/5 年。2010 年和 2015 年于作物收获季节，在各监测样地按分区多点采集土壤表层（0~20 cm）混合样品，综合观测场与 4 个站区调查点样地采集 6 个样品，旱地辅助观测场土壤生物水分采样地每种施肥处理各采集 4 个混合样品，坡地牧草辅助观测场采样地与坡地顺坡垦殖辅助观测场采样地各采集 3 个混合样品。样品采回后，挑出根系和石子，在阴凉处风干，用四分法分取适量样品，碾磨后过 20 目尼龙筛，再用四分法分取适量样品，碾磨后过 100 筛，磨后样品用封口袋封装备用。土壤交换性阳离子（Ex-K、Ex-Na、Ex-Ca、Ex-Mg）采用 EDTA-铵盐快速法浸提（本浸提方法参考中国科学院南京土壤研究所编写的《土壤理化分析》，1978），然后用原子吸收仪测定各交换性阳离子含量，用蒸馏-滴定法测定阳离子交换量。根据环江站往年的土壤交换量测定结果，考虑到喀斯特土壤富钙、镁的特性，经与中国生态系统研究网络土壤分中心讨论后决定环江站 2015 年以后取消交换性钾离子、交换性钠离子、交换性钙离子、交换性镁离子含量的测定，只测定阳离子交换量指标。

(3) 数据质量控制和评估。

①样品分析测定时插入搭配国家标准样品，同时分析进行质控（施建平等，2012）。

②分析时进行 3 次平行样品测定（施建平等，2012）。

③利用校验软件检查每个监测数据是否超出相同土壤类型和采样深度的历史数据阈值范围、每个观测场监测项目均值是否超出该样地相同深度历史数据均值的 2 倍标准差、每个观测场监测项目标准差是否超出该样地相同深度历史数据的 2 倍标准差或者样地空间变异调查的 2 倍标准差等。对于超出范围的数据进行核实或再次测定（施建平等，2012）。

(4) 数据价值。喀斯特农田生态系统交换量数据集反映了桂西北喀斯特峰丛洼地农业区传统代表性作物与经济作物早晚稻、玉米、大豆、桑叶、甘蔗、柑橘等的农用地土壤阳离子交换量及交换性阳离子（交换性钙离子、交换性镁离子、交换性钾离子、交换性钠离子）含量数据。数据可为改良土壤及合理施肥提供参考数据。

(5) 喀斯特农田生态系统交换量数据。2010 年、2015 年环江站喀斯特农田生态系统各类观测采样地表层土壤阳离子及交换性阳离子含量数据见表 3-53。同时，更多"环江站喀斯特农田生态系统土壤交换量数据"服务请访问 http://hja.cern.ac.cn/meta/detail/AB01。

表 3 - 53　2010 年、2015 年环江站喀斯特农田生态系统各类观测采样地表层
土壤阳离子交换量及交换性阳离子含量数据

年	月	样地代码	交换性钙离子/(mmol/kg)		交换性镁离子/(mmol/kg)		交换性钾离子/(mmol/kg)		交换性钠离子/(mmol/kg)		阳离子交换量/(mmol/kg)		重复数
			均值	标准差	均值	标准差	均值	标准差	均值	标准差	均值	标准差	
2010	11	HJAZH01ABC_01	374.9	33.3	272.1	25.1	4.53	0.33	1.39	0.20	260.6	34.3	6
2010	11	HJAFZ01ABC_01	356.4	131.3	289.2	57.8	2.67	1.32	1.45	0.07	274.6	85.3	4
2010	11	HJAFZ01ABC_01	417.6	116	316.2	31.1	7.3	1.59	1.39	0.1	308.7	30.3	4
2010	11	HJAFZ01ABC_01	419.3	119.9	315.3	10.7	6.24	0.96	1.55	0.16	304.2	72	4
2010	11	HJAFZ01ABC_01	420.3	71.9	281.7	31.8	6.98	1.11	1.9	0.52	279.5	95.5	4
2010	11	HJAFZ01ABC_01	475.7	83.5	325.9	20.9	5.17	0.93	1.66	0.13	312.8	58.7	4
2010	11	HJAFZ01ABC_01	504.6	158.6	319.7	42.7	7.34	3.24	1.6	0.17	290.7	59.7	4
2010	11	HJAFZ02ABC_01	552.7	156.7	271	24	4.1	0.3	1.6	0.2	448.5	95.4	3
2010	11	HJAFZ03ABC_01	608.7	221.8	259.2	11.3	5.5	0.9	1.6	0.1	365.8	8.7	3
2010	12	HJAZQ01AB0_01	298.2	82.6	180.6	45.4	3.4	0.1	1.5	0.2	152.9	14.8	6
2010	12	HJAZQ01AB0_02	562.9	20.9	97.5	9.8	4.8	0.4	1.5	0.3	148.2	17.0	6
2010	12	HJAZQ02AB0_01	457.9	58.1	207.5	20.5	8.0	0.9	2.0	0.2	267.0	25.0	6
2010	12	HJAZQ02AB0_02	469.5	84.3	169.1	28.3	3.8	0.2	2.2	0.7	207.8	23.5	6
2015	7	HJAZQ02AB0_02	—	—	—	—	—	—	—	—	266	17.9	3
2015	11	HJAFZ01ABC_01	—	—	—	—	—	—	—	—	260	17	4
2015	11	HJAFZ01ABC_01	—	—	—	—	—	—	—	—	266	16.1	4
2015	11	HJAFZ01ABC_01	—	—	—	—	—	—	—	—	286	17.9	4
2015	11	HJAFZ01ABC_01	—	—	—	—	—	—	—	—	295	78	4
2015	11	HJAFZ01ABC_01	—	—	—	—	—	—	—	—	297	63.8	4
2015	11	HJAFZ01ABC_01	—	—	—	—	—	—	—	—	289	50.9	4
2015	11	HJAFZ02ABC_01	—	—	—	—	—	—	—	—	377	46.4	3
2015	11	HJAZH01ABC_01	—	—	—	—	—	—	—	—	230	7.84	6
2015	11	HJAZQ01AB0_01	—	—	—	—	—	—	—	—	187	27.1	6
2015	11	HJAZQ01AB0_02	—	—	—	—	—	—	—	—	175	31.8	6
2015	11	HJAZQ02AB0_01	—	—	—	—	—	—	—	—	239	5.94	6
2015	11	HJAZQ02AB0_02	—	—	—	—	—	—	—	—	192	17.3	6

3.2.2　喀斯特农田生态系统土壤养分数据集

（1）概述。本数据集收集了环江站 2007—2015 年 8 个长期监测样地表层（0～20 cm）土壤养分含量的观测数据，分析指标包括土壤有机质（g/kg）、全氮（g/kg）、全磷（g/kg）、全钾（g/kg）、速效氮（碱解氮）（mg/kg）、有效磷（mg/kg）、速效钾（mg/kg）、缓效钾（mg/kg）、pH。数据观测频率：每 1 年或 5 年 1 次，以实际观测频率为准。数据产品频率：每 1 年或 5 年 1 次。观测样地分别为综合观测场土壤生物水分采样地（HJAZH01ABC_01）、旱地辅助观测场土壤生物水分采样地（HJAFZ01ABC_01）、坡地牧草辅助观测场土壤生物水分采样地（HJAFZ02ABC_01）、坡地顺坡垦殖辅助观测场土壤生物水分采样地（HJAFZ03ABC_01），以及四处不同作物类型的站区调查点——地罗村桑树生物土壤采样地（HJAZQ01AB0_01）、地罗村玉米地土壤生物长期采样地

（HJAZQ01AB0＿02）、清潭村经济作物土壤生物长期采样地（HJAZQ02AB0＿01）、清潭村水田土壤生物长期采样地（HJAZQ02AB0＿02）。

（2）数据采集和处理方法。按照中国生态系统研究网络长期观测规范，表层土壤养分全量、缓效钾和 pH 等指标监测频率为每 2～3 年 1 次，速效养分监测频率为每季作物 1 次（即每年 1～2 次），多年作物样地于采样年 11 月或 12 月采集土壤样品。样品采集采取"S形"多点混合取样；样品采回后，挑出根系和石子，在阴凉处风干，用四分法分取适量样品，碾磨后过 20 目尼龙筛，再用四分法分取适量样品，碾磨后过 100 目筛，然后将样品用封口袋封装备用。土壤养分指标分析方法见表 3－54。

表 3－54　土壤养分指标分析方法（鲍士旦，2000）

序号	指标名称	分析方法	使用仪器
1	土壤有机质	重铬酸钾氧化法	
2	全氮	半微量凯氏法	流动注射仪
3	全磷	氢氧化钠熔融法	紫外分光光度计
4	全钾	氢氧化钠熔融	原子吸收仪
5	速效氮	碱扩散法	
6	有效磷	乙酸铵浸提法	原子吸收仪
7	速效钾	碳酸氢钠浸提法	紫外分光光度计
8	缓效钾	硝酸浸提	原子吸收仪
9	pH	电位法	pH 计

（3）数据质量控制和评估。与"喀斯特农田生态系统土壤交换量数据集"数据质量控制和评估方法相同。

（4）数据价值。喀斯特农田生态系统土壤养分数据集反映了桂西北喀斯特峰丛洼地农业区传统代表性作物早晚稻、玉米、大豆、桑叶、甘蔗、柑橘等农作地土壤常规养分含量动态变化。数据对指导喀斯特峰丛洼地农业生产、培育土壤地力具有参考依据。

（5）喀斯特农田生态系统土壤养分数据。喀斯特农田生态系统土壤养分数据见表 3－55～表 3－62。同时，更多"环江站喀斯特农田生态系统土壤养分数据"服务请访问 http：//hja.cern.ac.cn/meta/detail/AB02、http：//hja.cern.ac.cn/meta/detail/AB11。

表 3－55　2007—2015 年环江站喀斯特农田生态系统旱地综合观测场土壤养分

月/日/年	作物	采样深度/ cm	有机质/ (g/kg)	全氮/ (g/kg)	全磷/ (g/kg)	全钾/ (g/kg)	速效氮/ (mg/kg)	有效磷/ (mg/kg)	速效钾/ (mg/kg)	缓效钾/ (mg/kg)	pH
01/23/2007	大豆	0～18	36.5	1.7	0.8	5.9	—	—	—	—	—
01/23/2007	大豆	18～35	28.3	1.3	0.7	6.2	—	—	—	—	—
01/23/2007	大豆	35～56	21.1	1.3	0.7	6.2	—	—	—	—	—
01/23/2007	大豆	56～100	16.1	1.3	0.7	6.8	—	—	—	—	—
11/02/2010	大豆	0～10	32.7	1.9	1.0	8.6	—	—	—	—	—
11/02/2010	大豆	10～20	32.8	1.9	0.8	8.6	—	—	—	—	—

（续）

月/日/年	作物	采样深度/cm	有机质/(g/kg)	全氮/(g/kg)	全磷/(g/kg)	全钾/(g/kg)	速效氮/(mg/kg)	有效磷/(mg/kg)	速效钾/(mg/kg)	缓效钾/(mg/kg)	pH
11/02/2010	大豆	20~40	32.6	1.6	0.8	8.1	—	—	—	—	—
11/02/2010	大豆	40~60	31.0	1.5	0.8	7.8	—	—	—	—	—
11/02/2010	大豆	60~100	17.4	1.4	0.8	8.3	—	—	—	—	—
11/02/2010	大豆	0~10	30.8	1.5	0.7	8.2	—	—	—	—	—
11/02/2010	大豆	10~20	27.7	1.5	0.7	8.2	—	—	—	—	—
11/02/2010	大豆	20~40	15.0	1.2	0.6	9.0	—	—	—	—	—
11/02/2010	大豆	40~60	9.5	1.0	0.7	9.5	—	—	—	—	—
11/02/2010	大豆	60~100	6.8	0.9	0.7	9.8	—	—	—	—	—
11/02/2010	大豆	0~10	33.7	1.7	0.9	7.8	—	—	—	—	—
11/02/2010	大豆	10~20	30.7	1.6	0.8	8.2	—	—	—	—	—
11/02/2010	大豆	20~40	29.6	1.4	0.8	8.0	—	—	—	—	—
11/02/2010	大豆	40~60	14.8	1.2	0.8	8.8	—	—	—	—	—
11/02/2010	大豆	60~100	21.6	1.4	0.7	8.1	—	—	—	—	—
12/16/2006	大豆	0~20	—	1.9	—	—	—	—	—	241.2	—
07/11/2007	玉米	0~20	—	—	—	—	119.94	2.93	68.96	—	—
11/02/2007	大豆	0~20	—	—	—	—	117.58	5.56	83.62	—	—
07/17/2008	玉米	0~20	38.3	2.1	—	—	133.28	3.05	72.16	170.2	6.9
11/14/2008	大豆	0~20	38.1	2.0	—	—	152.07	3.51	83.41	148.3	6.7
07/16/2009	玉米	0~20	—	—	—	—	123.60	7.92	64.82	—	—
11/22/2009	大豆	0~20	—	—	—	—	144.00	6.16	74.20	—	—
08/12/2010	玉米	0~20	—	—	—	—	85.79	7.41	64.73	—	7.2
11/09/2010	大豆	0~20	34.7	1.8	0.9	6.4	115.75	7.05	74.29	184.3	7.5
08/22/2011	玉米	0~20	—	—	—	—	118.73	8.16	121.91	—	—
11/27/2011	大豆	0~20	—	—	—	—	115.03	7.73	95.75	—	—
07/20/2012	玉米	0~20	—	—	—	—	131.33	10.96	83.77	—	7.2
11/05/2012	大豆	0~20	34.3	1.9	1.0	6.4	117.65	7.83	98.90	171.7	7.4
08/05/2013	玉米	0~20	—	—	—	—	161.15	13.78	125.14	—	—
11/07/2013	大豆	0~20	—	—	—	—	149.29	7.48	116.40	—	—
07/24/2014	玉米	0~20	—	—	—	—	121.27	13.42	127.36	—	7.1
11/05/2014	大豆	0~20	31.4	1.4	1.0	7.7	145.46	17.09	129.38	164.1	7.8
07/16/2015	玉米	0~20	—	—	—	—	124.56	15.23	116.45	—	7.25
11/12/2015	大豆	0~20	80.93	4.24	0.50	6.53	332.82	13.55	93.12	73.17	5.74
10/19/2015	大豆	0~10	34.07	1.72	1.06	7.97	—	—	—	—	—
10/19/2015	大豆	10~20	27.60	1.45	0.93	8.62	—	—	—	—	—
10/19/2015	大豆	20~40	24.44	1.38	0.96	8.75	—	—	—	—	—
10/19/2015	大豆	40~60	21.86	1.32	1.07	9.14	—	—	—	—	—
10/19/2015	水稻	60~100	8.47	0.69	0.77	7.28	—	—	—	—	—

表 3 - 56　2006—2015 年环江站喀斯特农田生态系统旱地辅助观测场土壤养分

月 / 日 / 年	作物	处理	采样深度 /cm	有机质 /(g/kg)	全氮 /(g/kg)	全磷 /(g/kg)	全钾 /(g/kg)	速效氮 /(mg/kg)	有效磷 /(mg/kg)	速效钾 /(mg/kg)	缓效钾 /(mg/kg)	pH
12/11/2006	玉米、大豆	40%NPK＋60%秸秆	0~20	44.30	—	—	—	160.46	5.90	81.07	—	7.49
12/11/2006	玉米、大豆	40%NPK＋60%农家肥	0~20	45.71	—	—	—	169.84	7.46	95.48	—	7.49
12/11/2006	玉米、大豆	70%NPK＋30%秸秆	0~20	39.49	—	—	—	154.37	6.50	77.09	—	7.35
12/11/2006	玉米、大豆	70%NPK＋30%农家肥	0~20	36.74	—	—	—	142.07	5.63	69.23	—	7.53
12/11/2006	玉米、大豆	CK（不施肥）	0~20	43.69	—	—	—	153.54	6.28	87.02	—	7.43
12/11/2006	玉米、大豆	NPK	0~20	45.26	—	—	—	158.35	6.59	76.81	—	7.49
07/09/2007	玉米	40%NPK＋60%秸秆	0~20	—	—	—	—	126.75	2.05	67.31	—	—
07/09/2007	玉米	40%NPK＋60%农家肥	0~20	—	—	—	—	155.65	3.40	105.13	—	—
07/09/2007	玉米	70%NPK＋30%秸秆	0~20	—	—	—	—	133.75	2.75	69.51	—	—
07/09/2007	玉米	70%NPK＋30%农家肥	0~20	—	—	—	—	138.18	1.90	70.32	—	—
07/09/2007	玉米	CK（不施肥）	0~20	—	—	—	—	173.94	1.70	80.34	—	—
07/09/2007	玉米	NPK	0~20	—	—	—	—	142.41	4.90	73.00	—	—
11/03/2007	大豆	40%NPK＋60%秸秆	0~20	—	—	—	—	119.20	4.85	100.71	—	—
11/03/2007	大豆	40%NPK＋60%农家肥	0~20	—	—	—	—	136.31	8.00	157.96	—	—
11/03/2007	大豆	70%NPK＋30%秸秆	0~20	—	—	—	—	143.04	6.35	100.93	—	—
11/03/2007	大豆	70%NPK＋30%农家肥	0~20	—	—	—	—	119.20	4.30	74.16	—	—
11/03/2007	大豆	CK（不施肥）	0~20	—	—	—	—	130.63	5.80	89.14	—	—
11/03/2007	大豆	NPK	0~20	—	—	—	—	125.43	3.90	88.25	—	—
07/16/2008	玉米	40%NPK＋60%秸秆	0~20	39.73	2.12	—	—	113.02	7.45	177.25	121.00	7.08
07/16/2008	玉米	40%NPK＋60%农家肥	0~20	42.20	2.29	—	—	147.42	6.88	249.95	88.00	7.08
07/16/2008	玉米	70%NPK＋30%秸秆	0~20	38.35	2.18	—	—	132.68	6.31	155.50	120.00	6.97
07/16/2008	玉米	70%NPK＋30%农家肥	0~20	43.39	2.54	—	—	173.63	5.02	151.40	143.00	6.61

（续）

月/日/年	作物	处理	采样深度/cm	有机质/(g/kg)	全氮/(g/kg)	全磷/(g/kg)	全钾/(g/kg)	速效氮/(mg/kg)	有效磷/(mg/kg)	速效钾/(mg/kg)	缓效钾/(mg/kg)	pH
07/16/2008	玉米	CK（不施肥）	0~20	38.37	2.19	—	—	126.95	4.78	88.40	124.00	7.14
07/16/2008	玉米	NPK	0~20	37.85	2.06	—	—	133.66	4.66	104.88	152.00	6.73
11/24/2008	大豆	40%NPK+60%秸秆	0~20	39.95	2.08	—	—	131.86	10.75	226.83	188.00	6.90
11/24/2008	大豆	40%NPK+60%农家肥	0~20	42.42	2.20	—	—	134.32	8.02	154.20	184.00	7.06
11/24/2008	大豆	70%NPK+30%秸秆	0~20	38.09	2.00	—	—	116.30	5.21	115.20	177.00	6.82
11/24/2008	大豆	70%NPK+30%农家肥	0~20	41.72	2.18	—	—	133.50	7.56	242.23	203.00	6.98
11/24/2008	大豆	CK（不施肥）	0~20	38.13	2.02	—	—	121.21	8.24	166.43	156.00	6.96
11/24/2008	大豆	NPK	0~20	39.42	2.26	—	—	131.12	7.96	358.75	224.00	7.09
07/15/2009	玉米	40%NPK+60%秸秆	0~20	36.84	2.20	—	—	121.97	17.15	117.18	145.00	7.23
07/15/2009	玉米	40%NPK+60%农家肥	0~20	40.24	2.26	—	—	117.94	13.65	208.85	170.00	7.16
07/15/2009	玉米	70%NPK+30%秸秆	0~20	37.84	2.24	—	—	111.36	29.80	168.94	152.00	7.14
07/15/2009	玉米	70%NPK+30%农家肥	0~20	35.79	1.94	—	—	106.70	10.95	199.03	156.00	7.06
07/15/2009	玉米	CK（不施肥）	0~20	34.81	2.04	—	—	110.09	7.30	71.43	164.00	7.19
07/15/2009	玉米	NPK	0~20	37.37	2.14	—	—	110.09	10.65	150.05	158.00	7.08
11/23/2009	大豆	40%NPK+60%秸秆	0~20	36.46	2.36	—	—	149.33	9.90	181.35	128.00	7.25
11/23/2009	大豆	40%NPK+60%农家肥	0~20	42.89	2.61	—	—	163.94	12.00	336.08	266.00	7.11
11/23/2009	大豆	70%NPK+30%秸秆	0~20	39.14	2.41	—	—	157.93	20.50	265.88	141.00	7.12
11/23/2009	大豆	70%NPK+30%农家肥	0~20	35.65	2.45	—	—	143.32	12.40	236.03	133.00	7.17
11/23/2009	大豆	CK（不施肥）	0~20	35.84	2.46	—	—	152.98	5.10	106.40	136.00	7.09
11/23/2009	大豆	NPK	0~20	37.28	2.47	—	—	164.16	13.30	254.65	134.00	6.98
08/12/2010	玉米	40%NPK+60%秸秆	0~20	42.01	2.34	1.28	7.45	114.74	23.35	221.73	—	7.55
08/12/2010	玉米	40%NPK+60%农家肥	0~20	44.90	2.28	1.20	7.58	129.16	19.73	313.01	—	7.41

（续）

月/日/年	作物	处理	采样深度/cm	有机质/(g/kg)	全氮/(g/kg)	全磷/(g/kg)	全钾/(g/kg)	速效氮/(mg/kg)	有效磷/(mg/kg)	速效钾/(mg/kg)	缓效钾/(mg/kg)	pH
08/12/2010	玉米	70%NPK+30%秸秆	0~20	40.46	2.08	1.19	7.50	115.96	17.33	209.91	—	7.47
08/12/2010	玉米	70%NPK+30%农家肥	0~20	38.27	1.99	1.24	7.55	99.33	23.05	268.64	—	7.50
08/12/2010	玉米	CK（不施肥）	0~20	38.30	2.03	1.05	7.25	101.09	7.15	76.87	—	7.44
08/12/2010	玉米	NPK	0~20	39.98	2.09	1.38	7.53	115.87	24.44	281.97	—	7.50
11/29/2010	大豆	40%NPK+60%秸秆	0~10	39.53	2.16	0.95	8.54	—	—	—	—	
11/29/2010	大豆	40%NPK+60%秸秆	0~20	41.59	2.20	1.15	7.00	131.81	17.10	206.68	189.50	7.56
11/29/2010	大豆	40%NPK+60%秸秆	10~20	37.92	2.09	0.91	8.75	—	—	—	—	
11/29/2010	大豆	40%NPK+60%秸秆	20~40	29.23	1.66	0.83	8.70	—	—	—	—	
11/29/2010	大豆	40%NPK+60%秸秆	40~60	20.74	1.67	0.69	8.62	—	—	—	—	
11/29/2010	大豆	40%NPK+60%秸秆	60~100	13.13	1.20	0.81	9.57	—	—	—	—	
11/29/2010	大豆	40%NPK+60%农家肥	0~10	37.76	2.02	0.85	7.39	—	—	—	—	
11/29/2010	大豆	40%NPK+60%农家肥	0~20	43.63	2.27	1.20	7.08	136.45	19.62	381.15	174.00	7.42
11/29/2010	大豆	40%NPK+60%农家肥	10~20	42.58	2.31	1.03	8.39	—	—	—	—	
11/29/2010	大豆	40%NPK+60%农家肥	20~40	31.30	1.55	0.84	8.07	—	—	—	—	
11/29/2010	大豆	40%NPK+60%农家肥	40~60	22.14	1.37	0.70	8.27	—	—	—	—	
11/29/2010	大豆	40%NPK+60%农家肥	60~100	11.62	1.03	0.66	8.72	—	—	—	—	
11/29/2010	大豆	70%NPK+30%秸秆	0~10	36.77	2.06	1.10	9.36	—	—	—	—	
11/29/2010	大豆	70%NPK+30%秸秆	0~20	39.53	2.06	1.17	7.18	118.79	15.51	227.27	188.50	7.43
11/29/2010	大豆	70%NPK+30%秸秆	10~20	36.55	1.98	0.83	8.97	—	—	—	—	
11/29/2010	大豆	70%NPK+30%秸秆	20~40	27.91	1.58	0.73	9.05	—	—	—	—	
11/29/2010	大豆	70%NPK+30%秸秆	40~60	21.25	1.35	0.72	9.04	—	—	—	—	
11/29/2010	大豆	70%NPK+30%秸秆	60~100	11.40	1.13	0.75	9.51	—	—	—	—	

（续）

月/日/年	作物	处理	采样深度/cm	有机质/(g/kg)	全氮/(g/kg)	全磷/(g/kg)	全钾/(g/kg)	速效氮/(mg/kg)	有效磷/(mg/kg)	速效钾/(mg/kg)	缓效钾/(mg/kg)	pH
11/29/2010	大豆	70%NPK+30%农家肥	0~10	36.63	2.02	0.99	8.83	—	—	—	—	—
11/29/2010	大豆	70%NPK+30%农家肥	0~20	36.31	1.94	1.13	7.18	119.15	18.25	294.96	175.75	7.37
11/29/2010	大豆	70%NPK+30%农家肥	10~20	34.47	1.88	0.82	8.57	—	—	—	—	—
11/29/2010	大豆	70%NPK+30%农家肥	20~40	27.68	1.55	0.76	7.38	—	—	—	—	—
11/29/2010	大豆	70%NPK+30%农家肥	40~60	21.18	1.30	0.81	8.66	—	—	—	—	—
11/29/2010	大豆	70%NPK+30%农家肥	60~100	12.45	1.34	0.94	9.32	—	—	—	—	—
11/29/2010	大豆	CK（不施肥）	0~10	35.87	2.00	0.68	8.87	—	—	—	—	—
11/29/2010	大豆	CK（不施肥）	0~20	36.61	1.94	0.99	6.95	116.63	5.54	68.57	178.50	7.45
11/29/2010	大豆	CK（不施肥）	10~20	34.64	1.99	0.80	8.87	—	—	—	—	—
11/29/2010	大豆	CK（不施肥）	20~40	26.95	1.54	0.71	8.90	—	—	—	—	—
11/29/2010	大豆	CK（不施肥）	40~60	18.83	1.37	0.64	8.97	—	—	—	—	—
11/29/2010	大豆	CK（不施肥）	60~100	9.19	1.03	0.70	8.95	—	—	—	—	—
11/29/2010	大豆	NPK	0~10	37.27	2.09	1.10	9.17	—	—	—	—	—
11/29/2010	大豆	NPK	0~20	38.68	2.05	1.15	7.25	118.66	20.50	272.77	188.75	7.51
11/29/2010	大豆	NPK	10~20	36.70	1.99	0.87	8.75	—	—	—	—	—
11/29/2010	大豆	NPK	20~40	30.79	1.60	0.81	8.66	—	—	—	—	—
11/29/2010	大豆	NPK	40~60	22.86	1.45	0.75	9.54	—	—	—	—	—
11/29/2010	大豆	NPK	60~100	13.21	1.16	0.70	9.49	—	—	—	—	—
08/22/2011	玉米	40%NPK+60%秸秆	0~20	—	—	—	—	139.22	12.30	263.93	—	—
08/22/2011	玉米	40%NPK+60%农家肥	0~20	—	—	—	—	150.87	22.88	589.35	—	—
08/22/2011	玉米	70%NPK+30%秸秆	0~20	—	—	—	—	135.70	14.54	283.59	—	—
08/22/2011	玉米	70%NPK+30%农家肥	0~20	—	—	—	—	133.40	18.03	399.41	—	—

（续）

月/日/年	作物	处理	采样深度/cm	有机质/(g/kg)	全氮/(g/kg)	全磷/(g/kg)	全钾/(g/kg)	速效氮/(mg/kg)	有效磷/(mg/kg)	速效钾/(mg/kg)	缓效钾/(mg/kg)	pH
08/22/2011	玉米	CK（不施肥）	0~20	—	—	—	—	113.22	5.83	84.13	—	—
08/22/2011	玉米	NPK	0~20	—	—	—	—	140.85	12.91	242.49	—	—
11/27/2011	大豆	40%NPK+60%秸秆	0~20	—	—	—	—	144.51	13.51	222.76	—	—
11/27/2011	大豆	40%NPK+60%农家肥	0~20	—	—	—	—	147.89	19.28	481.30	—	—
11/27/2011	大豆	70%NPK+30%秸秆	0~20	—	—	—	—	129.61	12.80	264.31	—	—
11/27/2011	大豆	70%NPK+30%农家肥	0~20	—	—	—	—	129.74	13.73	383.93	—	—
11/27/2011	大豆	CK（不施肥）	0~20	—	—	—	—	113.36	6.43	72.55	—	—
11/27/2011	大豆	NPK	0~20	—	—	—	—	128.66	13.18	294.91	—	7.57
07/20/2012	玉米	40%NPK+60%秸秆	0~20	—	—	—	—	156.84	24.71	165.24	—	7.36
07/20/2012	玉米	40%NPK+60%农家肥	0~20	—	—	—	—	175.10	24.34	376.43	—	7.38
07/20/2012	玉米	70%NPK+30%秸秆	0~20	—	—	—	—	158.17	21.63	217.83	—	7.27
07/20/2012	玉米	70%NPK+30%农家肥	0~20	—	—	—	—	157.86	18.44	297.58	—	7.28
07/20/2012	玉米	CK（不施肥）	0~20	—	—	—	—	131.38	8.75	66.23	—	7.37
07/20/2012	玉米	NPK	0~20	—	—	—	—	150.97	18.47	244.92	—	7.57
11/01/2012	大豆	40%NPK+60%秸秆	0~20	41.52	2.15	1.17	7.18	140.18	11.28	156.39	210.90	7.40
11/01/2012	大豆	40%NPK+60%农家肥	0~20	43.29	2.23	1.27	7.43	157.15	14.90	367.16	284.46	7.38
11/01/2012	大豆	70%NPK+30%秸秆	0~20	40.81	1.96	1.23	7.36	129.20	11.00	185.16	214.23	7.32
11/01/2012	大豆	70%NPK+30%农家肥	0~20	37.69	1.90	1.15	7.34	125.16	10.73	275.43	243.95	7.42
11/01/2012	大豆	CK（不施肥）	0~20	40.06	1.87	0.99	7.07	142.54	3.65	61.01	150.83	7.37
11/01/2012	大豆	NPK	0~20	39.70	1.93	1.28	7.22	146.23	13.03	221.50	283.63	7.25
08/06/2013	玉米	40%NPK+60%秸秆	0~20	42.17	1.96	1.00	8.82	175.39	14.60	179.94	171.36	7.44
08/06/2013	玉米	40%NPK+60%农家肥	0~20	47.41	2.25	1.18	7.48	195.97	23.94	349.09	207.39	—

（续）

月/日/年	作物	处理	采样深度/cm	有机质/(g/kg)	全氮/(g/kg)	全磷/(g/kg)	全钾/(g/kg)	速效氮/(mg/kg)	有效磷/(mg/kg)	速效钾/(mg/kg)	缓效钾/(mg/kg)	pH
08/06/2013	玉米	70%NPK+30%秸秆	0~20	40.77	1.96	1.17	8.06	166.12	17.99	217.28	183.58	7.29
08/06/2013	玉米	70%NPK+30%农家肥	0~20	39.41	1.95	1.22	7.75	169.79	19.30	311.28	205.89	7.21
08/06/2013	玉米	CK（不施肥）	0~20	36.97	1.80	0.88	7.17	152.03	7.66	66.24	138.54	7.35
08/06/2013	玉米	NPK	0~20	40.35	1.95	1.17	7.21	147.50	17.18	216.47	171.36	7.18
11/07/2013	大豆	40%NPK+60%秸秆	0~20	38.28	1.92	1.09	9.80	152.10	12.01	150.26	181.89	7.49
11/07/2013	大豆	40%NPK+60%农家肥	0~20	40.92	1.99	1.14	9.52	192.20	15.25	271.96	227.78	7.37
11/07/2013	大豆	70%NPK+30%秸秆	0~20	38.27	1.82	1.10	7.93	167.55	11.89	166.09	201.92	7.36
11/07/2013	大豆	70%NPK+30%农家肥	0~20	38.49	1.84	1.08	8.51	164.01	13.00	257.84	185.65	7.28
11/07/2013	大豆	CK（不施肥）	0~20	36.20	1.76	0.81	8.49	162.80	4.20	72.53	133.77	7.27
11/07/2013	大豆	NPK	0~20	37.69	1.83	1.11	9.38	167.25	11.83	201.81	218.83	7.25
07/24/2014	玉米	40%NPK+60%秸秆	0~20	41.29	1.86	1.18	10.20	150.34	21.32	192.04	188.56	7.49
07/24/2014	玉米	40%NPK+60%农家肥	0~20	45.93	2.05	1.20	9.19	140.32	27.83	292.94	227.11	7.52
07/24/2014	玉米	70%NPK+30%秸秆	0~20	40.25	1.69	1.23	9.05	126.89	23.32	214.80	217.00	7.40
07/24/2014	玉米	70%NPK+30%农家肥	0~20	38.85	1.79	1.20	9.39	131.23	20.52	286.31	198.14	7.32
07/24/2014	玉米	CK（不施肥）	0~20	37.64	1.58	0.99	8.92	141.85	9.76	73.14	166.81	7.34
07/24/2014	玉米	NPK	0~20	39.24	1.74	1.25	9.17	136.70	21.85	258.50	207.08	7.44
11/05/2014	大豆	40%NPK+60%秸秆	0~20	38.44	1.70	1.10	8.62	203.14	21.57	134.73	176.28	7.60
11/05/2014	大豆	40%NPK+60%农家肥	0~20	41.33	1.78	1.10	8.29	238.41	21.19	223.91	175.89	7.58
11/05/2014	大豆	70%NPK+30%秸秆	0~20	38.17	1.57	1.06	8.29	227.27	17.67	167.19	154.81	7.47
11/05/2014	大豆	70%NPK+30%农家肥	0~20	36.92	1.64	1.15	8.82	228.72	26.11	239.54	171.64	7.52
11/05/2014	大豆	CK（不施肥）	0~20	36.19	1.57	0.92	8.20	212.02	7.27	66.72	164.76	6.93
11/05/2014	大豆	NPK	0~20	37.13	1.45	1.12	8.71	203.29	18.26	191.91	176.54	7.44

（续）

月/日/年	作物	处理	采样深度/cm	有机质/(g/kg)	全氮/(g/kg)	全磷/(g/kg)	全钾/(g/kg)	速效氮/(mg/kg)	有效磷/(mg/kg)	速效钾/(mg/kg)	缓效钾/(mg/kg)	pH
07/16/2015	玉米	40%NPK+60%秸秆	0~20	—	—	—	—	158.07	20.79	186.81	—	7.49
07/16/2015	玉米	40%NPK+60%农家肥	0~20	—	—	—	—	164.91	31.39	330.94	—	7.66
07/16/2015	玉米	70%NPK+30%秸秆	0~20	—	—	—	—	136.90	19.95	215.85	—	7.39
07/16/2015	玉米	70%NPK+30%农家肥	0~20	—	—	—	—	144.97	24.59	310.77	—	7.42
07/16/2015	玉米	CK（不施肥）	0~20	—	—	—	—	126.13	7.15	75.59	—	7.40
07/16/2015	玉米	NPK	0~20	—	—	—	—	132.36	17.33	255.53	—	7.31
10/21/2015	大豆	70%NPK+30%秸秆	0~10	38.34	2.00	1.44	8.74	—	—	—	—	
10/21/2015	大豆	70%NPK+30%秸秆	10~20	36.41	1.85	1.24	8.74	—	—	—	—	
10/21/2015	大豆	70%NPK+30%秸秆	20~40	31.81	1.81	1.05	8.76	—	—	—	—	
10/21/2015	大豆	70%NPK+30%秸秆	40~60	18.17	1.47	1.19	9.70	—	—	—	—	
10/21/2015	大豆	70%NPK+30%秸秆	60~100	14.22	1.32	1.25	9.74	—	—	—	—	
10/27/2015	大豆	CK（不施肥）	0~10	32.10	1.62	1.11	9.36	—	—	—	—	
10/27/2015	大豆	CK（不施肥）	10~20	33.73	1.75	1.16	8.90	—	—	—	—	
10/27/2015	大豆	CK（不施肥）	20~40	35.26	1.83	1.16	8.71	—	—	—	—	
10/27/2015	大豆	CK（不施肥）	40~60	22.02	1.40	1.08	9.01	—	—	—	—	
10/27/2015	大豆	CK（不施肥）	60~100	14.39	1.22	1.14	9.69	—	—	—	—	
10/27/2015	大豆	NPK	0~10	32.59	1.84	1.25	8.86	—	—	—	—	
10/27/2015	大豆	NPK	10~20	33.25	1.63	1.07	8.58	—	—	—	—	
10/27/2015	大豆	NPK	20~40	33.75	1.67	1.14	8.35	—	—	—	—	
10/27/2015	大豆	NPK	40~60	19.41	1.38	1.06	8.96	—	—	—	—	
10/27/2015	大豆	NPK	60~100	14.15	1.32	1.23	9.33	—	—	—	—	
10/28/2015	大豆	40%NPK+60%秸秆	0~10	35.01	1.83	1.29	8.68	—	—	—	—	

（续）

月/日/年	作物	处理	采样深度/cm	有机质/(g/kg)	全氮/(g/kg)	全磷/(g/kg)	全钾/(g/kg)	速效氮/(mg/kg)	有效磷/(mg/kg)	速效钾/(mg/kg)	缓效钾/(mg/kg)	pH
10/28/2015	大豆	40%NPK+60%秸秆	10~20	27.29	1.54	1.00	9.02	—	—	—	—	—
10/28/2015	大豆	40%NPK+60%秸秆	20~40	17.86	1.39	1.08	9.36	—	—	—	—	—
10/28/2015	大豆	40%NPK+60%秸秆	40~60	17.80	1.37	1.21	9.58	—	—	—	—	—
10/28/2015	大豆	40%NPK+60%秸秆	60~100	13.27	1.25	1.31	10.08	—	—	—	—	—
10/28/2015	大豆	40%NPK+60%农家肥	0~10	35.67	1.82	1.37	8.96	—	—	—	—	—
10/28/2015	大豆	40%NPK+60%农家肥	10~20	32.49	1.62	1.14	8.84	—	—	—	—	—
10/28/2015	大豆	40%NPK+60%农家肥	20~40	30.81	1.53	0.96	9.13	—	—	—	—	—
10/28/2015	大豆	40%NPK+60%农家肥	40~60	18.91	1.35	0.95	9.23	—	—	—	—	—
10/28/2015	大豆	40%NPK+60%农家肥	60~100	14.52		1.15	9.46	—	—	—	—	—
10/28/2015	大豆	70%NPK+30%农家肥	0~10	33.93	1.92	1.25	8.83	—	—	—	—	—
10/28/2015	大豆	70%NPK+30%农家肥	10~20	30.57	1.70	1.08	8.73	—	—	—	—	—
10/28/2015	大豆	70%NPK+30%农家肥	20~40	28.68	1.57	1.04	8.70	—	—	—	—	—
10/28/2015	大豆	70%NPK+30%农家肥	40~60	12.78	1.28	1.25	9.49	—	—	—	—	—
10/28/2015	大豆	70%NPK+30%农家肥	60~100	13.68	1.31	1.31	9.78	—	—	—	—	—
11/12/2015	大豆	40%NPK+60%秸秆	0~20	40.80	1.80	1.59	8.47	156.43	33.57	178.68	241.06	7.44
11/12/2015	大豆	40%NPK+60%农家肥	0~20	45.13	1.94	1.60	8.40	157.34	35.17	299.13	276.35	7.53
11/12/2015	大豆	70%NPK+30%秸秆	0~20	39.53	1.67	1.53	8.28	135.16	31.36	238.52	238.15	7.34
11/12/2015	大豆	70%NPK+30%农家肥	0~20	37.95	1.68	1.59	8.55	124.86	35.49	322.94	224.67	7.35
11/12/2015	大豆	CK（不施肥）	0~20	36.64	1.60	1.19	7.95	117.56	11.80	71.45	165.17	7.37
11/12/2015	大豆	NPK	0~20	39.36	1.69	1.58	8.59	134.72	27.40	275.47	250.07	7.26

表 3-57　2006 年、2008 年、2010 年、2011 年、2012 年、2013 年、2014 年、2015 年环江站喀斯特农田生态系统坡地草本饲料辅助观测场土壤养分

月/日/年	作物	采样深度/cm	有机质/(g/kg)	全氮/(g/kg)	全磷/(g/kg)	全钾/(g/kg)	速效氮/(mg/kg)	有效磷/(mg/kg)	速效钾/(mg/kg)	缓效钾/(mg/kg)	pH
12/10/2006	牧草	0~10	116.5	5.7	1.1	6.7	—	—	—	—	
12/10/2006	牧草	10~19	59.5	3.4	1.0	7.5	—	—	—	—	
12/10/2006	牧草	19~33.5	41.9	2.5	0.8	7.3	—	—	—	—	
12/10/2006	牧草	33.5~75	23.5	2.0	0.6	8.9	—	—	—	—	
04/10/2006	牧草	0~20	109.0	4.2			283.62	2.60	77.23	193.4	7.8
01/08/2008	牧草	0~20					251.33	1.98	99.64		
07/12/2008	牧草	0~20	72.5	4.2			216.84	3.38	87.90	174.7	8.2
12/30/2008	牧草	0~20	88.0	4.8			251.71	2.54	103.55	247.0	7.7
01/06/2010	牧草	0~20					257.62	3.53	88.22		
11/21/2010	牧草	0~20	70.5	3.9	1.0	5.5	234.31	5.77	99.37	261.3	8.0
11/27/2011	牧草	0~20					176.78	5.30	110.99		
12/16/2012	牧草	0~20	78.8	4.2	1.0	5.3	246.01	3.17	103.39	256.2	7.9
11/07/2013	牧草	0~20					183.31	3.85	72.69		
12/08/2014	牧草	0~20	75.8	3.4	1.0	7.3	255.08	6.39	79.35	210.5	7.0
11/12/2015	牧草	0~20	87.66	3.66	1.69	6.65	352.53	22.15	105.11	261.07	7.69

表 3-58　2006—2015 年环江站喀斯特农田生态系统坡地顺坡垦殖辅助观测场土壤养分

月/日/年	作物	采样深度/cm	有机质/(g/kg)	全氮/(g/kg)	全磷/(g/kg)	全钾/(g/kg)	速效氮/(mg/kg)	有效磷/(mg/kg)	速效钾/(mg/kg)	缓效钾/(mg/kg)	pH
01/24/2007	玉米	0~15	63.1	3.4	1.1	7.1	—	—	—	—	—
01/24/2007	玉米	15~24.5	52.6	2.8	0.9	7.0	—	—	—	—	—
01/24/2007	玉米	24.5~61	35.8	2.4	0.8	7.4	—	—	—	—	—
04/10/2006	玉米	0~20	107.5	4.0			304.52	2.40	79.99	193.9	7.7
11/10/2007	玉米	0~20					202.82	3.08	106.09		
07/12/2008	玉米	0~20	61.9	4.1			197.49	3.26	101.27	150.0	7.9
07/28/2009	玉米	0~20	—	—	—	—	242.95	3.85	120.95	—	—
11/21/2010	玉米	0~20	65.0	3.8	1.0	4.8	237.20	5.92	139.76	256.0	8.3
08/22/2011	玉米	0~20					210.55	5.75	194.90		
08/03/2012	玉米	0~20					202.14	9.52	126.15		8.0
11/07/2013	玉米	0~20	—	—	—	—	244.11	9.82	175.82	—	—
08/07/2014	玉米	0~20	64.3	3.2	1.2	8.0	189.02	24.48	150.17	271.3	8.0
07/16/2015	玉米	0~20	61.28	2.74	1.71	8.25	227.46	25.38	181.28	300.55	7.98

表 3-59　2007 年、2009 年、2010 年、2011 年、2012 年、2013 年、2014 年、2015 年环江站喀斯特农田
生态系统德胜镇地罗村冷坡组站区调查点土壤养分

月/日/年	作物	采样深度/cm	有机质/(g/kg)	全氮/(g/kg)	全磷/(g/kg)	全钾/(g/kg)	速效氮/(mg/kg)	有效磷/(mg/kg)	速效钾/(mg/kg)	缓效钾/(mg/kg)	pH
01/06/2007	桑苗	0~13	66.2	1.8	0.9	2.8	—	—	—	—	—
01/06/2007	桑苗	13~27	18.4	1.1	0.9	2.7	—	—	—	—	—
01/06/2007	桑苗	27~56	8.1	0.6	0.9	3.0	—	—	—	—	—
01/06/2007	桑苗	56~103	6.4	0.5	0.7	3.6	—	—	—	—	—
12/03/2010	桑苗	0~10	32.5	1.8	0.9	2.9	—	—	—	—	—
12/03/2010	桑苗	10~20	27.5	1.5	0.8	3.2	—	—	—	—	—
12/03/2010	桑苗	20~40	14.8	0.9	0.5	3.4	—	—	—	—	—
12/03/2010	桑苗	40~60	7.7	0.8	0.6	4.6	—	—	—	—	—
12/03/2010	桑苗	60~100	7.3	0.7	0.6	4.9	—	—	—	—	—
11/30/2007	桑苗	0~20	—	—	—	—	126.82	2.55	67.46	—	—
11/30/2007	桑苗	0~20	33.9	1.9			143.08	3.90	42.78	105.8	7.3
07/23/2009	桑苗	0~20					146.54	4.30	46.65		
12/01/2010	桑苗	0~20	34.1	1.9	1.0	1.9	122.20	11.43	36.20	131.5	6.9
01/06/2010	桑苗	0~20	—	—	—	—	110.97	5.65	42.79		
11/29/2011	桑苗	0~20					138.50	10.07	44.91		
11/21/2012	桑苗	0~20	35.5	2.1	1.0	2.3	167.83	8.82	56.21	101.3	6.6
11/08/2013	桑苗	0~20					149.84	23.33	90.86		—
12/08/2014	桑苗	0~20	35.3	1.7	1.1	2.5	180.29	26.20	107.41	116.4	6.6
11/13/2015	桑苗	0~20	36.91	1.65	1.26	2.98	143.98	25.06	55.99	103.10	5.97
10/15/2015	桑苗	0~10	29.03	1.53	1.14	2.58	—	—	—	—	—
10/15/2015	桑苗	10~20	25.49	1.29	1.00	2.39	—	—	—	—	—
10/15/2015	桑苗	20~40	21.38	1.00	0.90	2.58	—	—	—	—	—
10/15/2015	桑苗	40~60	14.46	0.93	0.97	3.58	—	—	—	—	—
10/15/2015	桑苗	60~100	11.30	0.88	0.99	5.35	—	—	—	—	—

表 3-60　2007—2015 年环江站喀斯特农田生态系统德胜镇地罗村地罗组站区调查点土壤养分

月/日/年	作物	采样深度/cm	有机质/(g/kg)	全氮/(g/kg)	全磷/(g/kg)	全钾/(g/kg)	速效氮/(mg/kg)	有效磷/(mg/kg)	速效钾/(mg/kg)	缓效钾/(mg/kg)	pH
01/31/2007	大豆	0~18.5	26.0	1.5	0.8	3.5	—	—	—	—	—
01/31/2007	大豆	18.5~55	18.3	1.1	0.6	3.1	—	—	—	—	—
01/31/2007	大豆	55~91	16.6	1.0	0.5	3.8	—	—	—	—	—
12/01/2010	大豆	0~10	22.1	1.4	0.7	3.9	—	—	—	—	—
12/01/2010	大豆	10~20	18.7	1.1	0.6	3.5	—	—	—	—	—

（续）

月/日/年	作物	采样深度/cm	有机质/(g/kg)	全氮/(g/kg)	全磷/(g/kg)	全钾/(g/kg)	速效氮/(mg/kg)	有效磷/(mg/kg)	速效钾/(mg/kg)	缓效钾/(mg/kg)	pH
12/01/2010	大豆	20~40	15.8	1.0	0.5	4.0	—	—	—	—	—
12/01/2010	大豆	40~60	15.4	1.0	0.5	5.4	—	—	—	—	—
12/01/2010	大豆	60~100	11.6	0.9	0.5	5.2	—	—	—	—	—
11/30/2007	大豆	0~20	—	—	—	—	110.26	2.65	97.27	—	—
07/13/2008	玉米	0~20	24.1	1.6	—	—	108.85	2.67	54.30	114.5	8.1
10/14/2008	大豆	0~20	53.0	3.2	—	—	236.58	25.55	103.48	113.7	6.6
07/23/2009	玉米	0~20	—	—	—	—	95.10	3.88	50.31	—	—
11/30/2009	大豆	0~20	—	—	—	—	114.31	4.36	65.70	—	—
07/27/2010	玉米	0~20	—	—	—	—	86.30	6.05	62.27	—	—
12/01/2010	大豆	0~20	23.6	1.4	0.8	2.8	93.40	7.30	77.18	140.5	8.5
07/27/2011	玉米	0~20	—	—	—	—	98.32	6.18	91.55	—	—
11/29/2011	大豆	0~20	—	—	—	—	84.24	6.25	71.37	—	—
07/22/2012	玉米	0~20	—	—	—	—	103.59	7.87	57.89	—	8.5
11/21/2012	大豆	0~20	24.9	1.6	0.8	3.0	116.04	2.47	62.17	107.5	8.5
07/11/2013	玉米	0~20	—	—	—	—	131.40	4.68	60.25	—	—
11/08/2013	大豆	0~20	—	—	—	—	119.59	5.13	67.30	—	—
08/06/2014	玉米	0~20	—	—	—	—	105.76	10.32	86.90	—	8.5
12/08/2014	大豆	0~20	23.2	1.2	0.8	3.4	139.35	5.49	58.28	119.4	8.5
07/20/2015	玉米	0~20	—	—	—	—	106.90	5.94	93.81	—	8.30
11/13/2015	大豆	0~20	26.11	1.28	0.91	3.80	96.71	7.58	100.52	152.93	8.34
10/15/2015	大豆	0~10	23.66	1.39	0.89	3.79	—	—	—	—	—
10/15/2015	大豆	10~20	17.58	0.91	0.64	3.57	—	—	—	—	—
10/15/2015	大豆	20~40	13.94	0.82	0.55	3.98	—	—	—	—	—
10/15/2015	大豆	40~60	9.87	0.71	0.53	4.25	—	—	—	—	—
10/15/2015	大豆	60~100	9.86	0.69	0.60	4.59	—	—	—	—	—

表 3 - 61　2007—2015 年环江站喀斯特农田生态系统思恩镇清潭村下哨组站区调查点土壤养分

月/日/年	作物	采样深度/cm	有机质/(g/kg)	全氮/(g/kg)	全磷/(g/kg)	全钾/(g/kg)	速效氮/(mg/kg)	有效磷/(mg/kg)	速效钾/(mg/kg)	缓效钾/(mg/kg)	pH
01/30/2007	甘蔗	0~14	31.7	3.3	1.2	6.0	—	—	—	—	—
01/30/2007	甘蔗	14~26	33.0	1.9	1.1	6.4	—	—	—	—	—
01/30/2007	甘蔗	26~42	15.3	1.0	1.3	6.4	—	—	—	—	—
01/30/2007	甘蔗	42~62	13.3	0.8	1.0	6.0	—	—	—	—	—
01/30/2007	甘蔗	62~110	4.9	0.6	0.5	6.0	—	—	—	—	—
12/02/2010	柑橘	0~10	54.3	3.3	1.3	7.4	—	—	—	—	—
12/02/2010	柑橘	10~20	36.9	2.2	1.2	8.0	—	—	—	—	—
12/02/2010	柑橘	20~40	16.5	1.1	1.1	7.8	—	—	—	—	—

（续）

月/日/年	作物	采样深度/cm	有机质/(g/kg)	全氮/(g/kg)	全磷/(g/kg)	全钾/(g/kg)	速效氮/(mg/kg)	有效磷/(mg/kg)	速效钾/(mg/kg)	缓效钾/(mg/kg)	pH
12/02/2010	柑橘	40~60	11.2	0.8	0.8	7.1	—	—	—	—	—
12/02/2010	柑橘	60~100	9.2	0.8	0.5	7.1	—	—	—	—	—
01/03/2008	甘蔗	0~20	—	—	—	—	226.61	14.05	139.23	—	—
12/30/2008	甘蔗	0~20	25.8	1.7	—	—	110.84	3.30	70.42	160.2	7.9
11/30/2009	柑橘	0~20	—	—	—	—	266.33	30.42	160.94	—	—
12/02/2010	柑橘	0~20	49.9	3.0	1.4	5.8	204.73	29.31	186.54	218.8	6.4
11/29/2011	柑橘	0~20	—	—	—	—	222.47	44.69	229.18	—	—
11/22/2012	柑橘	0~20	46.8	2.8	1.4	6.0	221.76	33.68	255.89	169.7	6.6
11/22/2013	柑橘	0~20	—	—	—	—	171.40	48.41	359.35	—	—
12/08/2014	柑橘	0~20	48.6	2.4	1.4	6.8	209.10	59.41	397.85	177.8	6.5
11/13/2015	柑橘	0~20	49.12	2.57	1.88	7.29	217.24	79.49	405.29	259.28	6.82
12/18/2015	柑橘	0~10	82.50	4.05	0.73	7.09	—	—	—	—	—
12/18/2015	柑橘	10~20	62.45	3.06	0.51	7.27	—	—	—	—	—
12/18/2015	柑橘	20~40	10.68	0.56	0.30	5.43	—	—	—	—	—
12/18/2015	柑橘	40~60	5.49	0.32	0.26	4.37	—	—	—	—	—
12/18/2015	柑橘	60~100	4.61	0.31	0.25	3.92	—	—	—	—	—

表 3 - 62　2007—2015 年环江站喀斯特农田生态系统思恩镇清潭村内哨组站区调查点土壤养分

月/日/年	作物	采样深度/cm	有机质/(g/kg)	全氮/(g/kg)	全磷/(g/kg)	全钾/(g/kg)	速效氮/(mg/kg)	有效磷/(mg/kg)	速效钾/(mg/kg)	缓效钾/(mg/kg)	pH
12/02/2010	水稻	0~10	63.3	3.8	0.4	7.1	—	—	—	—	—
12/02/2010	水稻	10~20	56.6	3.6	0.4	7.2	—	—	—	—	—
12/02/2010	水稻	20~40	12.8	0.7	0.3	5.7	—	—	—	—	—
12/02/2010	水稻	40~60	6.4	0.3	0.2	4.9	—	—	—	—	—
12/02/2010	水稻	60~100	3.2	0.3	0.2	6.2	—	—	—	—	—
12/19/2007	水稻	0~20	—	—	—	—	175.05	2.30	44.41	—	—
08/06/2008	水稻	0~20	62.4	4.3	—	—	252.47	7.31	67.95	63.5	6.3
11/28/2008	水稻	0~20	60.4	4.1	—	—	246.86	4.99	60.74	71.8	6.3
08/02/2009	水稻	0~20	—	—	—	—	210.74	7.70	56.77	—	—
11/30/2009	水稻	0~20	—	—	—	—	241.29	5.83	56.17	—	—
12/02/2010	水稻	0~20	53.6	3.4	0.4	5.7	208.16	8.23	38.13	88.2	7.2
08/13/2010	水稻	0~20	—	—	—	—	164.59	6.38	48.15	—	6.7
08/07/2011	水稻	0~20	—	—	—	—	244.05	8.85	69.89	—	—
11/29/2011	水稻	0~20	—	—	—	—	196.83	6.55	31.80	—	—
08/08/2012	水稻	0~20	—	—	—	—	247.53	9.90	50.72	—	6.2
11/22/2012	水稻	0~20	61.3	3.9	0.5	5.6	257.01	4.40	55.70	46.3	6.3
09/03/2013	水稻	0~20	—	—	—	—	321.52	15.28	81.34	—	—
11/12/2013	水稻	0~20	—	—	—	—	171.15	7.48	37.13	—	—

(续)

月/日/年	作物	采样深度/ cm	有机质/ (g/kg)	全氮/ (g/kg)	全磷/ (g/kg)	全钾/ (g/kg)	速效氮/ (mg/kg)	有效磷/ (mg/kg)	速效钾/ (mg/kg)	缓效钾/ (mg/kg)	pH
08/06/2014	水稻	0～20	—	—	—	—	264.08	12.34	51.00	—	6.1
12/08/2014	水稻	0～20	51.6	2.7	0.5	6.4	197.41	7.43	36.87	91.1	6.2
07/31/2015	水稻	0～20	—	—	—	—	313.33	11.99	74.90	—	6.06
11/15/2015	水稻	0～20	80.93	4.24	0.50	6.53	332.82	13.55	93.12	73.17	5.74
12/08/2015	水稻	0～10	46.43	2.20	1.29	7.39					
12/08/2015	水稻	10～20	29.51	1.35	1.10	7.81					
12/08/2015	水稻	20～40	11.86	0.76	0.94	7.10					
12/08/2015	水稻	40～60	7.02	0.66	0.66	7.36					
12/08/2015	水稻	60～100	6.51	0.64	0.73	7.38					

3.2.3　喀斯特农田生态系统矿质全量数据集

（1）概述。本数据集收集了环江站 2007—2015 年 8 个长期监测样地剖面土壤矿质全量数据，包括硅（SiO_2）、铁（Fe_2O_3）、锰（MnO）、钛（TiO_2）、铝（Al_2O_3）、钙（CaO）、镁（MgO）、钾（K_2O）、钠（Na_2O）、磷（P_2O_5）、烧失量（LOI）、硫（S）等分析指标。数据观测频率 10 年 1 次。观测样地分别为综合观测场土壤生物水分采样地（HJAZH01ABC_01）、旱地辅助观测场土壤生物水分采样地（HJAFZ01ABC_01）、坡地牧草辅助观测场土壤生物水分采样地（HJAFZ02ABC_01）、坡地顺坡垦殖辅助观测场土壤生物水分采样地（HJAFZ03ABC_01），以及四处不同作物类型的站区调查点——地罗村桑树生物土壤采样地（HJAZQ01AB0_01）、地罗村玉米地土壤生物长期采样地（HJAZQ01AB0_02）、清潭村经济作物土壤生物长期采样地（HJAZQ02AB0_01）、清潭村水田土壤生物长期采样地（HJAZQ02AB0_02）。

（2）数据采集和处理方法。按照中国生态系统研究网络（CERN）长期观测规范，剖面土壤矿质全量监测频率为每 10 年 1 次，2006—2007 年（环江站开始实施 CERN 长期观测规范）、2015 年于作物收获季节开挖剖面采用多点混合法采集样品；样品采回后，挑出根系和石子，在阴凉处风干，用四分法分取适量样品，碾磨后过 10 目尼龙筛，然后用四分法分取适量样品，研磨后过 20 目筛，再用四分法取适量样品，研磨后过 100 目筛，整个过程中用木制品、塑料制品及玛瑙制品，均不用金属制品，以防止带来金属污染；SiO_2、Fe_2O_3、MnO、TiO_2、Al_2O_3、CaO、MgO、K_2O、Na_2O、P_2O_5 含量均用偏硼酸锂熔融- AES 法测定，LOI 含量采用灼烧减重法测定，S 含量采用燃烧法测定（鲁如坤，1999）。

（3）数据质量控制和评估。与"喀斯特农田生态系统土壤交换量数据集"数据质量控制和评估方法相同。

（4）数据价值。喀斯特农田生态系统矿质全量数据集反映了桂西北喀斯特峰丛洼地农业区传统代表性作物早晚稻、玉米、大豆、桑叶及柑橘农作地土壤基本矿物组成，提供了土壤成土过程的母质特点信息，数据对研究喀斯特峰丛洼地生境土壤发生过程受人为利用的影响作用，具有重要指导意义。

（5）喀斯特农田生态系统矿质全量数据。喀斯特农田生态系统矿质全量数据见表 3 - 63～表 3 - 70。同时，更多"环江站喀斯特农田生态系统土壤矿质元素全量数据"服务请访问 http：//hja. cern. ac. cn/meta/detail/AB03。

表3-63　2007年、2015年环江站喀斯特农田生态系统旱地综合观测场矿质全量

月/日/年	作物	采样深度/cm	硅(SiO₂)/%	铁(Fe₂O₃)/%	锰(MnO)/%	钛(TiO₂)/%	铝(Al₂O₃)/%	钙(CaO)/%	镁(MgO)/%	钾(K₂O)/%	钠(Na₂O)/%	磷(P₂O₅)/%	烧失量/%	硫(S)/(g/kg)
01/23/2007	大豆	0~18	60.40	7.04	0.28	0.99	13.48	0.40	0.86	0.85	1.13	—	—	3.48
01/23/2007	大豆	18~35	56.60	8.86	0.33	0.96	15.33	0.40	0.97	0.90	1.08	—	—	1.92
01/23/2007	大豆	35~56	40.51	10.14	0.26	1.07	19.44	0.30	1.12	0.90	1.50	—	—	2.28
01/23/2007	大豆	56~100	44.94	11.72	0.33	0.92	21.65	0.28	1.26	0.98	1.15	—	—	0.78
10/19/2015	大豆	0~10	48.88	9.00	0.41	0.77	17.45	0.85	1.89	0.96	0.11	0.26	13.01	0.14
10/19/2015	大豆	10~20	47.05	9.38	0.41	0.80	18.60	1.30	2.30	0.98	0.09	0.21	13.12	0.16
10/19/2015	大豆	20~40	48.41	9.02	0.45	0.85	18.02	1.08	2.11	0.95	0.11	0.21	13.12	0.17
10/19/2015	大豆	40~60	47.16	9.04	0.42	0.86	18.22	0.82	1.89	0.94	0.08	0.24	13.24	0.16
10/19/2015	大豆	60~100	40.03	9.97	0.39	0.71	20.45	0.57	1.81	1.14	0.09	0.17	13.49	0.12
10/19/2015	大豆	0~10	56.85	8.00	0.61	0.87	15.43	0.53	1.25	0.98	0.12	0.25	10.42	0.17
10/19/2015	大豆	10~20	40.55	10.06	0.35	0.74	21.20	0.25	1.55	1.01	0.09	0.15	14.87	0.16
10/19/2015	大豆	20~40	35.95	10.52	0.25	0.68	22.15	0.30	1.73	0.99	0.15	0.21	16.17	0.14
10/19/2015	大豆	40~60	32.87	11.56	0.20	0.63	24.60	0.22	1.80	1.07	0.19	0.26	16.35	0.14
10/19/2015	大豆	60~100	32.89	11.20	0.21	0.62	23.72	0.19	1.73	1.06	0.22	0.25	15.74	0.14
10/20/2015	大豆	0~10	58.53	7.67	0.53	0.89	14.64	0.49	1.20	0.88	0.12	0.29	11.85	0.15
10/20/2015	大豆	10~20	42.55	7.98	0.55	0.94	15.56	0.34	1.23	0.89	0.12	0.18	11.38	0.14
10/20/2015	大豆	20~40	46.51	9.35	0.66	0.87	18.51	0.34	1.46	0.97	0.13	0.16	12.24	0.13
10/20/2015	大豆	40~60	48.78	9.59	0.56	0.85	19.00	0.26	1.44	1.01	0.13	0.17	11.85	0.13
10/20/2015	大豆	60~100	50.22	10.07	0.61	0.84	17.62	0.18	1.32	1.03	0.15	0.17	11.19	0.12

表 3-64 2006 年、2015 年环江站喀斯特农田生态系统旱地辅助观测场矿质全量

月/日/年	作物	采样分区	采样深度/cm	硅(SiO₂)/%	铁(Fe₂O₃)/%	锰(MnO)/%	钛(TiO₂)/%	铝(Al₂O₃)/%	钙(CaO)/%	镁(MgO)/%	钾(K₂O)/%	钠(Na₂O)/%	磷(P₂O₅)/%	烧失量/%	硫(S)/(g/kg)
12/11/2006	大豆	—	0~16	50.40	8.05	0.37	1.14	17.45	0.66	1.61	1.06	1.16	—	—	3.84
12/11/2006	大豆	—	16~25	47.87	8.48	0.34	1.09	18.94	0.75	1.87	1.10	1.10	—	—	2.76
12/11/2006	大豆	—	25~43	46.87	8.77	0.41	1.16	18.52	0.76	1.81	1.02	1.14	—	—	3.48
12/11/2006	大豆	—	43~70	49.07	8.91	0.25	1.20	17.85	0.64	1.74	1.01	1.10	—	—	1.56
12/11/2006	大豆	—	70~110	48.15	9.44	0.23	1.13	19.38	0.51	1.79	1.09	1.09	—	—	2.28
10/27/2015	大豆	FZ01-1	0~10	48.81	9.55	0.56	0.87	18.17	0.74	1.94	1.08	0.09	0.21	13.88	0.15
10/27/2015	大豆	FZ01-1	10~20	50.68	8.93	0.53	0.83	17.45	0.85	1.84	1.03	0.09	0.21	13.26	0.15
10/27/2015	大豆	FZ01-1	20~40	50.97	8.62	0.50	0.83	17.06	0.72	1.78	1.01	0.09	0.22	14.12	0.16
10/27/2015	大豆	FZ01-1	40~60	46.22	10.08	0.78	0.85	19.11	0.51	1.61	1.03	0.09	0.17	14.34	0.10
10/27/2015	大豆	FZ01-1	60~100	43.11	10.69	0.73	0.82	20.39	0.42	1.75	1.08	0.09	0.21	14.20	0.12
10/26/2015	大豆	FZ01-2	0~10	50.57	8.93	0.47	0.80	17.55	0.75	1.85	1.03	0.09	0.24	13.45	0.14
10/26/2015	大豆	FZ01-2	10~20	52.32	8.28	0.45	0.85	16.48	0.70	1.83	1.00	0.10	0.21	13.48	0.15
10/26/2015	大豆	FZ01-2	20~40	48.62	9.34	0.51	0.85	17.86	0.65	1.68	0.96	0.17	0.20	14.15	0.16
10/26/2015	大豆	FZ01-2	40~60	44.97	10.15	0.51	0.80	19.73	0.50	1.68	1.01	0.13	0.19	13.48	0.09
10/26/2015	大豆	FZ01-2	60~100	42.23	11.77	0.52	0.79	21.93	0.43	1.85	1.07	0.09	0.22	13.96	0.12
10/21/2015	大豆	FZ01-3	0~10	51.40	8.65	0.42	0.81	17.21	0.76	1.73	1.02	0.09	0.28	14.14	0.15
10/21/2015	大豆	FZ01-3	10~20	53.52	8.29	0.46	0.85	16.45	0.72	1.76	1.02	0.09	0.23	13.72	0.21
10/21/2015	大豆	FZ01-3	20~40	52.61	9.41	0.67	0.80	17.70	0.65	1.54	1.03	0.09	0.21	13.67	0.14
10/21/2015	大豆	FZ01-3	40~60	39.18	10.99	0.27	0.73	22.99	0.39	1.71	1.08	0.10	0.22	14.92	0.13
10/21/2015	大豆	FZ01-3	60~100	38.42	11.54	0.27	0.74	24.44	0.38	1.72	1.09	0.10	0.27	15.15	0.12
10/28/2015	大豆	FZ01-4	0~10	48.83	9.52	0.44	0.81	18.81	0.73	1.68	1.02	0.09	0.25	14.28	0.19

（续）

月/日/年	作物	采样分区	采样深度/cm	硅(SiO₂)/%	铁(Fe₂O₃)/%	锰(MnO)/%	钛(TiO₂)/%	铝(Al₂O₃)/%	钙(CaO)/%	镁(MgO)/%	钾(K₂O)/%	钠(Na₂O)/%	磷(P₂O₅)/%	烧失量/%	硫(S)/(g/kg)
10/28/2015	大豆	FZ01-4	10~20	49.76	9.30	0.47	0.80	18.57	0.81	1.73	1.01	0.09	0.22	14.13	0.16
10/28/2015	大豆	FZ01-4	20~40	48.98	9.62	0.43	0.84	18.92	0.64	1.70	1.01	0.09	0.19	13.88	0.16
10/28/2015	大豆	FZ01-4	40~60	35.88	13.62	0.58	0.69	23.68	0.41	1.71	1.04	0.09	0.27	15.41	0.13
10/28/2015	大豆	FZ01-4	60~100	36.68	12.43	0.33	0.75	24.63	0.40	1.82	1.09	0.10	0.28	15.38	0.12
10/28/2015	大豆	FZ01-5	0~10	49.10	9.44	0.39	0.82	19.11	0.68	1.70	1.01	0.09	0.29	14.42	0.21
10/28/2015	大豆	FZ01-5	10~20	45.87	10.05	0.33	0.83	20.74	0.56	1.76	1.03	0.09	0.21	14.32	0.17
10/28/2015	大豆	FZ01-5	20~40	39.78	11.04	0.24	0.76	23.05	0.38	1.76	1.04	0.15	0.22	15.04	0.13
10/28/2015	大豆	FZ01-5	40~60	37.87	11.47	0.24	0.72	23.35	0.38	1.74	1.05	0.09	0.24	15.35	0.13
10/28/2015	大豆	FZ01-5	60~100	37.44	11.94	0.20	0.73	24.37	0.40	1.74	1.10	0.09	0.25	15.36	0.13
10/28/2015	大豆	FZ01-6	0~10	49.56	9.40	0.44	0.79	18.78	0.83	1.75	1.04	0.09	0.24	14.39	0.15
10/28/2015	大豆	FZ01-6	10~20	49.30	9.04	0.44	0.80	18.39	0.73	1.79	1.02	0.08	0.22	13.97	0.18
10/28/2015	大豆	FZ01-6	20~40	48.61	9.47	0.47	0.84	19.14	0.70	1.82	1.05	0.09	0.19	13.93	0.17
10/28/2015	大豆	FZ01-6	40~60	41.19	11.57	0.38	0.76	21.80	0.44	1.71	1.03	0.09	0.18	14.27	0.15
10/28/2015	大豆	FZ01-6	60~100	38.14	12.86	0.42	0.78	22.97	0.40	1.84	1.05	0.09	0.22	14.27	0.51

表3-65　2006年环江站喀斯特农田生态系统坡地草本饲料辅助观测场矿质全量

月/日/年	作物	采样深度/cm	硅(SiO₂)/%	铁(Fe₂O₃)/%	锰(MnO)/%	钛(TiO₂)/%	铝(Al₂O₃)/%	钙(CaO)/%	镁(MgO)/%	钾(K₂O)/%	钠(Na₂O)/%	磷(P₂O₅)/%	烧失量/%	硫(S)/(g/kg)
12/10/2006	牧草	0~10	34.93	7.92	0.18	0.83	19.31	1.04	2.32	0.98	1.15	—	—	9.70
12/10/2006	牧草	10~19	38.25	9.05	0.19	0.92	21.68	0.75	2.49	1.09	1.11	—	—	4.50
12/10/2006	牧草	19~33.5	35.36	8.92	0.18	0.89	21.51	2.04	3.34	1.06	1.11	—	—	1.92
12/10/2006	牧草	33.5~75	33.47	11.04	0.13	0.85	26.34	0.48	2.23	1.29	1.20	—	—	1.56

表 3 - 66　2007 年环江站喀斯特农田生态系统顺坡地垦殖辅助观测场矿质全量

月/日/年	作物	采样深度/cm	硅(SiO₂)/%	铁(Fe₂O₃)/%	锰(MnO)/%	钛(TiO₂)/%	铝(Al₂O₃)/%	钙(CaO)/%	镁(MgO)/%	钾(K₂O)/%	钠(Na₂O)/%	磷(P₂O₅)/%	烧失量/%	硫(S)/(g/kg)
01/24/2007	玉米	0~15	35.32	8.52	0.22	0.82	19.88	3.03	3.85	1.02	1.06	—	—	2.76
01/24/2007	玉米	15~24.5	38.00	9.03	0.22	0.89	21.45	0.76	2.44	1.02	1.16	—	—	4.68
01/24/2007	玉米	24.5~61	35.66	10.04	0.16	0.86	23.95	0.52	2.27	1.07	1.26	—	—	3.48

表 3 - 67　2015 年环江站喀斯特农田生态系统德胜镇地罗村地罗组站区调查点 HJAZQ01AB0 _ 02

月/日/年	作物	采样深度/cm	硅(SiO₂)/%	铁(Fe₂O₃)/%	锰(MnO)/%	钛(TiO₂)/%	铝(Al₂O₃)/%	钙(CaO)/%	镁(MgO)/%	钾(K₂O)/%	钠(Na₂O)/%	磷(P₂O₅)/%	烧失量/%	硫(S)/(g/kg)
10/15/2015	桑苗	0~10	62.40	8.08	0.28	1.02	12.32	0.24	0.92	0.30	0.08	0.31	10.55	0.29
10/15/2015	桑苗	10~20	60.80	7.95	0.36	1.01	13.09	0.73	1.07	0.28	0.05	0.22	10.81	0.18
10/15/2015	桑苗	20~40	57.13	9.60	0.64	0.96	14.53	0.51	1.08	0.29	0.05	0.20	10.86	0.15
10/15/2015	桑苗	40~60	53.26	10.43	0.68	0.93	15.75	0.39	1.24	0.41	0.14	0.21	11.72	0.14
10/15/2015	桑苗	60~100	52.50	10.40	0.65	0.93	16.64	0.37	1.36	0.61	0.07	0.21	11.32	0.14

表 3 - 68　2015 年环江站喀斯特农田生态系统德胜镇地罗村冷坡组站区调查点 HJAZQ01AB0 _ 01

月/日/年	作物	采样深度/cm	硅(SiO₂)/%	铁(Fe₂O₃)/%	锰(MnO)/%	钛(TiO₂)/%	铝(Al₂O₃)/%	钙(CaO)/%	镁(MgO)/%	钾(K₂O)/%	钠(Na₂O)/%	磷(P₂O₅)/%	烧失量/%	硫(S)/(g/kg)
10/15/2015	大豆	0~10	66.12	4.44	0.15	0.57	9.28	3.66	1.35	0.44	0.04	0.19	11.54	0.13
10/15/2015	大豆	10~20	67.77	5.21	0.15	0.60	10.95	0.85	0.87	0.41	0.08	0.12	8.64	0.14
10/15/2015	大豆	20~40	67.15	5.82	0.15	0.60	12.13	0.54	0.93	0.46	0.05	0.11	8.42	0.13
10/15/2015	大豆	40~60	67.78	6.01	0.15	0.60	12.33	0.40	0.90	0.49	0.05	0.10	8.25	0.11
10/15/2015	大豆	60~100	64.89	6.17	0.17	0.61	12.43	0.43	0.92	0.52	0.05	0.12	8.42	0.12

表 3 - 69　2015 年环江站喀斯特农田生态系统恩清潭村内哨组站区调查点 HJAZQ02AB0 _ 02

月/日/年	作物	采样深度/cm	硅(SiO$_2$)/%	铁(Fe$_2$O$_3$)/%	锰(MnO)/%	钛(TiO$_2$)/%	铝(Al$_2$O$_3$)/%	钙(CaO)/%	镁(MgO)/%	钾(K$_2$O)/%	钠(Na$_2$O)/%	磷(P$_2$O$_5$)/%	烧失量/%	硫(S)/(g/kg)
12/08/2015	柑橘	0~10	67.22	1.65	0.01	0.54	8.02	0.30	0.46	0.77	0.14	0.12	12.58	0.50
12/08/2015	柑橘	10~20	70.75	2.02	0.02	0.59	9.05	0.38	0.55	0.85	0.15	0.10	11.05	0.34
12/08/2015	柑橘	20~40	80.41	4.24	0.03	0.65	7.65	0.32	0.46	0.65	0.12	0.05	5.09	0.11
12/08/2015	柑橘	40~60	83.07	3.76	0.02	0.62	6.21	0.24	0.37	0.53	0.10	0.03	3.88	0.11
12/08/2015	柑橘	60~100	85.18	3.17	0.02	0.69	5.53	0.22	0.32	0.47	0.10	0.03	3.46	0.11

表 3 - 70　2015 年环江站喀斯特农田生态系统恩镇清潭村下哨组站区调查点 HJAZQ02AB0 _ 01

月/日/年	作物	采样深度/cm	硅(SiO$_2$)/%	铁(Fe$_2$O$_3$)/%	锰(MnO)/%	钛(TiO$_2$)/%	铝(Al$_2$O$_3$)/%	钙(CaO)/%	镁(MgO)/%	钾(K$_2$O)/%	钠(Na$_2$O)/%	磷(P$_2$O$_5$)/%	烧失量/%	硫(S)/(g/kg)
12/08/2015	水稻	0~10	59.11	5.84	0.06	0.81	15.85	0.50	1.17	0.88	0.09	0.32	13.12	0.29
12/08/2015	水稻	10~20	59.76	6.74	0.09	0.85	16.64	0.56	1.28	0.94	0.09	0.27	11.64	0.15
12/08/2015	水稻	20~40	53.62	11.78	0.18	0.82	18.23	0.44	1.46	0.85	0.20	0.20	11.42	0.13
12/08/2015	水稻	40~60	55.68	9.55	0.37	0.80	19.16	0.27	1.40	0.87	0.20	0.14	10.92	0.11
12/08/2015	水稻	60~100	55.89	9.05	0.40	0.77	18.97	0.32	1.36	0.86	0.11	0.13	10.73	0.10

3.2.4　喀斯特农田生态系统土壤剖面微量元素和重金属元素数据集

（1）概述。本数据集收集环江站 2015 年以前近十年 8 块长期监测样地剖面土壤剖面微量元素和重金属元素数据，包括全硼、全钼、全锰、全锌、全铜、全铁、硒、镉、铅、铬、镍、汞、砷等分析指标，数据采样观测频率：每 5 年 1 次。观测样地分别为综合观测场土壤生物水分采样地（HJAZH01ABC_01）、旱地辅助观测场土壤生物水分采样地（HJAFZ01ABC_01）、坡地牧草辅助观测场土壤生物水分采样地（HJAFZ02ABC_01）、坡地顺坡垦殖辅助观测场土壤生物水分采样地（HJAFZ03ABC_01），以及四处不同作物类型的站区调查点——地罗村桑树生物土壤采样地（HJAZQ01AB0_01）、地罗村玉米地土壤生物长期采样地（HJAZQ01AB0_02）、清潭村经济作物土壤生物长期采样地（HJAZQ02AB0_01）、清潭村水田土壤生物长期采样地（HJAZQ02AB0_02）。

（2）数据采集和处理方法。按照 CERN 长期观测规范，剖面土壤微量元素和重金属元素监测频率为每 5 年 1 次，2006—2007 年（环江站开始实施 CERN 长期观测规范）、2010 年、2015 年于作物收获季节开挖剖面采用多点混合法采集样品；样品采回后，挑出根系和石子，在阴凉处风干，用四分法分取适量样品，碾磨后过 10 目尼龙筛，然后用四分法分取适量样品，研磨后过 20 目筛，再用四分法取适量样品，研磨后过 100 目筛，整个过程中用木制品、塑料制品及玛瑙制品，均不用金属制品，以防止带来金属污染；全硼、全钼、全锰、全锌、全铜、全铁、镉、铅、铬、镍等微量元素和重金属元素的分析方法参照《土壤理化分析与剖面描述》（刘光崧，1997），硒、汞、砷等微量元素分析方法参照《农业环境与发展》（吴成等，2003）。土壤微量元素和重金属元素指标分析方法见表 3-71。

表 3-71　土壤微量元素和重金属元素指标分析方法

指标	单位	分析方法	使用仪器
全硼	mg/kg	硝酸-高氯酸-氢氟酸消化-ICP 测定法	ICP 仪
全钼	mg/kg	硝酸-高氯酸-氢氟酸消化-ICP 测定法	ICP 仪
全锰	mg/kg	硝酸-高氯酸-氢氟酸消化-ICP 测定法	ICP 仪
全锌	mg/kg	硝酸-高氯酸-氢氟酸消化-ICP 测定法	ICP 仪
全铜	mg/kg	硝酸-高氯酸-氢氟酸消化-ICP 测定法	ICP 仪
全铁	mg/kg	硝酸-高氯酸-氢氟酸消化-ICP 测定法	ICP 仪
硒	mg/kg	氢化物发生-原子荧光光谱法	原子荧光仪
镉	mg/kg	硝酸-高氯酸-氢氟酸消化-ICP 测定法	ICP 仪
铅	mg/kg	硝酸-高氯酸-氢氟酸消化-ICP 测定法	ICP 仪
铬	mg/kg	硝酸-高氯酸-氢氟酸消化-ICP 测定法	ICP 仪
镍	mg/kg	硝酸-高氯酸-氢氟酸消化-ICP 测定法	ICP 仪
汞	mg/kg	氢化物发生-原子荧光光谱法	原子荧光仪
砷	mg/kg	氢化物发生-原子荧光光谱法	原子荧光仪

（3）数据质量控制和评估。与"喀斯特农田生态系统土壤交换量数据集"数据质量控制和评估方法相同。

（4）数据价值。喀斯特农田生态系统土壤剖面微量元素和重金属元素数据集反映了桂西北喀斯特峰丛洼地农业区代表性作物早晚稻、玉米、大豆、桑叶、柑橘的农作地土壤剖面微量元素和重金属元素环境背景值的变化规律。数据为研究微量元素物质循环、构建作物生长与微量元素的关系、区域土壤环境质量评估、土壤重金属污染风险评估等工作提供参考。

（5）喀斯特农田生态系统土壤剖面微量元素和重金属元素数据。喀斯特农田生态系统土壤微量和重金属元素数据见表 3-72～表 3-79。同时，更多"环江站喀斯特农田生态系统土壤剖面微量元素和重金属元素数据"服务请访问 http://hja.cern.ac.cn/meta/detail/AB04。

表3-72 2007年、2010年、2015年环江站喀斯特农田生态系统系统旱地综合观测场土壤微量元素和重金属元素

月/日/年	作物	采样深度/cm	全硼/(mg/kg)	全钼/(mg/kg)	全锰/(mg/kg)	全锌/(mg/kg)	全铜/(mg/kg)	全铁/(mg/kg)	硒/(mg/kg)	钴/(mg/kg)	镉/(mg/kg)	铅/(mg/kg)	铬/(mg/kg)	镍/(mg/kg)	汞/(mg/kg)	砷/(mg/kg)
01/23/2007	大豆	0~18	63.0	0.9	2 840	311.3	41.7	41 653	0.51	28.5	0.1	74.6	136.1	96.6	0.1	26.7
01/23/2007	大豆	18~35	65.3	1.2	2 845	329.3	39.0	45 614	0.48	28.6	0.1	70.9	144.7	100.3	0.2	30.2
01/23/2007	大豆	35~56	80.9	0.7	3 131	437.4	46.7	58 378	0.46	29.8	0.1	65.2	166.2	137.8	0.3	37.0
01/23/2007	大豆	56~100	97.0	0.9	3 550	501.9	50.4	67 128	0.35	32.5	0.1	74.7	178.9	167.6	0.4	39.4
11/02/2010	大豆	0~10	7.2	0.8	2 419	469.3	46.5	72 231	0.39	—	0.7	71.1	193.5	141.1	0.2	39.0
11/02/2010	大豆	10~20	35.3	0.8	2 442	451.3	42.8	70 786	0.43	—	0.7	68.7	192.2	138.0	0.4	43.3
11/02/2010	大豆	20~40	71.2	1.1	2 642	453.3	42.6	69 311	0.30	—	0.7	65.3	181.1	127.0	0.1	41.6
11/02/2010	大豆	40~60	28.8	1.0	2 804	463.7	48.1	73 360	0.29	—	0.7	72.7	198.5	128.4	0.2	41.1
11/02/2010	大豆	60~100	61.5	1.2	1 461	522.0	54.8	76 112	0.20	—	0.6	70.1	195.6	164.9	0.5	45.7
11/02/2010	大豆	0~10	0.5	1.3	3 131	395.8	42.6	60 071	0.50	—	0.7	60.0	191.8	110.4	0.2	36.3
11/02/2010	大豆	10~20	7.6	1.2	3 516	445.4	46.8	67 015	0.49	—	0.7	71.0	237.8	123.4	0.3	38.3
11/02/2010	大豆	20~40	37.8	1.2	2 134	477.8	49.5	68 248	0.32	—	0.6	57.2	209.6	150.3	0.4	43.4
11/02/2010	大豆	40~60	18.1	1.3	1 355	515.5	55.9	64 254	0.17	—	0.5	51.4	221.0	187.6	0.4	50.3
11/02/2010	大豆	60~100	57.2	1.4	1 654	560.2	61.5	71 074	0.13	—	0.6	59.5	233.5	200.4	0.5	51.7
11/02/2010	大豆	0~10	9.8	0.9	3 470	406.9	43.7	70 325	0.51	—	0.7	73.8	186.6	110.5	0.2	36.0
11/02/2010	大豆	10~20	15.1	1.0	3 503	403.8	42.9	68 321	0.52	—	0.7	70.5	181.2	108.7	0.2	38.0
11/02/2010	大豆	20~40	39.5	1.1	3 349	436.3	43.7	71 268	0.31	—	0.7	69.0	184.1	115.4	0.1	38.1
11/02/2010	大豆	40~60	23.4	1.2	2 284	488.4	49.0	75 131	0.20	—	0.6	71.5	191.9	142.2	0.4	41.8
11/02/2010	大豆	60~100	4.5	1.1	2 358	477.1	49.5	66 456	0.28	—	0.6	60.7	203.0	143.1	0.3	40.9
10/19/2015	大豆	0~10	58.0	0.5	3 174	393.0	39.1	62 937	0.56	—	4.6	71.6	195.9	136.1	0.3	31.8
10/19/2015	大豆	10~20	59.8	0.6	3 161	409.4	39.0	65 598	0.43	—	4.7	55.9	146.9	132.2	0.3	30.3
10/19/2015	大豆	20~40	67.9	0.5	3 498	378.0	37.3	63 070	0.37	—	4.8	51.6	154.5	107.3	0.3	30.0

（续）

月/日/年	作物	采样深度/cm	全硼/(mg/kg)	全钼/(mg/kg)	全锰/(mg/kg)	全锌/(mg/kg)	全铜/(mg/kg)	全铁/(mg/kg)	硒/(mg/kg)	钴/(mg/kg)	镉/(mg/kg)	铅/(mg/kg)	铬/(mg/kg)	镍/(mg/kg)	汞/(mg/kg)	砷/(mg/kg)
10/19/2015	大豆	40~60	57.4	0.6	3 236	389.8	39.1	63 196	0.32	—	4.7	51.3	160.5	134.1	0.2	33.8
10/19/2015	大豆	60~100	48.4	0.7	3 056	460.2	49.5	69 733	0.29	—	5.5	47.5	187.0	155.5	0.3	35.7
10/19/2015	大豆	0~10	70.7	0.8	4 740	369.2	41.2	55 976	0.57	—	5.9	72.4	132.2	109.7	0.2	30.3
10/19/2015	大豆	10~20	46.3	0.6	2 692	458.8	49.2	70 377	0.46	—	3.6	45.2	177.3	149.1	0.4	37.4
10/19/2015	大豆	20~40	39.7	0.5	1 955	501.1	49.5	73 577	0.41	—	2.7	44.9	184.4	166.5	0.4	35.4
10/19/2015	大豆	40~60	36.4	0.6	1 519	573.0	58.6	80 877	0.27	—	2.3	41.2	222.9	193.3	0.4	35.1
10/19/2015	大豆	60~100	34.8	0.7	1 597	588.4	58.2	78 345	0.21	—	2.6	42.9	161.8	190.1	0.4	32.2
10/20/2015	大豆	0~10	58.9	0.5	4 130	354.2	39.6	53 668	0.59	—	6.0	73.2	163.2	112.5	0.2	29.9
10/20/2015	大豆	10~20	60.6	0.7	4 291	361.0	39.9	55 846	0.42	—	5.6	59.5	203.6	106.0	0.2	31.6
10/20/2015	大豆	20~40	58.6	0.5	5 132	492.6	50.7	65 402	0.34	—	8.3	62.6	217.6	148.2	0.3	31.1
10/20/2015	大豆	40~60	53.0	0.7	4 330	460.9	48.1	67 052	0.25	—	6.2	55.7	200.8	135.7	0.3	30.0
10/20/2015	大豆	60~100	59.6	0.6	4 690	421.7	47.9	70 412	0.21	—	5.9	58.4	187.0	132.5	0.3	33.1

表 3 - 73　2006 年、2010 年、2015 年环江站喀斯特农田生态系统旱地辅助观测场土壤微量元素和重金属元素

月/日/年	作物	采样深度/cm	全硼/(mg/kg)	全钼/(mg/kg)	全锰/(mg/kg)	全锌/(mg/kg)	全铜/(mg/kg)	全铁/(mg/kg)	硒/(mg/kg)	钴/(mg/kg)	镉/(mg/kg)	铅/(mg/kg)	铬/(mg/kg)	镍/(mg/kg)	汞/(mg/kg)	砷/(mg/kg)
12/11/2006	大豆	0~16	68.8	0.4	2 930	354.0	41.3	50 655	0.56	27.7	0.1	72.5	143.8	117.5	0.2	31.0
12/11/2006	大豆	16~25	76.1	1.2	2 468	389.8	42.2	56 313	0.40	27.3	0.1	66.2	158.9	131.3	0.1	32.9
12/11/2006	大豆	25~43	79.9	0.6	3 662	409.5	45.2	58 108	0.27	31.7	0.1	75.1	166.2	135.3	0.2	33.3
12/11/2006	大豆	43~70	85.1	0.5	5 104	433.8	47.0	61 329	0.24	35.1	0.2	74.8	176.2	137.8	0.3	32.4
12/11/2006	大豆	70~110	85.3	0.5	4 126	441.9	49.7	61 558	0.18	29.8	0.2	66.0	181.6	147.1	0.3	31.5
11/29/2010	大豆	0~10	41.8	0.6	3 666	422.5	43.4	74 931	0.55	—	0.9	74.5	175.4	118.1	0.2	39.4

（续）

月/日/年	作物	采样深度/cm	全硼/(mg/kg)	全钼/(mg/kg)	全锰/(mg/kg)	全锌/(mg/kg)	全铜/(mg/kg)	全铁/(mg/kg)	硒/(mg/kg)	钴/(mg/kg)	镉/(mg/kg)	铅/(mg/kg)	铬/(mg/kg)	镍/(mg/kg)	汞/(mg/kg)	砷/(mg/kg)
11/29/2010	大豆	10~20	64.3	1.0	4 283	448.6	46.7	74 919	0.57	—	1.0	80.2	177.4	124.0	0.2	41.8
11/29/2010	大豆	20~40	58.7	0.7	3 848	444.8	47.7	74 710	0.46	—	1.0	74.1	156.3	123.1	0.3	40.3
11/29/2010	大豆	40~60	77.8	0.8	4 368	521.9	56.0	79 466	0.33	—	1.1	81.0	171.4	140.1	0.3	40.7
11/29/2010	大豆	60~100	148.8	0.7	4 163	521.2	57.0	82 724	0.21	—	1.0	79.8	168.1	146.5	0.3	41.8
11/29/2010	大豆	0~10	95.8	0.9	3 874	397.9	42.2	70 810	0.56	—	0.9	74.7	158.7	101.2	0.2	36.5
11/29/2010	大豆	10~20	60.1	0.6	4 100	411.9	42.9	74 755	0.59	—	0.9	75.3	161.6	113.0	0.1	35.2
11/29/2010	大豆	20~40	66.4	0.6	3 435	426.3	44.5	73 825	0.48	—	0.9	69.3	154.3	116.6	0.2	34.2
11/29/2010	大豆	40~60	62.3	0.8	3 837	462.1	47.9	79 174	0.33	—	0.9	73.6	163.3	122.9	0.2	38.4
11/29/2010	大豆	60~100	56.4	1.0	3 880	450.7	47.4	77 340	0.22	—	0.8	74.1	158.5	131.1	0.3	37.6
11/29/2010	大豆	0~10	86.7	0.7	3 428	438.3	45.5	77 555	0.56	—	0.9	76.0	176.0	123.4	0.2	38.1
11/29/2010	大豆	10~20	82.7	0.7	3 534	415.1	43.5	72 054	0.55	—	0.9	72.1	159.4	115.8	0.1	36.8
11/29/2010	大豆	20~40	66.2	0.7	3 812	453.0	47.9	75 070	0.42	—	0.9	73.5	162.0	129.3	0.3	37.3
11/29/2010	大豆	40~60	17.5	0.8	2 963	464.5	49.3	78 704	0.30	—	0.8	72.4	171.3	134.0	0.3	39.3
11/29/2010	大豆	60~100	85.6	0.7	3 110	509.6	56.2	84 838	0.20	—	0.9	78.6	155.7	155.5	0.4	42.5
11/29/2010	大豆	0~10	11.6	0.6	3 505	442.0	45.8	76 379	0.53	—	0.9	72.9	169.5	125.8	0.3	36.3
11/29/2010	大豆	10~20	17.2	0.8	3 495	455.0	47.0	76 059	0.60	—	0.9	76.1	185.8	130.6	0.2	37.5
11/29/2010	大豆	20~40	36.3	0.7	2 895	471.0	48.9	75 568	0.46	—	0.8	73.4	170.7	135.2	0.2	38.9
11/29/2010	大豆	40~60	74.9	0.8	2 782	491.0	53.0	77 163	0.32	—	0.8	75.1	177.1	144.2	0.3	41.4
11/29/2010	大豆	60~100	247.1	1.1	3 137	529.5	58.5	77 270	0.28	—	1.0	84.9	156.7	136.9	0.4	44.5
11/29/2010	大豆	0~10	31.5	0.7	3 446	446.3	46.3	76 668	0.54	—	0.9	77.1	178.1	125.6	0.3	39.7

（续）

月/日/年	作物	采样深度/cm	全硼/(mg/kg)	全钼/(mg/kg)	全锰/(mg/kg)	全锌/(mg/kg)	全铜/(mg/kg)	全铁/(mg/kg)	硒/(mg/kg)	钴/(mg/kg)	镉/(mg/kg)	铅/(mg/kg)	铬/(mg/kg)	镍/(mg/kg)	汞/(mg/kg)	砷/(mg/kg)
11/29/2010	大豆	10~20	22.4	0.7	3 987	448.8	45.8	74 553	0.54	—	0.9	75.9	169.5	126.0	0.2	38.4
11/29/2010	大豆	20~40	65.8	0.8	3 406	456.0	49.4	75 958	0.50	—	0.9	74.3	166.4	131.4	0.2	37.4
11/29/2010	大豆	40~60	40.3	0.9	4 019	478.6	52.0	77 426	0.30	—	1.0	75.7	174.3	143.8	0.3	43.0
11/29/2010	大豆	60~100	36.3	0.9	3 627	549.0	60.5	82 924	0.21	—	1.0	80.6	190.6	171.9	0.5	47.7
11/29/2010	大豆	0~10	11.1	0.5	3 363	432.9	44.7	72 105	0.59	—	0.9	73.6	164.2	122.2	0.2	36.8
11/29/2010	大豆	10~20	28.8	1.0	3 243	400.3	41.3	70 149	0.56	—	0.7	67.4	164.9	115.0	0.2	38.0
11/29/2010	大豆	20~40	20.3	0.8	3 025	410.9	42.9	67 381	0.42	—	0.7	66.4	147.4	116.2	0.2	38.2
11/29/2010	大豆	40~60	11.4	1.0	3 166	440.8	47.1	71 301	0.31	—	0.7	71.6	169.0	131.4	0.3	40.6
11/29/2010	大豆	60~100	81.2	1.1	3 040	461.8	48.2	72 434	0.22	—	0.7	72.9	156.2	141.5	0.4	40.5
10/27/2015	大豆	0~10	57.2	0.6	4 318	365.4	45.4	66 786	0.50	—	6.8	49.4	184.7	133.3	0.2	30.6
10/27/2015	大豆	10~20	52.9	0.5	4 102	378.4	44.3	62 437	0.61	—	6.2	58.1	162.8	126.8	0.2	31.8
10/27/2015	大豆	20~40	65.7	0.4	3 850	370.5	44.1	60 255	0.61	—	6.7	55.9	155.3	136.8	0.2	30.3
10/27/2015	大豆	40~60	56.9	0.6	6 040	404.7	49.3	70 489	0.32	—	8.6	53.6	164.1	150.8	0.4	34.0
10/27/2015	大豆	60~100	53.9	0.6	5 659	415.5	48.2	74 739	0.23	—	7.2	47.2	185.3	144.1	0.4	36.0
10/26/2015	大豆	0~10	75.7	0.7	3 614	378.3	45.7	62 469	0.63	—	5.7	55.8	164.4	133.2	0.3	34.5
10/26/2015	大豆	10~20	77.9	0.7	3 454	362.0	43.2	57 923	0.57	—	5.7	54.5	124.0	124.1	0.2	30.9
10/26/2015	大豆	20~40	76.7	0.6	3 924	370.7	46.1	65 313	0.42	—	6.2	57.7	161.2	130.4	0.3	32.4
10/26/2015	大豆	40~60	66.4	0.7	3 931	408.3	48.1	71 014	0.38	—	4.7	48.0	202.8	152.8	0.4	37.0
10/26/2015	大豆	60~100	55.3	0.5	4 063	473.1	48.2	82 311	0.26	—	4.2	49.1	188.9	154.5	0.5	31.4
10/21/2015	大豆	0~10	65.9	0.7	3 277	376.4	40.9	60 517	0.57	—	5.2	56.6	138.2	125.2	0.3	31.3

（续）

月/日/年	作物	采样深度/cm	全硼/(mg/kg)	全钼/(mg/kg)	全锰/(mg/kg)	全锌/(mg/kg)	全铜/(mg/kg)	全铁/(mg/kg)	硒/(mg/kg)	钴/(mg/kg)	镉/(mg/kg)	铅/(mg/kg)	铬/(mg/kg)	镍/(mg/kg)	汞/(mg/kg)	砷/(mg/kg)
10/21/2015	大豆	10~20	65.7	0.6	3 563	370.6	42.1	57 977	0.65	—	6.0	53.6	178.3	123.9	0.3	32.7
10/21/2015	大豆	20~40	60.2	0.5	5 170	382.2	44.6	65 803	0.57	—	7.1	59.6	163.7	132.2	0.3	34.4
10/21/2015	大豆	40~60	40.4	0.5	2 102	483.4	50.0	76 863	0.31	—	2.9	46.2	172.7	164.4	0.5	35.1
10/21/2015	大豆	60~100	36.2	0.6	2 085	539.4	56.1	80 687	0.22	—	3.4	47.5	195.2	167.9	0.6	33.9
10/28/2015	大豆	0~10	56.7	0.7	3 430	434.3	45.5	66 569	0.58	—	5.2	57.6	134.6	149.9	0.3	31.9
10/28/2015	大豆	10~20	67.0	0.6	3 608	428.2	42.4	65 056	0.50	—	5.4	56.1	131.6	130.4	0.3	33.5
10/28/2015	大豆	20~40	62.4	0.4	3 347	438.3	46.5	67 278	0.47	—	5.7	55.7	193.4	147.6	0.3	35.4
10/28/2015	大豆	40~60	43.5	0.7	4 469	492.2	54.7	95 233	0.23	—	7.3	47.8	212.1	161.7	0.6	40.5
10/28/2015	大豆	60~100	45.0	0.6	2 522	542.5	59.3	86 955	0.19	—	4.2	45.6	199.4	177.8	0.4	41.6
10/28/2015	大豆	0~10	59.2	0.5	3 041	431.9	44.9	66 007	0.49	—	4.4	55.6	186.1	137.6	0.3	32.3
10/28/2015	大豆	10~20	50.2	0.5	2 547	473.2	51.2	70 256	0.40	—	3.8	51.3	145.8	146.8	0.4	32.7
10/28/2015	大豆	20~40	46.5	0.5	1 854	470.4	50.4	77 203	0.33	—	2.6	45.2	162.3	162.6	0.6	35.3
10/28/2015	大豆	40~60	47.4	0.8	1 839	502.8	54.7	80 214	0.28	—	2.5	46.5	187.1	152.3	0.6	37.5
10/28/2015	大豆	60~100	54.1	0.8	1 531	514.6	56.0	83 515	0.21	—	2.2	45.6	189.9	177.7	0.6	32.1
10/28/2015	大豆	0~10	66.1	0.6	3 404	413.4	42.7	65 765	0.53	—	5.0	56.8	162.6	129.5	0.3	32.2
10/28/2015	大豆	10~20	62.9	0.6	3 411	405.2	40.9	63 241	0.52	—	5.1	53.1	148.1	130.5	0.3	29.9
10/28/2015	大豆	20~40	59.0	0.8	3 677	411.4	42.5	66 248	0.43	—	5.8	56.5	160.6	133.1	0.3	32.4
10/28/2015	大豆	40~60	51.1	0.5	2 962	421.1	47.9	80 922	0.32	—	5.2	55.7	230.8	146.3	0.6	42.9
10/28/2015	大豆	60~100	52.2	0.7	3 283	477.6	49.3	89 946	0.25	—	6.6	51.4	173.9	164.1	0.6	42.7

表 3 - 74　2006 年环江站喀斯特农田生态系统坡地草本饲料辅助观测场土壤微量元素和重金属元素

月/日/年	作物	采样深度/cm	全硼/(mg/kg)	全钼/(mg/kg)	全锰/(mg/kg)	全锌/(mg/kg)	全镉/(mg/kg)	全铁/(mg/kg)	硒/(mg/kg)	钴/(mg/kg)	镉/(mg/kg)	铅/(mg/kg)	铬/(mg/kg)	镍/(mg/kg)	汞/(mg/kg)	砷/(mg/kg)
12/10/2006	牧草	0~10	76.2	1.0	1 627	385.0	38.3	53 828	0.75	21.0	0.1	56.9	163.2	133.2	0.2	31.2
12/10/2006	牧草	10~19	88.1	0.5	1 484	422.7	40.0	61 951	0.65	24.3	0.1	58.3	188.3	158.4	0.2	33.3
12/10/2006	牧草	19~33.5	76.8	0.0	1 239	376.6	39.6	54 816	0.57	20.6	0.1	41.3	166.4	149.5	0.2	31.0
12/10/2006	牧草	33.5~75	106.9	0.5	873	440.7	49.4	73 686	0.51	21.8	0.1	42.6	212.4	216.5	0.3	37.1

表 3 - 75　2007 年环江站喀斯特农田生态系统坡地顺坡垦殖辅助观测场土壤微量元素和重金属元素

月/日/年	作物	采样深度/cm	全硼/(mg/kg)	全钼/(mg/kg)	全锰/(mg/kg)	全锌/(mg/kg)	全镉/(mg/kg)	全铁/(mg/kg)	硒/(mg/kg)	钴/(mg/kg)	镉/(mg/kg)	铅/(mg/kg)	铬/(mg/kg)	镍/(mg/kg)	汞/(mg/kg)	砷/(mg/kg)
01/24/2007	玉米	0~15	76.0	0.0	1 648	388.1	42.5	54 431	0.58	21.0	0.1	57.3	158.8	138.2	0.1	32.1
01/24/2007	玉米	15~24.5	88.9	0.6	1 908	426.5	42.6	63 537	0.61	25.0	0.1	60.1	182.4	157.8	0.2	33.0
01/24/2007	玉米	24.5~61	96.4	0.9	1 254	442.9	45.6	70 225	0.81	23.4	0.1	54.4	197.5	177.0	0.2	35.2

表 3 - 76　2010 年、2015 年环江站喀斯特农田生态系统德胜镇地罗村冷坡组站区调查点土壤微量元素和重金属元素

月/日/年	作物	采样深度/cm	全硼/(mg/kg)	全钼/(mg/kg)	全锰/(mg/kg)	全锌/(mg/kg)	全镉/(mg/kg)	全铁/(mg/kg)	硒/(mg/kg)	钴/(mg/kg)	镉/(mg/kg)	铅/(mg/kg)	铬/(mg/kg)	镍/(mg/kg)	汞/(mg/kg)	砷/(mg/kg)
12/03/2010	桑苗	0~10	35.8	0.8	993	271.5	26.7	52 811	0.35	—	0.5	49.8	132.1	73.2	0.2	18.6
12/03/2010	桑苗	10~20	22.7	0.7	879	270.6	24.7	51 694	0.33	—	0.5	47.1	136.1	78.6	0.2	18.5
12/03/2010	桑苗	20~40	27.8	1.3	3 605	309.3	24.8	60 659	0.31	—	0.8	59.2	130.0	94.8	0.4	28.7
12/03/2010	桑苗	40~60	30.6	1.4	3 962	345.5	27.9	69 008	0.23	—	1.0	64.2	131.7	109.2	0.4	33.7
12/03/2010	桑苗	60~100	41.4	1.3	3 577	337.3	30.7	63 805	0.14	—	0.9	61.8	145.3	110.8	0.5	35.8
10/15/2015	桑苗	0~10	83.1	0.6	2 141	249.0	26.5	56 482	0.41	—	5.1	88.0	144.7	72.0	0.2	26.6
10/15/2015	桑苗	10~20	96.0	0.5	2 822	233.0	23.7	55 610	0.42	—	5.8	70.6	193.6	78.4	0.2	27.8
10/15/2015	桑苗	20~40	83.4	0.7	4 944	263.7	22.7	67 166	0.42	—	7.4	74.5	162.3	80.3	0.3	34.1
10/15/2015	桑苗	40~60	90.4	0.8	5 266	289.8	25.7	72 972	0.29	—	9.2	72.6	137.0	95.9	0.4	35.1
10/15/2015	桑苗	60~100	85.8	0.7	5 052	293.5	27.1	72 713	0.22	—	8.2	65.3	184.0	97.5	0.4	35.3

表 3 - 77　2010 年、2015 年环江站喀斯特农田生态系统德胜镇地罗村地罗组站区调查点土壤微量元素和重金属元素

月/日/年	作物	采样深度/cm	全硼/(mg/kg)	全钼/(mg/kg)	全锰/(mg/kg)	全锌/(mg/kg)	全铜/(mg/kg)	全铁/(mg/kg)	硒/(mg/kg)	钴/(mg/kg)	镉/(mg/kg)	铅/(mg/kg)	铬/(mg/kg)	镍/(mg/kg)	汞/(mg/kg)	砷/(mg/kg)
12/01/2010	大豆	0~10	53.2	0.6	1 053	200.0	20.1	45 628	0.36	—	0.5	36.9	124.2	51.8	0.2	20.4
12/01/2010	大豆	10~20	47.9	0.5	922	201.4	19.2	46 001	0.27	—	0.5	34.0	131.8	57.5	0.2	22.3
12/01/2010	大豆	20~40	26.5	0.6	1 066	248.6	22.5	55 363	0.18	—	0.5	42.5	172.7	80.5	0.3	26.8
12/01/2010	大豆	40~60	17.9	0.7	1 103	264.7	23.8	58 094	0.16	—	0.6	41.3	182.8	88.7	0.3	26.6
12/01/2010	大豆	60~100	22.3	0.8	1 310	283.8	25.4	59 950	0.13	—	0.7	44.7	189.7	95.0	0.3	29.9
10/15/2015	大豆	0~10	51.7	0.2	1 157	170.2	20.1	31 055	0.38	—	4.9	40.0	193.0	57.3	0.2	20.3
10/15/2015	大豆	10~20	48.1	0.2	1 137	204.5	19.2	36 410	0.21	—	3.4	35.8	213.7	68.5	0.3	20.9
10/15/2015	大豆	20~40	45.6	0.3	1 157	210.8	19.7	40 681	0.18	—	2.8	35.0	190.9	75.0	0.3	20.0
10/15/2015	大豆	40~60	46.5	0.3	1 187	223.8	20.6	42 052	0.13	—	2.5	35.4	206.8	75.9	0.3	25.1
10/15/2015	大豆	60~100	48.5	0.3	1 351	237.8	21.3	43 130	0.13	—	3.2	42.2	128.3	80.1	0.3	25.1

表 3 - 78　2010 年、2015 年环江站喀斯特农田生态系统思恩镇清潭村下哨组站区调查点土壤微量元素和重金属元素

月/日/年	作物	采样深度/cm	全硼/(mg/kg)	全钼/(mg/kg)	全锰/(mg/kg)	全锌/(mg/kg)	全铜/(mg/kg)	全铁/(mg/kg)	硒/(mg/kg)	钴/(mg/kg)	镉/(mg/kg)	铅/(mg/kg)	铬/(mg/kg)	镍/(mg/kg)	汞/(mg/kg)	砷/(mg/kg)
12/02/2010	柑橘	0~10	37.9	0.7	281	358.3	40.5	54 012	0.51	—	0.4	49.0	178.6	109.3	0.3	22.4
12/02/2010	柑橘	10~20	27.6	0.6	267	335.6	37.8	52 835	0.42	—	0.4	44.8	170.0	105.5	0.3	24.7
12/02/2010	柑橘	20~40	45.0	0.6	390	356.6	39.6	56 480	0.40	—	0.4	49.6	177.8	111.0	0.3	42.2
12/02/2010	柑橘	40~60	28.4	0.9	508	329.7	35.7	63 090	0.37	—	0.4	50.4	159.7	109.2	0.3	37.3
12/02/2010	柑橘	60~100	31.9	1.2	1 424	325.4	32.7	67 410	0.20	—	0.5	54.2	153.1	105.3	0.4	36.6
12/08/2015	柑橘	0~10	55.9	0.2	80	90.2	16.0	11 520	0.57	—	0.8	25.8	56.4	24.2	0.1	7.5
12/08/2015	柑橘	10~20	58.8	0.2	121	100.3	18.3	14 113	0.57	—	1.0	27.3	76.7	27.2	0.2	9.3
12/08/2015	柑橘	20~40	48.6	0.3	256	78.2	13.4	29 634	0.45	—	0.6	24.1	94.0	24.9	0.2	14.5

月/日/年	作物	采样深度/cm	全硼/(mg/kg)	全钼/(mg/kg)	全锰/(mg/kg)	全锌/(mg/kg)	全铜/(mg/kg)	全铁/(mg/kg)	硒/(mg/kg)	钴/(mg/kg)	镉/(mg/kg)	铅/(mg/kg)	铬/(mg/kg)	镍/(mg/kg)	汞/(mg/kg)	砷/(mg/kg)
12/08/2015	柑橘	40～60	58.8	0.2	160	64.3	10.4	26 280	0.35	—	0.5	19.2	75.7	18.5	0.1	11.2
12/08/2015	柑橘	60～100	56.8	0.2	171	55.2	7.6	22 187	0.19	—	0.4	18.0	157.7	14.6	0.1	11.5

表 3-79　2010 年、2015 年环江站喀斯特农田生态系统思恩镇清潭村内哨组站区调查点土壤微量元素和重金属元素

月/日/年	作物	采样深度/cm	全硼/(mg/kg)	全钼/(mg/kg)	全锰/(mg/kg)	全锌/(mg/kg)	全铜/(mg/kg)	全铁/(mg/kg)	硒/(mg/kg)	钴/(mg/kg)	镉/(mg/kg)	铅/(mg/kg)	铬/(mg/kg)	镍/(mg/kg)	汞/(mg/kg)	砷/(mg/kg)
12/02/2010	水稻	0～10	7.8	1.4	3 226	323.9	33.4	62 120	0.47	—	0.4	53.9	161.9	107.1	0.2	10.4
12/02/2010	水稻	10～20	10.7	0.6	73	113.5	19.5	27 367	0.48	—	0.1	18.7	81.9	32.8	0.2	10.7
12/02/2010	水稻	20～40	14.1	0.6	70	98.7	17.3	25 172	0.41	—	0.1	16.9	73.6	29.2	0.2	15.2
12/02/2010	水稻	40～60	8.7	0.6	172	80.8	12.1	46 146	0.26	—	0.2	24.5	64.4	24.2	0.1	14.4
12/02/2010	水稻	60～100	10.5	0.6	216	73.5	9.4	41 806	0.12	—	0.2	21.4	57.1	20.5	0.1	16.8
12/08/2015	水稻	0～10	61.8	0.6	441	292.2	40.6	40 857	0.58	—	2.7	48.8	160.2	101.3	0.2	17.6
12/08/2015	水稻	10～20	64.5	0.5	682	309.2	44.8	47 128	0.42	—	2.7	51.0	173.1	105.6	0.3	21.0
12/08/2015	水稻	20～40	61.8	0.7	1 378	292.8	40.2	82 415	0.33	—	1.9	47.7	136.5	115.5	0.3	42.2
12/08/2015	水稻	40～60	62.0	0.6	2 888	287.2	40.6	66 786	0.18	—	1.3	48.9	154.0	116.4	0.4	31.1
12/08/2015	水稻	60～100	62.3	0.8	3 109	291.3	40.1	63 327	0.13	—	1.4	49.3	160.4	119.4	0.4	30.5

3.2.5 喀斯特农田生态系统土壤速效微量元素数据集

（1）概述。本数据集收集环江站 2007—2015 年 8 个长期监测样地表层土壤（0～20 cm）速效微量元素的 2 次采样分析数据，包括有效铜、有效硼、有效锌、有效硫等指标。数据采样观测频率：每 5 年 1 次。观测样地分别为综合观测场土壤生物水分采样地（HJAZH01ABC＿01）、旱地辅助观测场土壤生物水分采样地（HJAFZ01ABC＿01）、坡地牧草辅助观测场土壤生物水分采样地（HJAFZ02ABC＿01）、坡地顺坡垦殖辅助观测场土壤生物水分采样地（HJAFZ03ABC＿01），以及四处不同作物类型的站区调查点——地罗村桑树生物土壤采样地（HJAZQ01AB0＿01）、地罗村玉米地土壤生物长期采样地（HJAZQ01AB0＿02）、清潭村经济作物土壤生物长期采样地（HJAZQ02AB0＿01）、清潭村水田土壤生物长期采样地（HJAZQ02AB0＿02）。

（2）数据采集和处理方法。按照 CERN 长期观测规范，表层土壤速效微量元素指标监测频率为每 5 年 1 次，2010 年、2015 年于作物收获季节在各监测样地按分区多点采集土壤表层（0～20 cm）混合样品；样品采回后，挑出根系和石子，在阴凉处风干，用四分法分取适量样品，碾磨后过 20 目尼龙筛，再用四分法分取适量样品，碾磨后过 100 目筛，磨后样品用封口袋封装备用。土壤速效微量元素指标分析方法见表 3‑80。

表 3‑80 土壤速效微量元素指标分析方法

序号	指标	单位	分析方法	分析仪器
1	有效铜	mg/kg	乙基三胺五乙酸（DTPA）浸提‑原子吸收光谱法测定	原子吸收光谱仪
2	有效硼	mg/kg	沸水浸提‑等离子体光谱法测定	等离子体光谱仪
3	有效锌	mg/kg	DTPA 浸提‑原子吸收光谱法测定	原子吸收光谱仪
4	有效硫	mg/kg	氯化钙溶液浸提‑等离子体光谱法	等离子体光谱仪

（3）数据质量控制和评估。与"喀斯特农田生态系统土壤交换量数据集"数据质量控制和评估方法相同。

（4）数据价值。喀斯特农田生态系统速效微量元素数据集反映了桂西北喀斯特峰丛洼地农业区传统代表性作物早晚稻、玉米、大豆、桑叶、柑橘的农作地土壤环境速效微量元素的背景值，数据为调节土壤养分动态平衡、指导合理施肥等工作提供参考。

（5）喀斯特农田生态系统速效微量元素数据。喀斯特农田生态系统速效微量元素数据见表 3‑81～表 3‑88。同时，更多"环江站喀斯特农田生态系统土壤速效微量元素含量数据"服务请访问 http：//hja. cern. ac. cn/meta/detail/AB07。

表 3-81　2010 年、2015 年环江站喀斯特农田生态系统旱地综合观测场 HJAZH01ABC_01 速效微量元素

月/日/年	作物	采样深度/cm	有效铜			有效硼			有效锌			有效硫		
			平均值/(mg/kg)	重复数	标准差/(mg/kg)	平均值/(mg/kg)	重复数	标准差/(mg/kg)	平均值/(mg/kg)	重复数	标准差/(mg/kg)	平均值/(mg/kg)	重复数	标准差/(mg/kg)
11/09/2010	大豆	0~20	1.96	6	0.15	0.30	6	0.03	4.21	6	0.58	3.07	6	0.46
11/09/2015	大豆	0~20	1.82	6	0.12	0.26	6	0.05	4.97	6	0.54	2.82	6	0.89

表 3-82　2010 年、2015 年环江站喀斯特农田生态系统旱地辅助观测场 HJAFZ01ABC_01 速效微量元素

月/日/年	作物	采样分区编号	采样深度/cm	有效铜			有效硼			有效锌			有效硫		
				平均值/(mg/kg)	重复数	标准差/(mg/kg)	平均值/(mg/kg)	重复数	标准差/(mg/kg)	平均值/(mg/kg)	重复数	标准差/(mg/kg)	平均值/(mg/kg)	重复数	标准差/(mg/kg)
11/29/2010	大豆	FZ01-1	0~20	1.44	4	0.15	0.25	4	0.05	3.26	4	0.70	3.45	4	0.76
11/29/2010	大豆	FZ01-2	0~20	1.59	4	0.13	0.25	4	0.04	3.24	4	0.37	4.71	4	0.73
11/29/2010	大豆	FZ01-3	0~20	1.66	4	0.13	0.29	4	0.02	3.43	4	0.16	5.07	4	1.09
11/29/2010	大豆	FZ01-4	0~20	1.41	4	0.15	0.25	4	0.01	3.21	4	0.51	6.13	4	1.25
11/29/2010	大豆	FZ01-5	0~20	1.55	4	0.19	0.35	4	0.03	3.57	4	0.77	5.83	4	0.76
11/29/2010	大豆	FZ01-6	0~20	1.62	4	0.06	0.28	4	0.05	4.36	4	0.32	8.23	4	2.43
10/28/2015	大豆	FZ01-1	0~20	1.65	4	0.24	0.25	4	0.10	3.58	4	0.60	2.13	4	0.59
10/28/2015	大豆	FZ01-2	0~20	1.77	4	0.10	0.30	4	0.08	5.99	4	1.59	3.30	4	0.70
10/28/2015	大豆	FZ01-3	0~20	1.72	4	0.10	0.30	4	0.11	5.25	4	1.47	3.03	4	0.38
10/28/2015	大豆	FZ01-4	0~20	1.49	4	0.13	0.28	4	0.04	5.32	4	1.28	3.24	4	0.98
10/28/2015	大豆	FZ01-5	0~20	1.75	4	0.17	0.33	4	0.04	6.00	4	1.60	2.92	4	0.42
10/28/2015	大豆	FZ01-6	0~20	1.90	4	0.07	0.33	4	0.06	6.96	4	1.86	3.80	4	0.84

表 3 - 83　2010 年、2015 年环江站喀斯特农田生态系统坡地草本饲料辅助观测场 HJAFZ02ABC _ 01 速效微量元素

月/日/年	作物	采样深度/cm	有效铜			有效硼			有效锌			有效硫		
			平均值/(mg/kg)	标准差/(mg/kg)	重复数	平均值/(mg/kg)	标准差/(mg/kg)	重复数	平均值/(mg/kg)	标准差/(mg/kg)	重复数	平均值/(mg/kg)	标准差/(mg/kg)	重复数
11/21/2010	牧草	0~20	1.29	0.24	3	0.45	0.16	3	2.11	0.34	3	5.02	0.57	3
11/21/2015	牧草	0~20	0.87	0.06	3	0.39	0.07	3	2.38	0.50	3	6.39	2.29	3

表 3 - 84　2010 年、2015 年环江站喀斯特农田生态系统坡地顺坡垦殖辅助观测场 HJAFZ03ABC _ 01 速效微量元素

月/日/年	作物	采样深度/cm	有效铜			有效硼			有效锌			有效硫		
			平均值/(mg/kg)	标准差/(mg/kg)	重复数	平均值/(mg/kg)	标准差/(mg/kg)	重复数	平均值/(mg/kg)	标准差/(mg/kg)	重复数	平均值/(mg/kg)	标准差/(mg/kg)	重复数
11/21/2010	玉米	0~20	1.05	0.19	3	0.51	0.07	3	2.74	0.50	3	5.01	0.78	3
11/21/2015	玉米	0~20	1.06	0.13	3	0.42	0.21	3	2.81	2.28	3	5.75	4.39	3

表 3 - 85　2010 年、2015 年环江站喀斯特农田生态系统德胜镇地罗村冷坡组站区调查点 HJAZQ01AB0 _ 01 速效微量元素

月/日/年	作物	采样深度/cm	有效铜			有效硼			有效锌			有效硫		
			平均值/(mg/kg)	标准差/(mg/kg)	重复数	平均值/(mg/kg)	标准差/(mg/kg)	重复数	平均值/(mg/kg)	标准差/(mg/kg)	重复数	平均值/(mg/kg)	标准差/(mg/kg)	重复数
12/01/2010	桑苗	0~20	1.22	0.35	6	0.25	0.04	6	1.40	0.17	6	2.88	0.93	6
12/01/2015	桑苗	0~20	1.22	0.35	6	0.25	0.04	6	1.40	0.17	6	2.88	0.93	6

表 3 - 86　2010 年、2015 年环江站喀斯特农田生态系统德胜镇地罗村地罗组站区调查点 HJAZQ01AB0 _ 02 速效微量元素

月/日/年	作物	采样深度/cm	有效铜			有效硼			有效锌			有效硫		
			平均值/(mg/kg)	标准差/(mg/kg)	重复数	平均值/(mg/kg)	标准差/(mg/kg)	重复数	平均值/(mg/kg)	标准差/(mg/kg)	重复数	平均值/(mg/kg)	标准差/(mg/kg)	重复数
12/01/2010	大豆	0~20	0.83	0.06	6	0.24	0.03	6	2.27	0.33	6	5.01	0.79	6
12/01/2015	大豆	0~20	0.79	0.10	6	0.17	0.04	6	2.33	0.47	6	2.30	1.01	6

表 3 - 87　2010 年、2015 年环江站喀斯特农田生态系统思恩镇清潭村下哨组站区调查点 HJAZQ02AB0 _ 01 速效微量元素

月/日/年	作物	采样深度/cm	有效铜			有效硼			有效锌			有效硫		
			平均值/(mg/kg)	标准差/(mg/kg)	重复数	平均值/(mg/kg)	标准差/(mg/kg)	重复数	平均值/(mg/kg)	标准差/(mg/kg)	重复数	平均值/(mg/kg)	标准差/(mg/kg)	重复数
12/02/2010	柑橘	0～20	2.43	0.13	6	0.37	0.02	6	3.40	0.73	6	11.13	1.49	6
12/02/2015	柑橘	0～20	3.01	0.47	6	0.62	0.09	6	6.40	1.89	6	7.59	1.57	6

表 3 - 88　2010 年、2015 年环江站喀斯特农田生态系统思恩镇清潭村内哨组站区调查点 HJAZQ02AB0 _ 02 速效微量元素

月/日/年	作物	采样深度/cm	有效铜			有效硼			有效锌			有效硫		
			平均值/(mg/kg)	标准差/(mg/kg)	重复数	平均值/(mg/kg)	标准差/(mg/kg)	重复数	平均值/(mg/kg)	标准差/(mg/kg)	重复数	平均值/(mg/kg)	标准差/(mg/kg)	重复数
12/02/2010	水稻	0～20	2.97	0.31	6	0.28	0.05	6	2.28	0.56	6	33.27	0.56	6
12/02/2015	水稻	0～20	4.08	0.17	6	0.56	0.06	6	7.13	1.05	6	46.68	4.85	6

3.2.6 喀斯特农田生态系统土壤机械组成数据集

（1）概述。本数据集收集环江站 8 个长期监测样地 2015 年前近 10 年剖面土壤机械组成数据。数据采样观测频率：每 10 年 1 次。2006—2007 年分别对综合观测场土壤生物水分采样地（HJAZH01ABC_01）、旱地辅助观测场土壤生物水分采样地（HJAFZ01ABC_01）、坡地草本饲料辅助观测场（HJAFZ02ABC_01）、坡地顺坡垦殖辅助观测场（HJAFZ03ABC_01）以土壤自然发生层采样分析了土壤机械组成；2015 年增加四处不同作物类型的站区调查点——地罗村桑树生物土壤采样地（HJAZQ01AB0_01）、地罗村玉米地土壤生物长期采样地（HJAZQ01AB0_02）、清潭村经济作物土壤生物长期采样地（HJAZQ02AB0_01）、清潭村水田土壤生物长期采样地（HJAZQ02AB0_02），按中国生态系统研究网络（CERN）长期观测规范以固定分层采样分析土壤机械组成；坡地草本饲料辅助观测场（HJAFZ02ABC_01）、坡地顺坡垦殖辅助观测场（HJAFZ03ABC_01）两个观测场，因样地内土壤层浅薄，且为土石混合环境，未能采集得到可供分析的样品。分析得到的机械组成数据包括 0.05～2 mm 沙粒含量、0.002～0.05 mm 粉粒含量、< 0.002 mm 黏粒含量、土壤质地名称 4 个分析指标。

（2）数据采集和处理方法。按照中国生态系统研究网络（CERN）长期观测规范，剖面土壤机械组成监测频率为每 10 年 1 次，2015 年于作物收获季节开挖剖面多点混合法采集样品；样品采回后，挑出根系和石子，在阴凉处风干，用四分法分取适量样品，碾磨后过 10 目尼龙筛，样品用封口袋封装备用；土壤机械组成用激光粒度仪（湿法进样）测定，土壤质地采用美国制三角坐标图。

（3）数据质量控制和评估。

①分析时进行 3 次平行样品测定。

②利用校验软件检查每个监测数据是否超出该样地相同深度该监测项目历史数据均值的 2 倍标准差或者样地空间变异调查的 2 倍标准差等，对于超出范围的数据进行核实或再次测定。

（4）数据价值。土壤机械组成数据可用来确定土壤质地和土壤的结构性，是各种有关土壤模型及研究中不可或缺的基础数据。土壤机械组成的变化在一定程度上反映了土壤结构的改变，使土壤孔隙度和保水保肥性等发生变化，对土壤化学生物学特性也会产生影响。因此，详细的土壤机械组成可以为农业生产研究以及土壤改良提供依据，也可以为水土保持、环境演变等领域定量化推论提供基础数据。

（5）喀斯特农田生态系统土壤机械组成数据。喀斯特农田生态系统土壤机械组成数据见表 3-89～表 3-96。同时，更多"环江站喀斯特农田生态系统土壤机械组成数据服务请访问 http://hja.cern.ac.cn/meta/detail/AB08。

表 3-89　2007 年、2015 年环江站喀斯特农田生态系统旱地综合观测场 HJAZH01ABC_01 机械组成数据

月/日/年	作物	采样深度/cm	0.05～2 mm 沙粒/%	0.002～0.05 mm 粉粒/%	<0.002 mm 黏粒/%	土壤质地名称
01/23/2007	大豆	0～18	23.79	39.36	36.85	黏壤土
01/23/2007	大豆	18～35	16.33	38.40	45.27	黏土
01/23/2007	大豆	35～56	7.36	31.27	61.37	黏土
01/23/2007	大豆	56～100	12.49	18.16	69.35	黏土
10/19/2015	大豆	0～10	10.54	65.16	24.30	粉沙壤土
10/19/2015	大豆	10～20	8.92	61.00	30.08	粉黏壤土

（续）

月/日/年	作物	采样深度/cm	0.05~2 mm 沙粒/%	0.002~0.05 mm 粉粒/%	<0.002 mm 黏粒/%	土壤质地 名称
10/19/2015	大豆	20~40	4.69	62.36	32.95	粉黏壤土
10/19/2015	大豆	40~60	4.62	68.86	26.52	粉沙壤土
10/19/2015	大豆	60~100	4.83	64.76	30.41	粉黏壤土
10/19/2015	大豆	0~10	13.55	62.39	24.06	粉沙壤土
10/19/2015	大豆	10~20	4.71	61.60	33.69	粉黏壤土
10/19/2015	大豆	20~40	4.26	56.47	39.28	粉黏壤土
10/19/2015	大豆	40~60	2.49	48.12	49.39	粉黏土
10/19/2015	大豆	60~100	2.49	49.69	47.82	粉黏土
10/19/2015	大豆	0~10	11.65	64.70	23.64	粉沙壤土
10/19/2015	大豆	10~20	7.10	63.92	28.98	粉黏壤土
10/19/2015	大豆	20~40	6.40	65.00	28.60	粉黏壤土
10/19/2015	大豆	40~60	4.99	65.80	29.21	粉黏壤土
10/19/2015	大豆	60~100	6.88	63.82	29.30	粉黏壤土

表3-90　2006年、2015年环江站喀斯特农田生态系统旱地辅助观测场HJAFZ01ABC_01机械组成数据

月/日/年	作物	采样深度/cm	0.05~2 mm 沙粒/%	0.002~0.05 mm 粉粒/%	<0.002 mm 黏粒/%	土壤质地 名称
12/11/2006	大豆	0~16	11.20	37.09	51.71	黏土
12/11/2006	大豆	16~25	6.63	34.11	59.26	黏土
12/11/2006	大豆	25~43	5.56	34.04	60.40	黏土
12/11/2006	大豆	43~70	16.63	29.61	53.76	黏土
12/11/2006	大豆	70~110	10.13	33.19	56.68	黏土
10/27/2015	大豆	0~10	5.12	63.01	31.87	粉黏壤土
10/27/2015	大豆	10~20	8.43	66.14	25.43	粉黏壤土
10/27/2015	大豆	20~40	8.32	65.32	26.36	粉沙壤土
10/27/2015	大豆	40~60	7.53	65.86	26.61	粉沙壤土
10/27/2015	大豆	60~100	3.95	61.45	34.60	粉黏壤土
10/26/2015	大豆	0~10	9.91	65.41	24.68	粉沙壤土
10/26/2015	大豆	10~20	7.01	63.64	29.35	粉黏壤土
10/26/2015	大豆	20~40	7.97	66.06	25.97	粉沙壤土
10/26/2015	大豆	40~60	5.69	62.27	32.04	粉黏壤土
10/26/2015	大豆	60~100	6.23	55.65	38.12	粉黏壤土
10/21/2015	大豆	0~10	13.63	65.81	20.56	粉沙壤土

（续）

月/日/年	作物	采样深度/cm	0.05~2 mm 沙粒/%	0.002~0.05 mm 粉粒/%	<0.002 mm 黏粒/%	土壤质地名称
10/21/2015	大豆	10~20	11.44	68.27	20.29	粉沙壤土
10/21/2015	大豆	20~40	9.23	62.55	28.22	粉黏壤土
10/21/2015	大豆	40~60	5.74	57.89	36.37	粉黏壤土
10/21/2015	大豆	60~100	3.64	55.28	41.08	粉黏土
10/28/2015	大豆	0~10	9.87	63.13	27.00	粉沙壤土
10/28/2015	大豆	10~20	9.70	62.11	28.19	粉黏壤土
10/28/2015	大豆	20~40	8.83	62.15	29.02	粉黏壤土
10/28/2015	大豆	40~60	6.92	54.85	38.23	粉黏壤土
10/28/2015	大豆	60~100	11.37	50.72	37.91	粉黏壤土
10/28/2015	大豆	0~10	14.72	57.74	27.54	粉沙壤土
10/28/2015	大豆	10~20	10.66	59.15	30.19	粉黏壤土
10/28/2015	大豆	20~40	6.17	60.93	32.90	粉黏壤土
10/28/2015	大豆	40~60	3.83	55.68	40.49	粉黏土
10/28/2015	大豆	60~100	4.29	55.09	40.62	粉黏土
10/28/2015	大豆	0~10	9.51	63.89	26.60	粉沙壤土
10/28/2015	大豆	10~20	8.50	62.67	28.83	粉黏壤土
10/28/2015	大豆	20~40	6.48	61.98	31.54	粉黏壤土
10/28/2015	大豆	40~60	5.26	58.02	36.72	粉黏壤土
10/28/2015	大豆	60~100	8.17	52.86	38.97	粉黏壤土

表 3-91   2006 年环江站喀斯特农田生态系统坡地草本饲料辅助观测场 HJAFZ02ABC _ 01 机械组成

月/日/年	作物	采样深度/cm	0.05~2 mm 沙粒/%	0.002~0.05 mm 粉粒/%	<0.002 mm 黏粒/%	土壤质地名称
12/10/2006	牧草	0~10	19.62	36.68	43.70	黏土
12/10/2006	牧草	10~19	1.78	31.31	66.91	黏土
12/10/2006	牧草	19~33.5	14.42	25.46	60.12	黏土
12/10/2006	牧草	33.5~75	0.00	16.96	83.04	黏土

表 3-92   2007 年环江站喀斯特农田生态系统坡地顺坡垦殖辅助观测场 HJAFZ03ABC _ 01 机械组成

月/日/年	作物	采样深度/cm	0.05~2 mm 沙粒/%	0.002~0.05 mm 粉粒/%	<0.002 mm 黏粒/%	土壤质地名称
01/24/2007	玉米	0~15	19.53	31.79	48.68	黏土
01/24/2007	玉米	15~24.5	14.75	31.02	54.23	黏土
01/24/2007	玉米	24.5~61	14.94	25.16	59.90	黏土
01/24/2007	玉米	0~15	19.53	31.79	48.68	黏土

表 3 - 93　2015 年环江站喀斯特农田生态系统德胜镇地罗村冷坡组站区调查点 HJAZQ01AB0 _ 01 机械组成

月/日/年	作物	采样深度/cm	0.05~2 mm 沙粒/%	0.002~0.05 mm 粉粒/%	<0.002 mm 黏粒/%	土壤质地 名称
10/15/2015	桑苗	0~10	12.84	66.51	20.65	粉沙壤土
10/15/2015	桑苗	10~20	6.16	72.35	21.49	粉沙壤土
10/15/2015	桑苗	20~40	10.60	63.38	26.02	粉沙壤土
10/15/2015	桑苗	40~60	8.52	62.70	28.78	粉黏壤土
10/15/2015	桑苗	60~100	7.37	63.96	28.67	粉黏壤土

表 3 - 94　2015 年环江站喀斯特农田生态系统德胜镇地罗村地罗组站区调查点 HJAZQ01AB0 _ 02 土壤机械组成

月/日/年	作物	采样深度/cm	0.05~2 mm 沙粒/%	0.002~0.05 mm 粉粒/%	<0.002 mm 黏粒/%	土壤质地 名称
10/15/2015	大豆	0~10	9.56	72.48	17.96	粉沙壤土
10/15/2015	大豆	10~20	6.56	71.74	21.70	粉沙壤土
10/15/2015	大豆	20~40	7.07	71.33	21.60	粉沙壤土
10/15/2015	大豆	40~60	6.14	71.57	22.29	粉沙壤土
10/15/2015	大豆	60~100	9.17	72.20	18.63	粉沙壤土

表 3 - 95　2015 年环江站喀斯特农田生态系统思恩镇清潭村下哨组站区调查点 HJAZQ02AB0 _ 01 土壤机械组成

月/日/年	作物	采样深度/cm	0.05~2 mm 沙粒/%	0.002~0.05 mm 粉粒/%	<0.002 mm 黏粒/%	土壤质地 名称
12/08/2015	柑橘	0~10	45.54	48.80	5.66	沙质壤土
12/08/2015	柑橘	10~20	27.84	62.97	9.19	粉沙壤土
12/08/2015	柑橘	20~40	18.18	64.84	16.98	粉沙壤土
12/08/2015	柑橘	40~60	17.56	65.85	16.59	粉沙壤土
12/08/2015	柑橘	60~100	15.33	67.71	16.96	粉沙壤土

表 3 - 96　2015 年环江站喀斯特农田生态系统思恩镇清潭村内哨组站区调查点 HJAZQ02AB0 _ 02 土壤机械组成

月/日/年	作物	采样深度/cm	0.05~2 mm 沙粒/%	0.002~0.05 mm 粉粒/%	<0.002 mm 黏粒/%	土壤质地 名称
12/08/2015	水稻	0~10	12.09	71.08	16.83	粉沙壤土
12/08/2015	水稻	10~20	11.51	64.38	24.11	粉沙壤土
12/08/2015	水稻	20~40	11.87	59.60	28.53	粉黏壤土
12/08/2015	水稻	40~60	13.50	59.84	26.66	粉沙壤土
12/08/2015	水稻	60~100	17.90	60.25	21.85	粉沙壤土

3.2.7　喀斯特农田生态系统土壤容重数据集

（1）概述。本数据集收集了环江站2007—2015年8个长期监测样地的剖面土壤容重数据，包括采样深度、土壤容重平均值、均方差、样本数等信息。数据观测频率为每5年1次。观测样地分别为综合观测场土壤生物水分采样地（HJAZH01ABC_01）、旱地辅助观测场土壤生物水分采样地（HJAFZ01ABC_01）、坡地牧草辅助观测场土壤生物水分采样地（HJAFZ02ABC_01）、坡地顺坡垦殖辅助观测场土壤生物水分采样地（HJAFZ03ABC_01），以及四处不同作物类型的站区调查点——地罗村桑树生物土壤采样地（HJAZQ01AB0_01）、地罗村玉米地土壤生物长期采样地（HJAZQ01AB0_02）、清潭村经济作物土壤生物长期采样地（HJAZQ02AB0_01）、清潭村水田土壤生物长期采样地（HJAZQ02AB0_02）。

（2）数据采集和处理方法。

①采集方法。按照CERN长期观测规范，剖面土壤容重监测频率为每5年1次，2006—2007年（环江站开始实施CERN长期观测规范）、2010年、2015年于作物收获季节开挖剖面，采用环刀法分层采取土壤容重样品。

②分析方法。采用烘干法测定土壤容重（刘光崧，1996）。

（3）数据质量控制和评估。

①每个样地每一层次进行2～6次平行样品测定。

②利用校验软件检查每个监测数据是否超出该样地相同深度该监测项目历史数据均值的2倍标准差或者样地空间变异调查的2倍标准差等。对于超出范围的数据进行核实或再次测定。

（4）数据价值。土壤容重是单位体积自然状态下土壤（包括土壤空隙的体积）的干重，是土壤紧实度的一个指标。土壤容重大，表明土壤紧实，不利于透水、通气、扎根，并会出现各种有毒物质危害植物根系；土壤容重小，会使有机质分解过速，并使植物根系扎不牢而易倾倒。本数据集可以为农业生产、土壤生态、喀斯特土壤环境等研究领域提供依据与基础数据。

（5）喀斯特农田生态系统土壤容重数据。喀斯特农田生态系统土壤容重数据见表3-97～表3-104。同时，更多"环江站喀斯特农田生态系统土壤容重监测数据"服务请访问 http://hja.cern.ac.cn/meta/detail/AB09。

表3-97　2007年、2010年、2015年环江站喀斯特农田生态系统旱地综合观测场 HJAZH01ABC_01 容重

月/日/年	采样分区编号	作物	采样深度/cm	土壤容重平均值/(g/m³)	均方差/(g/m³)	样本数
01/30/2007	Z1	大豆	0～18	1.19	0.03	3
01/30/2007	Z1	大豆	18～35	1.43	0.01	3
01/30/2007	Z1	大豆	35～56	1.36	0.03	3
01/30/2007	Z1	大豆	56～100	1.26	0.01	3
01/30/2007	Z2	大豆	0～18	1.24	0.03	3
01/30/2007	Z2	大豆	18～35	1.43	0.01	3
01/30/2007	Z2	大豆	35～56	1.39	0.03	3
01/30/2007	Z2	大豆	56～100	1.27	0.01	3
01/30/2007	Z3	大豆	0～18	1.25	0.03	3
01/30/2007	Z3	大豆	18～35	1.42	0.01	3

（续）

月/日/年	采样分区编号	作物	采样深度/cm	土壤容重平均值/ (g/m³)	均方差/ (g/m³)	样本数
01/30/2007	Z3	大豆	35～56	1.33	0.03	3
01/30/2007	Z3	大豆	56～100	1.25	0.01	3
11/09/2010	ZH-1	大豆	0～20	1.26	0.02	3
11/09/2010	ZH-2	大豆	0～20	1.25	0.03	3
11/09/2010	ZH-3	大豆	0～20	1.18	0.07	3
11/09/2010	ZH-4	大豆	0～20	1.23	0.06	3
11/09/2010	ZH-5	大豆	0～20	1.16	0.06	3
11/09/2010	ZH-6	大豆	0～20	1.18	0.03	3
11/02/2010	ZH-A-1	大豆	0～10	1.12	0.05	3
11/02/2010	ZH-A-1	大豆	10～20	1.28	0.11	3
11/02/2010	ZH-A-1	大豆	20～40	1.30	0.02	3
11/02/2010	ZH-A-1	大豆	40～60	1.28	0.02	3
11/02/2010	ZH-A-1	大豆	60～100	1.26	0.06	3
11/02/2010	ZH-C-8	大豆	0～10	1.19	0.06	3
11/02/2010	ZH-C-8	大豆	10～20	1.20	0.02	3
11/02/2010	ZH-C-8	大豆	20～40	1.36	0.01	3
11/02/2010	ZH-C-8	大豆	40～60	1.24	0.01	3
11/02/2010	ZH-C-8	大豆	60～100	1.27	0.06	3
11/02/2010	ZH-E-16	大豆	0～10	1.22	0.06	3
11/02/2010	ZH-E-16	大豆	10～20	1.34	0.04	3
11/02/2010	ZH-E-16	大豆	20～40	1.40	0.02	3
11/02/2010	ZH-E-16	大豆	40～60	1.33	0.02	3
11/02/2010	ZH-E-16	大豆	60～100	1.30	0.05	3
10/19/2015	A12	大豆	0～10	1.14	—	3
10/19/2015	A12	大豆	10～20	1.29	—	3
10/19/2015	A12	大豆	20～40	1.35	—	3
10/19/2015	A12	大豆	40～60	1.23	—	3
10/19/2015	A12	大豆	60～100	1.17	—	3
10/19/2015	C12	大豆	0～10	1.16	—	3
10/19/2015	C12	大豆	10～20	1.32	—	3
10/19/2015	C12	大豆	20～40	1.13	—	3
10/19/2015	C12	大豆	40～60	1.10	—	3

（续）

月/日/年	采样分区编号	作物	采样深度/cm	土壤容重平均值/(g/m³)	均方差/(g/m³)	样本数
10/19/2015	C12	大豆	60~100	1.07	—	3
10/19/2015	F16	大豆	0~10	1.17	—	3
10/19/2015	F16	大豆	10~20	1.35	—	3
10/19/2015	F16	大豆	20~40	1.35	—	3
10/19/2015	F16	大豆	40~60	1.35	—	3
10/19/2015	F16	大豆	60~100	1.36	—	3

表 3-98 2007 年、2010 年、2015 年环江站喀斯特农田生态系统旱地辅助观测场 HJAFZ01ABC_01 容重

月/日/年	采样分区编号	作物	采样深度/cm	土壤容重平均值/(g/m³)	均方差/(g/m³)	样本数
01/30/2007	F1-1	大豆	0~16	1.34	0.05	3
01/30/2007	F1-1	大豆	16~25	1.32	0.01	3
01/30/2007	F1-1	大豆	25~43	1.25	0.06	3
01/30/2007	F1-1	大豆	43~70	1.21	0.03	3
01/30/2007	F1-1	大豆	70~110	1.31	0.01	3
01/30/2007	F1-2	大豆	0~16	1.26	0.05	3
01/30/2007	F1-2	大豆	16~25	1.34	0.01	3
01/30/2007	F1-2	大豆	25~43	1.36	0.06	3
01/30/2007	F1-2	大豆	43~70	1.18	0.03	3
01/30/2007	F1-2	大豆	70~110	1.30	0.01	3
01/30/2007	F1-3	大豆	0~16	1.27	0.05	3
01/30/2007	F1-3	大豆	16~25	1.34	0.01	3
01/30/2007	F1-3	大豆	25~43	1.33	0.06	3
01/30/2007	F1-3	大豆	43~70	1.24	0.03	3
01/30/2007	F1-3	大豆	70~110	1.30	0.01	3
11/29/2010	FZ01Ⅰ-1	大豆	0~20	1.06	0.03	2
11/29/2010	FZ01Ⅱ-1	大豆	0~20	1.11	0.08	2
11/29/2010	FZ01Ⅲ-1	大豆	0~20	1.23	0.07	2
11/29/2010	FZ01Ⅳ-1	大豆	0~20	1.19	0.04	2
11/29/2010	FZ01Ⅰ-2	大豆	0~20	1.17	0.08	2
11/29/2010	FZ01Ⅱ-2	大豆	0~20	1.11	0.01	2
11/29/2010	FZ01Ⅲ-2	大豆	0~20	1.22	0.07	2
11/29/2010	FZ01Ⅳ-2	大豆	0~20	1.19	0.04	2

（续）

月/日/年	采样分区编号	作物	采样深度/cm	土壤容重平均值/ (g/m³)	均方差/ (g/m³)	样本数
11/29/2010	FZ01Ⅰ-3	大豆	0～20	1.12	0.10	2
11/29/2010	FZ01Ⅱ-3	大豆	0～20	1.04	0.09	2
11/29/2010	FZ01Ⅲ-3	大豆	0～20	1.14	0.03	2
11/29/2010	FZ01Ⅳ-3	大豆	0～20	1.11	0.05	2
11/29/2010	FZ01Ⅰ-4	大豆	0～20	1.13	0.11	2
11/29/2010	FZ01Ⅱ-4	大豆	0～20	1.00	0.03	2
11/29/2010	FZ01Ⅲ-4	大豆	0～20	1.06	0.03	2
11/29/2010	FZ01Ⅳ-4	大豆	0～20	1.16	0.01	2
11/29/2010	FZ01Ⅰ-5	大豆	0～20	1.07	0.01	2
11/29/2010	FZ01Ⅱ-5	大豆	0～20	1.06	0.03	2
11/29/2010	FZ01Ⅲ-5	大豆	0～20	1.01	0.11	2
11/29/2010	FZ01Ⅳ-5	大豆	0～20	1.05	0.06	2
11/29/2010	FZ01Ⅰ-6	大豆	0～20	1.07	0.04	2
11/29/2010	FZ01Ⅱ-6	大豆	0～20	1.15	0.06	2
11/29/2010	FZ01Ⅲ-6	大豆	0～20	1.20	0.00	2
11/29/2010	FZ01Ⅳ-6	大豆	0～20	1.16	0.05	2
10/27/2015	HJAFZ01-1	大豆	0～10	1.20	—	3
10/27/2015	HJAFZ01-1	大豆	10～20	1.24	—	3
10/27/2015	HJAFZ01-1	大豆	20～40	1.30	—	3
10/27/2015	HJAFZ01-1	大豆	40～60	1.30	—	3
10/27/2015	HJAFZ01-1	大豆	60～100	1.28	—	3
10/27/2015	HJAFZ01-2	大豆	0～10	1.20	—	3
10/27/2015	HJAFZ01-2	大豆	10～20	1.35	—	3
10/27/2015	HJAFZ01-2	大豆	20～40	1.34	—	3
10/27/2015	HJAFZ01-2	大豆	40～60	1.32	—	3
10/27/2015	HJAFZ01-2	大豆	60～100	1.27	—	3
10/21/2015	HJAFZ01-3	大豆	0～10	1.23	—	3
10/21/2015	HJAFZ01-3	大豆	10～20	1.19	—	3
10/21/2015	HJAFZ01-3	大豆	20～40	1.30	—	3
10/21/2015	HJAFZ01-3	大豆	40～60	1.17	—	3
10/21/2015	HJAFZ01-3	大豆	60～100	1.13	—	3
10/28/2015	HJAFZ01-4	大豆	0～10	1.25	—	3

（续）

月/日/年	采样分区编号	作物	采样深度/cm	土壤容重平均值/ (g/m³)	均方差/ (g/m³)	样本数
10/28/2015	HJAFZ01-4	大豆	10～20	1.27		3
10/28/2015	HJAFZ01-4	大豆	20～40	1.33		3
10/28/2015	HJAFZ01-4	大豆	40～60	1.23		3
10/28/2015	HJAFZ01-4	大豆	60～100	1.16		3
10/28/2015	HJAFZ01-5	大豆	0～10	1.14		3
10/28/2015	HJAFZ01-5	大豆	10～20	1.32		3
10/28/2015	HJAFZ01-5	大豆	20～40	1.23		3
10/28/2015	HJAFZ01-5	大豆	40～60	1.15		3
10/28/2015	HJAFZ01-5	大豆	60～100	1.16		3
10/28/2015	HJAFZ01-6	大豆	0～10	1.24		3
10/28/2015	HJAFZ01-6	大豆	10～20	1.30		3
10/28/2015	HJAFZ01-6	大豆	20～40	1.36		3
10/28/2015	HJAFZ01-6	大豆	40～60	1.27		3
10/28/2015	HJAFZ01-6	大豆	60～100	1.26		3

表 3-99　2007 年、2010 年环江站喀斯特农田生态系统坡地草本饲料辅助观测场 HJAFZ02ABC_01 容重

月/日/年	采样分区编号	作物	采样深度/cm	土壤容重平均值/ (g/m³)	均方差/ (g/m³)	样本数
01/30/2007	F2-1	牧草	0～10	0.91	0.06	3
01/30/2007	F2-2	牧草	0～10	0.80	0.06	3
01/30/2007	F2-3	牧草	0～10	0.89	0.06	3
01/30/2007	F2-1	牧草	10～19	1.07	0.01	3
01/30/2007	F2-2	牧草	10～19	1.07	0.01	3
01/30/2007	F2-3	牧草	10～19	1.09	0.01	3
01/30/2007	F2-1	牧草	19～33.5	1.14	0.18	3
01/30/2007	F2-2	牧草	19～33.5	1.07	0.18	3
01/30/2007	F2-3	牧草	19～33.5	1.42	0.18	3
01/30/2007	F2-1	牧草	33.5～75	1.05	0.10	3
01/30/2007	F2-2	牧草	33.5～75	1.17	0.10	3
01/30/2007	F2-3	牧草	33.5～75	0.97	0.10	3
11/21/2010	FZ02Ⅰ	牧草	0～20	0.82	0.10	3
11/21/2010	FZ02Ⅱ	牧草	0～20	0.84	0.02	3
11/21/2010	FZ02Ⅲ	牧草	0～20	0.89	0.06	3

表 3 - 100　2007 年、2010 年环江站喀斯特农田生态系统坡地顺坡垦殖辅助观测场 HJAFZ03ABC _ 01 容重

月/日/年	采样分区编号	作物	采样深度/cm	土壤容重平均值/(g/m³)	均方差/(g/m³)	样本数
01/30/2007	F3 - 1	玉米	0～12	1.34	0.12	3
01/30/2007	F3 - 2	玉米	0～12	1.14	0.12	3
01/30/2007	F3 - 3	玉米	0～12	1.12	0.12	3
01/30/2007	F3 - 1	玉米	12～30	1.47	0.06	3
01/30/2007	F3 - 2	玉米	12～30	1.58	0.06	3
01/30/2007	F3 - 3	玉米	12～30	1.49	0.06	3
01/30/2007	F3 - 1	玉米	30～75	1.78	0.07	3
01/30/2007	F3 - 2	玉米	30～75	1.65	0.07	3
01/30/2007	F3 - 3	玉米	30～75	1.73	0.07	3
11/21/2010	FZ03 I	玉米	0～20	0.99	0.09	3
11/21/2010	FZ03 II	玉米	0～20	0.93	0.01	3
11/21/2010	FZ03 III	玉米	0～20	0.83	0.03	3

表 3 - 101　2010 年、2015 年环江站喀斯特农田生态系统德胜镇地罗村冷坡组站区调查点 HJAZQ01AB0 _ 01 容重

月/日/年	采样分区编号	作物	采样深度/cm	土壤容重平均值/(g/m³)	均方差/(g/m³)	样本数
12/01/2010	ZQ I 11	桑苗	0～20	1.41	0.05	3
12/01/2010	ZQ I 12	桑苗	0～20	1.49	0.02	3
12/01/2010	ZQ I 13	桑苗	0～20	1.48	0.03	3
12/01/2010	ZQ I 14	桑苗	0～20	1.52	0.04	3
12/01/2010	ZQ I 15	桑苗	0～20	1.44	0.05	3
12/01/2010	ZQ I 16	桑苗	0～20	1.39	0.05	3
12/03/2010	ZQ I 1	桑苗	0～10	1.47	0.01	3
12/03/2010	ZQ I 1	桑苗	10～20	1.53	0.03	3
12/03/2010	ZQ I 1	桑苗	20～40	1.71	0.06	3
12/03/2010	ZQ I 1	桑苗	40～60	1.45	0.01	3
12/03/2010	ZQ I 1	桑苗	60～100	1.49	0.01	3
10/15/2015	ZQ I 1	桑苗	0～10	1.51	—	3
10/15/2015	ZQ I 1	桑苗	10～20	1.54	—	3
10/15/2015	ZQ I 1	桑苗	20～40	1.71	—	3
10/15/2015	ZQ I 1	桑苗	40～60	1.52	—	3
10/15/2015	ZQ I 1	桑苗	60～100	1.47	—	3

表 3 - 102 2010 年、2015 年环江站喀斯特农田生态系统德胜镇地罗村地罗组站区调查点 HJAZQ01AB0 _ 02 容重

月/日/年	采样分区编号	作物	采样深度/cm	土壤容重平均值/ （g/m³）	均方差/ （g/m³）	样本数
12/01/2010	ZQ I 21	大豆	0～20	1.30	0.02	3
12/01/2010	ZQ I 22	大豆	0～20	1.36	0.07	3
12/01/2010	ZQ I 23	大豆	0～20	1.32	0.03	3
12/01/2010	ZQ I 24	大豆	0～20	1.22	0.05	3
12/01/2010	ZQ I 25	大豆	0～20	1.33	0.09	3
12/01/2010	ZQ I 26	大豆	0～20	1.23	0.07	3
12/01/2010	ZQ I 2	大豆	0～10	1.39	0.04	3
12/01/2010	ZQ I 2	大豆	10～20	1.52	0.11	3
12/01/2010	ZQ I 2	大豆	20～40	1.46	0.03	3
12/01/2010	ZQ I 2	大豆	40～60	1.47	0.12	3
12/01/2010	ZQ I 2	大豆	60～100	1.51	0.07	3
10/15/2015	ZQ I 2	大豆	0～10	1.44	—	3
10/15/2015	ZQ I 2	大豆	10～20	1.52	—	3
10/15/2015	ZQ I 2	大豆	20～40	1.47	—	3
10/15/2015	ZQ I 2	大豆	40～60	1.47	—	3
10/15/2015	ZQ I 2	大豆	60～100	1.45	—	3

表 3 - 103 2010 年、2015 年环江站喀斯特农田生态系统思恩镇清潭村下哨组站区调查点 HJAZQ02AB0 _ 01 容重

月/日/年	采样分区编号	作物	采样深度/cm	土壤容重平均值/ （g/m³）	均方差/ （g/m³）	样本数
12/02/2010	ZQ II 11	柑橘	0～20	1.12	0.03	3
12/02/2010	ZQ II 12	柑橘	0～20	1.17	0.01	3
12/02/2010	ZQ II 13	柑橘	0～20	1.10	0.05	3
12/02/2010	ZQ II 14	柑橘	0～20	1.10	0.03	3
12/02/2010	ZQ II 15	柑橘	0～20	1.12	0.03	3
12/02/2010	ZQ II 16	柑橘	0～20	1.13	0.09	3
12/08/2015	ZQ II 1	柑橘	0～10	1.27	—	3
12/08/2015	ZQ II 1	柑橘	10～20	1.45	—	3
12/08/2015	ZQ II 1	柑橘	20～40	1.43	—	3
12/08/2015	ZQ II 1	柑橘	40～60	1.34	—	3
12/08/2015	ZQ II 1	柑橘	60～100	1.35	—	3

表 3 - 104　2010 年、2015 年环江站喀斯特农田生态系统思恩镇清潭村内哨组站区调查点 HJAZQ02AB0 _ 02 容重

月/日/年	采样分区编号	作物	采样深度/cm	土壤容重平均值/(g/m³)	均方差/(g/m³)	样本数
12/02/2010	ZQⅡ21	水稻	0～20	1.06	0.02	3
12/02/2010	ZQⅡ22	水稻	0～20	1.06	0.04	3
12/02/2010	ZQⅡ23	水稻	0～20	1.05	0.06	3
12/02/2010	ZQⅡ24	水稻	0～20	1.29	0.03	3
12/02/2010	ZQⅡ25	水稻	0～20	1.22	0.10	3
12/02/2010	ZQⅡ26	水稻	0～20	1.05	0.03	3
12/02/2010	ZQⅡ2	水稻	0～10	1.11	0.10	3
12/02/2010	ZQⅡ2	水稻	10～20	1.28	0.14	3
12/02/2010	ZQⅡ2	水稻	20～40	1.67	0.02	3
12/02/2010	ZQⅡ2	水稻	40～60	1.76	0.01	3
12/02/2010	ZQⅡ2	水稻	60～100	1.67	0.03	3
12/08/2015	ZQⅡ2	水稻	0～10	0.75	—	3
12/08/2015	ZQⅡ2	水稻	10～20	1.14	—	3
12/08/2015	ZQⅡ2	水稻	20～40	1.49	—	3
12/08/2015	ZQⅡ2	水稻	40～60	1.81	—	3
12/08/2015	ZQⅡ2	水稻	60～100	1.75	—	3

3.3　水分观测数据

3.3.1　喀斯特农田生态系统土壤水分数据集

（1）概述。土壤含水量一般是指土壤绝对含水量，即 100g 烘干土中含有若干克水分，也称为土壤含水率。通过测定土壤含水量可掌握作物对水的需要情况，对农业生产有很重要的指导意义，其测定方法主要有称重法、张力计法、电阻法、中子法、γ-射线法、驻波比法、时域反射法、高频振荡法（FDR）及光学法等。土壤中含水量是由土壤三相体（固相骨架、水或水溶液、空气）中水分所占的相对比例表示的，通常采用质量含水量和体积含水量表示。

喀斯特农田生态系统土壤水分数据集收录了环江站自 2006—2015 年联网长期观测的土壤体积含水量与土壤质量含水量的数据。其中，土壤体积含水量数据是基于桂西北喀斯特峰丛洼地代表性的旱作洼地、坡地农田类型，包括玉米、大豆、人工牧草、人工草场等 4 种作物，5 块长期监测样地的土壤体积含水量的观测数据；土壤质量含水量数据是监测环江站综合观测场和辅助观测场的土壤水分含量变化情况，目的是用来校正比对运用时域反射仪（TDR 仪）测定的土壤体积含水率观测数据。

（2）数据采集和处理方法。

①土壤体积含水量。环江站自 2006 年 5 月依次在气象场观测场（HJAQX01CTS _ 01 _ 01、HJAQXCTS _ 01 _ 02）、旱地综合观测场土壤生物水分采样地（HJAZH01CTS _ 01 _ 01、

HJAZH01CTS_01_02、HJAZH01CTS_01_03、HJAZH01CTS_01_04）、旱地土壤生物水分辅助观测采样地（HJAFZ01CTS_01_01、HJAFZ01CTS_01_02、HJAFZ01CTS_01_03、HJAFZ01CTS_01_04、HJAFZ01CTS_01_05、HJAFZ01CTS_01_06）、坡地草本饲料辅助观测场水土生采样地（HJAFZ02CTS_01_01、HJAFZ02CTS_01_02、HJAFZ02CTS_01_03、HJAFZ02CTS_01_04）、坡地顺坡垦植辅助观测场水土生采样地（HJAFZ03CTS_01_01、HJAFZ03CTS_01_02、HJAFZ03CTS_01_03、HJAFZ03CTS_01_04）5个样地布设了德国IMKO Trime T3C时域土壤剖面水分计观测系统的测管，采用野外观测TDR法，以旱季（10月至次年3月）每10 d一次以及雨季（4—9月）每5 d一次的频度，每根测管7个层次（10 cm/层次），观测以上样地土壤剖面层次的土壤体积含水量。

数据产品处理方法：将TDR观测的土壤体积含水量数据按样地与观测层次计算月平均数据，（即将每个样地各层次当月的观测值求和取平均值），作为该样地（或该样地某类试验处理）在该土壤层次的土壤体积含水量，同时标明重复数及标准差。

②土壤质量含水量。由于用时域反射仪（TDR仪）在测定土壤含水量时，容易受到土壤容重和土壤质地的影响，环江站自2008年12月在旱地综合观测场烘干法采样地（（HJAZHO1 CHG_01）采用烘干法，对样地内的TDR仪测管附近的土壤剖面层次，按照每2月1次的频度，10cm/层次，采集0～70 cm土壤剖面层次的土壤鲜样，测定土壤质量含水量，同时观测对应的TDR仪测管，10 cm/层次，测定0～70 cm土壤剖面层次的土壤体积含水量；运用两组数据组比对，标定TDR仪测定的土壤体积含水量数据。

数据产品处理方法：按样地计算月平均数据，某层次的土壤质量含水量为该层次的数次测定值之和除以测定次数。

（3）数据质量控制和评估。本数据集来源于野外样地的实地观测与采样分析。从观测、采样分析前期、过程中以及完成后，整个过程对数据质量进行控制。同时，采用专家审核验证的方法，以确保数据相对准确可靠。观测前的数据质量控制：根据仪器操作规范，校准以确保仪器处于正常工作状态；对参与观测的人员进行规范技术培训，尽可能地减少人为误差。

收集到的观测数据以及采样分析数据，一方面，参考《中国生态系统研究网络（CERN）长期观测质量管理规范》丛书《陆地生态系统水环境观测质量保证与质量控制》第三篇《数据检验与评估》；另一方面，参照《中国生态系统研究网络（CERN）长期观测质量管理规范》丛书《陆地生态系统水环境观测质量保证与质量控制》第三篇的阈值法、过程趋势法检验数据准确性，用比对法（有条件的补充校正实验结果）、统计法检验数据合理性。

（4）数据价值。喀斯特农田生态系统土壤水分数据集能够反映西南喀斯特峰丛洼地农业区代表性作物土壤墒情变化，为区域农田生态系统蒸散与水土流失监测研究提供基础数据。

（5）喀斯特农田生态系统土壤水分数据。2006年环江站喀斯特农田生态系统土壤体积含水量观测数据示例见表3-105，更多"环江站喀斯特农田生态系统土壤体积含水量观测数据"服务请访问http：//hja. cern. ac. cn/meta/detail/AC01；2008—2015年环江站喀斯特农田生态系统土壤质量含水量观测数据见表3-106，更多"环江站喀斯特农田生态系统土壤质量含水量观测数据"服务请访问http：//hja. cern. ac. cn/meta/detail/AC02。

表3-105　2006年环江站喀斯特农田生态系统土壤体积含水量观测数据示例

年	月	样地代码	作物名称	探测深度/cm	体积含水量/%	重复数	标准差/%
2006	5	HJAFZ01CTS_01_01	玉米-大豆（70%NPK＋30%秸秆）	10	21.32	2	4.27
2006	5	HJAFZ01CTS_01_01	玉米-大豆（70%NPK＋30%秸秆）	20	28.00	2	3.96

（续）

年	月	样地代码	作物名称	探测深度/cm	体积含水量/%	重复数	标准差/%
2006	5	HJAFZ01CTS_01_01	玉米-大豆（70%NPK+30%秸秆）	30	31.32	2	0.68
2006	5	HJAFZ01CTS_01_01	玉米-大豆（70%NPK+30%秸秆）	40	35.10	2	0.52
2006	5	HJAFZ01CTS_01_01	玉米-大豆（70%NPK+30%秸秆）	50	33.82	2	0.49
2006	5	HJAFZ01CTS_01_01	玉米-大豆（70%NPK+30%秸秆）	60	32.98	2	2.57
2006	5	HJAFZ01CTS_01_01	玉米-大豆（70%NPK+30%秸秆）	70	33.18	2	1.96
2006	5	HJAFZ01CTS_01_02	玉米-大豆（NPK）	10	23.75	2	9.12
2006	5	HJAFZ01CTS_01_02	玉米-大豆（NPK）	20	25.48	2	6.20
2006	5	HJAFZ01CTS_01_02	玉米-大豆（NPK）	30	29.58	2	5.02
2006	5	HJAFZ01CTS_01_02	玉米-大豆（NPK）	40	29.62	2	4.36
2006	5	HJAFZ01CTS_01_02	玉米-大豆（NPK）	50	30.07	2	3.49
2006	5	HJAFZ01CTS_01_02	玉米-大豆（NPK）	60	30.08	2	1.15
2006	5	HJAFZ01CTS_01_02	玉米-大豆（NPK）	70	27.43	2	0.00
2006	5	HJAFZ01CTS_01_03	玉米-大豆（CK）	10	26.37	2	6.08
2006	5	HJAFZ01CTS_01_03	玉米-大豆（CK）	20	26.08	2	8.32
2006	5	HJAFZ01CTS_01_03	玉米-大豆（CK）	30	26.55	2	6.11
2006	5	HJAFZ01CTS_01_03	玉米-大豆（CK）	40	24.32	2	3.46
2006	5	HJAFZ01CTS_01_03	玉米-大豆（CK）	50	25.57	2	4.86
2006	5	HJAFZ01CTS_01_03	玉米-大豆（CK）	60	22.78	2	2.95
2006	5	HJAFZ01CTS_01_03	玉米-大豆（CK）	70	20.13	2	1.98
2006	5	HJAFZ01CTS_01_04	玉米-大豆（40%NPK+60%农家肥）	10	24.55	2	5.07
2006	5	HJAFZ01CTS_01_04	玉米-大豆（40%NPK+60%农家肥）	20	31.25	2	2.38
2006	5	HJAFZ01CTS_01_04	玉米-大豆（40%NPK+60%农家肥）	30	34.02	2	0.35
2006	5	HJAFZ01CTS_01_04	玉米-大豆（40%NPK+60%农家肥）	40	33.82	2	2.33
2006	5	HJAFZ01CTS_01_04	玉米-大豆（40%NPK+60%农家肥）	50	35.77	2	2.17
2006	5	HJAFZ01CTS_01_04	玉米-大豆（40%NPK+60%农家肥）	60	34.73	2	0.24
2006	5	HJAFZ01CTS_01_04	玉米-大豆（40%NPK+60%农家肥）	70	36.20	2	0.28
2006	5	HJAFZ01CTS_01_05	玉米-大豆（70%NPK+30%农家肥）	10	22.35	2	8.98
2006	5	HJAFZ01CTS_01_05	玉米-大豆（70%NPK+30%农家肥）	20	26.63	2	3.21
2006	5	HJAFZ01CTS_01_05	玉米-大豆（70%NPK+30%农家肥）	30	29.72	2	0.97
2006	5	HJAFZ01CTS_01_05	玉米-大豆（70%NPK+30%农家肥）	40	30.27	2	5.04
2006	5	HJAFZ01CTS_01_05	玉米-大豆（70%NPK+30%农家肥）	50	35.07	2	5.70
2006	5	HJAFZ01CTS_01_05	玉米-大豆（70%NPK+30%农家肥）	60	37.78	2	7.00

（续）

年	月	样地代码	作物名称	探测深度/cm	体积含水量/%	重复数	标准差/%
2006	5	HJAFZ01CTS_01_05	玉米-大豆（70%NPK+30%农家肥）	70	39.52	2	5.35
2006	5	HJAFZ01CTS_01_06	玉米-大豆（40%NPK+60%秸秆）	10	25.53	2	7.02
2006	5	HJAFZ01CTS_01_06	玉米-大豆（40%NPK+60%秸秆）	20	32.17	2	1.51
2006	5	HJAFZ01CTS_01_06	玉米-大豆（40%NPK+60%秸秆）	30	32.82	2	7.71
2006	5	HJAFZ01CTS_01_06	玉米-大豆（40%NPK+60%秸秆）	40	33.45	2	9.08
2006	5	HJAFZ01CTS_01_06	玉米-大豆（40%NPK+60%秸秆）	50	38.60	2	5.00
2006	5	HJAFZ01CTS_01_06	玉米-大豆（40%NPK+60%秸秆）	60	40.18	2	4.74
2006	5	HJAFZ01CTS_01_06	玉米-大豆（40%NPK+60%秸秆）	70	40.17	2	2.88
2006	6	HJAFZ01CTS_01_01	玉米-大豆（70%NPK+30%秸秆）	10	37.64	6	3.48
2006	6	HJAFZ01CTS_01_01	玉米-大豆（70%NPK+30%秸秆）	20	39.95	6	1.79
2006	6	HJAFZ01CTS_01_01	玉米-大豆（70%NPK+30%秸秆）	30	39.52	6	1.82
2006	6	HJAFZ01CTS_01_01	玉米-大豆（70%NPK+30%秸秆）	40	41.33	6	1.26
2006	6	HJAFZ01CTS_01_01	玉米-大豆（70%NPK+30%秸秆）	50	38.45	6	1.48
2006	6	HJAFZ01CTS_01_01	玉米-大豆（70%NPK+30%秸秆）	60	33.97	6	1.06
2006	6	HJAFZ01CTS_01_01	玉米-大豆（70%NPK+30%秸秆）	70	35.92	6	3.01
2006	6	HJAFZ01CTS_01_02	玉米-大豆（NPK）	10	37.45	6	1.72
2006	6	HJAFZ01CTS_01_02	玉米-大豆（NPK）	20	37.43	6	2.15
2006	6	HJAFZ01CTS_01_02	玉米-大豆（NPK）	30	35.67	6	1.55
2006	6	HJAFZ01CTS_01_02	玉米-大豆（NPK）	40	33.54	6	1.89
2006	6	HJAFZ01CTS_01_02	玉米-大豆（NPK）	50	33.32	6	1.04
2006	6	HJAFZ01CTS_01_02	玉米-大豆（NPK）	60	36.27	6	3.18
2006	6	HJAFZ01CTS_01_02	玉米-大豆（NPK）	70	36.67	6	6.64
2006	6	HJAFZ01CTS_01_03	玉米-大豆（CK）	10	34.96	6	1.45
2006	6	HJAFZ01CTS_01_03	玉米-大豆（CK）	20	29.52	6	1.31
2006	6	HJAFZ01CTS_01_03	玉米-大豆（CK）	30	26.81	6	0.83
2006	6	HJAFZ01CTS_01_03	玉米-大豆（CK）	40	25.11	6	0.63
2006	6	HJAFZ01CTS_01_03	玉米-大豆（CK）	50	24.33	6	0.88
2006	6	HJAFZ01CTS_01_03	玉米-大豆（CK）	60	21.45	6	0.92
2006	6	HJAFZ01CTS_01_03	玉米-大豆（CK）	70	24.82	6	10.43
2006	6	HJAFZ01CTS_01_04	玉米-大豆（40%NPK+60%农家肥）	10	41.13	6	1.12
2006	6	HJAFZ01CTS_01_04	玉米-大豆（40%NPK+60%农家肥）	20	41.99	6	1.12
2006	6	HJAFZ01CTS_01_04	玉米-大豆（40%NPK+60%农家肥）	30	40.85	6	0.60

（续）

年	月	样地代码	作物名称	探测深度/cm	体积含水量/%	重复数	标准差/%
2006	6	HJAFZ01CTS_01_04	玉米-大豆（40%NPK+60%农家肥）	40	42.36	6	1.34
2006	6	HJAFZ01CTS_01_04	玉米-大豆（40%NPK+60%农家肥）	50	40.27	6	0.83
2006	6	HJAFZ01CTS_01_04	玉米-大豆（40%NPK+60%农家肥）	60	43.03	6	0.95
2006	6	HJAFZ01CTS_01_04	玉米-大豆（40%NPK+60%农家肥）	70	47.09	6	1.81
2006	6	HJAFZ01CTS_01_05	玉米-大豆（70%NPK+30%农家肥）	10	36.51	6	2.20
2006	6	HJAFZ01CTS_01_05	玉米-大豆（70%NPK+30%农家肥）	20	44.71	6	1.87
2006	6	HJAFZ01CTS_01_05	玉米-大豆（70%NPK+30%农家肥）	30	46.07	6	1.76
2006	6	HJAFZ01CTS_01_05	玉米-大豆（70%NPK+30%农家肥）	40	49.16	6	1.21
2006	6	HJAFZ01CTS_01_05	玉米-大豆（70%NPK+30%农家肥）	50	51.16	6	1.21
2006	6	HJAFZ01CTS_01_05	玉米-大豆（70%NPK+30%农家肥）	60	51.52	6	0.84
2006	6	HJAFZ01CTS_01_05	玉米-大豆（70%NPK+30%农家肥）	70	52.39	6	1.20
2006	6	HJAFZ01CTS_01_06	玉米-大豆（40%NPK+60%秸秆）	10	42.63	6	1.85
2006	6	HJAFZ01CTS_01_06	玉米-大豆（40%NPK+60%秸秆）	20	45.25	6	1.24
2006	6	HJAFZ01CTS_01_06	玉米-大豆（40%NPK+60%秸秆）	30	48.73	6	1.55
2006	6	HJAFZ01CTS_01_06	玉米-大豆（40%NPK+60%秸秆）	40	50.94	6	1.03
2006	6	HJAFZ01CTS_01_06	玉米-大豆（40%NPK+60%秸秆）	50	51.53	6	1.30
2006	6	HJAFZ01CTS_01_06	玉米-大豆（40%NPK+60%秸秆）	60	51.22	6	1.24
2006	6	HJAFZ01CTS_01_06	玉米-大豆（40%NPK+60%秸秆）	70	50.96	6	2.33
2006	7	HJAFZ01CTS_01_01	玉米-大豆（70%NPK+30%秸秆）	10	37.98	6	4.88
2006	7	HJAFZ01CTS_01_01	玉米-大豆（70%NPK+30%秸秆）	20	40.43	6	2.13
2006	7	HJAFZ01CTS_01_01	玉米-大豆（70%NPK+30%秸秆）	30	40.19	6	4.34
2006	7	HJAFZ01CTS_01_01	玉米-大豆（70%NPK+30%秸秆）	40	42.23	6	1.81
2006	7	HJAFZ01CTS_01_01	玉米-大豆（70%NPK+30%秸秆）	50	41.73	6	4.11
2006	7	HJAFZ01CTS_01_01	玉米-大豆（70%NPK+30%秸秆）	60	44.88	6	4.50
2006	7	HJAFZ01CTS_01_01	玉米-大豆（70%NPK+30%秸秆）	70	47.65	6	4.04
2006	7	HJAFZ01CTS_01_02	玉米-大豆（NPK）	10	36.47	6	2.87
2006	7	HJAFZ01CTS_01_02	玉米-大豆（NPK）	20	39.38	6	2.97
2006	7	HJAFZ01CTS_01_02	玉米-大豆（NPK）	30	37.94	6	1.51
2006	7	HJAFZ01CTS_01_02	玉米-大豆（NPK）	40	37.08	6	4.62
2006	7	HJAFZ01CTS_01_02	玉米-大豆（NPK）	50	38.67	6	6.96
2006	7	HJAFZ01CTS_01_02	玉米-大豆（NPK）	60	41.17	6	5.89
2006	7	HJAFZ01CTS_01_02	玉米-大豆（NPK）	70	44.80	6	8.32

（续）

年	月	样地代码	作物名称	探测深度/cm	体积含水量/%	重复数	标准差/%
2006	7	HJAFZ01CTS_01_03	玉米-大豆（CK）	10	34.74	6	2.89
2006	7	HJAFZ01CTS_01_03	玉米-大豆（CK）	20	31.38	6	1.52
2006	7	HJAFZ01CTS_01_03	玉米-大豆（CK）	30	29.45	6	4.24
2006	7	HJAFZ01CTS_01_03	玉米-大豆（CK）	40	30.41	6	9.02
2006	7	HJAFZ01CTS_01_03	玉米-大豆（CK）	50	32.73	6	12.59
2006	7	HJAFZ01CTS_01_03	玉米-大豆（CK）	60	32.91	6	15.47
2006	7	HJAFZ01CTS_01_03	玉米-大豆（CK）	70	39.98	6	16.27
2006	7	HJAFZ01CTS_01_04	玉米-大豆（40%NPK+60%农家肥）	10	41.74	6	2.78
2006	7	HJAFZ01CTS_01_04	玉米-大豆（40%NPK+60%农家肥）	20	42.60	6	1.30
2006	7	HJAFZ01CTS_01_04	玉米-大豆（40%NPK+60%农家肥）	30	41.44	6	1.11
2006	7	HJAFZ01CTS_01_04	玉米-大豆（40%NPK+60%农家肥）	40	42.02	6	3.15
2006	7	HJAFZ01CTS_01_04	玉米-大豆（40%NPK+60%农家肥）	50	41.68	6	1.34
2006	7	HJAFZ01CTS_01_04	玉米-大豆（40%NPK+60%农家肥）	60	43.20	6	1.59
2006	7	HJAFZ01CTS_01_04	玉米-大豆（40%NPK+60%农家肥）	70	47.19	6	1.12
2006	7	HJAFZ01CTS_01_05	玉米-大豆（70%NPK+30%农家肥）	10	35.54	6	3.07
2006	7	HJAFZ01CTS_01_05	玉米-大豆（70%NPK+30%农家肥）	20	44.77	6	1.82
2006	7	HJAFZ01CTS_01_05	玉米-大豆（70%NPK+30%农家肥）	30	46.26	6	0.58
2006	7	HJAFZ01CTS_01_05	玉米-大豆（70%NPK+30%农家肥）	40	48.91	6	0.71
2006	7	HJAFZ01CTS_01_05	玉米-大豆（70%NPK+30%农家肥）	50	49.71	6	1.04
2006	7	HJAFZ01CTS_01_05	玉米-大豆（70%NPK+30%农家肥）	60	50.71	6	0.46
2006	7	HJAFZ01CTS_01_05	玉米-大豆（70%NPK+30%农家肥）	70	51.61	6	0.88
2006	7	HJAFZ01CTS_01_06	玉米-大豆（40%NPK+60%秸秆）	10	42.22	6	2.59
2006	7	HJAFZ01CTS_01_06	玉米-大豆（40%NPK+60%秸秆）	20	45.68	6	1.03
2006	7	HJAFZ01CTS_01_06	玉米-大豆（40%NPK+60%秸秆）	30	49.27	6	0.57
2006	7	HJAFZ01CTS_01_06	玉米-大豆（40%NPK+60%秸秆）	40	50.79	6	0.57
2006	7	HJAFZ01CTS_01_06	玉米-大豆（40%NPK+60%秸秆）	50	50.66	6	0.62
2006	7	HJAFZ01CTS_01_06	玉米-大豆（40%NPK+60%秸秆）	60	50.25	6	1.51
2006	7	HJAFZ01CTS_01_06	玉米-大豆（40%NPK+60%秸秆）	70	51.20	6	2.07

表3-106　2008—2015年环江站喀斯特农田生态系统土壤质量含水量观测数据

年	月	样地代码	采样层次/cm	质量含水量/%	体积含水量/%
2008	12	HJAZH01CHG_01	10	18.73	14.80
2008	12	HJAZH01CHG_01	20	19.28	18.10

（续）

年	月	样地代码	采样层次/cm	质量含水量/%	体积含水量/%
2008	12	HJAZH01CHG_01	30	21.15	23.30
2008	12	HJAZH01CHG_01	40	23.67	22.70
2008	12	HJAZH01CHG_01	50	26.30	17.90
2008	12	HJAZH01CHG_01	60	31.14	18.27
2008	12	HJAZH01CHG_01	70	30.94	14.00
2009	2	HJAZH01CHG_01	10	19.86	12.90
2009	2	HJAZH01CHG_01	20	21.84	23.90
2009	2	HJAZH01CHG_01	30	24.69	41.40
2009	2	HJAZH01CHG_01	40	26.17	51.10
2009	2	HJAZH01CHG_01	50	30.77	52.20
2009	2	HJAZH01CHG_01	60	33.43	54.80
2009	2	HJAZH01CHG_01	70	28.58	57.70
2009	4	HJAZH01CHG_01	10	24.84	44.90
2009	4	HJAZH01CHG_01	20	23.74	51.90
2009	4	HJAZH01CHG_01	30	23.65	44.00
2009	4	HJAZH01CHG_01	40	24.12	45.90
2009	4	HJAZH01CHG_01	50	25.38	46.30
2009	4	HJAZH01CHG_01	60	25.30	46.50
2009	4	HJAZH01CHG_01	70	25.52	37.00
2009	6	HJAZH01CHG_01	10	24.20	47.40
2009	6	HJAZH01CHG_01	20	23.15	47.00
2009	6	HJAZH01CHG_01	30	23.40	48.30
2009	6	HJAZH01CHG_01	40	26.33	66.70
2009	6	HJAZH01CHG_01	50	27.05	79.20
2009	6	HJAZH01CHG_01	60	30.19	82.60
2009	6	HJAZH01CHG_01	70	30.30	90.50
2009	8	HJAZH01CHG_01	10	17.40	11.00
2009	8	HJAZH01CHG_01	20	20.52	18.80

（续）

年	月	样地代码	采样层次/cm	质量含水量/%	体积含水量/%
2009	8	HJAZH01CHG_01	30	24.86	23.00
2009	8	HJAZH01CHG_01	40	27.53	25.40
2009	8	HJAZH01CHG_01	50	30.35	23.70
2009	8	HJAZH01CHG_01	60	33.09	24.80
2009	8	HJAZH01CHG_01	70	26.98	25.70
2009	10	HJAZH01CHG_01	10	20.33	20.40
2009	10	HJAZH01CHG_01	20	20.99	22.60
2009	10	HJAZH01CHG_01	30	21.81	23.30
2009	10	HJAZH01CHG_01	40	23.04	26.30
2009	10	HJAZH01CHG_01	50	23.73	28.20
2009	10	HJAZH01CHG_01	60	25.11	26.10
2009	10	HJAZH01CHG_01	70	26.09	24.80
2009	12	HJAZH01CHG_01	10	18.28	14.40
2009	12	HJAZH01CHG_01	20	19.15	16.40
2009	12	HJAZH01CHG_01	30	20.76	21.90
2009	12	HJAZH01CHG_01	40	22.05	19.80
2009	12	HJAZH01CHG_01	50	24.82	16.40
2009	12	HJAZH01CHG_01	60	28.96	17.70
2009	12	HJAZH01CHG_01	70	31.78	11.90
2010	2	HJAZH01CHG_01	10	19.19	16.70
2010	2	HJAZH01CHG_01	20	20.17	22.80
2010	2	HJAZH01CHG_01	30	24.59	26.10
2010	2	HJAZH01CHG_01	40	25.96	21.40
2010	2	HJAZH01CHG_01	50	27.42	17.00
2010	2	HJAZH01CHG_01	60	31.98	18.40
2010	2	HJAZH01CHG_01	70	32.17	13.00
2010	4	HJAZH01CHG_01	10	23.52	30.50
2010	4	HJAZH01CHG_01	20	24.26	35.70

（续）

年	月	样地代码	采样层次/cm	质量含水量/%	体积含水量/%
2010	4	HJAZH01CHG_01	30	25.79	35.80
2010	4	HJAZH01CHG_01	40	27.20	29.70
2010	4	HJAZH01CHG_01	50	30.47	29.70
2010	4	HJAZH01CHG_01	60	34.62	28.60
2010	4	HJAZH01CHG_01	70	24.36	24.90
2010	6	HJAZH01CHG_01	10	26.19	35.40
2010	6	HJAZH01CHG_01	20	26.63	36.00
2010	6	HJAZH01CHG_01	30	23.82	36.00
2010	6	HJAZH01CHG_01	40	25.82	37.40
2010	6	HJAZH01CHG_01	50	25.85	35.40
2010	6	HJAZH01CHG_01	60	26.75	37.80
2010	6	HJAZH01CHG_01	70	27.58	41.40
2010	8	HJAZH01CHG_01	10	23.12	22.30
2010	8	HJAZH01CHG_01	20	23.82	23.90
2010	8	HJAZH01CHG_01	30	24.53	23.00
2010	8	HJAZH01CHG_01	40	26.09	24.80
2010	8	HJAZH01CHG_01	50	28.16	25.30
2010	8	HJAZH01CHG_01	60	30.31	23.90
2010	8	HJAZH01CHG_01	70	32.96	18.90
2010	10	HJAZH01CHG_01	10	18.43	21.30
2010	10	HJAZH01CHG_01	20	19.58	31.40
2010	10	HJAZH01CHG_01	30	21.41	35.40
2010	10	HJAZH01CHG_01	40	22.62	42.20
2010	10	HJAZH01CHG_01	50	23.80	45.00
2010	10	HJAZH01CHG_01	60	24.77	40.20
2010	10	HJAZH01CHG_01	70	25.58	37.30
2010	12	HJAZH01CHG_01	10	23.17	35.10
2010	12	HJAZH01CHG_01	20	22.77	42.30

（续）

年	月	样地代码	采样层次/cm	质量含水量/%	体积含水量/%
2010	12	HJAZH01CHG_01	30	22.70	38.60
2010	12	HJAZH01CHG_01	40	23.91	28.80
2010	12	HJAZH01CHG_01	50	27.77	22.70
2010	12	HJAZH01CHG_01	60	25.57	23.30
2010	12	HJAZH01CHG_01	70	32.26	14.00
2011	2	HJAZH01CHG_01	10	23.10	32.50
2011	2	HJAZH01CHG_01	20	24.00	36.00
2011	2	HJAZH01CHG_01	30	25.50	37.50
2011	2	HJAZH01CHG_01	40	26.50	41.50
2011	2	HJAZH01CHG_01	50	27.80	36.50
2011	2	HJAZH01CHG_01	60	28.90	28.70
2011	2	HJAZH01CHG_01	70	32.00	30.20
2011	4	HJAZH01CHG_01	10	20.70	34.00
2011	4	HJAZH01CHG_01	20	20.50	39.30
2011	4	HJAZH01CHG_01	30	21.20	33.10
2011	4	HJAZH01CHG_01	40	22.60	40.60
2011	4	HJAZH01CHG_01	50	21.10	41.40
2011	4	HJAZH01CHG_01	60	23.90	30.70
2011	4	HJAZH01CHG_01	70	24.20	24.10
2011	6	HJAZH01CHG_01	10	23.80	34.00
2011	6	HJAZH01CHG_01	20	22.80	36.20
2011	6	HJAZH01CHG_01	30	23.10	39.30
2011	6	HJAZH01CHG_01	40	24.70	22.70
2011	6	HJAZH01CHG_01	50	25.90	18.30
2011	6	HJAZH01CHG_01	60	29.30	16.80
2011	6	HJAZH01CHG_01	70	30.60	17.10
2011	8	HJAZH01CHG_01	10	19.60	17.80
2011	8	HJAZH01CHG_01	20	22.40	25.30

（续）

年	月	样地代码	采样层次/cm	质量含水量/%	体积含水量/%
2011	8	HJAZH01CHG_01	30	25.00	24.80
2011	8	HJAZH01CHG_01	40	26.60	27.10
2011	8	HJAZH01CHG_01	50	29.10	25.50
2011	8	HJAZH01CHG_01	60	32.30	25.20
2011	8	HJAZH01CHG_01	70	31.70	22.60
2011	10	HJAZH01CHG_01	10	24.60	51.10
2011	10	HJAZH01CHG_01	20	19.70	53.50
2011	10	HJAZH01CHG_01	30	21.30	41.40
2011	10	HJAZH01CHG_01	40	22.20	51.90
2011	10	HJAZH01CHG_01	50	25.00	54.90
2011	10	HJAZH01CHG_01	60	24.30	44.20
2011	10	HJAZH01CHG_01	70	23.70	37.40
2011	12	HJAZH01CHG_01	10	18.00	18.30
2011	12	HJAZH01CHG_01	20	19.90	26.10
2011	12	HJAZH01CHG_01	30	21.40	27.40
2011	12	HJAZH01CHG_01	40	16.10	23.00
2011	12	HJAZH01CHG_01	50	24.60	19.10
2011	12	HJAZH01CHG_01	60	28.60	18.70
2011	12	HJAZH01CHG_01	70	30.00	14.40
2012	2	HJAZH01CHG_01	10	20.00	43.60
2012	2	HJAZH01CHG_01	20	19.80	50.00
2012	2	HJAZH01CHG_01	30	19.10	51.90
2012	2	HJAZH01CHG_01	40	21.10	49.80
2012	2	HJAZH01CHG_01	50	22.30	50.90
2012	2	HJAZH01CHG_01	60	22.50	45.70
2012	2	HJAZH01CHG_01	70	23.00	30.60
2012	4	HJAZH01CHG_01	10	15.50	27.20
2012	4	HJAZH01CHG_01	20	18.30	32.10

（续）

年	月	样地代码	采样层次/cm	质量含水量/%	体积含水量/%
2012	4	HJAZH01CHG_01	30	20.20	30.70
2012	4	HJAZH01CHG_01	40	21.60	27.20
2012	4	HJAZH01CHG_01	50	24.10	27.20
2012	4	HJAZH01CHG_01	60	27.80	21.00
2012	4	HJAZH01CHG_01	70	29.20	11.30
2012	6	HJAZH01CHG_01	10	26.60	61.60
2012	6	HJAZH01CHG_01	20	26.50	55.20
2012	6	HJAZH01CHG_01	30	26.20	50.80
2012	6	HJAZH01CHG_01	40	27.50	55.30
2012	6	HJAZH01CHG_01	50	29.40	63.30
2012	6	HJAZH01CHG_01	60	31.60	69.60
2012	6	HJAZH01CHG_01	70	33.20	84.40
2012	8	HJAZH01CHG_01	10	10.30	26.00
2012	8	HJAZH01CHG_01	20	12.20	36.20
2012	8	HJAZH01CHG_01	30	13.80	37.90
2012	8	HJAZH01CHG_01	40	14.40	45.80
2012	8	HJAZH01CHG_01	50	15.90	45.70
2012	8	HJAZH01CHG_01	60	17.50	40.50
2012	8	HJAZH01CHG_01	70	17.80	37.10
2012	10	HJAZH01CHG_01	10	14.70	33.00
2012	10	HJAZH01CHG_01	20	14.60	36.10
2012	10	HJAZH01CHG_01	30	13.80	33.10
2012	10	HJAZH01CHG_01	40	13.40	26.70
2012	10	HJAZH01CHG_01	50	15.50	23.10
2012	10	HJAZH01CHG_01	60	18.40	21.20
2012	10	HJAZH01CHG_01	70	20.50	12.10
2012	12	HJAZH01CHG_01	10	15.80	36.10
2012	12	HJAZH01CHG_01	20	15.70	39.10

（续）

年	月	样地代码	采样层次/cm	质量含水量/%	体积含水量/%
2012	12	HJAZH01CHG_01	30	16.10	41.10
2012	12	HJAZH01CHG_01	40	17.60	35.60
2012	12	HJAZH01CHG_01	50	18.20	44.00
2012	12	HJAZH01CHG_01	60	20.50	40.10
2012	12	HJAZH01CHG_01	70	21.50	25.50
2013	2	HJAZH01CHG_01	10	24.86	40.10
2013	2	HJAZH01CHG_01	20	23.99	41.20
2013	2	HJAZH01CHG_01	30	15.76	36.10
2013	2	HJAZH01CHG_01	40	19.80	43.50
2013	2	HJAZH01CHG_01	50	23.21	51.20
2013	2	HJAZH01CHG_01	60	17.93	40.10
2013	2	HJAZH01CHG_01	70	23.29	41.10
2013	4	HJAZH01CHG_01	10	22.26	31.80
2013	4	HJAZH01CHG_01	20	21.26	35.20
2013	4	HJAZH01CHG_01	30	22.79	32.50
2013	4	HJAZH01CHG_01	40	24.01	30.80
2013	4	HJAZH01CHG_01	50	25.28	27.50
2013	4	HJAZH01CHG_01	60	28.02	23.70
2013	4	HJAZH01CHG_01	70	29.71	13.70
2013	6	HJAZH01CHG_01	10	22.32	35.40
2013	6	HJAZH01CHG_01	20	19.31	36.80
2013	6	HJAZH01CHG_01	30	19.82	30.10
2013	6	HJAZH01CHG_01	40	21.42	36.90
2013	6	HJAZH01CHG_01	50	22.49	35.60
2013	6	HJAZH01CHG_01	60	22.72	33.40
2013	6	HJAZH01CHG_01	70	23.15	40.10
2013	8	HJAZH01CHG_01	10	17.91	39.60
2013	8	HJAZH01CHG_01	20	19.24	43.60

（续）

年	月	样地代码	采样层次/cm	质量含水量/%	体积含水量/%
2013	8	HJAZH01CHG _ 01	30	21.37	40.00
2013	8	HJAZH01CHG _ 01	40	23.54	30.10
2013	8	HJAZH01CHG _ 01	50	25.00	29.20
2013	8	HJAZH01CHG _ 01	60	29.10	23.10
2013	8	HJAZH01CHG _ 01	70	32.34	24.20
2013	10	HJAZH01CHG _ 01	10	21.46	42.70
2013	10	HJAZH01CHG _ 01	20	22.97	51.20
2013	10	HJAZH01CHG _ 01	30	22.75	46.30
2013	10	HJAZH01CHG _ 01	40	23.24	53.90
2013	10	HJAZH01CHG _ 01	50	25.29	53.00
2013	10	HJAZH01CHG _ 01	60	25.34	39.50
2013	10	HJAZH01CHG _ 01	70	25.88	31.00
2013	12	HJAZH01CHG _ 01	10	21.50	39.90
2013	12	HJAZH01CHG _ 01	20	24.41	75.70
2013	12	HJAZH01CHG _ 01	30	26.33	79.10
2013	12	HJAZH01CHG _ 01	40	28.39	79.20
2013	12	HJAZH01CHG _ 01	50	28.23	27.20
2013	12	HJAZH01CHG _ 01	60	28.06	47.00
2013	12	HJAZH01CHG _ 01	70	27.11	29.00
2014	2	HJAZH01CHG _ 01	10	23.63	38.10
2014	2	HJAZH01CHG _ 01	20	22.94	44.90
2014	2	HJAZH01CHG _ 01	30	23.50	37.20
2014	2	HJAZH01CHG _ 01	40	24.70	46.30
2014	2	HJAZH01CHG _ 01	50	25.21	43.00
2014	2	HJAZH01CHG _ 01	60	26.66	37.40
2014	2	HJAZH01CHG _ 01	70	27.22	31.80
2014	4	HJAZH01CHG _ 01	10	24.16	56.30
2014	4	HJAZH01CHG _ 01	20	24.29	60.50

（续）

年	月	样地代码	采样层次/cm	质量含水量/%	体积含水量/%
2014	4	HJAZH01CHG_01	30	27.36	52.10
2014	4	HJAZH01CHG_01	40	29.33	35.60
2014	4	HJAZH01CHG_01	50	28.22	26.50
2014	4	HJAZH01CHG_01	60	32.11	25.30
2014	4	HJAZH01CHG_01	70	32.16	19.70
2014	6	HJAZH01CHG_01	10	20.27	59.20
2014	6	HJAZH01CHG_01	20	19.26	57.80
2014	6	HJAZH01CHG_01	30	18.92	59.60
2014	6	HJAZH01CHG_01	40	20.03	58.30
2014	6	HJAZH01CHG_01	50	21.32	52.80
2014	6	HJAZH01CHG_01	60	21.03	43.00
2014	6	HJAZH01CHG_01	70	20.87	44.60
2014	8	HJAZH01CHG_01	10	25.71	35.60
2014	8	HJAZH01CHG_01	20	26.47	44.50
2014	8	HJAZH01CHG_01	30	28.15	43.70
2014	8	HJAZH01CHG_01	40	31.30	46.50
2014	8	HJAZH01CHG_01	50	33.44	50.10
2014	8	HJAZH01CHG_01	60	34.60	39.30
2014	8	HJAZH01CHG_01	70	31.04	33.10
2014	10	HJAZH01CHG_01	10	21.05	36.20
2014	10	HJAZH01CHG_01	20	18.38	40.60
2014	10	HJAZH01CHG_01	30	20.34	48.60
2014	10	HJAZH01CHG_01	40	22.09	51.20
2014	10	HJAZH01CHG_01	50	23.33	55.10
2014	10	HJAZH01CHG_01	60	26.22	57.10
2014	10	HJAZH01CHG_01	70	28.53	56.70
2014	12	HJAZH01CHG_01	10	22.72	25.60
2014	12	HJAZH01CHG_01	20	19.79	28.40

（续）

年	月	样地代码	采样层次/cm	质量含水量/%	体积含水量/%
2014	12	HJAZH01CHG _ 01	30	25.10	33.60
2014	12	HJAZH01CHG _ 01	40	21.78	31.20
2014	12	HJAZH01CHG _ 01	50	23.04	30.60
2014	12	HJAZH01CHG _ 01	60	26.90	25.60
2014	12	HJAZH01CHG _ 01	70	22.71	24.00
2015	2	HJAZH01CHG _ 01	10	23.39	40.20
2015	2	HJAZH01CHG _ 01	20	25.16	59.20
2015	2	HJAZH01CHG _ 01	30	23.26	49.60
2015	2	HJAZH01CHG _ 01	40	24.77	41.20
2015	2	HJAZH01CHG _ 01	50	27.67	50.90
2015	2	HJAZH01CHG _ 01	60	22.12	27.00
2015	2	HJAZH01CHG _ 01	70	25.64	23.90
2015	4	HJAZH01CHG _ 01	10	25.42	36.60
2015	4	HJAZH01CHG _ 01	20	25.21	42.00
2015	4	HJAZH01CHG _ 01	30	32.55	45.00
2015	4	HJAZH01CHG _ 01	40	32.54	38.60
2015	4	HJAZH01CHG _ 01	50	30.12	36.10
2015	4	HJAZH01CHG _ 01	60	32.80	26.20
2015	4	HJAZH01CHG _ 01	70	34.23	30.20
2015	6	HJAZH01CHG _ 01	10	22.06	44.60
2015	6	HJAZH01CHG _ 01	20	21.67	49.00
2015	6	HJAZH01CHG _ 01	30	22.77	46.00
2015	6	HJAZH01CHG _ 01	40	23.69	51.20
2015	6	HJAZH01CHG _ 01	50	26.38	41.70
2015	6	HJAZH01CHG _ 01	60	23.82	48.70
2015	6	HJAZH01CHG _ 01	70	23.75	41.30
2015	8	HJAZH01CHG _ 01	10	22.10	—
2015	8	HJAZH01CHG _ 01	20	21.77	—

（续）

年	月	样地代码	采样层次/cm	质量含水量/%	体积含水量/%
2015	8	HJAZH01CHG_01	30	22.41	—
2015	8	HJAZH01CHG_01	40	24.28	—
2015	8	HJAZH01CHG_01	50	25.87	—
2015	8	HJAZH01CHG_01	60	29.30	—
2015	8	HJAZH01CHG_01	70	30.88	—
2015	10	HJAZH01CHG_01	10	22.72	14.30
2015	10	HJAZH01CHG_01	20	22.53	27.30
2015	10	HJAZH01CHG_01	30	24.57	32.10
2015	10	HJAZH01CHG_01	40	25.45	32.00
2015	10	HJAZH01CHG_01	50	28.11	30.90
2015	10	HJAZH01CHG_01	60	31.75	25.50
2015	10	HJAZH01CHG_01	70	33.20	26.10
2015	12	HJAZH01CHG_01	10	25.40	24.50
2015	12	HJAZH01CHG_01	20	23.92	32.30
2015	12	HJAZH01CHG_01	30	23.91	33.40
2015	12	HJAZH01CHG_01	40	24.77	37.50
2015	12	HJAZH01CHG_01	50	26.16	43.50
2015	12	HJAZH01CHG_01	60	27.42	48.40
2015	12	HJAZH01CHG_01	70	27.36	53.10

注：体积含水量"—"表示观测管进水，未能观测。

3.3.2　喀斯特农田生态系统地表水、地下水水质数据集

（1）概述。在水资源质量的调查与把控中，水质分析发挥着重要的作用，在农田生态系统中，监测不同位置的水质状况，一方面可以反映农田环境水质质量，另一方面也能够反映农田生产活动对水质的影响。本数据集收集了环江站 6 个长期地表水、地下水监测点自 2007—2015 年长时间序列的水质采样分析数据，包括水温、pH、矿化度以及钙、镁、钾、钠、碳酸根离子、重碳酸根离子、氯酸根离子、磷配根离子、硝酸根离子、溶解氧等指标。数据采样分析观测频率 2 次/年（2007—2013 年）或 1次/季度（2014—2015 年）。地表水、地下水水质样品分别采自环江站坡地草本饲料辅助观测场人工径流池（HJAFZ02CRJ_01）、环江站坡地顺坡垦殖辅助观测场人工径流池（HJAFZ03CRJ_01）、环江站水分辅助流动水观测点（HJAFZ04CLB_01）、环江站水分辅助溢出水观测点（HJAFZ05CLB_01）、环江站水分辅助准静止水观测点（HJAFZ06CJB_01）、环江站水分辅助观测地下水观测点（HJAFZ07CDX_01）。

（2）数据采集和处理方法。参照《中国生态系统研究网络（CERN）长期观测质量管理规范》丛书《陆地生态系统水环境观测质量保证与质量控制》的相关要求，环江站农田生态系统地表水、地下水水质样品采集，2007—2013年是按照2次/年的频率观测，2014—2015年调整为4次/年。采用聚乙烯瓶现场采集水样，同时对不同采样点的样品规范编号，并翔实地做好采样现场记录；样品采回，送至试验站实验室，在48h内完成各项指标的化学分析。环江站喀斯特农田生态系统地表水、地下水水质监测指标及分析方法见表3-107。

表3-107　环江站喀斯特农田生态系统地表水、地下水水质监测指标及分析方法

指标名称	单位	小数位数	数据获取方法
水温	℃	2	便携式多参数水质分析仪
pH	无量纲	2	便携式多参数水质分析仪
钙离子（Ca^{2+}）	mg/L	3	火焰原子吸收分光光度法
镁离子（Mg^{2+}）	mg/L	3	火焰原子吸收分光光度法
钾离子（K^+）	mg/L	3	火焰原子吸收分光光度法
钠离子（Na^+）	mg/L	3	火焰原子吸收分光光度法
碳酸根离子（CO_3^{2-}）	mg/L	2	酸碱滴定法
重碳酸根离子（HCO_3^-）	mg/L	2	酸碱滴定法
氯化物（Cl^-）	mg/L	2	硝酸银滴定法
硫酸根离子（SO_4^{2-}）	mg/L	3	硫酸钡比浊法
磷酸根离子（PO_4^{3-}）	mg/L	3	磷钼蓝分光光度法
硝酸根（NO_3^-）	mg/L	3	流动注射仪测定
化学需氧量（高锰酸盐指数）	mg/L	2	酸性高锰酸钾滴定法
水中溶解氧（DO）	mg/L	0	便携式多参数水质分析仪
矿化度	mg/L	2	质量法
总氮（N）	mg/L	3	碱性过硫酸钾消解流动注射仪测定法
总磷（P）	mg/L	3	钼酸铵分光光度法
电导率	mS/cm	0	便携式多参数水质分析仪
电导率与矿化度换算系数	无量纲	0	计算

（3）数据质量控制。水质观测项目，对于滴定法测定的项目都有空白样品平行测试。数据整理和入库过程的质量控制方面，主要分为两个步骤：①对原始数据进行整理、转换、格式统一；②通过一系列质量控制方法，去除随机及系统误差。使用的质量控制方法，包括极值检查、内部一致性检查，同时采用八大离子加和法、阴阳离子平衡法、电导率校核、pH校核等方法分析数据正确性，以保障数据的质量。缺失数据用"—"表示。

（4）数据价值。喀斯特农田生态系统地表水、地下水水质数据反映了2007—2015年桂西北峰丛洼地农业生态系统地表水、地下水的水质情况。数据为农田环境水质质量评价以及评估农田生产活动对水质的影响提供参考。

（5）喀斯特农田生态系统地表水、地下水水质数据。2007—2015年环江站喀斯特农田生态系统地表水、地下水水质数据见表3-108，更多"环江站喀斯特农田生态系统地表水、地下水水质数据"服务请访问http://hja.cern.ac.cn/meta/detail/AC03。

表 3 - 108　2007—2015 年环江站嘞斯农田生态系统地表水、地下水水质数据

样地代码	采样日期	水温/℃	pH	Ca²⁺/(mg/L)	Mg²⁺/(mg/L)	K⁺/(mg/L)	Na⁺/(mg/L)	CO₃²⁻/(mg/L)	HCO₃⁻/(mg/L)	Cl⁻/(mg/L)	SO₄²⁻/(mg/L)	PO₄³⁻/(mg/L)	NO₃⁻/(mg/L)	矿化度/(mg/L)	COD/(mg/L)	DO/(mg/L)	总氮/(mg/L)	总磷/(mg/L)	电导率/(mS/cm)
HJAFZ02CRJ_01	2007-07-13	28.80	9.50	5.800	0.087	3.850	2.250	7.12	16.38	2.45	0.008	0.022	0.334	95	3.32	0.874	0.040	0.030	—
HJAFZ03CRJ_01	2007-07-13	29.40	9.20	15.650	0.125	3.900	3.500	7.12	83.34	2.45	0.011	0.026	0.568	73	3.80	0.809	0.045	0.033	—
HJAFZ04CLB_01	2007-07-13	24.40	8.10	62.950	31.750	0.350	2.500	34.19	1.42	2.94	0.053	0.012	0.357	299	3.24	0.941	0.045	0.005	—
HJAFZ05CLB_01	2007-07-13	25.10	8.30	65.050	2.913	0.325	3.500	7.12	14.25	2.45	0.045	0.012	1.873	338	3.56	1.075	0.045	0.010	—
HJAFZ06CJB_01	2007-07-13	29.60	5.70	36.650	8.122	0.375	3.325	14.25	10.68	2.94	0.020	0.027	0.545	227	2.93	0.984	0.030	0.053	—
HJAFZ07CDX_01	2007-07-13	26.20	7.20	91.200	57.900	3.450	7.375	49.86	0.71	2.45	0.025	0.017	3.983	546	3.09	0.721	0.040	0.010	—
HJAFZ03CRJ_01	2007-12-17	13.00	6.19	19.625	2.472	14.614	5.275	0.00	41.67	3.40	0.018	0.041	0.598	109	7.85	5.640	0.098	0.255	—
HJAFZ05CLB_01	2007-12-17	14.40	7.81	69.800	21.706	0.156	3.300	0.00	174.50	3.40	0.017	0.026	0.460	267	2.94	6.380	0.080	0.005	—
HJAFZ06CJB_01	2007-12-17	13.80	8.36	40.525	18.894	0.396	3.525	18.23	227.89	4.40	0.013	0.038	0.300	188	2.71	6.400	0.038	0.105	—
HJAFZ07CDX_01	2007-12-17	18.80	7.43	59.950	19.676	0.606	3.150	0.00	27.35	4.40	0.015	0.025	0.475	233	5.76	5.340	0.053	0.050	—
HJAFZ04CLB_01	2008-08-16	26.50	7.57	31.200	30.400	0.161	0.480	7.20	203.55	<0.02	15.880	<0.01	<0.001	164	2.19	4.700	0.237	0.012	—
HJAFZ05CLB_01	2008-08-16	26.00	7.59	32.430	30.460	0.132	0.582	6.12	199.53	<0.02	14.933	<0.01	0.556	180	1.52	5.307	0.790	<0.005	—
HJAFZ06CJB_01	2008-08-16	28.00	8.06	24.455	21.280	0.351	0.724	4.32	141.32	<0.02	10.056	<0.01	<0.001	124	4.40	6.307	0.638	0.039	—
HJAFZ07CDX_01	2008-08-16	25.00	7.46	36.275	26.900	1.075	1.377	5.04	196.23	<0.02	14.708	<0.01	1.137	171	1.07	5.630	1.308	<0.005	—
HJAFZ04CLB_01	2008-12-17	13.30	7.87	57.985	30.050	0.069	0.406	11.36	307.59	0.49	9.114	<0.01	0.022	282	1.29	7.723	0.146	0.244	—
HJAFZ05CLB_01	2008-12-17	14.70	7.52	60.270	30.025	0.080	0.440	3.29	324.91	0.49	6.573	<0.01	0.370	294	1.03	6.477	0.433	0.006	—
HJAFZ06CJB_01	2008-12-17	15.90	8.12	42.475	21.825	0.277	0.579	8.37	221.27	0.29	6.044	<0.01	<0.001	216	4.13	7.673	0.554	0.039	—
HJAFZ07CDX_01	2008-12-17	20.20	7.80	55.865	26.725	0.782	0.928	<0.1	291.78	0.49	7.228	<0.01	0.680	270	0.95	4.357	0.728	0.128	—
HJAFZ02CRJ_01	2009-07-22	29.50	8.21	10.570	1.770	4.616	0.134	<0.1	36.72	<0.02	2.791	<0.01	0.604	76	1.22	2.743	4.048	0.040	460
HJAFZ03CRJ_01	2009-07-22	29.50	8.18	11.020	1.000	5.734	0.164	<0.1	36.10	<0.02	3.355	<0.01	5.080	74	1.88	2.130	13.170	0.013	464
HJAFZ04CLB_01	2009-07-22	29.50	7.83	45.680	35.030	0.098	0.036	21.42	234.01	<0.02	4.664	<0.01	0.014	288	1.55	4.635	9.224	0.005	311
HJAFZ05CLB_01	2009-07-22	29.00	7.85	46.170	35.020	0.082	0.044	18.98	234.01	<0.02	4.683	<0.01	0.752	298	1.14	4.430	10.280	0.008	570

（续）

样地代码	采样日期	水温/℃	pH	Ca²⁺/(mg/L)	Mg²⁺/(mg/L)	K⁺/(mg/L)	Na⁺/(mg/L)	CO₃²⁻/(mg/L)	HCO₃⁻/(mg/L)	Cl⁻/(mg/L)	SO₄²⁻/(mg/L)	PO₄³⁻/(mg/L)	NO₃⁻/(mg/L)	矿化度/(mg/L)	COD/(mg/L)	DO/(mg/L)	总氮/(mg/L)	总磷/(mg/L)	电导率/(mS/cm)
HJAF06CJB_01	2009-07-22	29.50	8.32	24.900	21.490	0.309	0.047	18.36	116.38	<0.02	3.537	<0.01	0.000	170	1.18	3.130	8.946	0.060	107
HJAF07CDX_01	2009-07-22	29.50	7.55	55.910	36.440	0.348	0.300	18.36	263.26	<0.02	6.955	<0.01	1.383	346	0.65	4.667	11.185	0.003	114
HJAF02CRJ_01	2009-12-14	14.50	8.30	25.555	1.820	26.620	0.708	9.22	117.40	<0.02	4.756	<0.01	4.201	144	2.50	5.457	4.995	0.044	353
HJAF03CRJ_01	2009-12-14	14.50	8.29	24.210	1.565	20.580	0.493	6.91	108.01	<0.02	3.131	<0.01	2.265	134	2.21	5.700	2.838	0.064	394
HJAF04CLB_01	2009-12-14	14.50	7.76	43.940	33.530	0.047	0.037	8.07	276.47	<0.02	6.266	<0.01	0.000	268	1.67	4.835	0.164	0.008	398
HJAF05CLB_01	2009-12-14	14.50	7.71	48.190	34.140	0.078	0.039	4.61	314.62	<0.02	4.380	<0.01	0.205	268	0.99	4.290	0.348	0.006	500
HJAF06CJB_01	2009-12-14	14.50	8.27	31.170	26.110	0.288	0.052	11.06	202.39	<0.02	5.237	<0.01	0.000	196	3.10	2.977	0.974	0.096	199
HJAF07CDX_01	2009-12-14	14.50	7.78	40.680	27.040	1.003	0.075	1.15	272.36	<0.02	4.899	<0.01	0.402	228	0.74	4.190	0.473	0.006	176
HJAF02CRJ_01	2010-06-19	24.70	7.91	11.090	1.200	3.076	0.038	2.88	41.59	<0.02	1.533	<0.01	0.424	58	3.07	5.400	1.501	0.069	400
HJAF03CRJ_01	2010-06-19	24.60	7.85	12.030	1.900	2.732	0.048	2.88	45.10	<0.02	2.131	<0.01	0.535	76	5.16	5.490	1.759	0.157	410
HJAF04CLB_01	2010-06-19	21.20	7.83	45.430	25.100	0.007	0.004	23.04	222.59	<0.02	4.298	<0.01	0.000	282	2.02	7.850	0.471	0.007	313
HJAF05CLB_01	2010-06-19	22.10	7.90	45.980	26.060	0.033	0.000	20.16	227.57	<0.02	4.073	<0.01	0.868	248	1.80	7.760	1.449	0.006	405
HJAF06CJB_01	2010-06-19	26.60	8.04	33.240	12.230	0.958	0.017	14.40	149.96	<0.02	3.465	<0.01	0.341	208	6.52	6.740	1.982	0.167	93
HJAF07CDX_01	2010-06-19	24.70	7.95	41.210	18.370	4.646	0.211	12.67	209.70	<0.02	3.818	<0.01	2.432	280	1.71	8.200	3.178	0.019	108
HJAF04CLB_01	2010-11-23	15.40	8.07	49.420	31.650	0.036	0.030	10.37	281.52	<0.02	6.277	<0.01	0.000	252	1.22	6.450	0.363	0.011	374
HJAF05CLB_01	2010-11-23	16.80	8.05	51.840	33.550	0.062	0.033	9.22	311.63	<0.02	4.538	<0.01	0.048	278	0.70	6.120	0.353	0.012	413
HJAF06CJB_01	2010-11-23	17.90	8.40	38.910	21.360	0.729	0.061	12.67	206.77	<0.02	4.428	<0.01	0.000	224	3.06	5.480	0.278	0.079	309

（续）

样地代码	采样日期	水温/℃	pH	Ca²⁺/(mg/L)	Mg²⁺/(mg/L)	K⁺/(mg/L)	Na⁺/(mg/L)	CO₃²⁻/(mg/L)	HCO₃⁻/(mg/L)	Cl⁻/(mg/L)	SO₄²⁻/(mg/L)	PO₄³⁻/(mg/L)	NO₃⁻/(mg/L)	矿化度/(mg/L)	COD/(mg/L)	DO/(mg/L)	总氮/(mg/L)	总磷/(mg/L)	电导率/(mS/cm)
HJAFZ07CDX_01	2010-11-23	18.40	7.79	48.880	29.740	1.053	0.073	0.00	289.37	<0.02	5.891	<0.01	0.565	266	0.79	5.840	0.432	0.021	413
HJAFZ02CRJ_01	2011-06-30	24.70	7.91	12.016	4.778	2.520	1.191	1.38	72.74	<0.02	1.115	<0.01	0.535	48	2.25	5.750	0.891	0.085	393
HJAFZ03CRJ_01	2011-06-30	24.60	7.85	14.540	6.578	3.227	1.426	5.50	84.63	<0.02	2.146	<0.01	0.424	58	3.17	5.970	0.855	0.056	204
HJAFZ04CLB_01	2011-06-30	21.20	7.83	40.060	36.700	0.024	0.481	5.50	288.17	<0.02	6.170	<0.01	<0.001	250	3.68	6.320	0.439	0.010	332
HJAFZ05CLB_01	2011-06-30	22.50	7.90	42.190	38.840	0.063	0.461	3.44	282.58	<0.02	5.950	<0.01	0.868	140	4.00	6.900	0.508	0.010	482
HJAFZ06CJB_01	2011-06-30	26.60	8.04	26.740	31.360	0.787	0.892	5.50	202.84	<0.02	2.629	<0.01	0.341	192	5.18	4.435	0.497	0.083	81
HJAFZ07CDX_01	2011-06-30	24.70	7.95	44.210	39.720	3.687	3.640	3.44	311.95	<0.02	6.383	<0.01	2.432	296	1.68	7.260	0.548	0.009	104
HJAFZ04CLB_01	2011-11-24	14.40	8.19	40.350	36.120	0.079	4.035	5.50	279.78	<0.02	7.083	<0.01	<0.001	252	4.99	2.520	0.486	0.011	487
HJAFZ05CLB_01	2011-11-24	16.50	7.88	44.670	40.890	0.198	4.467	8.25	310.56	<0.02	5.039	<0.01	0.048	246	3.81	2.260	0.524	0.009	518
HJAFZ06CJB_01	2011-11-24	19.10	8.14	27.700	25.670	1.499	2.770	8.25	181.86	<0.02	5.214	<0.01	<0.001	176	21.28	1.960	0.356	0.079	349
HJAFZ07CDX_01	2011-11-24	20.70	7.51	39.550	31.570	1.137	3.955	<0.1	278.38	<0.02	5.622	<0.01	0.565	225	2.47	2.460	0.460	0.021	474
HJAFZ02CRJ_01	2012-06-29	25.10	8.12	49.750	13.675	0.462	<0.01	6.88	193.05	<0.02	3.877	<0.01	<0.001	214	1.94	6.180	0.604	0.019	424
HJAFZ03CRJ_01	2012-06-29	25.50	7.76	29.540	11.300	3.038	<0.01	6.88	131.50	<0.02	3.592	<0.01	<0.001	198	2.61	5.113	0.619	0.025	429
HJAFZ04CLB_01	2012-06-29	22.20	7.90	54.360	21.920	0.000	<0.01	9.63	276.28	<0.02	4.494	<0.01	<0.001	298	2.29	7.047	0.444	0.018	293
HJAFZ05CLB_01	2012-06-29	22.70	7.85	54.880	22.230	0.000	<0.01	8.25	276.98	<0.02	4.180	<0.01	<0.001	302	1.77	7.507	0.482	0.015	528
HJAFZ06CJB_01	2012-06-29	25.70	7.70	37.590	13.690	0.198	<0.01	6.88	180.46	<0.02	3.180	<0.01	<0.001	215	3.70	5.603	0.476	0.013	271
HJAFZ07CDX_01	2012-06-29	22.10	7.34	71.110	22.090	1.288	0.636	<0.1	344.83	<0.02	5.151	<0.01	<0.001	405	1.52	6.743	0.513	0.033	339

（续）

样地代码	采样日期	水温/℃	pH	Ca²⁺/(mg/L)	Mg²⁺/(mg/L)	K⁺/(mg/L)	Na⁺/(mg/L)	CO₃²⁻/(mg/L)	HCO₃⁻/(mg/L)	Cl⁻/(mg/L)	SO₄²⁻/(mg/L)	PO₄³⁻/(mg/L)	NO₃⁻/(mg/L)	矿化度/(mg/L)	COD/(mg/L)	DO/(mg/L)	总氮/(mg/L)	总磷/(mg/L)	电导率/(mS/cm)
HJAFZ02CRJ_01	2012-12-20	13.50	8.07	47.350	4.595	13.240	<0.01	18.92	123.45	<0.02	4.489	<0.01	0.406	188	3.42	4.087	0.486	0.298	470
HJAFZ03CRJ_01	2012-12-20	13.10	8.02	34.805	12.585	4.380	<0.01	37.83	132.20	<0.02	2.543	<0.01	0.658	202	2.85	4.010	0.504	0.033	504
HJAFZ04CLB_01	2012-12-20	12.60	7.70	64.430	30.550	0.000	<0.01	<0.1	346.23	<0.02	6.368	<0.01	0.242	351	1.50	4.350	0.470	0.018	470
HJAFZ05CLB_01	2012-12-20	13.90	7.47	47.350	22.950	0.122	<0.01	3.44	235.02	<0.02	6.331	<0.01	0.300	276	3.24	4.207	0.403	0.087	439
HJAFZ06CJB_01	2012-12-20	11.90	7.85	56.780	23.430	0.138	<0.01	<0.1	294.47	<0.02	6.150	<0.01	0.622	311	0.77	4.593	0.495	0.014	281
HJAFZ07CDX_01	2012-12-20	18.60	7.27	58.150	28.520	0.000	<0.01	3.44	308.46	<0.02	7.969	<0.01	0.218	309	1.98	4.083	0.418	0.030	310
HJAFZ02CRJ_01	2013-07-12	27.10	7.68	19.810	1.745	5.595	1.089	<0.1	87.68	<0.02	1.583	<0.01	2.875	108	2.39	2.490	2.929	0.101	484
HJAFZ03CRJ_01	2013-07-12	27.70	7.76	14.950	3.162	3.579	0.791	<0.1	73.73	<0.02	1.737	<0.01	0.831	70	2.70	2.080	0.988	0.031	545
HJAFZ04CLB_01	2013-07-12	23.80	7.82	44.300	30.230	<0.01	0.331	6.53	316.18	<0.02	4.844	<0.01	0.039	313	1.44	3.460	0.393	0.006	348
HJAFZ05CLB_01	2013-07-12	24.60	7.49	46.990	35.420	0.234	0.780	5.23	340.09	<0.02	4.717	<0.01	0.166	329	1.48	2.810	0.300	0.013	538
HJAFZ06CJB_01	2013-07-12	28.80	8.01	30.640	20.320	0.656	0.811	10.45	209.90	<0.02	2.954	<0.01	0.161	217	3.01	2.740	0.275	0.026	131
HJAFZ07CDX_01	2013-07-12	23.40	7.38	45.200	29.910	1.716	1.792	<0.1	313.52	<0.02	6.354	<0.01	3.772	336	1.53	3.380	3.914	0.007	176
HJAFZ04CLB_01	2013-12-19	19.60	7.90	46.250	30.055	0.044	0.220	3.27	308.87	<0.02	6.130	<0.01	0.139	282	1.56	6.650	0.533	0.008	496
HJAFZ05CLB_01	2013-12-19	20.50	7.36	47.555	40.660	0.047	0.283	6.53	335.44	<0.02	3.771	<0.01	0.316	322	1.13	5.100	0.733	0.012	535
HJAFZ06CJB_01	2013-12-19	22.00	8.16	35.160	21.655	0.798	0.490	13.07	187.65	<0.02	1.994	<0.01	0.047	173	3.07	6.360	1.049	0.058	335
HJAFZ07CDX_01	2013-12-19	21.70	7.20	45.630	26.945	1.115	0.608	3.27	296.92	<0.02	4.839	<0.01	1.603	277	1.01	8.460	1.920	0.002	495
HJAFZ04CLB_01	2014-03-27	16.70	7.69	16.940	32.560	0.157	0.256	3.92	298.25	<0.02	8.350	<0.01	0.208	346	2.63	4.540	0.713	0.029	502

（续）

样地代码	采样日期	水温/℃	pH	Ca²⁺/(mg/L)	Mg²⁺/(mg/L)	K⁺/(mg/L)	Na⁺/(mg/L)	CO₃²⁻/(mg/L)	HCO₃⁻/(mg/L)	Cl⁻/(mg/L)	SO₄²⁻/(mg/L)	PO₄³⁻/(mg/L)	NO₃⁻/(mg/L)	矿化度/(mg/L)	COD/(mg/L)	DO/(mg/L)	总氮/(mg/L)	总磷/(mg/L)	电导率/(mS/cm)
HJAFZ05CLB_01	2014-03-27	18.70	7.45	35.840	30.710	1.370	0.715	17.97	267.36	<0.02	6.964	<0.01	0.899	372	6.23	5.220	2.091	0.027	492
HJAFZ06CJB_01	2014-03-27	19.00	8.54	15.230	22.020	0.616	0.475	16.33	178.02	<0.02	5.621	<0.01	0.047	250	5.92	7.800	1.507	0.081	346
HJAFZ07CDX_01	2014-03-27	20.10	7.81	30.590	30.360	7.460	1.438	3.59	272.01	<0.02	8.517	<0.01	2.336	336	1.15	5.910	2.786	0.019	488
HJAFZ02CRJ_01	2014-06-26	—	—	24.300	1.845	9.375	0.801	0.00	76.54	<0.02	1.725	<0.01	1.170	52	5.66	—	1.643	0.253	—
HJAFZ03CRJ_01	2014-06-26	—	—	45.840	21.375	6.065	0.693	2.69	199.56	<0.02	1.416	<0.01	1.249	186	6.60	—	2.013	0.155	—
HJAFZ04CLB_01	2014-06-26	—	—	71.590	37.595	0.088	0.288	5.38	302.07	<0.02	5.149	<0.01	0.117	207	2.02	—	0.708	0.085	—
HJAFZ05CLB_01	2014-06-26	—	—	69.740	34.815	0.075	0.304	8.07	303.44	<0.02	4.608	<0.01	0.704	254	2.61	—	1.221	0.101	—
HJAFZ06CJB_01	2014-06-26	—	—	43.200	26.415	1.070	0.496	9.41	183.16	<0.02	2.686	<0.01	0.216	113	5.61	—	1.372	0.127	—
HJAFZ07CDX_01	2014-06-26	—	—	68.480	30.955	1.748	0.921	5.38	273.37	<0.02	9.761	<0.01	3.639	223	1.16	—	3.732	0.096	—
HJAFZ04CLB_01	2014-09-29	24.90	8.23	66.600	17.960	0.050	0.496	5.38	244.94	<0.02	7.970	<0.01	0.230	288	1.48	6.230	0.878	0.064	488
HJAFZ05CLB_01	2014-09-29	24.60	7.71	72.370	15.870	0.030	0.419	8.07	230.72	<0.02	7.150	<0.01	0.370	307	1.53	5.240	0.973	0.082	523
HJAFZ06CJB_01	2014-09-29	26.50	8.31	43.280	15.760	0.859	0.495	8.07	203.93	<0.02	5.630	<0.01	0.119	200	3.90	5.870	0.740	0.112	337
HJAFZ07CDX_01	2014-09-29	26.50	7.83	66.130	17.460	0.123	0.345	8.07	284.85	<0.02	8.710	<0.01	2.370	277	0.74	5.220	2.188	0.070	498
HJAFZ04CLB_01	2014-12-29	13.00	8.11	31.070	31.940	0.278	0.310	6.32	250.41	<0.02	8.310	<0.01	0.350	218	1.15	7.020	1.153	0.082	465
HJAFZ05CLB_01	2014-12-29	17.40	7.91	32.070	32.980	0.038	0.220	9.18	237.28	<0.02	6.270	<0.01	0.670	182	1.46	8.180	1.195	0.104	476
HJAFZ06CJB_01	2014-12-29	15.10	8.39	36.240	27.330	1.190	0.270	9.56	219.79	<0.02	4.550	<0.01	0.360	206	6.57	6.880	0.878	0.126	353
HJAFZ07CDX_01	2014-12-29	21.50	7.93	43.850	32.100	0.435	0.390	6.17	249.31	<0.02	9.410	<0.01	3.580	226	0.71	5.520	1.720	0.062	439

（续）

样地代码	采样日期	水温/℃	pH	Ca^{2+}/(mg/L)	Mg^{2+}/(mg/L)	K^+/(mg/L)	Na^+/(mg/L)	CO_3^{2-}/(mg/L)	HCO_3^-/(mg/L)	Cl^-/(mg/L)	SO_4^{2-}/(mg/L)	PO_4^{3-}/(mg/L)	NO_3^-/(mg/L)	矿化度/(mg/L)	COD/(mg/L)	DO/(mg/L)	总氮/(mg/L)	总磷/(mg/L)	电导率/(mS/cm)
HJAFZ04CLB_01	2015-03-30	19.70	7.80	27.800	21.310	0.155	0.185	0.00	165.11	<0.02	6.350	<0.01	0.385	255	2.30	6.150	3.691	0.011	505
HJAFZ05CLB_01	2015-03-30	24.00	7.52	25.310	21.010	1.871	0.151	0.00	178.24	<0.02	6.771	<0.01	0.311	263	6.09	8.510	5.025	0.020	520
HJAFZ06CJB_01	2015-03-30	21.50	8.53	19.960	23.400	0.721	0.211	0.00	173.86	<0.02	6.354	<0.01	<0.001	177	5.52	8.770	0.877	0.110	355
HJAFZ07CDX_01	2015-03-30	21.00	7.66	34.320	28.710	1.532	0.542	5.38	214.32	<0.02	6.989	<0.01	1.730	267	1.08	6.440	1.670	0.019	476
HJAFZ04CLB_01	2015-06-30	26.40	7.69	43.120	34.420	0.091	0.111	2.69	264.07	<0.02	4.333	<0.01	0.062	278	1.96	4.730	0.436	0.077	518
HJAFZ05CLB_01	2015-06-30	28.20	7.60	55.420	23.540	0.136	0.785	2.69	208.31	<0.02	4.521	<0.01	1.441	288	2.40	5.340	1.005	0.093	534
HJAFZ06CJB_01	2015-06-30	31.70	8.22	43.310	19.890	0.886	0.199	5.38	217.60	<0.02	4.122	<0.01	<0.001	179	5.19	5.460	0.289	0.137	329
HJAFZ07CDX_01	2015-06-30	28.60	7.63	60.190	25.890	1.669	0.496	5.38	249.31	<0.02	4.879	<0.01	1.034	269	1.11	5.580	4.704	0.082	507
HJAFZ04CLB_01	2015-09-29	24.50	7.78	40.190	26.130	0.189	0.212	2.69	269.54	<0.02	5.333	<0.01	0.098	291	1.48	4.660	0.386	0.009	524
HJAFZ05CLB_01	2015-09-29	24.70	7.85	56.720	20.190	0.117	0.355	2.69	275.01	<0.02	4.120	<0.01	0.131	301	1.41	4.950	0.063	0.011	530
HJAFZ06CJB_01	2015-09-29	26.80	8.06	57.820	31.000	1.188	0.278	2.69	277.20	<0.02	5.091	<0.01	<0.001	199	3.75	6.450	0.323	0.095	342
HJAFZ07CDX_01	2015-09-29	24.60	7.83	67.710	24.430	0.898	0.613	2.69	290.32	<0.02	5.157	<0.01	0.292	279	0.75	5.090	0.261	0.030	503
HJAFZ04CLB_01	2015-12-30	13.50	7.75	20.100	22.060	0.225	0.100	8.07	173.32	<0.02	7.120	<0.01	<0.001	300	1.22	5.820	0.274	0.013	492
HJAFZ05CLB_01	2015-12-30	14.20	7.80	34.560	30.110	0.091	0.115	8.07	234.55	<0.02	7.371	<0.01	0.041	295	1.72	5.430	0.135	0.037	499
HJAFZ06CJB_01	2015-12-30	13.60	8.06	37.810	29.990	1.011	0.579	5.38	250.41	<0.02	7.888	<0.01	<0.001	215	6.47	5.730	0.369	0.121	382
HJAFZ07CDX_01	2015-12-30	13.00	7.82	40.210	27.830	0.544	0.787	5.38	274.46	<0.02	7.522	<0.01	0.027	323	0.85	6.070	0.256	0.055	489

注：缺失数据用"—"表示。

3.3.3 喀斯特农田生态系统雨水水质数据集

（1）概述。在地处亚热带季风气候区的环江县，雨水是当地农业生产主要的水资源来源。本数据集收集了环江站 2007—2015 年长时间序列的雨水水质采样分析数据，包括水温、pH、矿化度、硫酸根离子（SO_4^{2-}）、非溶性物质总含量等指标。数据采样分析观测频率 1 次/季度（2007—2012 年）或 1 次/月（2013—2015 年）。雨水样品采自环江站气象场集雨器（HJAQX01CYS_01）。

（2）数据采集和处理方法。参照《中国生态系统研究网络（CERN）长期观测质量管理规范》丛书《陆地生态系统水环境观测质量保证与质量控制》的相关要求，环江站农田生态系统雨水水质样品采集，2007—2012 年是按照 1 次/季度的频度采样分析，每个季度收集一个月的雨水混合样，即一年 4 批次样品；2013—2015 年调整为 1 次/月，每个月收集一个月的雨水混合样，即一年 12 批次样品。利用布设在环江站气象观测场的集雨器，按时采集样品，并详细地做好采样现场记录；样品采回，送至实验室分析。环江站喀斯特农田生态系统雨水水质监测指标及分析方法见表 3-109。

表 3-109 环江站喀斯特农田生态系统雨水水质监测指标及分析方法

指标名称	单位	小数点	数据获取方式
水温	℃	2	便携式多参数水质分析仪
pH	无量纲	2	便携式多参数水质分析仪
矿化度	mg/L	2	质量法
硫酸根离子（SO_4^{2-}）	mg/L	3	硫酸钡比浊法
非溶性物质总含量	mg/L	2	过滤差减法

（3）数据质量控制。水质观测项目，对于滴定法测定的项目都有空白样品平行测试。数据整理和入库过程的质量控制方面，主要分为两个步骤：①对原始数据进行整理、转换、格式统一；②通过一系列质量控制方法，去除随机及系统误差。由于仪器故障等原因导致有些时段样品的某些指标数据缺失，缺失数据用"—"表示。

（4）数据价值。喀斯特农田生态系统雨水水质数据集获得了长期定位监测桂西北峰丛洼地区雨水水质数据，数据一方面可以反映农业水源质量，另一方面也能够用于评估农田生产活动对水质的影响。

（5）喀斯特农田生态系统雨水水质数据。2007—2015 年环江站喀斯特农田生态系统雨水水质数据见表 3-110，更多"环江站喀斯特农田生态系统雨水水质数据"服务请访问 http://hja.cern.ac.cn/meta/detail/AC08。

表 3-110 2007—2015 年环江站喀斯特农田生态系统雨水水质数据

年	月	样地代码	水温/℃	pH	矿化度/（mg/L）	硫酸根离子（SO_4^{2-}）/（mg/L）	非溶性物质总含量/（mg/L）
2007	2	HJAQX01CYS_01	—	7.37	54.08	0.006	149.50
2007	5	HJAQX01CYS_01	20.80	6.41	59.00	0.008	93.40
2007	8	HJAQX01CYS_01	—	5.98	68.00	0.007	72.30
2007	11	HJAQX01CYS_01	20.50	6.38	78.00	0.010	31.60
2008	1	HJAQX01CYS_01	13.00	6.46	50.67	0.800	20.00
2008	4	HJAQX01CYS_01	19.00	6.58	46.00	0.750	79.50

（续）

年	月	样地代码	水温/℃	pH	矿化度/ (mg/L)	硫酸根离子 (SO_4^{2-}) / (mg/L)	非溶性物质 总含量/ (mg/L)
2008	7	HJAQX01CYS_01	27.00	5.97	48.00	0.840	79.50
2008	10	HJAQX01CYS_01	19.50	6.08	96.00	0.500	129.50
2009	4	HJAQX01CYS_01	16.00	4.16	82.00	2.200	11.00
2009	4	HJAQX01CYS_01	16.00	4.14	84.00	1.936	35.00
2009	4	HJAQX01CYS_01	25.00	5.87	78.00	6.073	99.35
2009	7	HJAQX01CYS_01	25.00	4.39	22.00	1.250	47.20
2009	7	HJAQX01CYS_01	27.50	6.18	16.00	0.583	低于检测限
2009	10	HJAQX01CYS_01	19.50	4.50	35.00	1.088	低于检测限
2009	10	HJAQX01CYS_01	23.00	3.40	48.00	6.835	低于检测限
2010	1	HJAQX01CYS_01	25.00	4.10	49.00	1.433	低于检测限
2010	4	HJAQX01CYS_01	17.50	4.06	22.00	4.700	低于检测限
2010	7	HJAQX01CYS_01	27.00	5.97	27.00	3.140	低于检测限
2010	12	HJAQX01CYS_01	24.00	4.22	42.00	1.951	低于检测限
2011	1	HJAQX01CYS_01	7.50	3.75	183.00	5.352	低于检测限
2011	4	HJAQX01CYS_01	25.00	3.75	—	—	低于检测限
2011	7	HJAQX01CYS_01	26.00	5.67	20.00	5.835	低于检测限
2011	12	HJAQX01CYS_01	25.00	4.67	17.00	1.469	低于检测限
2012	1	HJAQX01CYS_01	14.10	6.61	32.00	0.052	低于检测限
2012	4	HJAQX01CYS_01	14.30	3.91	28.00	0.072	低于检测限
2012	7	HJAQX01CYS_01	14.80	6.33	3.00	0.004	低于检测限
2012	10	HJAQX01CYS_01	14.80	4.76	58.67	0.032	低于检测限
2013	1	HJAQX01CYS_01	16.15	6.97	144.00	3.246	72.80
2013	2	HJAQX01CYS_01	21.10	6.99	50.00	2.510	12.35
2013	3	HJAQX01CYS_01	21.33	7.07	40.00	2.290	12.35
2013	4	HJAQX01CYS_01	22.20	6.45	38.00	2.455	1.80
2013	5	HJAQX01CYS_01	26.84	6.52	8.00	1.212	12.35
2013	6	HJAQX01CYS_01	26.57	6.59	38.00	1.210	12.35
2013	7	HJAQX01CYS_01	28.10	6.36	30.00	1.140	60.80
2013	8	HJAQX01CYS_01	28.73	5.58	18.00	2.960	68.80
2013	9	HJAQX01CYS_01	1.60	5.00	26.00	1.313	12.35

(续)

年	月	样地代码	水温/℃	pH	矿化度/ (mg/L)	硫酸根离子 (SO_4^{2-}) / (mg/L)	非溶性物质 总含量/ (mg/L)
2013	10	HJAQX01CYS_01	8.20	—	6.00	—	低于检测限
2013	11	HJAQX01CYS_01	7.20	—	18.00	2.017	低于检测限
2013	12	HJAQX01CYS_01	3.40	7.06	4.00	1.691	81.30
2014	1	HJAQX01CYS_01	20.80	6.50	40.23	10.150	12.09
2014	2	HJAQX01CYS_01	20.90	6.71	39.41	6.131	12.09
2014	3	HJAQX01CYS_01	20.50	6.23	8.77	2.729	12.09
2014	4	HJAQX01CYS_01	24.50	6.28	14.39	4.235	12.09
2014	5	HJAQX01CYS_01	16.22	6.30	11.84	3.026	12.09
2014	6	HJAQX01CYS_01	25.00	5.68	6.90	2.159	12.09
2014	7	HJAQX01CYS_01	26.80	5.39	3.66	0.918	37.07
2014	8	HJAQX01CYS_01	26.60	5.82	6.08	1.068	19.67
2014	9	HJAQX01CYS_01	27.00	6.19	7.76	1.515	41.87
2014	10	HJAQX01CYS_01	11.70	5.97	9.74	2.280	9.47
2014	11	HJAQX01CYS_01	12.20	5.69	3.17	0.734	12.09
2014	12	HJAQX01CYS_01	12.40	5.45	11.18	3.592	37.07
2015	1	HJAQX01CYS_01	—	6.43	213.71	1.405	9.11
2015	2	HJAQX01CYS_01	—	5.84	191.71	4.322	16.32
2015	4	HJAQX01CYS_01	—	7.13	377.71	4.790	32.99
2015	5	HJAQX01CYS_01	—	7.05	223.71	3.384	33.18
2015	6	HJAQX01CYS_01	—	6.33	405.71	1.532	6.66
2015	7	HJAQX01CYS_01	—	4.95	287.56	1.858	8.59
2015	8	HJAQX01CYS_01	—	5.40	94.00	0.412	6.24
2015	9	HJAQX01CYS_01	—	6.31	220.00	2.136	14.63
2015	10	HJAQX01CYS_01	—	5.46	29.56	4.427	33.85
2015	11	HJAQX01CYS_01	—	5.40	278.00	1.669	7.35
2015	12	HJAQX01CYS_01	—	6.02	86.00	1.385	6.57

注：缺失数据用"—"表示。

3.3.4 喀斯特农田生态系统土壤水分特征参数数据集

（1）概述。本数据集收集了环江站 2007—2015 年 2 个样地的土壤水分特征参数数据，包括土壤完全持水量（饱和含水量）、土壤田间持水量、土壤凋萎系数、土壤容重、土壤孔隙度、土壤水分特征曲线等参数指标。数据采样分析观测频率每5年1次。土壤水分特征参数土壤样品采自环江站气象观测场（HJAQX01）、环江站旱地综合观测场土壤生物水分采样地（HJAZH01ABC_01）。

（2）数据采集和处理方法。参照《中国生态系统研究网络（CERN）长期观测质量管理规范》丛书《陆地生态系统水环境观测质量保证与质量控制》的相关要求，土壤水分特征参数监测频率为每5年1次，2006—2007年（环江站开始实施CERN长期观测规范）、2010年、2015年分别在作物收获季节对样地开挖剖面，采用环刀法采集样品，样品采回后进行室内分析；土壤完全持水量（环刀取样室内分析法）、土壤田间持水量（室内测定法—威尔科克斯法）、土壤容重（环刀取样室内分析法）、土壤孔隙度（计算法——总孔隙度）4个指标分别按照规范中的方法采样；土壤凋萎系数、土壤水分特征曲线两个观测项目2007年由于缺少实验条件而未能测定，2010年与2015年则分别采用计算法（根据土壤水分特征曲线方程计算）与离心机法测定。

（3）数据质量控制。土壤水分特征参数观测项目，在样品采样过程中与样品测试环节中都设置了重复与平行。数据整理和入库过程的质量控制方面，主要分为以下两个步骤：

①对原始数据进行整理、转换、格式统一。

②通过一系列质量控制方法，去除随机及系统误差。由于仪器故障、实验分析条件等原因导致有些时段样品的某些指标数据缺失，缺失数据用"—"表示。

（4）数据价值。喀斯特农田生态系统土壤水分特征参数数据集体现了土壤水分对植物的有效程度、土壤持水能力以及土壤水分流动性的特征值，是反映由于土壤质地、结构、容重等物理性质差异导致的土壤湿度等级临界值的不同程度，可作为衡量土壤水分对植物供应及可利用程度的标准和研究植物有效利用水分的重要依据。

（5）喀斯特农田生态系统土壤水分特征参数数据。2007年、2010年、2015年环江站喀斯特农田生态系统土壤水分特征参数数据见表3-111。

表3-111　2007年、2010年、2015年环江站喀斯特农田生态系统土壤水分特征参数数据

年	月	样地代码	采样深度/cm	土壤类型	土壤质地	土壤完全持水量/%	土壤田间持水量/%	土壤凋萎含水量/%	土壤孔隙度总量/%	容重/(g/cm³)	水分特征曲线方程
2007	1	HJAQX01	0~15 cm	棕色钙质湿润富铁土	重壤	24.26	17.97	—	55.15	1.18	—
2007	1	HJAQX01	15~29 cm	棕色钙质湿润富铁土	重壤	20.36	18.25	—	48.07	1.39	—
2007	1	HJAQX01	29~55 cm	棕色钙质湿润富铁土	黏壤	22.39	20.74	—	49.82	1.34	—
2007	1	HJAQX01	55~104 cm	棕色钙质湿润富铁土	黏壤	21.13	20.3	—	47.99	1.39	—
2007	1	HJAZH01	0~18 cm	棕色钙质湿润富铁土	重壤	23.01	16.38	—	53.52	1.23	—
2007	1	HJAZH01	18~35 cm	棕色钙质湿润富铁土	轻黏	17.86	16.1	—	46.88	1.43	—
2007	1	HJAZH01	35~56 cm	棕色钙质湿润富铁土	中黏	21.14	19.43	—	49.02	1.36	—
2007	1	HJAZH01	56~100 cm	棕色钙质湿润富铁土	中黏	24.89	23.58	—	52.31	1.26	—
2010	11	HJAZH01ABC_01	0~10 cm	棕色钙质湿润富铁土	重壤	45.51	26.19	19.77	55.01	1.18	$y=0.247\ 3x^{-0.082\ 7}; R^2=0.992\ 1$
2010	11	HJAZH01ABC_01	10~20 cm	棕色钙质湿润富铁土	轻黏	36.07	26.09	22	52.37	1.26	$y=0.252x^{-0.050\ 2}; R^2=0.942\ 8$
2010	11	HJAZH01ABC_01	20~40 cm	棕色钙质湿润富铁土	中黏	32.64	29.21	26.01	49.4	1.35	$y=0.285\ 3x^{-0.034\ 1}; R^2=0.879\ 3$
2010	11	HJAZH01ABC_01	40~60 cm	棕色钙质湿润富铁土	中黏	37.66	34.33	30.77	51.71	1.28	$y=0.335\ 7x^{-0.032\ 2}; R^2=0.827\ 8$
2010	11	HJAZH01ABC_01	60~100 cm	棕色钙质湿润富铁土	中黏	39.64	37.5	34.33	51.71	1.28	$y=0.368\ 3x^{-0.026}; R^2=0.693\ 9$
2015	12	HJAZH01ABC_01	0~10 cm	棕色钙质湿润富铁土	重壤	35.84	30.35	21.17	55.06	1.19	$y=-0.018\ln(x)+0.219; R^2=0.963\ 7$
2015	12	HJAZH01ABC_01	10~30 cm	棕色钙质湿润富铁土	轻黏	35.20	33.48	27.19	54.64	1.20	$y=0.059\ 9x^2-0.134\ 4x+0.338\ 7; R^2=0.946\ 8$

（续）

年	月	样地代码	采样深度/cm	土壤类型	土壤质地	土壤完全持水量/%	土壤田间持水量/%	土壤凋萎含水量/%	土壤孔隙度总量/%	容重/(g/cm³)	水分特征曲线方程
2015	12	HJAZH01ABC_01	30~50 cm	棕色钙质湿润富铁土	中黏	40.91	39.87	31.74	48.87	1.36	$y=0.031\,7x^2-0.104\,2x+0.402\,4$；$R^2=0.978\,6$
2015	12	HJAZH01ABC_01	50~70 cm	棕色钙质湿润富铁土	中黏	43.26	38.66	32.96	53.40	1.24	$y=0.427\,9e^{-0.174x}$；$R^2=0.990\,5$
2015	12	HJAZH01ABC_01	70~100 cm	棕色钙质湿润富铁土	中黏	45.98	44.97	35.47	52.26	1.27	$y=0.451\,6e^{-0.161x}$；$R^2=0.980\,3$

注：①缺失数据用"—"表示。
②2010 年土壤水分特征曲线方程基质势单位为－bar，2015 年土壤水分特征曲线方程基质势单位为－MPa。

3.3.5　喀斯特农田生态系统蒸发量数据集

（1）概述。本数据集收集了 2006—2015 年环江站气象观测场内水面蒸发数据，其中 2006 年 6 月—2008 年 12 月采用自动观测 E-601 蒸发皿每小时蒸发量和水温的方式获取蒸发量数据；2009 年 1 月—2015 年 12 月调整为每天 20：00 时观测一次，以人工观测方式获取蒸发量和水温数据。

（2）数据采集和处理方法。蒸发量数据 2008 年 12 月以前采用 E601 蒸发皿结合 FSL01 水位传感器构成的自动观测系统连续监测获得，2009 年 1 月以后采用 E601 蒸发皿和人工观测获得。观测得到的蒸发量数据单位为 mm，水温数据单位为℃。

数据处理方法：质控后的日蒸发量数据累加形成月数据，质控后的水温小时观测数据取平均值后获得月平均数据。由于仪器故障以及部分缺测行为导致的数据值不合理或数据缺失时间较长的情况，则该时段数据空缺。

（3）数据质量控制。原始数据质量控制方法：①按照中国生态系统研究网络（CERN）长期观测规范，执行 E601 蒸发器的维护要求，严格按照操作规程采集和处理数据；②将逐日水面蒸发量与逐日降水量对照，对突出的偏大、偏小、确属不合理的水面蒸发量值，剔除处理。

（4）数据价值。喀斯特农田生态系统蒸发量数据集表征了西南喀斯特峰丛洼地农业区地域气候环境条件下水面蒸发的状况，是研究区域水文循环陆面蒸发的基本参数。此外，水面蒸发量数据还可用于水路源评价、水文模型和地气能量交换过程的研究领域。

（5）喀斯特农田生态系统蒸发量数据。环江站喀斯特农田生态系统蒸发量数据见表 3-112，更多"环江站喀斯特农田生态系统蒸发量数据"服务请访问 http：//hja. cern. ac. cn/meta/detail/AC07M。

表 3-112　环江站喀斯特农田生态系统蒸发量数据

年	月	样地代码	月蒸发量/mm	水温/℃
2006	6	HJAQX01CZF_01	27.80	29.21
2006	7	HJAQX01CZF_01	107.50	29.64
2006	8	HJAQX01CZF_01	70.20	29.32
2006	9	HJAQX01CZF_01	112.20	26.81
2006	10	HJAQX01CZF_01	43.10	24.84
2006	11	HJAQX01CZF_01	65.60	19.29
2006	12	HJAQX01CZF_01	51.90	13.19
2007	1	HJAQX01CZF_01	—	—
2007	2	HJAQX01CZF_01		

（续）

年	月	样地代码	月蒸发量/mm	水温/℃
2007	3	HJAQX01CZF_01	—	—
2007	4	HJAQX01CZF_01	—	—
2007	5	HJAQX01CZF_01	106.00	25.59
2007	6	HJAQX01CZF_01	44.30	26.51
2007	7	HJAQX01CZF_01	81.60	29.15
2007	8	HJAQX01CZF_01	134.30	29.35
2007	9	HJAQX01CZF_01	121.50	25.59
2007	10	HJAQX01CZF_01	118.20	23.34
2007	11	HJAQX01CZF_01	169.40	17.39
2007	12	HJAQX01CZF_01	135.70	14.11
2008	1	HJAQX01CZF_01	161.50	9.74
2008	2	HJAQX01CZF_01	78.10	10.26
2008	3	HJAQX01CZF_01	63.30	17.08
2008	4	HJAQX01CZF_01	51.00	21.28
2008	5	HJAQX01CZF_01	70.80	24.85
2008	6	HJAQX01CZF_01	80.80	27.61
2008	7	HJAQX01CZF_01	76.00	28.56
2008	8	HJAQX01CZF_01	61.90	28.78
2008	9	HJAQX01CZF_01	78.90	27.54
2008	10	HJAQX01CZF_01	77.20	24.07
2008	11	HJAQX01CZF_01	50.80	17.67
2008	12	HJAQX01CZF_01	—	13.06
2009	1	HJAQX01CZF_01	52.00	—
2009	2	HJAQX01CZF_01	45.90	—
2009	3	HJAQX01CZF_01	50.20	—
2009	4	HJAQX01CZF_01	59.70	—
2009	5	HJAQX01CZF_01	57.90	—
2009	6	HJAQX01CZF_01	68.80	—
2009	7	HJAQX01CZF_01	134.80	—
2009	8	HJAQX01CZF_01	148.10	—
2009	9	HJAQX01CZF_01	114.50	—
2009	10	HJAQX01CZF_01	88.40	23.23
2009	11	HJAQX01CZF_01	68.30	16.24

（续）

年	月	样地代码	月蒸发量/mm	水温/℃
2009	12	HJAQX01CZF_01	47.00	13.27
2010	1	HJAQX01CZF_01	37.40	12.85
2010	2	HJAQX01CZF_01	54.80	14.93
2010	3	HJAQX01CZF_01	70.20	17.19
2010	4	HJAQX01CZF_01	83.90	19.55
2010	5	HJAQX01CZF_01	69.00	24.74
2010	6	HJAQX01CZF_01	65.20	25.84
2010	7	HJAQX01CZF_01	98.60	29.65
2010	8	HJAQX01CZF_01	122.40	29.99
2010	9	HJAQX01CZF_01	71.20	27.37
2010	10	HJAQX01CZF_01	85.90	22.54
2010	11	HJAQX01CZF_01	53.70	17.87
2010	12	HJAQX01CZF_01	46.10	13.62
2011	1	HJAQX01CZF_01	37.80	7.91
2011	2	HJAQX01CZF_01	30.20	13.68
2011	3	HJAQX01CZF_01	44.50	14.61
2011	4	HJAQX01CZF_01	63.40	20.41
2011	5	HJAQX01CZF_01	82.40	24.97
2011	6	HJAQX01CZF_01	268.10	28.52
2011	7	HJAQX01CZF_01	100.90	29.97
2011	8	HJAQX01CZF_01	96.80	29.59
2011	9	HJAQX01CZF_01	88.00	27.76
2011	10	HJAQX01CZF_01	57.20	21.75
2011	11	HJAQX01CZF_01	55.30	20.24
2011	12	HJAQX01CZF_01	52.00	12.54
2012	1	HJAQX01CZF_01	21.00	9.70
2012	2	HJAQX01CZF_01	44.10	10.05
2012	3	HJAQX01CZF_01	43.70	14.72
2012	4	HJAQX01CZF_01	48.80	22.11
2012	5	HJAQX01CZF_01	68.30	25.09
2012	6	HJAQX01CZF_01	120.90	27.22
2012	7	HJAQX01CZF_01	142.20	29.27
2012	8	HJAQX01CZF_01	152.30	29.47

（续）

年	月	样地代码	月蒸发量/mm	水温/℃
2012	9	HJAQX01CZF_01	92.20	26.07
2012	10	HJAQX01CZF_01	78.30	22.82
2012	11	HJAQX01CZF_01	43.40	17.75
2012	12	HJAQX01CZF_01	118.20	13.20
2013	1	HJAQX01CZF_01	55.80	9.33
2013	2	HJAQX01CZF_01	43.10	13.24
2013	3	HJAQX01CZF_01	66.10	17.85
2013	4	HJAQX01CZF_01	71.40	19.38
2013	5	HJAQX01CZF_01	136.70	23.72
2013	6	HJAQX01CZF_01	200.10	26.12
2013	7	HJAQX01CZF_01	116.40	27.63
2013	8	HJAQX01CZF_01	148.70	27.00
2013	9	HJAQX01CZF_01	163.70	24.39
2013	10	HJAQX01CZF_01	100.00	20.84
2013	11	HJAQX01CZF_01	68.50	17.65
2013	12	HJAQX01CZF_01	55.10	11.00
2014	1	HJAQX01CZF_01	42.10	10.68
2014	2	HJAQX01CZF_01	43.90	11.84
2014	3	HJAQX01CZF_01	29.70	14.45
2014	4	HJAQX01CZF_01	64.70	20.88
2014	5	HJAQX01CZF_01	89.50	23.25
2014	6	HJAQX01CZF_01	69.90	27.22
2014	7	HJAQX01CZF_01	64.20	28.32
2014	8	HJAQX01CZF_01	67.80	27.34
2014	9	HJAQX01CZF_01	95.10	26.18
2014	10	HJAQX01CZF_01	85.10	22.67
2014	11	HJAQX01CZF_01	43.20	17.45
2014	12	HJAQX01CZF_01	45.30	12.60
2015	1	HJAQX01CZF_01	44.40	10.63
2015	2	HJAQX01CZF_01	32.60	12.84
2015	3	HJAQX01CZF_01	40.50	16.68
2015	4	HJAQX01CZF_01	77.60	19.74
2015	5	HJAQX01CZF_01	66.70	24.08

（续）

年	月	样地代码	月蒸发量/mm	水温/℃
2015	6	HJAQX01CZF_01	82.80	26.32
2015	7	HJAQX01CZF_01	87.50	26.33
2015	8	HJAQX01CZF_01	70.70	25.71
2015	9	HJAQX01CZF_01	51.60	25.00
2015	10	HJAQX01CZF_01	80.50	22.16
2015	11	HJAQX01CZF_01	58.60	18.72
2015	12	HJAQX01CZF_01	51.80	12.72

注：缺失数据用"—"表示。

3.3.6　喀斯特农田生态系统地下水位数据集

（1）概述。地下水位是表征地下水接受补给或是向下排泄状况的动态指标，它是指水压力与大气压力相等时的高度位置。本数据集收集了环江站 2007—2015 年气象观测场（HJAQX01）、旱地综合观测场（HJAZH01）、水分辅助观测地下水观测点（HJAFZ07CDX_01）4 个地下潜水以及地下水观测井的水位动态变化数据。

（2）数据采集和处理方法。参照《中国生态系统研究网络（CERN）长期观测质量管理规范》，数据采取皮卷尺人工观测的方式获得，观测频率旱季期间（10 月至次年 3 月）10 d 一次，雨季期间（4—9 月）5 d 一次。地下水位数据以低于地表的深度表示，即地下水埋深。地下水埋深单位：m；地面高程单位：m。

（3）数据质量控制。本数据集收录的数据是将各观测井原始观测的月平均值，作为本数据产品的结果数据，同时标明用于计算月平均数据的有效样本数及标准差。同时，由于部分时段测井干涸，某些月份没有地下水位数据，在 2007—2015 年环江站喀斯特农田生态系统地下水位数据（表 3-113）中用"—"标出。

（4）数据价值。喀斯特农田生态系统地下水位数据是西南喀斯特峰丛洼地农业区水分循环观测的重要组成部分，对农田水分管理、水资源利用有重要的指导作用。

（5）喀斯特农田生态系统地下水位数据。2007—2015 年环江站喀斯特农田生态系统地下水位数据见表 3-113，更多"环江站喀斯特农田生态系统地下水位数据"服务请访问 http://hja.cern.ac.cn/meta/detail/AC04。

表 3-113　2007—2015 年环江站喀斯特农田生态系统地下水位数据

年	月	样地代码	观测点名称	植被名称	地下水埋深/m	标准差/m	有效数据/条	地面高程/m
2007	4	HJAQX01CDX_01	气象观测场	人工草坪	4.40	0.00	1	278.54
2007	4	HJAZH01CDX_01	旱地综合观测场	玉米-大豆	3.18	0.00	1	275.49
2007	4	HJAZH01CDX_02	旱地综合观测场	玉米-大豆	2.79	0.00	1	275.08
2007	5	HJAQX01CDX_01	气象观测场	人工草坪	4.00	0.81	6	278.54
2007	5	HJAZH01CDX_01	旱地综合观测场	玉米-大豆	3.06	0.69	6	275.49
2007	5	HJAZH01CDX_02	旱地综合观测场	玉米-大豆	2.73	0.94	6	275.08

（续）

年	月	样地代码	观测点名称	植被名称	地下水埋深/m	标准差/m	有效数据/条	地面高程/m
2007	6	HJAFZ07CDX_01	水分辅助观测地下水观测点	草灌丛	1.20	0.46	6	279.45
2007	6	HJAQX01CDX_01	气象观测场	人工草坪	2.08	0.24	6	278.54
2007	6	HJAZH01CDX_01	旱地综合观测场	玉米-大豆	1.58	0.36	6	275.49
2007	6	HJAZH01CDX_02	旱地综合观测场	玉米-大豆	1.32	0.23	6	275.08
2007	7	HJAFZ07CDX_01	水分辅助观测地下水观测点	草灌丛	1.77	1.17	6	279.45
2007	7	HJAQX01CDX_01	气象观测场	人工草坪	2.59	0.19	6	278.54
2007	7	HJAZH01CDX_01	旱地综合观测场	玉米-大豆	2.21	0.10	6	275.49
2007	7	HJAZH01CDX_02	旱地综合观测场	玉米-大豆	1.75	0.09	6	275.08
2007	8	HJAFZ07CDX_01	水分辅助观测地下水观测点	草灌丛	2.53	1.16	6	279.45
2007	8	HJAQX01CDX_01	气象观测场	人工草坪	2.57	0.87	6	278.54
2007	8	HJAZH01CDX_01	旱地综合观测场	玉米-大豆	2.08	0.54	6	275.49
2007	8	HJAZH01CDX_02	旱地综合观测场	玉米-大豆	1.71	0.66	6	275.08
2007	9	HJAFZ07CDX_01	水分辅助观测地下水观测点	草灌丛	0.92	0.68	6	279.45
2007	9	HJAQX01CDX_01	气象观测场	人工草坪	2.40	0.28	6	278.54
2007	9	HJAZH01CDX_01	旱地综合观测场	玉米-大豆	2.36	0.59	6	275.49
2007	9	HJAZH01CDX_02	旱地综合观测场	玉米-大豆	1.69	0.30	6	275.08
2007	10	HJAFZ07CDX_01	水分辅助观测地下水观测点	草灌丛	1.51	0.64	6	279.45
2007	10	HJAQX01CDX_01	气象观测场	人工草坪	3.75	0.36	6	278.54
2007	10	HJAZH01CDX_01	旱地综合观测场	玉米-大豆	2.92	0.30	6	275.49
2007	10	HJAZH01CDX_02	旱地综合观测场	玉米-大豆	2.50	0.35	6	275.08
2007	11	HJAFZ07CDX_01	水分辅助观测地下水观测点	草灌丛	1.51	0.81	6	279.45
2007	11	HJAQX01CDX_01	气象观测场	人工草坪	4.19	0.18	6	278.54
2007	11	HJAZH01CDX_01	旱地综合观测场	玉米-大豆	3.17	0.14	6	275.49
2007	11	HJAZH01CDX_02	旱地综合观测场	玉米-大豆	2.75	0.16	6	275.08
2007	12	HJAFZ07CDX_01	水分辅助观测地下水观测点	草灌丛	2.19	0.90	6	279.45
2007	12	HJAQX01CDX_01	气象观测场	人工草坪	4.64	0.08	6	278.54
2007	12	HJAZH01CDX_01	旱地综合观测场	玉米-大豆	3.40	0.23	6	275.49
2007	12	HJAZH01CDX_02	旱地综合观测场	玉米-大豆	3.10	0.07	6	275.08
2008	1	HJAFZ07CDX_01	水分辅助观测地下水观测点	草灌丛	1.58	0.60	3	279.45
2008	1	HJAQX01CDX_01	气象观测场	人工草坪	4.78	0.00	3	278.54
2008	1	HJAZH01CDX_01	旱地综合观测场	玉米-大豆	3.76	0.07	3	275.49
2008	1	HJAZH01CDX_02	旱地综合观测场	玉米-大豆	3.37	0.09	3	275.08

（续）

年	月	样地代码	观测点名称	植被名称	地下水埋深/m	标准差/m	有效数据/条	地面高程/m
2008	2	HJAFZ07CDX_01	水分辅助观测地下水观测点	草灌丛	1.66	0.44	3	279.45
2008	2	HJAQX01CDX_01	气象观测场	人工草坪	4.68	0.15	3	278.54
2008	2	HJAZH01CDX_01	旱地综合观测场	玉米-大豆	3.65	0.14	3	275.49
2008	2	HJAZH01CDX_02	旱地综合观测场	玉米-大豆	3.23	0.15	3	275.08
2008	3	HJAFZ07CDX_01	水分辅助观测地下水观测点	草灌丛	4.69	2.78	3	279.45
2008	3	HJAQX01CDX_01	气象观测场	人工草坪	4.10	0.60	3	278.54
2008	3	HJAZH01CDX_01	旱地综合观测场	玉米-大豆	3.02	0.87	3	275.49
2008	3	HJAZH01CDX_02	旱地综合观测场	玉米-大豆	2.47	1.05	3	275.08
2008	4	HJAFZ07CDX_01	水分辅助观测地下水观测点	草灌丛	3.67	1.52	6	279.45
2008	4	HJAQX01CDX_01	气象观测场	人工草坪	3.94	0.24	6	278.54
2008	4	HJAZH01CDX_01	旱地综合观测场	玉米-大豆	3.18	0.20	6	275.49
2008	4	HJAZH01CDX_02	旱地综合观测场	玉米-大豆	2.71	0.23	6	275.08
2008	5	HJAFZ07CDX_01	水分辅助观测地下水观测点	草灌丛	2.73	0.89	6	279.45
2008	5	HJAQX01CDX_01	气象观测场	人工草坪	2.67	0.64	6	278.54
2008	5	HJAZH01CDX_01	旱地综合观测场	玉米-大豆	2.38	0.45	6	275.49
2008	5	HJAZH01CDX_02	旱地综合观测场	玉米-大豆	1.88	0.50	6	275.08
2008	6	HJAFZ07CDX_01	水分辅助观测地下水观测点	草灌丛	1.62	1.09	5	279.45
2008	6	HJAQX01CDX_01	气象观测场	人工草坪	1.39	0.83	6	278.54
2008	6	HJAZH01CDX_01	旱地综合观测场	玉米-大豆	1.03	0.81	6	275.49
2008	6	HJAZH01CDX_02	旱地综合观测场	玉米-大豆	0.78	0.70	6	275.08
2008	7	HJAFZ07CDX_01	水分辅助观测地下水观测点	草灌丛	2.96	2.81	6	279.45
2008	7	HJAQX01CDX_01	气象观测场	人工草坪	1.19	0.82	6	278.54
2008	7	HJAZH01CDX_01	旱地综合观测场	玉米-大豆	0.56	0.50	6	275.49
2008	7	HJAZH01CDX_02	旱地综合观测场	玉米-大豆	0.32	0.44	6	275.08
2008	8	HJAFZ07CDX_01	水分辅助观测地下水观测点	草灌丛	2.42	1.16	6	279.45
2008	8	HJAQX01CDX_01	气象观测场	人工草坪	1.61	0.33	6	278.54
2008	8	HJAZH01CDX_01	旱地综合观测场	玉米-大豆	1.21	0.23	6	275.49
2008	8	HJAZH01CDX_02	旱地综合观测场	玉米-大豆	0.96	0.22	6	275.08
2008	9	HJAFZ07CDX_01	水分辅助观测地下水观测点	草灌丛	1.28	1.31	6	279.45
2008	9	HJAQX01CDX_01	气象观测场	人工草坪	2.28	0.46	6	278.54
2008	9	HJAZH01CDX_01	旱地综合观测场	玉米-大豆	1.72	0.29	6	275.49
2008	9	HJAZH01CDX_02	旱地综合观测场	玉米-大豆	1.30	0.28	6	275.08

（续）

年	月	样地代码	观测点名称	植被名称	地下水埋深/m	标准差/m	有效数据/条	地面高程/m
2008	10	HJAFZ07CDX_01	水分辅助观测地下水观测点	草灌丛	1.03	0.19	3	279.45
2008	10	HJAQX01CDX_01	气象观测场	人工草坪	3.20	0.12	3	278.54
2008	10	HJAZH01CDX_01	旱地综合观测场	玉米-大豆	2.52	0.18	3	275.49
2008	10	HJAZH01CDX_02	旱地综合观测场	玉米-大豆	2.00	0.08	3	275.08
2008	11	HJAFZ07CDX_01	水分辅助观测地下水观测点	草灌丛	1.04	0.63	3	279.45
2008	11	HJAQX01CDX_01	气象观测场	人工草坪	2.37	0.81	3	278.54
2008	11	HJAZH01CDX_01	旱地综合观测场	玉米-大豆	2.04	0.30	3	275.49
2008	11	HJAZH01CDX_02	旱地综合观测场	玉米-大豆	1.62	0.29	3	275.08
2008	12	HJAFZ07CDX_01	水分辅助观测地下水观测点	草灌丛	0.96	0.35	3	279.45
2008	12	HJAQX01CDX_01	气象观测场	人工草坪	3.40	0.17	3	278.54
2008	12	HJAZH01CDX_01	旱地综合观测场	玉米-大豆	2.57	0.11	3	275.49
2008	12	HJAZH01CDX_02	旱地综合观测场	玉米-大豆	2.11	0.11	3	275.08
2009	1	HJAFZ07CDX_01	水分辅助观测地下水观测点	草灌丛	0.83	0.19	3	279.45
2009	1	HJAQX01CDX_01	气象观测场	人工草坪	3.81	0.10	3	278.54
2009	1	HJAZH01CDX_01	旱地综合观测场	玉米-大豆	2.85	0.09	3	275.49
2009	1	HJAZH01CDX_02	旱地综合观测场	玉米-大豆	2.41	0.10	3	275.08
2009	2	HJAFZ07CDX_01	水分辅助观测地下水观测点	草灌丛	1.50	0.30	3	279.45
2009	2	HJAQX01CDX_01	气象观测场	人工草坪	4.12	0.25	3	278.54
2009	2	HJAZH01CDX_01	旱地综合观测场	玉米-大豆	3.15	0.15	3	275.49
2009	2	HJAZH01CDX_02	旱地综合观测场	玉米-大豆	2.72	0.17	3	275.08
2009	3	HJAFZ07CDX_01	水分辅助观测地下水观测点	草灌丛	1.90	1.75	3	279.45
2009	3	HJAQX01CDX_01	气象观测场	人工草坪	4.07	0.15	3	278.54
2009	3	HJAZH01CDX_01	旱地综合观测场	玉米-大豆	3.09	0.12	3	275.49
2009	3	HJAZH01CDX_02	旱地综合观测场	玉米-大豆	2.71	0.24	3	275.08
2009	4	HJAFZ07CDX_01	水分辅助观测地下水观测点	草灌丛	2.90	1.97	5	279.45
2009	4	HJAQX01CDX_01	气象观测场	人工草坪	4.01	0.15	5	278.54
2009	4	HJAZH01CDX_01	旱地综合观测场	玉米-大豆	3.08	0.13	5	275.49
2009	4	HJAZH01CDX_02	旱地综合观测场	玉米-大豆	2.64	0.14	5	275.08
2009	5	HJAFZ07CDX_01	水分辅助观测地下水观测点	草灌丛	3.01	2.96	7	279.45
2009	5	HJAQX01CDX_01	气象观测场	人工草坪	3.34	0.78	7	278.54
2009	5	HJAZH01CDX_01	旱地综合观测场	玉米-大豆	2.60	0.76	7	275.49
2009	5	HJAZH01CDX_02	旱地综合观测场	玉米-大豆	2.07	0.90	7	275.08

（续）

年	月	样地代码	观测点名称	植被名称	地下水埋深/m	标准差/m	有效数据/条	地面高程/m
2009	6	HJAFZ07CDX_01	水分辅助观测地下水观测点	草灌丛	2.07	1.92	6	279.45
2009	6	HJAQX01CDX_01	气象观测场	人工草坪	1.70	1.05	6	278.54
2009	6	HJAZH01CDX_01	旱地综合观测场	玉米-大豆	1.59	0.89	6	275.49
2009	6	HJAZH01CDX_02	旱地综合观测场	玉米-大豆	1.14	0.86	6	275.08
2009	7	HJAFZ07CDX_01	水分辅助观测地下水观测点	草灌丛	0.67	0.38	6	279.45
2009	7	HJAQX01CDX_01	气象观测场	人工草坪	0.70	0.37	6	278.54
2009	7	HJAZH01CDX_01	旱地综合观测场	玉米-大豆	0.36	0.26	6	275.49
2009	7	HJAZH01CDX_02	旱地综合观测场	玉米-大豆	0.18	0.16	6	275.08
2009	8	HJAFZ07CDX_01	水分辅助观测地下水观测点	草灌丛	1.62	0.67	6	279.45
2009	8	HJAQX01CDX_01	气象观测场	人工草坪	2.36	0.55	6	278.54
2009	8	HJAZH01CDX_01	旱地综合观测场	玉米-大豆	1.73	0.41	6	275.49
2009	8	HJAZH01CDX_02	旱地综合观测场	玉米-大豆	1.36	0.37	6	275.08
2009	9	HJAFZ07CDX_01	水分辅助观测地下水观测点	草灌丛	2.06	1.26	6	279.45
2009	9	HJAQX01CDX_01	气象观测场	人工草坪	3.47	0.15	6	278.54
2009	9	HJAZH01CDX_01	旱地综合观测场	玉米-大豆	2.60	0.11	6	275.49
2009	9	HJAZH01CDX_02	旱地综合观测场	玉米-大豆	2.17	0.13	6	275.08
2009	10	HJAFZ07CDX_01	水分辅助观测地下水观测点	草灌丛	2.30	0.60	3	279.45
2009	10	HJAQX01CDX_01	气象观测场	人工草坪	4.26	0.65	3	278.54
2009	10	HJAZH01CDX_01	旱地综合观测场	玉米-大豆	3.22	0.15	3	275.49
2009	10	HJAZH01CDX_02	旱地综合观测场	玉米-大豆	2.81	0.17	3	275.08
2009	11	HJAFZ07CDX_01	水分辅助观测地下水观测点	草灌丛	3.99	0.88	3	279.45
2009	11	HJAQX01CDX_01	气象观测场	人工草坪	4.70	0.12	3	278.54
2009	11	HJAZH01CDX_01	旱地综合观测场	玉米-大豆	3.62	0.09	3	275.49
2009	11	HJAZH01CDX_02	旱地综合观测场	玉米-大豆	3.29	0.16	3	275.08
2009	12	HJAFZ07CDX_01	水分辅助观测地下水观测点	草灌丛	4.86	3.00	3	279.45
2009	12	HJAQX01CDX_01	气象观测场	人工草坪	4.72	0.00	1	278.54
2009	12	HJAZH01CDX_01	旱地综合观测场	玉米-大豆	4.00	0.06	3	275.49
2009	12	HJAZH01CDX_02	旱地综合观测场	玉米-大豆	3.60	0.08	2	275.08
2010	1	HJAFZ07CDX_01	水分辅助观测地下水观测点	草灌丛	3.23	2.17	3	279.45
2010	1	HJAQX01CDX_01	气象观测场	人工草坪	4.72	0.00	1	278.54
2010	1	HJAZH01CDX_01	旱地综合观测场	玉米-大豆	3.97	0.11	3	275.49
2010	1	HJAZH01CDX_02	旱地综合观测场	玉米-大豆	3.74	0.22	3	275.08

（续）

年	月	样地代码	观测点名称	植被名称	地下水埋深/m	标准差/m	有效数据/条	地面高程/m
2010	2	HJAFZ07CDX_01	水分辅助观测地下水观测点	草灌丛	1.59	0.33	3	279.45
2010	2	HJAQX01CDX_01	气象观测场	人工草坪	—	—	—	278.54
2010	2	HJAZH01CDX_01	旱地综合观测场	玉米-大豆	—	—	—	275.49
2010	2	HJAZH01CDX_02	旱地综合观测场	玉米-大豆	3.86	0.12	3	275.08
2010	3	HJAFZ07CDX_01	水分辅助观测地下水观测点	草灌丛	2.27	0.00	1	279.45
2010	3	HJAQX01CDX_01	气象观测场	人工草坪	—	—	—	278.54
2010	3	HJAZH01CDX_01	旱地综合观测场	玉米-大豆	—	—	—	275.49
2010	3	HJAZH01CDX_02	旱地综合观测场	玉米-大豆	—	—	—	275.08
2010	4	HJAFZ07CDX_01	水分辅助观测地下水观测点	草灌丛	2.74	0.95	6	279.45
2010	4	HJAQX01CDX_01	气象观测场	人工草坪	—	—	—	278.54
2010	4	HJAZH01CDX_01	旱地综合观测场	玉米-大豆	—	—	—	275.49
2010	4	HJAZH01CDX_02	旱地综合观测场	玉米-大豆	—	—	—	275.08
2010	5	HJAFZ07CDX_01	水分辅助观测地下水观测点	草灌丛	3.35	2.48	6	279.45
2010	5	HJAQX01CDX_01	气象观测场	人工草坪	3.49	0.58	2	278.54
2010	5	HJAZH01CDX_01	旱地综合观测场	玉米-大豆	2.86	0.33	2	275.49
2010	5	HJAZH01CDX_02	旱地综合观测场	玉米-大豆	2.43	0.37	2	275.08
2010	6	HJAFZ07CDX_01	水分辅助观测地下水观测点	草灌丛	1.92	1.85	6	279.45
2010	6	HJAQX01CDX_01	气象观测场	人工草坪	1.82	1.29	6	278.54
2010	6	HJAZH01CDX_01	旱地综合观测场	玉米-大豆	1.69	1.03	6	275.49
2010	6	HJAZH01CDX_02	旱地综合观测场	玉米-大豆	1.28	0.98	6	275.08
2010	7	HJAFZ07CDX_01	水分辅助观测地下水观测点	草灌丛	1.28	1.73	6	279.45
2010	7	HJAQX01CDX_01	气象观测场	人工草坪	1.73	0.63	6	278.54
2010	7	HJAZH01CDX_01	旱地综合观测场	玉米-大豆	1.41	0.50	6	275.49
2010	7	HJAZH01CDX_02	旱地综合观测场	玉米-大豆	0.95	0.55	6	275.08
2010	8	HJAFZ07CDX_01	水分辅助观测地下水观测点	草灌丛	2.87	1.94	6	279.45
2010	8	HJAQX01CDX_01	气象观测场	人工草坪	2.61	0.35	6	278.54
2010	8	HJAZH01CDX_01	旱地综合观测场	玉米-大豆	2.09	0.20	6	275.49
2010	8	HJAZH01CDX_02	旱地综合观测场	玉米-大豆	1.64	0.18	6	275.08
2010	9	HJAFZ07CDX_01	水分辅助观测地下水观测点	草灌丛	2.03	0.72	3	279.45
2010	9	HJAQX01CDX_01	气象观测场	人工草坪	2.93	0.29	3	278.54
2010	9	HJAZH01CDX_01	旱地综合观测场	玉米-大豆	2.31	0.20	3	275.49
2010	9	HJAZH01CDX_02	旱地综合观测场	玉米-大豆	1.83	0.19	3	275.08

（续）

年	月	样地代码	观测点名称	植被名称	地下水埋深/m	标准差/m	有效数据/条	地面高程/m
2010	10	HJAFZ07CDX_01	水分辅助观测地下水观测点	草灌丛	1.93	1.95	10	279.45
2010	10	HJAQX01CDX_01	气象观测场	人工草坪	3.34	0.18	10	278.54
2010	10	HJAZH01CDX_01	旱地综合观测场	玉米-大豆	2.62	0.10	10	275.49
2010	10	HJAZH01CDX_02	旱地综合观测场	玉米-大豆	2.15	0.09	10	275.08
2010	11	HJAFZ07CDX_01	水分辅助观测地下水观测点	草灌丛	1.40	0.89	3	279.45
2010	11	HJAQX01CDX_01	气象观测场	人工草坪	3.89	0.15	3	278.54
2010	11	HJAZH01CDX_01	旱地综合观测场	玉米-大豆	2.63	0.68	3	275.49
2010	11	HJAZH01CDX_02	旱地综合观测场	玉米-大豆	2.52	0.10	3	275.08
2010	12	HJAFZ07CDX_01	水分辅助观测地下水观测点	草灌丛	3.29	2.08	3	279.45
2010	12	HJAQX01CDX_01	气象观测场	人工草坪	3.42	0.40	3	278.54
2010	12	HJAZH01CDX_01	旱地综合观测场	玉米-大豆	2.64	0.32	3	275.49
2010	12	HJAZH01CDX_02	旱地综合观测场	玉米-大豆	2.17	0.34	3	275.08
2011	1	HJAFZ07CDX_01	水分辅助观测地下水观测点	草灌丛	1.87	1.10	3	279.45
2011	1	HJAQX01CDX_01	气象观测场	人工草坪	4.19	0.10	3	278.54
2011	1	HJAZH01CDX_01	旱地综合观测场	玉米-大豆	3.18	0.09	3	275.49
2011	1	HJAZH01CDX_02	旱地综合观测场	玉米-大豆	2.76	0.10	3	275.08
2011	2	HJAFZ07CDX_01	水分辅助观测地下水观测点	草灌丛	1.80	0.73	3	279.45
2011	2	HJAQX01CDX_01	气象观测场	人工草坪	4.55	0.10	3	278.54
2011	2	HJAZH01CDX_01	旱地综合观测场	玉米-大豆	3.70	0.44	3	275.49
2011	2	HJAZH01CDX_02	旱地综合观测场	玉米-大豆	3.09	0.09	3	275.08
2011	3	HJAFZ07CDX_01	水分辅助观测地下水观测点	草灌丛	4.79	2.10	3	279.45
2011	3	HJAQX01CDX_01	气象观测场	人工草坪	4.05	0.66	3	278.54
2011	3	HJAZH01CDX_01	旱地综合观测场	玉米-大豆	3.07	0.42	3	275.49
2011	3	HJAZH01CDX_02	旱地综合观测场	玉米-大豆	2.68	0.47	3	275.08
2011	4	HJAFZ07CDX_01	水分辅助观测地下水观测点	草灌丛	3.36	1.06	6	279.45
2011	4	HJAQX01CDX_01	气象观测场	人工草坪	4.16	0.12	6	278.54
2011	4	HJAZH01CDX_01	旱地综合观测场	玉米-大豆	3.18	0.16	6	275.49
2011	4	HJAZH01CDX_02	旱地综合观测场	玉米-大豆	2.75	0.18	6	275.08
2011	5	HJAFZ07CDX_01	水分辅助观测地下水观测点	草灌丛	3.56	2.13	6	279.45
2011	5	HJAQX01CDX_01	气象观测场	人工草坪	3.98	0.58	6	278.54
2011	5	HJAZH01CDX_01	旱地综合观测场	玉米-大豆	3.16	0.34	6	275.49
2011	5	HJAZH01CDX_02	旱地综合观测场	玉米-大豆	2.71	0.41	6	275.08

（续）

年	月	样地代码	观测点名称	植被名称	地下水埋深/m	标准差/m	有效数据/条	地面高程/m
2011	6	HJAFZ07CDX_01	水分辅助观测地下水观测点	草灌丛	3.94	1.95	6	279.45
2011	6	HJAQX01CDX_01	气象观测场	人工草坪	2.68	0.97	6	278.54
2011	6	HJAZH01CDX_01	旱地综合观测场	玉米-大豆	2.55	0.79	5	275.49
2011	6	HJAZH01CDX_02	旱地综合观测场	玉米-大豆	1.72	0.70	6	275.08
2011	7	HJAFZ07CDX_01	水分辅助观测地下水观测点	草灌丛	4.35	1.41	6	279.45
2011	7	HJAQX01CDX_01	气象观测场	人工草坪	2.93	0.49	6	278.54
2011	7	HJAZH01CDX_01	旱地综合观测场	玉米-大豆	2.35	0.34	6	275.49
2011	7	HJAZH01CDX_02	旱地综合观测场	玉米-大豆	2.02	0.20	6	275.08
2011	8	HJAFZ07CDX_01	水分辅助观测地下水观测点	草灌丛	4.72	1.47	6	279.45
2011	8	HJAQX01CDX_01	气象观测场	人工草坪	3.85	0.17	6	278.54
2011	8	HJAZH01CDX_01	旱地综合观测场	玉米-大豆	2.97	0.19	6	275.49
2011	8	HJAZH01CDX_02	旱地综合观测场	玉米-大豆	2.52	0.12	6	275.08
2011	9	HJAFZ07CDX_01	水分辅助观测地下水观测点	草灌丛	3.47	1.82	5	279.45
2011	9	HJAQX01CDX_01	气象观测场	人工草坪	4.19	0.28	5	278.54
2011	9	HJAZH01CDX_01	旱地综合观测场	玉米-大豆	3.10	0.39	5	275.49
2011	9	HJAZH01CDX_02	旱地综合观测场	玉米-大豆	2.81	0.28	5	275.08
2011	10	HJAFZ07CDX_01	水分辅助观测地下水观测点	草灌丛	3.35	1.54	4	279.45
2011	10	HJAQX01CDX_01	气象观测场	人工草坪	3.51	0.60	4	278.54
2011	10	HJAZH01CDX_01	旱地综合观测场	玉米-大豆	2.94	0.28	4	275.49
2011	10	HJAZH01CDX_02	旱地综合观测场	玉米-大豆	2.46	0.21	4	275.08
2011	11	HJAFZ07CDX_01	水分辅助观测地下水观测点	草灌丛	2.62	1.78	3	279.45
2011	11	HJAQX01CDX_01	气象观测场	人工草坪	4.14	0.40	3	278.54
2011	11	HJAZH01CDX_01	旱地综合观测场	玉米-大豆	3.33	0.42	3	275.49
2011	11	HJAZH01CDX_02	旱地综合观测场	玉米-大豆	2.92	0.43	3	275.08
2011	12	HJAFZ07CDX_01	水分辅助观测地下水观测点	草灌丛	5.05	1.06	3	279.45
2011	12	HJAQX01CDX_01	气象观测场	人工草坪	4.76	0.00	1	278.54
2011	12	HJAZH01CDX_01	旱地综合观测场	玉米-大豆	4.16	0.00	1	275.49
2011	12	HJAZH01CDX_02	旱地综合观测场	玉米-大豆	3.68	0.16	3	275.08
2012	1	HJAFZ07CDX_01	水分辅助观测地下水观测点	草灌丛	3.44	1.44	3	279.45
2012	1	HJAQX01CDX_01	气象观测场	人工草坪	4.34	0.40	2	278.54
2012	1	HJAZH01CDX_01	旱地综合观测场	玉米-大豆	3.94	0.04	2	275.49
2012	1	HJAZH01CDX_02	旱地综合观测场	玉米-大豆	3.41	0.53	3	275.08

（续）

年	月	样地代码	观测点名称	植被名称	地下水埋深/m	标准差/m	有效数据/条	地面高程/m
2012	2	HJAFZ07CDX_01	水分辅助观测地下水观测点	草灌丛	3.33	2.03	3	279.45
2012	2	HJAQX01CDX_01	气象观测场	人工草坪	4.35	0.12	3	278.54
2012	2	HJAZH01CDX_01	旱地综合观测场	玉米-大豆	3.58	0.11	3	275.49
2012	2	HJAZH01CDX_02	旱地综合观测场	玉米-大豆	3.14	0.12	3	275.08
2012	3	HJAFZ07CDX_01	水分辅助观测地下水观测点	草灌丛	6.14	0.89	3	279.45
2012	3	HJAQX01CDX_01	气象观测场	人工草坪	4.03	0.74	3	278.54
2012	3	HJAZH01CDX_01	旱地综合观测场	玉米-大豆	3.43	0.30	3	275.49
2012	3	HJAZH01CDX_02	旱地综合观测场	玉米-大豆	3.10	0.13	3	275.08
2012	4	HJAFZ07CDX_01	水分辅助观测地下水观测点	草灌丛	5.59	1.28	6	279.45
2012	4	HJAQX01CDX_01	气象观测场	人工草坪	3.76	0.34	6	278.54
2012	4	HJAZH01CDX_01	旱地综合观测场	玉米-大豆	2.82	0.59	6	275.49
2012	4	HJAZH01CDX_02	旱地综合观测场	玉米-大豆	2.26	0.75	6	275.08
2012	5	HJAFZ07CDX_01	水分辅助观测地下水观测点	草灌丛	3.68	0.92	6	279.45
2012	5	HJAQX01CDX_01	气象观测场	人工草坪	3.32	0.97	6	278.54
2012	5	HJAZH01CDX_01	旱地综合观测场	玉米-大豆	2.76	0.55	6	275.49
2012	5	HJAZH01CDX_02	旱地综合观测场	玉米-大豆	2.45	0.67	6	275.08
2012	6	HJAFZ07CDX_01	水分辅助观测地下水观测点	草灌丛	2.77	2.08	6	279.45
2012	6	HJAQX01CDX_01	气象观测场	人工草坪	2.64	1.60	6	278.54
2012	6	HJAZH01CDX_01	旱地综合观测场	玉米-大豆	2.83	1.72	5	275.49
2012	6	HJAZH01CDX_02	旱地综合观测场	玉米-大豆	2.79	2.28	6	275.08
2012	7	HJAFZ07CDX_01	水分辅助观测地下水观测点	草灌丛	3.21	1.63	6	279.45
2012	7	HJAQX01CDX_01	气象观测场	人工草坪	0.85	0.33	6	278.54
2012	7	HJAZH01CDX_01	旱地综合观测场	玉米-大豆	0.66	0.31	6	275.49
2012	7	HJAZH01CDX_02	旱地综合观测场	玉米-大豆	0.44	0.23	6	275.08
2012	8	HJAFZ07CDX_01	水分辅助观测地下水观测点	草灌丛	5.83	1.48	6	279.45
2012	8	HJAQX01CDX_01	气象观测场	人工草坪	2.12	0.36	6	278.54
2012	8	HJAZH01CDX_01	旱地综合观测场	玉米-大豆	1.72	0.39	6	275.49
2012	8	HJAZH01CDX_02	旱地综合观测场	玉米-大豆	1.38	0.39	6	275.08
2012	9	HJAFZ07CDX_01	水分辅助观测地下水观测点	草灌丛	6.77	1.37	6	279.45
2012	9	HJAQX01CDX_01	气象观测场	人工草坪	3.12	0.23	6	278.54
2012	9	HJAZH01CDX_01	旱地综合观测场	玉米-大豆	2.54	0.30	6	275.49
2012	9	HJAZH01CDX_02	旱地综合观测场	玉米-大豆	2.04	0.14	6	275.08

（续）

年	月	样地代码	观测点名称	植被名称	地下水埋深/m	标准差/m	有效数据/条	地面高程/m
2012	10	HJAFZ07CDX_01	水分辅助观测地下水观测点	草灌丛	4.05	1.48	3	279.45
2012	10	HJAQX01CDX_01	气象观测场	人工草坪	3.93	0.05	3	278.54
2012	10	HJAZH01CDX_01	旱地综合观测场	玉米-大豆	2.99	0.08	3	275.49
2012	10	HJAZH01CDX_02	旱地综合观测场	玉米-大豆	2.73	0.10	3	275.08
2012	11	HJAFZ07CDX_01	水分辅助观测地下水观测点	草灌丛	5.53	2.57	2	279.45
2012	11	HJAQX01CDX_01	气象观测场	人工草坪	3.72	0.11	2	278.54
2012	11	HJAZH01CDX_01	旱地综合观测场	玉米-大豆	2.94	0.02	2	275.49
2012	11	HJAZH01CDX_02	旱地综合观测场	玉米-大豆	2.49	0.01	2	275.08
2012	12	HJAFZ07CDX_01	水分辅助观测地下水观测点	草灌丛	4.48	2.34	4	279.45
2012	12	HJAQX01CDX_01	气象观测场	人工草坪	4.16	0.43	4	278.54
2012	12	HJAZH01CDX_01	旱地综合观测场	玉米-大豆	3.37	0.32	4	275.49
2012	12	HJAZH01CDX_02	旱地综合观测场	玉米-大豆	2.95	0.36	4	275.08
2013	1	HJAFZ07CDX_01	水分辅助观测地下水观测点	草灌丛	6.71	1.07	2	279.45
2013	1	HJAQX01CDX_01	气象观测场	人工草坪	4.33	0.20	2	278.54
2013	1	HJAZH01CDX_01	旱地综合观测场	玉米-大豆	3.30	0.42	2	275.49
2013	1	HJAZH01CDX_02	旱地综合观测场	玉米-大豆	3.21	0.06	2	275.08
2013	2	HJAFZ07CDX_01	水分辅助观测地下水观测点	草灌丛	1.49	0.28	4	279.45
2013	2	HJAQX01CDX_01	气象观测场	人工草坪	4.74	0.11	4	278.54
2013	2	HJAZH01CDX_01	旱地综合观测场	玉米-大豆	3.69	0.06	4	275.49
2013	2	HJAZH01CDX_02	旱地综合观测场	玉米-大豆	3.76	0.31	4	275.08
2013	3	HJAFZ07CDX_01	水分辅助观测地下水观测点	草灌丛	4.79	2.92	3	279.45
2013	3	HJAQX01CDX_01	气象观测场	人工草坪	4.80	0.00	1	278.54
2013	3	HJAZH01CDX_01	旱地综合观测场	玉米-大豆	3.32	0.00	1	275.49
2013	3	HJAZH01CDX_02	旱地综合观测场	玉米-大豆	3.57	0.58	3	275.08
2013	4	HJAFZ07CDX_01	水分辅助观测地下水观测点	草灌丛	5.47	1.99	6	279.45
2013	4	HJAQX01CDX_01	气象观测场	人工草坪	4.33	0.41	4	278.54
2013	4	HJAZH01CDX_01	旱地综合观测场	玉米-大豆	3.90	0.32	5	275.49
2013	4	HJAZH01CDX_02	旱地综合观测场	玉米-大豆	3.32	0.62	6	275.08
2013	5	HJAFZ07CDX_01	水分辅助观测地下水观测点	草灌丛	6.29	0.57	6	279.45
2013	5	HJAQX01CDX_01	气象观测场	人工草坪	2.70	0.57	5	278.54
2013	5	HJAZH01CDX_01	旱地综合观测场	玉米-大豆	1.97	0.75	5	275.49
2013	5	HJAZH01CDX_02	旱地综合观测场	玉米-大豆	1.84	1.25	6	275.08

（续）

年	月	样地代码	观测点名称	植被名称	地下水埋深/m	标准差/m	有效数据/条	地面高程/m
2013	6	HJAFZ07CDX_01	水分辅助观测地下水观测点	草灌丛	6.45	0.78	6	279.45
2013	6	HJAQX01CDX_01	气象观测场	人工草坪	2.74	0.38	6	278.54
2013	6	HJAZH01CDX_01	旱地综合观测场	玉米-大豆	2.78	0.41	6	275.49
2013	6	HJAZH01CDX_02	旱地综合观测场	玉米-大豆	2.08	0.32	6	275.08
2013	7	HJAFZ07CDX_01	水分辅助观测地下水观测点	草灌丛	7.21	0.17	6	279.45
2013	7	HJAQX01CDX_01	气象观测场	人工草坪	3.22	0.32	6	278.54
2013	7	HJAZH01CDX_01	旱地综合观测场	玉米-大豆	2.55	0.15	6	275.49
2013	7	HJAZH01CDX_02	旱地综合观测场	玉米-大豆	2.35	0.37	6	275.08
2013	8	HJAFZ07CDX_01	水分辅助观测地下水观测点	草灌丛	6.47	0.42	6	279.45
2013	8	HJAQX01CDX_01	气象观测场	人工草坪	3.61	0.52	6	278.54
2013	8	HJAZH01CDX_01	旱地综合观测场	玉米-大豆	2.70	0.42	6	275.49
2013	8	HJAZH01CDX_02	旱地综合观测场	玉米-大豆	2.42	0.41	6	275.08
2013	9	HJAFZ07CDX_01	水分辅助观测地下水观测点	草灌丛	5.25	0.32	6	279.45
2013	9	HJAQX01CDX_01	气象观测场	人工草坪	3.18	0.53	6	278.54
2013	9	HJAZH01CDX_01	旱地综合观测场	玉米-大豆	2.23	0.83	6	275.49
2013	9	HJAZH01CDX_02	旱地综合观测场	玉米-大豆	2.09	0.43	6	275.08
2013	10	HJAFZ07CDX_01	水分辅助观测地下水观测点	草灌丛	4.75	0.28	3	279.45
2013	10	HJAQX01CDX_01	气象观测场	人工草坪	3.25	0.80	3	278.54
2013	10	HJAZH01CDX_01	旱地综合观测场	玉米-大豆	2.10	0.48	3	275.49
2013	10	HJAZH01CDX_02	旱地综合观测场	玉米-大豆	2.41	0.63	3	275.08
2013	11	HJAFZ07CDX_01	水分辅助观测地下水观测点	草灌丛	—	—	—	279.45
2013	11	HJAQX01CDX_01	气象观测场	人工草坪	3.94	0.32	3	278.54
2013	11	HJAZH01CDX_01	旱地综合观测场	玉米-大豆	2.71	0.23	3	275.49
2013	11	HJAZH01CDX_02	旱地综合观测场	玉米-大豆	2.47	0.57	3	275.08
2013	12	HJAFZ07CDX_01	水分辅助观测地下水观测点	草灌丛	—	—	—	279.45
2013	12	HJAQX01CDX_01	气象观测场	人工草坪	4.05	0.55	3	278.54
2013	12	HJAZH01CDX_01	旱地综合观测场	玉米-大豆	2.96	0.10	3	275.49
2013	12	HJAZH01CDX_02	旱地综合观测场	玉米-大豆	2.89	0.51	3	275.08
2014	1	HJAFZ07CDX_01	水分辅助观测地下水观测点	草灌丛	4.72	0.11	3	279.45
2014	1	HJAQX01CDX_01	气象观测场	人工草坪	4.76	0.06	2	278.54
2014	1	HJAZH01CDX_01	旱地综合观测场	玉米-大豆	3.83	0.06	2	275.49
2014	1	HJAZH01CDX_02	旱地综合观测场	玉米-大豆	3.46	0.08	2	275.08

（续）

年	月	样地代码	观测点名称	植被名称	地下水埋深/m	标准差/m	有效数据/条	地面高程/m
2014	2	HJAFZ07CDX_01	水分辅助观测地下水观测点	草灌丛	5.52	0.53	3	279.45
2014	2	HJAQX01CDX_01	气象观测场	人工草坪	—	—	—	278.54
2014	2	HJAZH01CDX_01	旱地综合观测场	玉米-大豆	—	—	—	275.49
2014	2	HJAZH01CDX_02	旱地综合观测场	玉米-大豆	—	—	—	275.08
2014	3	HJAFZ07CDX_01	水分辅助观测地下水观测点	草灌丛	3.59	1.93	3	279.45
2014	3	HJAQX01CDX_01	气象观测场	人工草坪	2.42	0.00	1	278.54
2014	3	HJAZH01CDX_01	旱地综合观测场	玉米-大豆	0.92	0.00	1	275.49
2014	3	HJAZH01CDX_02	旱地综合观测场	玉米-大豆	2.32	0.00	1	275.08
2014	4	HJAFZ07CDX_01	水分辅助观测地下水观测点	草灌丛	5.77	1.16	6	279.45
2014	4	HJAQX01CDX_01	气象观测场	人工草坪	2.55	0.64	6	278.54
2014	4	HJAZH01CDX_01	旱地综合观测场	玉米-大豆	2.27	0.28	6	275.49
2014	4	HJAZH01CDX_02	旱地综合观测场	玉米-大豆	1.92	0.44	6	275.08
2014	5	HJAFZ07CDX_01	水分辅助观测地下水观测点	草灌丛	4.58	0.92	6	279.45
2014	5	HJAQX01CDX_01	气象观测场	人工草坪	2.99	0.07	6	278.54
2014	5	HJAZH01CDX_01	旱地综合观测场	玉米-大豆	2.46	0.10	6	275.49
2014	5	HJAZH01CDX_02	旱地综合观测场	玉米-大豆	2.07	0.15	6	275.08
2014	6	HJAFZ07CDX_01	水分辅助观测地下水观测点	草灌丛	4.36	0.36	6	279.45
2014	6	HJAQX01CDX_01	气象观测场	人工草坪	2.51	0.75	6	278.54
2014	6	HJAZH01CDX_01	旱地综合观测场	玉米-大豆	1.88	0.62	6	275.49
2014	6	HJAZH01CDX_02	旱地综合观测场	玉米-大豆	1.41	0.64	6	275.08
2014	7	HJAFZ07CDX_01	水分辅助观测地下水观测点	草灌丛	0.54	0.17	6	279.45
2014	7	HJAQX01CDX_01	气象观测场	人工草坪	2.49	0.27	6	278.54
2014	7	HJAZH01CDX_01	旱地综合观测场	玉米-大豆	2.02	0.11	6	275.49
2014	7	HJAZH01CDX_02	旱地综合观测场	玉米-大豆	1.95	0.46	6	275.08
2014	8	HJAFZ07CDX_01	水分辅助观测地下水观测点	草灌丛	1.85	0.57	6	279.45
2014	8	HJAQX01CDX_01	气象观测场	人工草坪	2.58	0.51	6	278.54
2014	8	HJAZH01CDX_01	旱地综合观测场	玉米-大豆	2.13	0.42	6	275.49
2014	8	HJAZH01CDX_02	旱地综合观测场	玉米-大豆	1.70	0.43	5	275.08
2014	9	HJAFZ07CDX_01	水分辅助观测地下水观测点	草灌丛	1.41	0.91	5	279.45
2014	9	HJAQX01CDX_01	气象观测场	人工草坪	2.90	0.30	5	278.54
2014	9	HJAZH01CDX_01	旱地综合观测场	玉米-大豆	2.14	0.27	5	275.49
2014	9	HJAZH01CDX_02	旱地综合观测场	玉米-大豆	2.11	0.25	5	275.08

（续）

年	月	样地代码	观测点名称	植被名称	地下水埋深/m	标准差/m	有效数据/条	地面高程/m
2014	10	HJAFZ07CDX_01	水分辅助观测地下水观测点	草灌丛	2.92	1.17	4	279.45
2014	10	HJAQX01CDX_01	气象观测场	人工草坪	3.38	0.57	4	278.54
2014	10	HJAZH01CDX_01	旱地综合观测场	玉米-大豆	2.15	0.38	4	275.49
2014	10	HJAZH01CDX_02	旱地综合观测场	玉米-大豆	2.15	0.41	4	275.08
2014	11	HJAFZ07CDX_01	水分辅助观测地下水观测点	草灌丛	3.50	0.18	2	279.45
2014	11	HJAQX01CDX_01	气象观测场	人工草坪	2.98	0.17	2	278.54
2014	11	HJAZH01CDX_01	旱地综合观测场	玉米-大豆	1.87	0.10	2	275.49
2014	11	HJAZH01CDX_02	旱地综合观测场	玉米-大豆	1.98	0.16	2	275.08
2014	12	HJAFZ07CDX_01	水分辅助观测地下水观测点	草灌丛	4.14	1.16	4	279.45
2014	12	HJAQX01CDX_01	气象观测场	人工草坪	3.90	0.33	4	278.54
2014	12	HJAZH01CDX_01	旱地综合观测场	玉米-大豆	2.75	0.18	4	275.49
2014	12	HJAZH01CDX_02	旱地综合观测场	玉米-大豆	2.75	0.22	4	275.08
2015	1	HJAFZ07CDX_01	水分辅助观测地下水观测点	草灌丛	3.36	0.00	1	279.45
2015	1	HJAQX01CDX_01	气象观测场	人工草坪	3.71	0.08	3	278.54
2015	1	HJAZH01CDX_01	旱地综合观测场	玉米-大豆	2.74	0.08	3	275.49
2015	1	HJAZH01CDX_02	旱地综合观测场	玉米-大豆	2.74	0.08	3	275.08
2015	2	HJAFZ07CDX_01	水分辅助观测地下水观测点	草灌丛	3.14	0.44	2	279.45
2015	2	HJAQX01CDX_01	气象观测场	人工草坪	3.93	0.10	2	278.54
2015	2	HJAZH01CDX_01	旱地综合观测场	玉米-大豆	3.01	0.09	2	275.49
2015	2	HJAZH01CDX_02	旱地综合观测场	玉米-大豆	3.01	0.09	2	275.08
2015	3	HJAFZ07CDX_01	水分辅助观测地下水观测点	草灌丛	3.62	0.13	4	279.45
2015	3	HJAQX01CDX_01	气象观测场	人工草坪	3.52	0.33	4	278.54
2015	3	HJAZH01CDX_01	旱地综合观测场	玉米-大豆	2.70	0.29	4	275.49
2015	3	HJAZH01CDX_02	旱地综合观测场	玉米-大豆	2.73	0.23	4	275.08
2015	4	HJAFZ07CDX_01	水分辅助观测地下水观测点	草灌丛	3.94	0.53	6	279.45
2015	4	HJAQX01CDX_01	气象观测场	人工草坪	4.14	0.55	6	278.54
2015	4	HJAZH01CDX_01	旱地综合观测场	玉米-大豆	2.85	0.22	6	275.49
2015	4	HJAZH01CDX_02	旱地综合观测场	玉米-大豆	2.85	0.22	6	275.08
2015	5	HJAFZ07CDX_01	水分辅助观测地下水观测点	草灌丛	4.56	0.41	6	279.45
2015	5	HJAQX01CDX_01	气象观测场	人工草坪	3.74	0.79	6	278.54
2015	5	HJAZH01CDX_01	旱地综合观测场	玉米-大豆	2.74	0.35	6	275.49
2015	5	HJAZH01CDX_02	旱地综合观测场	玉米-大豆	2.74	0.35	6	275.08

（续）

年	月	样地代码	观测点名称	植被名称	地下水埋深/m	标准差/m	有效数据/条	地面高程/m
2015	6	HJAFZ07CDX_01	水分辅助观测地下水观测点	草灌丛	3.53	0.50	6	279.45
2015	6	HJAQX01CDX_01	气象观测场	人工草坪	3.51	0.54	6	278.54
2015	6	HJAZH01CDX_01	旱地综合观测场	玉米-大豆	2.69	0.24	6	275.49
2015	6	HJAZH01CDX_02	旱地综合观测场	玉米-大豆	2.69	0.24	6	275.08
2015	7	HJAFZ07CDX_01	水分辅助观测地下水观测点	草灌丛	2.66	0.97	6	279.45
2015	7	HJAQX01CDX_01	气象观测场	人工草坪	2.58	1.05	6	278.54
2015	7	HJAZH01CDX_01	旱地综合观测场	玉米-大豆	2.31	0.85	6	275.49
2015	7	HJAZH01CDX_02	旱地综合观测场	玉米-大豆	2.31	0.85	6	275.08
2015	8	HJAFZ07CDX_01	水分辅助观测地下水观测点	草灌丛	1.52	0.50	6	279.45
2015	8	HJAQX01CDX_01	气象观测场	人工草坪	1.53	0.49	6	278.54
2015	8	HJAZH01CDX_01	旱地综合观测场	玉米-大豆	1.03	0.28	6	275.49
2015	8	HJAZH01CDX_02	旱地综合观测场	玉米-大豆	1.03	0.28	6	275.08
2015	9	HJAFZ07CDX_01	水分辅助观测地下水观测点	草灌丛	2.17	0.98	6	279.45
2015	9	HJAQX01CDX_01	气象观测场	人工草坪	1.22	0.40	6	278.54
2015	9	HJAZH01CDX_01	旱地综合观测场	玉米-大豆	0.99	0.26	6	275.49
2015	9	HJAZH01CDX_02	旱地综合观测场	玉米-大豆	0.99	0.26	6	275.08
2015	10	HJAFZ07CDX_01	水分辅助观测地下水观测点	草灌丛	1.08	0.00	2	279.45
2015	10	HJAQX01CDX_01	气象观测场	人工草坪	1.79	0.13	2	278.54
2015	10	HJAZH01CDX_01	旱地综合观测场	玉米-大豆	1.37	0.05	2	275.49
2015	10	HJAZH01CDX_02	旱地综合观测场	玉米-大豆	1.37	0.05	2	275.08
2015	11	HJAFZ07CDX_01	水分辅助观测地下水观测点	草灌丛	1.39	0.84	4	279.45
2015	11	HJAQX01CDX_01	气象观测场	人工草坪	1.12	0.71	4	278.54
2015	11	HJAZH01CDX_01	旱地综合观测场	玉米-大豆	0.81	0.34	4	275.49
2015	11	HJAZH01CDX_02	旱地综合观测场	玉米-大豆	0.81	0.34	4	275.08
2015	12	HJAFZ07CDX_01	水分辅助观测地下水观测点	草灌丛	2.01	0.67	3	279.45
2015	12	HJAQX01CDX_01	气象观测场	人工草坪	1.79	0.27	3	278.54
2015	12	HJAZH01CDX_01	旱地综合观测场	玉米-大豆	1.21	0.13	3	275.49
2015	12	HJAZH01CDX_02	旱地综合观测场	玉米-大豆	1.21	0.13	3	275.08

3.4　气象观测数据

气象观测数据收录环江站气象观测场（HJAQX01）2007—2015 年的人工、自动气象长期联网监测数据，包括气温、降水、气压、相对湿度、风速、露点温度、地表温度、土壤温度（5 cm、10 cm、

15 cm、20 cm、40 cm、60 cm、100 cm)、气象辐射等观测指标,反映了桂西北喀斯特峰丛洼地农田生态系统的气象环境要素的动态变化特征。

对环江站年均气温、年均降水量、年均地表温度这三个气象因子的多年人工观测数据进行趋势分析,结果发现:

(1) 就年际变化而言,2007—2015 年环江站年均气温为 19.4 ℃,年际间波动为 0.2~1.1 ℃;年均地表温度为 23.1 ℃,年际间波动为 0~1.2 ℃;年均降水量为 1 477.7 mm,年际间波动为 32.4~501.9 mm;2007—2015 年,年均气温、年均地表温度均呈平缓略有下降的趋势,年降水量逐年波动、无明显变化趋势(图 3 - 1)。

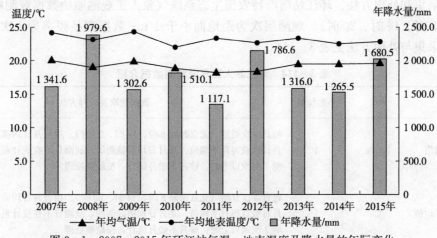

图 3 - 1 2007—2015 年环江站气温、地表温度及降水量的年际变化

(2) 2007—2015 年环江站气温、地表温度及降水量的年内月变化见图 3 - 2。就年内变化而言,2007—2015 年环江站多年月均气温最高出现在 7 月 (27.2 ℃),月均气温最低出现在 1 月 (9.0 ℃),年内月度间的波动为 0.4~10.4 ℃;多年月均地表温度最高出现在 8 月 (32.8 ℃),月均地表温度最低出现在 1 月 (11.2 ℃),年内月度间的波动为 0.6~11.9 ℃;多年月均降水量最高出现在 6 月 (309.9 mm),月均降水量最低出现在 1 (39.4 mm),年内月度间的波动为 3.5~186.8 mm;年内气温、地表温度、降水均表现为夏季高、冬季低,即雨热同季,而且降水峰值较气温与地表温度的峰值提前 1~2 个月。

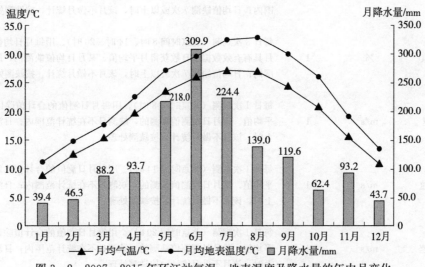

图 3 - 2 2007—2015 年环江站气温、地表温度及降水量的年内月变化

3.4.1 喀斯特农田生态系统气象人工观测数据集

（1）概述。本数据集为环江站气象观测场（HJAQX01）的长期联网人工气象监测数据，包括了
2007—2015 年平均气压月平均值、平均干球温度月平均值、最高干球温度月平均值、最低干球温度
月平均值、最高干球温度极值、最低干球温度极值、平均湿球温度、相对湿度平均值、8 时月平均风
速、14 时月平均风速、20 时月平均风速、月极大风速、平均地表温度、最高地表温度极值、最低地
表温度极值、20 时蒸发量月合计值、20 时至翌日 8 时降水量月合计值、8 时至 20 时降水量月合计
值、20 时至翌日 20 时降水量月合计值等指标。

（2）数据采集和处理方法。环江站喀斯特农田生态系统气象人工观测原始数据观测频率为每日 3
次（北京时间 8 时、14 时、20 时），观测层次为距地面小于 1 m；数据产品频率为 1 次/月。各个数
据指标、数据采集与处理方法见表 3 - 114。

表 3 - 114　环江站人工气象观测数据介绍

观测指标	单位	小数位数	数据获取及处理方法
平均气压月平均值	100Pa	1	每日 3 次观测（北京时间 8 时、14 时、20 时）。用每月日均值的合计值除以当月日数获得月平均值。某月日均值缺测的，缺测日不在统计范围内；日均值缺测 7 次或以上时，该月不做月统计，按缺测处理
平均干球温度月平均值	℃	1	每日 3 次观测（北京时间 8 时、14 时、20 时）。用每月日均值的合计值除以当月日数获得月平均值。某月日均值缺测的，缺测日不在统计范围内；日均值缺测 7 次或以上时，该月不做月统计，按缺测处理
最高干球温度月平均值	℃	1	每日 1 次（北京时间 20 时）。用日最高干球温度合计值除以日数获得月平均值。某月日均值缺测 7 次或以上时，该月不做月统计，按缺测处理
最低干球温度月平均值	℃	1	每日 1 次（北京时间 20 时）。用日最低干球温度合计值除以日数获得月平均值。某月日均值缺测 7 次或以上时，该月不做月统计，按缺测处理
最高干球温度极值	℃	1	取每月最高干球温度中的极值为本月最高干球温度极值
最低干球温度极值	℃	1	取每月最低干球温度中的极值为本月最低干球温度极值
平均湿球温度	℃	1	每日 3 次观测（北京时间 8 时、14 时、20 时）。用每月日均值的合计值除以当月具有有效数据的日数获得月平均值。某月日均值缺测的，缺测日不在统计范围内；日均值缺测 7 次或以上时，该月不做月统计，按缺测处理
相对湿度平均值	%	1	每日 3 次观测（北京时间 8 时、14 时、20 时）。用每月日均值的合计值除以当月具有有效数据的日数获得月平均值。某月日均值缺测的，缺测日不在统计范围内；日均值缺测 7 次或以上时，该月不做月统计，按缺测处理
8 时月平均风速	m/s	1	每日 1 次观测（北京时间 8 时）。用每月日测值的合计值除以当月日数获得月平均值。某月日观测值缺测的，缺测日不在统计范围内；日测值缺测 7 次或以上时，该月不做月统计，按缺测处理
14 时月平均风速	m/s	1	每日 1 次观测（北京时间 14 时）。用每月日测值的合计值除以当月日数获得月平均值。某月日观测值缺测的，缺测日不在统计范围内；日测值缺测 7 次或以上时，该月不做月统计，按缺测处理
20 时月平均风速	m/s	1	每日 1 次观测（北京时间 20 时）。用每月日测值的合计值除以当月日数获得月平均值。某月日观测值缺测的，缺测日不在统计范围内；日测值缺测 7 次或以上时，该月不做月统计，按缺测处理

（续）

观测指标	单位	小数位数	数据获取及处理方法
月极大风速	m/s	1	取每月最大风速观测值为本月极大风速值
平均地表温度	℃	1	每日 3 次观测（北京时间 8 时、14 时、20 时）。用每月日均值的合计值除以当月日数获得月平均值。某月日均值缺测的，缺测日不在统计范围内；日均值缺测 7 次或以上时，该月不做月统计，按缺测处理
最高地表温度极值	℃	1	取每月最高地表温度观测值为本月最高地表温度极值
最低地表温度极值	℃	1	取每月最低地表温度观测值为本月最低地表温度极值
20 时蒸发量月合计值	mm	1	每日北京时间 20 时观测，每日蒸发量月合计值
20 时至翌日 8 时降水量月合计值	mm	1	利用雨（雪）量器每日 20 时至翌日 8 时观测的 12h 累积降水量
8 时至 20 时降水量月合计值	mm	1	利用雨（雪）量器每日 8 时至 20 时观测的 12h 累积降水量
20 时至翌日 20 时降水量月合计值	mm	1	每日 2 次观测（北京时间 8 时、20 时），为每日"20 时至翌日 8 时时段降水量"与"8 时至 20 时时段降水量"的月合计值

（3）数据质量控制和评估。本数据集采取三级控制：第一级环江站气象数据质量控制，要求数据监测员严格按《中国生态系统研究网络（CERN）长期监测规范——陆地生态系统大气环境观测指标与规范》操作规程采集和处理数据，数据监测人员处理整编的数据报环江站气象数据质量审核人，审核通过后，每月向 CERN 大气分中心提交；第二级大气分中心管理控制，CERN 大气分中心对台站汇交的气象监测数据，应用质量控制软件校验数据，向台站反馈数据审核结果或数据修订意见，最终形成大气分中心专业质控的环江站气象观测数据；第三级综合中心管理控制，环江站数据库管理员依照综合中心的联网观测数据转换、审核规范，将大气分中心专业质控的环江站气象观测数据处理、核编后，入库"环江站科技资源服务系统（http：//hja. cern. ac. cn）"数据库。数据监测人员负责站气象观测原始数据、观测纸质资料与报表文件等的保管归案工作，数据库管理员负责对指控后数据及报表数据进行入库和备份。

（4）数据价值。喀斯特农田生态系统气象人工观测数据集能够反映西南喀斯特峰丛洼地农业区代表性气象环境中气压、气温、相对湿度、风速、地表温度、蒸发量、降水量等要素指标的长期动态变化，为区域内天气预报预警、气候预测、农作制度安排、防灾减灾与应对气候变化等方面提供基础参考数据。

（5）喀斯特农田生态系统气象人工观测数据。2007—2015 年环江站喀斯特农田生态系统气象人工观测数据见表 3-115，更多"环江站喀斯特农田生态系统气象人工观测数据"服务请访问 http：//hja. cern. ac. cn/meta/detail/D212（人工大气观测风温湿日照日值）、http：//hja. cern. ac. cn/meta/detail/D213（人工大气观测风温湿日照月值）、http：//hja. cern. ac. cn/meta/detail/D222（人工大气观测降雨蒸发能见度日值）、http：//hja. cern. ac. cn/meta/detail/D223（人工大气观测降雨蒸发能见度月值）。

表 3 – 115　2007—2015 年环江站喀斯特农田生态系统气象人工观测数据

年-月	平均气压/100Pa	平均干球温度月平均值/℃	最高干球温度月平均值/℃	最低干球温度月平均值/℃	最高干球温度极值/℃	最低干球温度极值/℃	平均湿球温度/℃	相对湿度平均值/%	8时月平均风速/(m/s)	14时月平均风速/(m/s)	20时月平均风速/(m/s)	月极大风速/(m/s)	平均地表温度/℃	最高地表温度极值/℃	最低地表温度极值/℃	20时蒸发量月合计值/mm	20时至翌日8时降水量月合计值/mm	8时至20时降水量月合计值/mm	20时至翌日20时降水量月合计值/mm
2007-01	982.3	11.0	16.9	6.1	25.4	0.0	8.8	66.0	0.9	1.9	1.0	3.0	14.2	35.0	0.5	44.2	0	7.2	7.2
2007-02	976.1	16.0	20.3	11.9	27.0	3.5	14.0	70.0	1.1	2.2	1.2	4.2	18.1	43.0	4.5	79.1	20.1	38.5	58.6
2007-03	974.4	16.3	19.4	13.2	29.4	5.5	14.7	74.0	1.5	2.1	1.5	5.0	17.6	39.0	6.0	65.5	36.8	20.1	56.9
2007-04	974.9	18.8	23.4	14.3	31.4	6.5	16.6	71.0	1.2	2.3	0.9	3.5	21.8	53.0	7.5	114	107	19.7	127
2007-05	970.1	24.2	29.7	18.2	34.4	11.5	21.3	69.0	1.0	2.3	0.8	5.0	29.3	58.0	12.0	214	118	99.6	218
2007-06	966.0	26.5	30.7	22.5	34.4	17.6	24.0	77.0	1.5	2.3	1.4	4.2	30.5	61.0	18.0	293	207	86.6	293
2007-07	965.7	27.8	31.9	23.9	34.2	21.6	25.2	75.0	1.8	2.3	1.9	8.5	31.7	55.5	21.8	211	110	79.4	190
2007-08	965.7	27.2	32.8	22.6	36.4	19.6	24.4	73.0	1.2	2.1	1.1	3.5	33.7	65.2	20.3	228	131	106	237
2007-09	971.0	23.7	28.7	19.5	32.9	12.4	21.1	69.0	1.4	1.9	1.1	5.0	28.7	56.4	14.0	82	41.2	42.6	83.8
2007-10	976.4	21.8	27.9	16.0	33.3	10.8	18.4	61.0	0.9	2.3	1.2	5.0	28.3	54.5	12.0	42.3	0	0.8	0.8
2007-11	979.5	15.7	23.3	9.0	28.4	0.3	11.8	55.0	1.2	2.4	0.9	5.5	20.2	43.6	0.9	49.8	20	1.9	21.9
2007-12	978.7	13.0	16.6	9.8	25.9	2.5	10.8	68.0	1.4	2.1	1.0	4.8	15.3	41.6	4.0	71.7	40.6	7	47.6
2008-01	980.8	7.0	11.0	3.9	25.1	-0.7	5.4	70.0	1.6	2.1	1.3	4.0	10.0	35.5	-2.8	162	14.3	17.5	31.8
2008-02	982.2	9.1	12.8	5.2	24.4	-1.4	6.3	55.0	1.6	2.2	1.3	4.8	11.9	36.4	-0.7	78.1	38.5	33.2	71.7
2008-03	974.9	16.4	20.8	12.8	27.6	1.6	14.5	72.0	0.9	2.3	1.1	6.0	18.5	44.4	1.4	63.3	85.7	34.6	120
2008-04	971.4	20.4	24.1	16.8	33.3	10.5	18.6	75.0	1.3	2.3	1.1	5.0	22.7	49.0	10.6	51	74.3	22.7	97
2008-05	968.2	23.3	27.7	19.3	32.1	13.2	21.2	73.0	1.1	2.2	1.2	5.0	27.1	55.5	11.4	70.8	78.5	178	256
2008-06	965.6	26.1	30.1	21.6	34.6	17.2	23.5	71.0	0.7	1.9	0.8	5.0	31.2	59.5	14.0	80.8	154	239	393
2008-07	964.7	27.1	31.3	23.1	36.0	20.4	24.6	72.0	0.6	2.1	0.5	4.0	31.8	61.8	17.5	76	255	96.6	352
2008-08	966.1	26.9	31.3	23.0	38.2	20.4	24.4	71.0	0.6	1.6	0.6	4.8	31.1	61.0	20.5	61.9	141	161	302
2008-09	969.2	25.5	31.2	20.0	36.5	12.0	22.9	68.0	0.8	2.1	0.3	7.0	31.4	66.9	13.1	78.9	24.2	53.5	77.7

（续）

年-月	平均气压月平均值/100Pa	平均干球温度月平均值/℃	最高干球温度月平均值/℃	最低干球温度月平均值/℃	最高干球温度极值/℃	最低干球温度极值/℃	平均湿球温度/℃	相对湿度平均值/%	8时月平均风速/(m/s)	14时月平均风速/(m/s)	20时月平均风速/(m/s)	月极大风速/(m/s)	平均地表温度/℃	最高地表温度极值/℃	最低地表温度极值/℃	20时蒸发量月合计值/mm	20时至翌日8时降水量月合计值/mm	8时至20时降水量月合计值/mm	20时至翌日20时降水量月合计值/mm
2008-10	975.2	22.3	27.4	16.9	31.1	9.0	19.7	66.0	0.8	1.9	0.3	4.0	28.2	55.8	10.1	77.2	91.7	21.1	113
2008-11	979.3	15.2	20.5	10.3	26.6	2.9	13.1	64.0	1.0	1.8	0.7	5.0	18.4	38.4	1.8	50.8	127	27.1	154
2008-12	979.8	11.2	17.3	5.8	24.0	1.6	8.9	62.8	0.9	2.1	0.6	6.0	14.6	37.0	1.0	46.9	6.9	3.5	10.4
2009-01	981.2	9.1	14.7	4.7	21.2	-1.0	6.7	55.0	0.8	1.9	0.4	5.0	11.9	37.5	-2.5	52	5.4	2.5	7.9
2009-02	972.1	16.9	21.9	12.8	31.1	6.7	14.7	67.0	0.8	1.6	0.5	5.5	19.6	48.6	7.1	46	12.9	5.3	18.2
2009-03	973.7	15.5	19.3	11.9	30.1	2.8	14.0	71.0	1.0	1.6	0.7	6.0	17.6	45.4	1.6	50.2	82.3	18.6	101
2009-04	970.9	19.9	23.8	16.2	30.7	8.9	17.9	68.0	0.9	2.0	0.6	8.0	22.1	43.8	8.6	59.6	38.1	40.5	78.6
2009-05	970.0	23.3	27.3	19.7	31.9	13.3	21.4	68.0	1.0	1.4	0.7	5.0	26.2	50.8	13.4	57.6	90.6	96.6	187
2009-06	972.1	26.2	31.0	22.0	34.8	15.4	24.3	67.0	0.8	1.8	0.7	5.0	30.0	56.8	15.3	68.9	217	169	386
2009-07	972.4	27.2	31.5	23.2	36.2	21.6	24.9	75.0	1.1	2.0	0.8	6.4	32.9	67.2	20.9	135	174	173	346
2009-08	974.9	28.2	33.7	23.3	36.7	21.1	24.7	68.0	0.7	2.0	1.1	5.5	37.4	66.7	21.5	148	6.6	3.8	10.4
2009-09	977.9	26.8	32.9	21.5	37.0	16.5	23.0	66.0	0.8	2.6	0.5	7.0	34.5	65.6	16.8	114	55.2	44.9	100
2009-10	982.7	21.9	26.8	17.9	32.9	13.4	18.9	70.0	0.6	1.7	0.4	5.0	26.8	56.3	14.0	88.5	12	20.4	32.4
2009-11	987.0	14.3	20.2	9.9	30.7	1.0	11.8	62.0	0.7	2.3	0.7	5.5	18.5	48.2	0.3	68.4	13.1	7.1	20.2
2009-12	986.8	11.6	15.0	8.4	22.0	1.0	9.7	70.0	0.7	1.1	0.4	5.0	14.1	37.3	0.6	46.9	7.3	7.2	14.5
2010-01	987.1	10.9	15.1	7.6	26.8	0.1	9.9	76.0	0.5	1.9	0.8	5.0	12.3	35.9	-0.9	37.4	44	35.8	79.8
2010-02	982.0	12.7	18.3	9.3	30.6	1.9	10.9	70.0	0.7	2.2	0.7	6.0	15.1	49.0	1.7	54.8	7	1.2	8.2
2010-03	983.2	15.8	21.0	11.6	32.3	0.3	13.5	67.0	1.2	1.7	1.0	5.0	18.9	50.5	0.7	70.2	12.6	4.9	17.5
2010-04	981.2	17.5	22.2	14.4	30.3	6.5	16.1	79.0	0.8	1.4	0.9	5.0	19.2	41.4	7.6	83.9	75	20.3	95.3
2010-05	975.6	23.1	27.5	20.1	32.7	14.3	21.7	80.0	0.6	1.0	0.4	4.5	24.7	53.6	14.8	69	240	22.9	263

（续）

年-月	平均气压/100Pa	平均干球温度月平均值/℃	最高干球温度月平均值/℃	最低干球温度月平均值/℃	最高干球温度极值/℃	最低干球温度极值/℃	平均湿球温度/℃	相对湿度平均值/%	8时月平均风速/(m/s)	14时月平均风速/(m/s)	20时月平均风速/(m/s)	月极大风速/(m/s)	平均地表温度/℃	最高地表温度极值/℃	最低地表温度极值/℃	20时蒸发量月合计值/mm	20时至翌日8时降水量月合计值/mm	8时至20时降水量月合计值/mm	20时至翌日20时降水量月合计值/mm
2010-06	975.1	24.4	27.9	21.7	38.6	15.8	22.9	83.0	0.6	0.9	0.5	4.5	25.6	48.1	15.9	65.2	333	76.5	410
2010-07	975.0	27.7	32.4	24.3	35.5	21.3	25.5	77.0	1.1	1.8	0.7	4.5	31.7	67.4	21.9	98.6	97.2	113	210
2010-08	977.1	26.7	32.5	22.6	35.5	19.4	24.7	77.0	0.4	1.2	0.3	2.8	32.5	66.9	20.1	122	81.9	14.4	96.3
2010-09	978.4	24.2	29.7	21.1	35.9	16.7	23.0	81.0	0.6	1.5	0.3	4.5	28.7	61.7	17.9	71.2	135	60.1	195
2010-10	983.9	19.3	25.4	15.5	29.3	5.5	17.5	71.0	0.6	1.6	0.5	5.0	23.7	51.1	5.1	85.9	14.1	1.1	15.2
2010-11	986.3	14.6	21.9	10.2	27.6	4.9	13.2	74.0	0.3	1.2	0.3	4.0	18.6	47.3	5.1	53.7	9.3	15.1	24.4
2010-12	984.7	11.0	17.2	6.7	23.9	-2.2	9.9	74.0	0.3	1.0	0.3	4.3	12.5	35.5	-1.8	46.1	72.9	23.5	96.4
2011-01	990.7	5.0	7.3	3.2	12.9	-0.9	4.1	69.0	0.9	1.3	0.5	2.8	7.0	22.1	-0.6	37.8	20.6	10.7	31.3
2011-02	983.5	12.1	16.7	8.7	26.9	-0.4	11.0	75.0	0.5	1.5	0.6	4.0	14.7	43.5	0.3	30.2	10.9	4.2	15.1
2011-03	987.0	11.4	15.3	9.0	24.6	2.8	10.5	77.0	0.9	1.3	0.2	5.5	13.9	43.7	2.2	44.6	60.8	32.4	93.2
2011-04	981.5	18.8	23.8	15.3	32.4	8.6	17.3	77.0	0.8	1.1	0.1	5.2	22.5	51.6	9.8	62.7	38.5	16	54.5
2011-05	977.5	22.4	28.2	17.9	33.1	12.6	20.8	74.0	0.5	1.2	0.7	5.0	28.6	57.8	11.0	82.4	114	43.3	157
2011-06	972.6	26.2	31.5	23.1	41.5	15.0	24.8	81.0	0.4	0.6	0.3	3.4	30.7	52.1	16.7	268	130	140	270
2011-07	973.1	27.8	33.4	23.4	37.4	20.6	24.9	81.0	0.5	1.1	0.5	4.8	36.5	68.4	22.0	114	10.8	14.9	25.7
2011-08	975.4	26.4	33.1	21.8	36.2	17.7	23.8	82.0	0.4	1.4	0.4	3.0	34.6	63.4	14.8	96.8	72.2	41.3	114
2011-09	978.1	23.9	30.3	20.3	35.2	14.6	22.0	82.0	0.6	1.4	0.6	8.0	31.7	60.0	12.4	87.9	56.8	38.5	95.3
2011-10	984.2	19.0	24.4	16.0	32.4	12.1	18.0	88.0	0.4	0.7	0.1	3.0	23.1	46.7	9.0	57.3	103	89.9	193
2011-11	984.9	16.9	24.7	12.4	29.1	6.9	15.9	88.0	0.1	1.1	0.1	3.5	22.5	44.6	4.2	55.2	14.4	35.9	50.3
2011-12	990.4	9.4	14.9	5.5	22.1	-0.5	8.1	77.0	1.1	1.5	0.6	4.5	13.3	29.0	-1.5	51.9	8	10.2	18.2
2012-01	987.8	7.3	10.1	5.6	14.7	1.7	6.4	89.0	0.3	0.5	0.1	2.9	9.6	19.4	-0.5	21	72.2	38.7	111

（续）

年月	平均气压/100Pa	平均干球温度月平均值/℃	最高干球温度月平均值/℃	最低干球温度月平均值/℃	最高干球温度极值/℃	最低干球温度极值/℃	平均湿球温度/℃	相对湿度平均值/%	8时月平均风速/(m/s)	14时月平均风速/(m/s)	20时月平均风速/(m/s)	月极大风速/(m/s)	平均地表温度/℃	最高地表温度极值/℃	最低地表温度极值/℃	20时蒸发量月合计值/mm	20时至翌日8时降水量月合计值/mm	8时至20时降水量月合计值/mm	20时至翌日20时降水量月合计值/mm
2012-02	984.3	8.5	11.2	6.6	17.7	3.1	7.9	90.0	0.9	1.0	0.2	5.0	10.4	22.9	4.0	44.1	23.9	17.9	41.8
2012-03	982.3	14.5	18.4	12.2	29.8	7.4	13.5	90.0	0.9	1.0	0.5	4.8	16.2	39.1	6.6	43.7	43.8	12.4	56.2
2012-04	977.5	21.1	26.5	17.4	33.8	7.5	19.3	86.0	0.9	1.3	0.6	6.0	25.1	56.5	8.0	48.8	111	4.7	116
2012-05	976.0	23.8	28.9	20.7	33.8	14.2	22.4	89.0	0.8	1.1	0.2	3.5	27.8	59.1	14.3	68.3	165	149	313
2012-06	971.6	25.2	30.1	22.0	35.6	16.8	24.0	91.0	0.8	1.9	0.2	3.0	29.2	53.4	18.2	121	477	36.3	513
2012-07	972.0	26.8	32.5	23.5	38.6	21.5	24.9	89.0	0.7	1.0	0.7	4.5	32.5	60.7	21.6	142	126	91.6	217
2012-08	971.6	25.6	32.7	20.1	35.2	14.5	24.2	90.0	0.7	1.5	0.1	7.0	32.9	65.0	19.6	152	23.7	106	130
2012-09	978.2	22.8	28.8	18.0	39.4	12.4	21.2	89.0	0.5	1.6	0.6	5.5	28.4	62.3	11.8	92.2	48.1	27.9	76
2012-10	982.4	20.8	26.8	16.9	30.1	11.0	19.3	86.0	0.3	1.1	0.5	9.0	27.2	59.4	11.5	78.3	21	18.5	39.5
2012-11	983.1	14.8	19.2	11.8	25.0	5.7	14.1	90.0	0.3	0.3	0.1	2.8	18.0	46.9	4.2	43.4	50.1	61.1	111
2012-12	985.5	10.7	14.6	7.7	27.1	-1.6	9.6	86.0	0.7	0.7	0.3	4.5	13.1	33.0	-0.1	118	38.6	22.9	61.5
2013-01	987.7	9.3	12.3	5.8	22.0	0.3	8.5	85.5	0.3	0.3	0.3	4.0	10.8	29.0	0.6	55.8	37.8	12.2	50
2013-02	984.9	13.6	18.2	9.8	27.6	3.7	9.8	85.6	0.4	0.6	0.2	4.5	15.2	39.8	1.8	43.1	24.3	12.7	37
2013-03	981.0	18.5	23.8	13.5	30.3	4.3	16.3	82.0	0.7	1.4	0.4	6.0	21.8	47.1	5.0	66.2	102	10.9	113
2013-04	978.6	19.9	24.3	16.2	32.8	9.6	18.0	87.0	0.5	1.3	0.5	7.0	22.5	50.1	9.6	71.5	52.4	14.3	66.7
2013-05	976.0	24.2	28.7	19.8	34.3	14.5	22.2	87.5	0.7	0.7	0.2	4.5	27.5	57.0	14.1	137	211	46.6	257
2013-06	973.2	26.3	31.1	21.7	35.7	14.1	23.9	85.8	0.3	0.7	0.2	4.0	31.3	62.7	14.1	200	125	39.9	165
2013-07	964.3	27.6	32.1	23.2	34.4	21.1	24.9	84.2	0.4	0.4	0.4	4.0	33.8	60.2	17.9	116	33.4	61.6	95
2013-08	973.6	27.1	32.4	22.9	44.4	21.2	24.8	87.9	0.3	0.3	0.1	6.5	31.4	61.0	21.6	149	108	73.4	181
2013-09	979.0	23.9	29.4	20.2	40.1	12.9	21.9	86.4	0.7	0.9	0.3	4.0	28.9	59.8	12.2	164	146	17.4	163

（续）

年-月	平均气压/100Pa	平均干球温度月平均值/℃	最高干球温度月平均值/℃	最低干球温度月平均值/℃	最高干球温度极值/℃	最低干球温度极值/℃	平均湿球温度/℃	相对湿度平均值/%	8时月平均风速/(m/s)	14时月平均风速/(m/s)	20时月平均风速/(m/s)	月极大风速/(m/s)	平均地表温度/℃	最高地表温度极值/℃	最低地表温度极值/℃	20时蒸发量月合计值/mm	20时至翌日8时降水量月合计值/mm	8时至20时降水量月合计值/mm	20时至翌日20时降水量月合计值/mm
2013-10	984.5	20.1	25.0	14.6	31.9	8.7	17.5	82.9	0.6	0.7	0.1	4.0	25.0	56.2	7.2	99.8	35	20.1	55.1
2013-11	985.9	16.1	21.9	12.2	29.1	6.5	14.7	86.3	0.6	0.6	0.1	7.0	19.2	47.6	5.2	68.6	27.5	40.3	67.8
2013-12	988.3	9.9	15.9	4.7	22.3	-1.1	8.0	83.0	0.5	1.0	0.5	5.0	11.8	38.5	-3.5	55.2	31	33.5	64.5
2014-01	988.2	10.9	16.8	5.1	22.0	-2.2	9.4	83.0	0.8	1.1	0.3	4.5	12.6	34.2	-1.4	42.1	9.9	8	17.9
2014-02	984.6	10.7	14.6	7.8	25.7	2.4	10.2	88.0	0.4	1.0	0.0	3.5	13.5	43.8	1.3	43.9	31.3	16.3	47.6
2014-03	972.3	15.0	18.3	12.5	29.6	8.1	14.7	92.0	0.8	0.5	0.3	4.5	16.0	35.2	6.8	29.7	147	34.5	182
2014-04	979.7	20.7	24.2	18.1	28.3	12.5	20.7	94.0	0.3	0.2	0.2	3.0	22.2	38.5	12.9	64.7	131	22.8	154
2014-05	975.8	24.0	28.5	18.4	36.7	6.4	23.3	92.0	0.6	1.9	0.7	8.0	25.9	49.9	10.7	89.5	108	22.1	130
2014-06	971.7	26.7	29.9	22.1	35.5	16.8	25.4	92.0	0.5	0.2	0.1	4.5	29.1	56.7	21.9	69.9	151	40.3	191
2014-07	973.4	26.8	32.5	23.1	38.7	20.5	26.2	92.0	0.2	1.1	0.7	7.0	31.1	57.0	21.5	64.2	96.2	83.5	180
2014-08	975.4	26.5	32.2	22.7	36.2	20.3	25.3	91.0	0.1	0.3	0.1	3.0	30.7	57.9	21.1	67.8	95.2	13.2	108
2014-09	978.2	25.3	31.7	21.0	35.1	13.9	24.8	90.0	0.2	0.2	0.2	3.0	29.7	56.8	13.5	95.1	36.1	77.3	113
2014-10	983.9	21.9	28.7	17.0	33.3	11.4	21.6	88.0	0.1	0.3	0.1	4.0	25.9	49.7	10.6	85.1	21.6	4.9	26.5
2014-11	985.5	17.1	21.6	13.2	35.4	8.6	16.3	92.0	0.1	0.3	0.2	3.0	18.1	38.8	9.9	43.2	80	27.4	107
2014-12	990.2	10.4	16.8	5.8	28.4	-0.9	10.4	85.0	0.6	0.1	0.1	6.0	13.8	41.6	-1.6	45.3	5	3.4	8.4
2015-01	988.8	10.8	16.7	5.5	23.4	0.8	10.8	88.0	0.3	0.3	0.2	2.0	12.6	38.6	0.2	44.4	9.9	8	17.9
2015-02	985.0	12.8	18.0	8.3	28.7	2.4	13.0	92.0	0.3	1.0	0.5	8.0	15.2	34.2	1.7	32.6	103	15.5	119
2015-03	982.7	16.5	20.2	13.5	30.2	6.2	16.2	94.0	0.8	0.9	0.3	4.5	18.2	40.4	5.7	40.5	32.9	21.3	54.2
2015-04	980.6	20.9	27.3	16.1	36.0	10.5	19.6	84.0	0.9	1.4	0.7	4.0	24.6	56.0	13.1	77.6	54.5	0	54.5
2015-05	974.8	24.3	29.0	20.2	35.1	14.0	23.5	92.0	0.5	0.2	0.0	3.0	26.7	49.9	15.1	66.7	124	56.2	180

（续）

年-月	平均气压/100Pa	平均干球温度月平均值/℃	最高干球温度月平均值/℃	最低干球温度月平均值/℃	最高干球温度极值/℃	最低干球温度极值/℃	平均湿球温度/℃	相对湿度平均值/%	8时月平均风速/(m/s)	14时月平均风速/(m/s)	20时月平均风速/(m/s)	月极大风速/(m/s)	平均地表温度/℃	最高地表温度极值/℃	最低地表温度极值/℃	20时蒸发量月合计值/mm	20时至翌日8时降水量月合计值/mm	8时至20时降水量月合计值/mm	20时至翌日20时降水量月合计值/mm
2015-06	973.2	26.3	30.2	22.1	35.1	14.0	25.0	92.0	0.7	0.5	0.2	3.0	29.1	54.4	20.5	82.8	96.9	70.8	168
2015-07	973.2	25.9	31.4	22.0	35.6	18.2	24.5	91.0	0.8	0.5	0.4	3.5	30.5	63.0	16.5	87.5	153	252	405
2015-08	975.8	26.4	32.5	22.2	36.2	17.9	25.6	92.0	0.5	0.3	0.1	4.0	30.8	61.3	17.9	70.7	56.8	15.1	71.9
2015-09	978.9	24.7	29.1	21.6	32.8	17.5	24.0	97.0	0.6	0.1	0.1	3.5	28.1	57.0	19.9	51.6	121	51	172
2015-10	983.3	21.5	27.7	17.2	30.8	10.5	20.3	95.0	0.5	0.3	0.0	6.0	25.2	57.0	12.6	80.5	31.5	54.6	86.1
2015-11	985.5	17.2	21.9	13.6	29.6	3.1	16.9	99.0	0.5	0.2	0.0	4.0	19.2	35.9	4.1	58.6	201	79.8	281
2015-12	988.9	11.1	14.1	6.8	19.9	1.1	11.0	98.0	1.0	0.1	0.3	9.0	13.0	29.8	0.2	51.8	48.2	23.8	72

3.4.2 喀斯特农田生态系统气象自动观测要素一

（1）概述。本数据集为环江站气象观测场（HJAQX01）的长期联网自动气象监测数据，包括了2007—2015年大气压日平均值月平均、相对湿度日平均值月平均、海平面气压日平均值月平均、水气压日平均值月平均、气温日平均值月平均、气温月内极差值、露点温度日平均值月平均、露点温度月内极差值、地表温度日平均值月平均、土壤温度日平均值月平均值（5 cm 地层、10 cm 地层、15 cm地层、20 cm 地层、40 cm 地层、60 cm 地层、100 cm 地层）等指标。

（2）数据采集和处理方法。本数据集中的原始数据，2007年1月至2014年6月使用芬兰 VAISALA 生产的 MILOS520 数据采集器气象自动监测系统，2014年7月至2015年12月使用芬兰 VAISALA 生产的 MAWS301 数据采集器气象自动监测系统。自动气象监测站以小时为最小监测单位，记录各个观测指标的监测值，并利用 CERN 大气分中心气象监测处理报表对数据进行处理，生成包括小时、日、月、年等时间尺度的气象指标观测统计数据。本数据集整理展示了气压、气温、露点温度、地表温度、土壤温度等指标的观测月值。

（3）数据质量控制。传感器每两年校正一次；每月下载数据，进行异常值检查与剔除，转换为正规报表格式提交 CERN 大气分中心审核；生成观测日志文件，记录说明当月观测数据的缺失情况。缺失数据用"—"表示。环江站气压、气温、露点温度、地表温度、土壤温度等气象自动观测指标气象学意义及其传感器校准要求见表 3-116。

表 3-116　环江站气压、气温、露点温度、地表温度、土壤温度等气象自动观测指标
　　　　　气象学意义及其传感器校准要求

观测指标	气象学意义	传感器校准
气温	大气的温度简称气温，气温是地面气象观测规定高度（即 1.25~2.00 m，国内为 1.5 m）上的空气温度。空气温度记录可以表征一个地方的热状况特征，无论在理论研究上，还是在国防、经济建设的应用上都是不可缺少的基本气象观测指标	温、湿度传感器（HMPD）每年校准 1 次，由大气分中心进行校准，每年各站将要校准的温、湿度传感器送 CERN 大气分中心
相对湿度	相对湿度是空气中的实际水气压与同温度下的饱和水气压的比值（用百分数表示）。它直接反映空气距离饱和的程度，在农业生产、人居环境评价等方面是不可缺少的基本气象参数指标	
水气压	水气压是指空气中水汽的分压强，它可以理解为水汽在大气总压力中的分压力，单位和气压一样，都是 100Pa。空气中水汽含量越多，分压力就越大，水气压也越大。水气压的大小与蒸发的快慢有密切关系	气压传感器（DPA501）在大气分中心标准实验室进行标定
海平面气压	海平面气压指的是单位面积上从海平面到大气上界空气柱的重量，平均海平面气压资料是气候及天气分析研究中的一项基本资料	
露点温度	在空气中水汽含量不变，气压一定下，使空气冷却达到饱和时的温度，称为露点温度，简称露点（T_d）。露点与气温的差值可以表示空气中的水汽距离饱和的程度。气温降到露点以下是水汽凝结的必要条件	对地温传感器（QMT110）中 Pt100 温度传感器组件进行自查，有损坏则更新，不进行标定工作
地温	地温即地表面和地面表面以下不同土壤深度层次的温度，单位为摄氏度（℃）。地温是气象观测项目之一，更是十分有用的气候资源。地温的高低对近地面气温，植物的种子发芽及其生长发育，微生物的繁殖及其活动，有很大影响；地温资料对农业、林业、牧业的区域规划有重大意义。此外，高原冻土带修建铁路，地下矿产和地热资源开采等都需要参考多年的地温资料	

（4）数据价值。喀斯特农田生态系统气象自动观测要素数据集能够反映西南喀斯特峰丛洼地农业区代表性气象环境中气压、气温、露点温度、地表温度、土壤温度等要素指标的长期动态变化，为区域内天气预报预警、气候预测、农作制度安排、防灾减灾与应对气候变化等方面提供基础参考数据。

（5）喀斯特农田生态系统气象自动观测要素（气压、气温、露点温度、地表温度、土壤温度）数据。2007—2015 年环江站喀斯特农田生态系统气象自动观测要素（气压、气温、露点温度、地表温度、土壤温度）数据见表 3 - 117，更多"环江站喀斯特农田生态系统气象自动观测要素（气压、气温、露点温度、地表温度、土壤温度）数据"服务请访问 http：//hja. cern. ac. cn/meta/detail/P3、http：//hja. cern. ac. cn/meta/detail/RH3、 http：//hja. cern. ac. cn/meta/detail/P03、 http：//hja. cern. ac. cn/meta/detail/HB3、 http：//hja. cern. ac. cn/meta/detail/T3、 http：//hja. cern. ac. cn/meta/detail/TD3、 http：//hja. cern. ac. cn/meta/detail/Tg1003、 http：//hja. cern. ac. cn/meta/detail/Tg603、 http：//hja. cern. ac. cn/meta/detail/Tg403、 http：//hja. cern. ac. cn/meta/detail/Tg203、 http：//hja. cern. ac. cn/meta/detail/Tg103、 http：//hja. cern. ac. cn/meta/detail/Tg153、 http：//hja. cern. ac. cn/meta/detail/Tg53、http：//hja. cern. ac. cn/meta/detail/Tg03。

3.4.3　喀斯特农田生态系统气象自动观测要素数据集二

（1）概述。本数据集为环江站气象观测场（HJAQX01）的长期联网自动气象监测数据，包括了 2007—2015 年自动观测总辐射日极值、反射辐射日极值、紫外辐射日极值、净辐射日极值、光合有效辐射日极值、总辐射总量月合计值、反射辐射总量月合计值、紫外辐射总量月合计值、净辐射总量月合计值、光合有效辐射总量月合计值、日照小时数月合计值、日照分钟数月合计值、月平均风速、月最多风向、10 min 月极大风风速、10 min 月极大风风向和 10 min 月极大风出现时间等指标。

（2）数据采集和处理方法。本数据集中的原始数据，2007 年 1 月至 2014 年 6 月使用芬兰 VAIS-ALA 生产的 MILOS520 数据采集器气象自动监测系统，2014 年 7 月至 2015 年 12 月使用芬兰 VAIS-ALA 生产的 MAWS301 数据采集器气象自动监测系统。

自动气象监测站气象辐射观测以小时为最小监测单位，记录各个观测指标的监测值，并利用 CERN 大气分中心气象监测处理报表对数据进行处理，生成包括小时、日、月、年等时间尺度的气象指标观测统计数据。

自动气象监测站风的观测每秒采测 1 次风速数据，以 1s 为步长求 3s 滑动平均风速，以 3s 为步长求 1 min 滑动平均风速，然后以 1 min 为步长分别计算出 2 min 、10 min 的滑动平均风速。最大风速和极大风速的月极值及其风向、出现日期和时间，分别从逐日的日极值中挑取，并记录其相应的出现日期和时间。原始数据观测记录频率：每日 1 次；数据产品频率：每月 1 次；数据单位为 m/s；小数位数 1 位；数据产品观测层次为距地面 10 m 高的风杆观测数据。

本数据集整理展示了自动观测总辐射日极值、反射辐射日极值、紫外辐射日极值、净辐射日极值、光合有效辐射日极值、总辐射总量月合计值、反射辐射总量月合计值、紫外辐射总量月合计值、净辐射总量月合计值、光合有效辐射总量月合计值、日照小时数月合计值、日照分钟数月合计值、月平均风速、月最多风向、10 min 月极大风的风速、10 min 月极大风风向和 10 min 月极大风出现时间等指标。

（3）数据质量控制。传感器每两年校正一次；每月下载数据，进行异常值检查与剔除，转换为正规报表格式提交 CERN 大气分中心审核；生成观测日志文件，记录说明当月观测数据的缺失情况。缺失数据用"—"表示。环江站气象辐射及风要素等气象自动观测指标气象学意义及其传感器校准要求见表 3 - 118。

表 3-117　2007—2015 年环江站喀斯特农田生态系统气象自动观测要素（气压、气温、露点温度、地表温度、土壤温度）数据

年-月	大气压日月平均值/hpa	相对湿度日平均值月平均/%	海平面气压日月平均值/100Pa	水气压日平均值月平均/100Pa	气温 日平均值月平均/℃	气温 月内极差值/℃	露点温度 日平均值月平均/℃	露点温度 月内极差值/℃	地表温度 日平均值月平均/℃	土壤温度 5 cm地层 日平均值月平均/℃	10 cm地层 日平均值月平均/℃	15 cm地层 日平均值月平均/℃	20 cm地层 日平均值月平均/℃	40 cm地层 日平均值月平均/℃	60 cm地层 日平均值月平均/℃	100 cm地层 日平均值月平均/℃
2007-01	990.8	70.0	1 025.0	7.7	8.6	21.3	2.9	18.6	11.1	11.9	12.1	12.6	12.9	14.3	15.6	18.1
2007-02	982.3	76.0	1 015.2	13.9	16.1	23.8	11.4	20.4	17.4	16.5	16.3	16.3	16.3	16.3	16.6	17.5
2007-03	980.5	80.0	1 013.4	15.4	16.3	23.5	12.8	19.5	17.6	17.5	17.4	17.4	17.4	17.5	17.9	18.5
2007-04	981.0	77.0	1 013.6	16.7	18.7	25.3	14.1	21.3	21.4	20.3	20.2	20.1	20.0	19.8	19.7	19.5
2007-05	975.8	76.0	1 007.8	21.8	23.7	22.8	18.6	15.6	28.1	24.5	24.2	23.9	23.6	22.7	22.3	21.4
2007-06	971.8	79.0	1 003.2	26.9	26.5	16.8	22.2	11.2	29.9	27.4	27.2	26.9	26.7	25.9	25.4	24.2
2007-07	970.9	79.0	1 002.2	28.9	27.6	12.5	23.5	6.7	30.6	28.7	28.4	28.3	28.1	27.4	27.1	25.8
2007-08	971.6	79.0	1 003.0	27.1	27.0	17.7	22.4	10.3	31.7	29.1	28.9	28.7	28.5	28.0	27.7	26.8
2007-09	976.9	79.0	1 007.8	23.6	23.4	21.2	18.9	16.9	28.0	26.8	26.7	26.7	26.7	26.7	26.9	26.7
2007-10	982.7	70.0	1 015.1	17.6	21.4	23.1	15.1	18.1	27.5	24.9	24.9	25.0	25.0	25.3	25.6	25.8
2007-11	986.4	65.0	1 019.7	10.8	15.3	28.3	7.4	26.9	19.4	19.0	19.1	19.5	19.7	20.9	21.8	23.3
2007-12	985.7	69.0	1 017.5	10.6	13.3	23.5	7.5	21.0	15.7	16.1	16.2	16.5	16.7	17.8	18.9	20.8
2008-01	988.0	75.0	1 022.3	7.7	7.1	25.9	2.4	24.0	10.3	11.8	12.0	12.5	12.9	14.4	15.8	18.3
2008-02	989.4	61.6	1 023.4	7.2	8.9	26.1	1.0	26.3	12.1	11.4	11.4	11.5	11.7	12.4	13.3	15.5
2008-03	981.6	78.4	1 014.5	14.7	16.5	26.4	12.0	28.4	18.5	17.2	17.0	16.9	16.8	16.4	16.5	16.7
2008-04	978.0	81.7	1 010.4	19.5	20.3	24.7	16.8	15.9	22.7	21.1	20.8	20.6	20.4	19.8	19.5	19.0
2008-05	974.5	80.1	1 006.4	22.7	23.3	19.6	19.3	17.0	26.9	24.6	24.3	24.0	23.7	22.8	22.3	21.2
2008-06	971.7	80.7	1 003.2	26.1	25.7	18.2	21.8	10.2	14.8	13.1	13.0	12.8	12.6	12.2	12.0	11.4
2008-07	971.5	82.5	1 002.9	28.3	26.7	16.6	23.1	8.1	—	—	—	—	—	—	—	—
2008-08	972.8	82.7	1 004.3	28.3	26.6	16.4	23.1	8.9	—	—	—	—	—	—	—	—
2008-09	976.4	81.2	1 008.1	25.5	25.2	22.1	21.3	10.0	29.9	27.5	27.3	27.0	27.1	22.6	26.8	26.8
2008-10	982.5	79.5	1 014.8	20.7	21.9	18.9	17.7	13.8	26.0	24.4	24.3	24.2	24.4	24.5	25.0	24.7
2008-11	987.0	79.9	1 020.3	13.7	15.0	24.3	10.9	26.9	17.4	18.3	18.5	18.8	19.2	19.8	21.4	20.5
2008-12	987.9	76.2	1 021.6	10.1	10.9	26.2	6.3	25.0	13.1	13.9	14.1	14.4	14.9	15.6	17.5	16.3

（续）

年-月	大气压日平均值月平均/hpa	相对湿度日平均值月平均/%	海平面气压日平均值月平均/100Pa	水气压日平均值月平均/100Pa	气温 日平均值月平均/℃	气温 月内极差值/℃	露点温度 日平均值月平均/℃	露点温度 月内极差值/℃	地表温度日平均值月平均/℃	土壤温度 5 cm地层日平均值月平均/℃	10 cm地层日平均值月平均/℃	15 cm地层日平均值月平均/℃	20 cm地层日平均值月平均/℃	40 cm地层日平均值月平均/℃	60 cm地层日平均值月平均/℃	100 cm地层日平均值月平均/℃
2009-01	989.6	67.4	1 023.6	7.7	9.1	22.8	2.7	22.5	11.1	11.8	11.9	12.2	12.6	13.3	15.1	13.9
2009-02	979.7	78.1	1 012.5	15.0	17.1	24.8	12.7	16.0	18.1	16.7	16.5	16.3	16.3	16.3	16.4	16.2
2009-03	981.3	81.3	1 014.4	14.8	15.4	27.5	12.0	22.2	16.9	16.3	16.2	16.1	16.2	16.3	16.8	16.4
2009-04	978.4	80.7	1 010.8	18.4	19.7	22.7	15.8	18.2	20.8	19.8	19.5	19.2	19.3	19.1	18.8	18.9
2009-05	977.0	82.9	1 009.0	23.2	23.1	18.9	19.7	13.1	24.0	22.9	22.6	22.2	22.2	22.0	21.3	21.5
2009-06	970.5	81.4	1 002.0	26.8	25.9	19.5	22.1	15.6	27.0	25.9	25.6	25.3	25.2	24.8	24.1	23.9
2009-07	970.9	80.9	1 002.3	28.1	26.9	16.2	23.0	5.6	47.4	27.5	27.3	26.9	26.9	26.3	26.0	25.0
2009-08	973.0	72.9	1 004.4	26.7	28.0	16.5	22.2	10.9	60.8	28.2	27.9	27.6	27.6	27.0	26.7	25.8
2009-09	976.1	72.0	1 007.7	24.1	26.5	22.0	20.4	11.9	54.7	26.7	26.5	26.4	26.5	26.3	26.3	25.8
2009-10	981.3	74.9	1 013.6	19.1	21.8	20.2	16.7	19.6	34.0	23.2	23.1	23.1	23.4	23.8	24.2	24.5
2009-11	985.9	71.0	1 019.2	12.2	14.6	31.0	8.8	24.2	18.7	17.2	17.4	17.6	18.1	19.4	20.6	22.1
2009-12	986.5	75.3	1 020.2	10.4	11.6	20.7	7.1	19.5	13.3	14.4	14.5	14.5	15.2	16.3	17.4	19.2
2010-01	987.0	79.8	1 020.7	11.1	11.5	27.2	7.8	23.8	12.6	13.1	13.1	13.1	13.6	14.5	15.5	17.3
2010-02	981.7	73.5	1 015.0	11.7	13.2	29.1	8.0	22.6	14.4	14.3	14.2	14.2	14.5	15.0	15.7	16.8
2010-03	982.3	70.3	1 015.2	13.5	16.3	32.1	10.3	23.8	16.9	16.2	16.1	16.1	16.2	16.3	16.7	17.1
2010-04	980.3	81.0	1 013.0	16.7	17.9	23.6	14.3	16.4	18.3	17.9	17.8	17.8	17.7	17.6	17.8	17.9
2010-05	974.1	81.9	1 006.0	23.5	23.5	18.9	20.0	19.0	22.7	22.2	22.0	22.0	21.6	20.9	20.6	19.8
2010-06	973.6	85.8	1 005.3	26.1	24.3	17.4	21.6	11.6	15.3	15.2	15.1	15.1	14.9	14.6	14.4	13.9
2010-07	972.7	78.0	1 004.0	29.7	28.3	14.3	23.9	6.6	30.7	26.3	26.1	—	25.9	25.6	25.5	24.6
2010-08	975.2	78.2	1 006.7	27.5	27.2	16.8	22.6	8.6	32.1	28.8	28.4	28.0	27.8	26.9	26.5	25.4

（续）

年-月	大气压日平均值月平均/hpa	相对湿度日平均值月平均/%	海平面气压日平均值月平均/100Pa	水气压日平均值月平均/100Pa	气温		露点温度		地表温度日平均值月平均/℃	土壤温度						
					日平均值月平均/℃	月内极差值/℃	日平均值月平均/℃	月内极差值/℃		5 cm地层日平均值月平均/℃	10 cm地层日平均值月平均/℃	15 cm地层日平均值月平均/℃	20 cm地层日平均值月平均/℃	40 cm地层日平均值月平均/℃	60 cm地层日平均值月平均/℃	100 cm地层日平均值月平均/℃
2010-09	976.6	82.5	1 008.5	25.4	24.8	20.2	21.2	11.1	28.4	27.3	27.1	26.9	26.8	26.4	26.2	25.5
2010-10	982.7	73.4	1 015.2	17.2	20.0	24.4	14.5	20.4	23.3	23.1	23.0	23.1	23.2	23.5	24.0	24.3
2010-11	985.6	76.2	1 018.8	12.7	15.4	23.4	10.5	14.0	18.4	18.1	18.1	18.3	18.5	19.3	20.2	21.4
2010-12	984.2	76.4	1 017.7	10.4	11.6	26.7	7.0	22.4	13.6	14.4	14.4	14.8	15.1	16.2	17.4	19.1
2011-01	990.8	71.5	1 025.4	6.3	5.4	14.3	0.2	14.2	8.3	9.6	9.8	10.2	10.7	12.2	13.6	16.0
2011-02	983.6	75.0	1 017.3	9.8	10.8	23.8	6.1	20.1	12.7	12.1	12.0	12.0	12.1	12.5	13.2	14.6
2011-03	986.8	79.2	1 020.4	10.9	11.7	22.1	7.9	17.2	13.7	13.8	13.7	13.8	13.9	14.2	14.7	15.5
2011-04	980.2	78.9	1 012.8	17.4	19.2	24.4	15.0	15.2	20.1	18.6	18.3	17.9	17.7	16.9	16.6	16.3
2011-05	975.9	74.2	1 007.9	20.4	22.9	20.2	17.5	13.7	24.8	23.5	23.2	23.0	22.8	22.0	21.5	20.1
2011-06	970.8	78.6	1 002.3	27.2	26.7	15.7	22.4	11.1	28.0	27.2	26.9	26.7	26.5	25.7	25.1	23.4
2011-07	971.1	71.7	1 002.3	26.6	28.2	17.8	22.1	9.6	29.4	28.6	28.4	28.2	28.1	27.6	27.2	25.8
2011-08	973.6	72.7	1 005.1	25.0	27.0	19.2	21.0	12.3	28.7	28.4	28.3	28.3	28.3	28.1	27.9	26.8
2011-09	976.4	74.8	1 008.2	23.2	24.8	21.2	19.6	14.3	26.6	26.9	26.9	27.0	27.1	27.2	27.3	26.8
2011-10	983.1	81.7	1 015.7	18.3	19.6	20.1	16.0	14.5	21.2	22.0	22.1	22.3	22.5	23.3	24.0	24.7
2011-11	983.9	83.9	1 016.7	16.7	17.7	22.7	14.6	13.5	18.6	19.7	19.8	20.0	20.2	21.0	21.8	22.8
2011-12	990.3	70.7	1 024.2	8.6	10.1	21.6	4.4	21.9	12.4	14.1	14.3	14.8	15.3	16.9	18.3	20.2
2012-01	987.9	84.0	1 022.1	8.7	7.4	12.0	4.7	13.8	10.2	11.2	11.3	11.6	23.8	13.3	14.6	16.9
2012-02	984.4	85.5	1 018.3	9.9	8.8	14.4	6.4	16.9	10.8	11.4	11.4	11.6	19.6	12.7	13.6	15.3
2012-03	981.9	83.4	1 015.0	14.5	14.9	22.1	11.7	20.3	17.0	15.6	15.4	15.2	15.4	14.8	15.0	15.5
2012-04	976.5	78.8	1 008.6	20.1	21.6	26.6	17.3	17.3	23.8	21.9	21.5	21.2	12.0	20.0	19.6	18.6

（续）

年-月	大气压日平均值/hpa	相对湿度日平均值/%	海平面气压日平均值/100Pa	水气压日平均/100Pa	气温		露点温度		地表温度	土壤温度						
					日平均值月平均/℃	月内极差值/℃	日平均值月平均/℃	月内极差值/℃	日平均值月平均值/℃	5 cm地层日平均值月平均/℃	10 cm地层日平均值月平均/℃	15 cm地层日平均值月平均/℃	20 cm地层日平均值月平均/℃	40 cm地层日平均值月平均/℃	60 cm地层日平均值月平均/℃	100 cm地层日平均值月平均/℃
2012 - 05	974.0	84.6	1 005.8	25.3	24.2	19.6	21.2	14.0	26.3	25.2	25.0	24.7	11.8	23.6	23.1	21.8
2012 - 06	969.5	87.7	1 001.0	28.3	25.5	17.5	23.1	9.7	27.4	26.6	26.3	26.2	15.1	25.4	25.1	24.1
2012 - 07	970.7	84.9	1 002.0	30.0	27.1	14.4	24.1	6.3	29.1	28.5	28.2	28.1	21.0	27.4	27.1	26.0
2012 - 08	971.9	84.6	1 015.8	28.7	26.5	16.4	23.3	8.7	29.0	28.5	28.4	28.3	24.5	28.0	27.8	26.9
2012 - 09	979.1	84.5	1 011.1	24.0	23.4	21.9	20.2	14.8	25.6	25.9	25.9	26.1	26.0	26.5	26.8	26.6
2012 - 10	982.1	82.1	1 014.5	20.8	21.6	19.7	17.9	16.2	23.3	23.5	23.5	23.6	28.0	24.2	24.6	24.9
2012 - 11	982.9	86.9	1 016.0	15.3	15.5	23.0	13.0	15.7	18.2	18.9	19.0	19.3	28.3	20.6	21.5	22.8
2012 - 12	986.3	80.8	1 020.0	10.8	11.0	28.3	7.5	22.7	13.5	14.6	14.7	15.1	26.2	16.8	18.0	19.8
2013 - 01	988.1	83.8	1 022.1	10.0	9.3	19.2	6.4	22.8	11.1	11.7	11.7	12.0	12.2	13.3	14.4	16.5
2013 - 02	984.4	85.2	1 017.7	13.8	13.7	24.1	11.1	19.7	15.1	15.1	15.0	15.1	15.1	15.4	15.8	16.6
2013 - 03	980.8	78.2	1 013.5	16.8	18.5	26.1	14.2	23.8	20.0	19.2	19.0	18.9	18.8	18.3	18.2	17.9
2013 - 04	978.3	82.4	1 010.8	18.4	19.1	23.6	15.7	16.5	21.1	20.6	20.4	20.3	20.3	20.0	19.9	19.6
2013 - 05	—	—	—	—	—	—	—	—	—	—	—	—	—	—	—	—
2013 - 06	—	—	—	—	—	—	—	—	—	—	—	—	—	—	—	—
2013 - 07	—	—	—	—	—	—	—	—	—	—	—	—	—	—	—	—
2013 - 08	—	—	—	—	—	—	—	—	—	—	—	—	—	—	—	—
2013 - 09	—	—	—	—	—	—	—	—	—	—	—	—	—	—	—	—
2013 - 10	—	—	—	—	—	—	—	—	—	—	—	—	—	—	—	—
2013 - 11	—	—	—	—	—	—	—	—	—	—	—	—	—	—	—	—
2013 - 12	—	—	—	—	—	—	—	—	—	—	—	—	—	—	—	—

（续）

| 年-月 | 大气压日平均值月平均/hpa | 相对湿度日平均值月平均/% | 海平面气压日平均值月平均/100Pa | 水气压日平均值月平均/100Pa | 气温 | | 露点温度 | | 地表温度日平均值月平均/℃ | 土壤温度 | | | | | | |
					日平均值月平均/℃	月内极差值/℃	日平均值月平均/℃	月内极差值/℃		5 cm地层日平均值月平均/℃	10 cm地层日平均值月平均/℃	15 cm地层日平均值月平均/℃	20 cm地层日平均值月平均/℃	40 cm地层日平均值月平均/℃	60 cm地层日平均值月平均/℃	100 cm地层日平均值月平均/℃
2014-01	—	—	—	—	—	—	—	—	—	—	—	—	—	—	—	—
2014-02	—	—	—	—	—	—	—	—	—	—	—	—	—	—	—	—
2014-03	—	—	—	—	—	—	—	—	—	—	—	—	—	—	—	—
2014-04	—	—	—	—	—	—	—	—	—	—	—	—	—	—	—	—
2014-05	—	—	—	—	—	—	—	—	—	—	—	—	—	—	—	—
2014-06	—	—	—	—	—	—	—	—	—	—	—	—	—	—	—	—
2014-07	971.9	86.0	1 003.3	30.0	26.9	16.0	24.2	5.7	27.7	28.4	28.2	28.1	27.9	27.4	26.8	25.3
2014-08	973.5	85.0	1 005.1	28.7	26.4	15.7	23.4	6.5	27.5	28.2	28.0	27.9	27.9	27.5	27.1	26.0
2014-09	976.1	84.0	1 007.8	26.9	25.5	21.1	22.1	12.0	26.6	27.2	27.1	27.1	27.1	26.9	26.8	26.1
2014-10	982.7	80.0	1 015.1	19.8	21.4	19.4	17.1	13.2	22.7	23.7	23.9	24.0	24.1	24.5	24.9	25.1
2014-11	—	—	—	—	—	—	—	—	—	—	—	—	—	—	—	—
2014-12	988.7	76.0	1 022.6	9.3	10.3	21.4	5.6	10.6	11.2	12.9	13.2	13.4	13.7	14.8	16.1	18.4
2015-01	988.2	82.0	1 022.0	10.8	11.0	20.9	7.7	15.7	12.1	13.2	13.4	13.5	13.7	14.5	15.4	17.1
2015-02	984.5	86.0	1 017.9	13.5	13.2	26.7	10.6	20.2	14.4	14.8	14.8	14.8	14.8	15.0	15.4	16.3
2015-03	982.3	89.0	1 015.5	14.8	14.1	23.8	12.0	19.6	14.8	15.5	15.5	15.5	15.5	15.7	16.1	16.8
2015-04	979.2	74.0	1 011.5	18.7	21.2	27.6	16.0	16.5	20.9	20.6	20.4	20.3	20.3	19.9	19.6	19.0
2015-05	975.2	82.0	1 007.0	25.4	24.7	18.4	21.2	11.6	24.7	24.2	24.0	23.8	23.7	23.0	22.2	20.9
2015-06	971.0	85.0	1 002.3	30.2	27.3	14.0	24.2	5.2	27.7	27.3	27.1	27.0	26.9	26.3	25.7	24.3
2015-07	971.4	81.0	1 002.9	27.0	26.3	17.8	22.3	10.9	27.4	27.0	26.9	26.8	26.8	26.4	26.1	25.1
2015-08	974.2	87.0	1 005.9	28.2	25.5	17.5	23.9	8.6	27.7	27.7	27.6	27.5	27.5	27.1	26.7	25.7

（续）

年-月	大气压日平均值月平均/hpa	相对湿度日平均值月平均/%	海平面气压日平均值月平均/100Pa	水气压日平均值月平均/100Pa	气温		露点温度		地表温度日平均值月平均/℃	土壤温度						
					日平均值月平均/℃	月内极差/℃	日平均值月平均/℃	月内极差/℃		5 cm 地层日平均值月平均/℃	10 cm 地层日平均值月平均/℃	15 cm 地层日平均值月平均/℃	20 cm 地层日平均值月平均/℃	40 cm 地层日平均值月平均/℃	60 cm 地层日平均值月平均/℃	100 cm 地层日平均值月平均/℃
2015-09	977.6	90.0	1 009.5	27.7	24.7	15.1	22.8	9.9	26.6	26.5	26.4	26.4	25.8	25.8	25.8	25.5
2015-10	982.7	86.0	1 015.2	20.6	20.7	18.1	18.1	14.5	—	—	—	—	22.8	23.4	23.9	24.4
2015-11	984.8	91.0	1 017.7	18.5	17.4	23.0	15.7	19.0	20.3	21.0	21.8	23.1	20.0	20.7	21.5	22.4
2015-12	989.2	86.0	1 022.9	11.5	11.2	15.9	8.1	18.4	14.4	16.6	17.0	19.4	15.1	16.3	17.5	19.5

注：缺失数据用 "—" 表示。

表 3-118　环江站气象辐射及风要素等气象自动观测指标气象学意义及其传感器校准要求

观测指标	气象学意义	传感器校准
气象辐射	环江站气象辐射观测，包括太阳辐射与地球辐射两大类。太阳辐射包括对总辐射（水平地表接收的太阳直接辐射和天空辐射之和）、反射辐射（地表反射太阳辐射折回而不改变其单色组成的辐射能量）、紫外辐射（波长范围为 280~400 nm 的太阳辐射能量）、光合有效辐射（对植物光合作用有效的 380~710 nm 波段太阳辐射能量）的观测，地球辐射则是净辐射（地表面吸收的太阳总辐射和大气逆辐射与地表反射辐射的能量之差）的观测	光合有效辐射表型号（LI-190SZ）、总辐射表与反射辐射表同型号（CM6B）、紫外辐射表型号（CUV5）、净全辐射表型号（QMN101），各型号辐射表需要每两年校准一次，校准工作由 CERN 大气分中心承担
风速、风向	风是由空气运动产生的气流，它是由许多在时空上随机变化的小尺度脉动叠加在大尺度规则气流上的一种三维矢量。地面气象观测中测量的风是两维矢量（水平运动），即用风向和风速表示。风速是指单位时间内空气移动的水平距离，以米/秒（m/s）为单位。风向是指风的来向，最多风向是指在规定时间段内出现频数最多的风向。风速、风向是气候学研究的主要参数，大气中风的测量对于全球气候变化研究、航天事业以及军事应用等方面都具有重要作用和意义	风速风向传感器（WAA151），如果风向和风速传感器没有发生机械性损坏，无电路部分损坏，每年只需更换转动轴承即可，不做其他校准

（4）数据价值。喀斯特农田生态系统气象自动观测要素数据集能够反映西南喀斯特峰丛洼地农业区代表性气象环境中自动观测总辐射日极值、反射辐射日极值、紫外辐射日极值、净辐射日极值、光合有效辐射日极值、总辐射总量月合计值、反射辐射总量月合计值、紫外辐射总量月合计值、净辐射总量月合计值、光合有效辐射总量月合计值、日照小时数月合计值、日照分钟数月合计值月平均风速、月最多风向、10 min 月极大风的风速、10 min 月极大风风向和 10 min 月极大风出现时间等要素指标的长期动态变化，为区域内天气预报预警、气候预测、农作制度安排、防灾减灾与应对气候变化等方面提供基础参考数据。

（5）喀斯特农田生态系统气象自动观测要素（气象辐射、风速风向）数据。环江站喀斯特农田生态系统气象自动观测要素（气象辐射、风速风向）数据见表 3-119，更多"环江站喀斯特农田生态系统气象自动观测要素（气象辐射、风速风向）数据"服务请访问 http：//hja. cern. ac. cn/meta/detail/D43、http：//hja. cern. ac. cn/meta/detail/D33、http：//hja. cern. ac. cn/meta/detail/W10AV3、http：//hja. cern. ac. cn/meta/detail/W10MV3、http：//hja. cern. ac. cn/meta/detail/W2V3、http：//hja. cern. ac. cn/meta/detail/W60V3。

表 3 - 119　喀斯特农田生态系统气象自动观测要素（气象辐射、风速风向）数据

年-月	气象辐射逐月极值					气象辐射逐月总值					气象辐射时长		风速风向				
	总辐射日极值/(W/m²)	反射辐射日极值/(W/m²)	紫外辐射日极值/(W/m²)	净辐射日极值/(W/m²)	光合有效辐射日极值/[μmol/(m²·s)]	总辐射总量月合计值/(MJ/m²)	反射辐射总量月合计值/(MJ/m²)	紫外辐射总量月合计值/(MJ/m²)	净辐射总量月合计值/(MJ/m²)	光合有效辐射总量月合计值/[mol/(m²·s)]	日照小时数月合计值/h	日照分钟数月合计值/min	月平均风速/(m/s)	月最多风向	10 min 月极大风风速/(m/s)	10 min 月极大风风向/°	10 min 月极大风出现时间
2007-01	777.0	178.6	33.8	467.6	1 311.0	200.0	44.0	8.1	50.7	325.9	61	28	1.1	NE	10.3	56	5:36:51
2007-02	905.0	187.3	39.8	617.7	1 555.5	191.4	42.7	8.0	63.1	292.4	59	50	0.8	C	9.5	56	16:23:52
2007-03	926.0	183.4	40.0	646.3	1 610.0	186.5	38.0	7.8	73.1	289.4	39	4	0.9	NE	12	54	6:58:51
2007-04	1 198.0	210.2	58.1	851.6	1 970.5	315.7	63.4	13.8	127.9	414.3	85	43	0.9	C	13.6	64	12:50:52
2007-05	1 262.0	241.5	57.2	854.2	1 936.6	504.8	102.2	22.8	229.3	767.5	174	26	0.8	C	15.6	54	21:42:52
2007-06	1 430.0	269.5	63.6	998.2	2 596.4	438.0	93.7	21.4	195.4	710.6	144	52	0.9	C	10	263	6:58:51
2007-07	1 439.0	277.7	61.3	936.9	2 373.1	—	—	—	—	—	—	—	0.9	C	7.6	210	13:45:51
2007-08	1 217.0	227.2	56.6	874.9	2 351.3	532.1	108.5	23.0	226.8	910.0	201	55	0.6	C	10.9	52	16:27:52
2007-09	1 123.0	190.8	54.7	742.0	2 106.1	387.4	79.2	18.1	144.7	702.5	141	41	1.1	C	10.3	53	10:52:51
2007-10	1 048.0	186.8	49.4	633.7	2 136.8	395.8	83.1	16.8	124.1	697.2	179	12	0.8	C	9.7	56	14:28:51
2007-11	883.0	182.6	36.6	468.0	1 631.8	359.2	81.8	14.0	83.4	617.6	176	30	0.8	C	10.4	74	16:50:51
2007-12	700.0	179.7	28.6	364.9	1 256.3	145.3	35.3	6.1	22.2	257.6	44	41	0.9	C	9.6	62	0:41:51
2008-01	832.0	186.8	30.0	433.6	1 291.2	175.7	38.5	7.3	22.6	297.5	57	35	1.1	C	8.8	35	12:43:51
2008-02	1 004.0	178.0	39.8	621.0	1 623.0	232.0	48.3	9.5	66.2	369.9	68	20	1.1	C	9	61	3:39:52
2008-03	1 074.0	186.9	51.2	778.3	1 870.2	236.8	45.5	9.6	81.4	380.0	74	6	0.7	C	12	52	11:34:51
2008-04	1 169.0	189.0	49.9	753.4	2 064.6	277.3	53.7	12.7	113.5	491.2	70	43	0.8	C	10	200	14:35:51
2008-05	1 198.0	201.7	54.6	761.8	2 177.3	389.9	80.2	18.2	159.3	692.6	118	58	0.8	C	13.2	57	11:54:51
2008-06	1 270.0	223.3	56.3	808.1	2 341.3	447.4	93.3	21.2	191.6	794.0	146	20	0.7	C	7.9	53	9:58:52
2008-07	1 363.0	251.4	65.3	864.3	2 545.8	452.6	92.2	22.2	195.6	807.1	149	34	0.7	C	12.7	233	15:01:51
2008-08	1 350.0	254.2	59.7	913.1	2 442.3	440.4	92.3	21.9	180.6	789.1	151	46	0.7	C	10	60	18:58:51

（续）

年-月	气象辐射逐月极值					气象辐射逐月总值					气象辐射时长						
	总辐射日极值/(W/m²)	反射辐射日极值/(W/m²)	紫外辐射日极值/(W/m²)	净辐射日极值/(W/m²)	光合有效辐射日极值/[μmol/(m²·s)]	总辐射总量月合计值/(MJ/m²)	反射辐射总量月合计值/(MJ/m²)	紫外辐射总量月合计值/(MJ/m²)	净辐射总量月合计值/(MJ/m²)	光合有效辐射总量月合计值/[mol/(m²·s)]	日照小时数月合计值/h	日照分钟数月合计值/min	月平均风速/(m/s)	月最多风向	10 min月极大风风速/(m/s)	10 min月极大风风向/°	10 min月极大风出现时间
2008-09	1 158.0	237.8	55.1	703.0	2 260.6	447.8	94.8	21.1	173.2	790.1	178	59	0.7	C	11.3	34	12:58:52
2008-10	1 078.0	204.5	50.9	701.3	2 179.3	373.6	83.2	16.2	128.1	646.7	155	33	0.6	C	11.6	46	11:24:52
2008-11	911.0	192.2	40.6	559.8	1 656.4	291.2	67.7	12.3	74.6	477.6	121	47	0.7	C	10.2	70	7:15:51
2008-12	746.0	168.5	30.9	382.4	1 261.1	253.8	58.3	10.0	45.3	411.9	113	19	0.7	C	9.2	343	1:55:51
2009-01	800.0	168.2	35.6	463.9	1 388.8	232.5	50.3	9.2	52.6	363.3	85	56	0.8	C	12.2	57	0:08:52
2009-02	881.0	169.0	39.6	616.4	1 556.5	236.1	42.5	9.2	83.2	340.9	102	8	0.9	C	10.4	146	16:58:51
2009-03	1 131.0	176.6	48.4	679.0	1 494.0	246.0	42.3	9.6	88.5	340.1	74	36	0.9	C	14.3	69	4:24:51
2009-04	1 164.0	173.2	54.1	881.8	1 769.5	293.5	45.5	12.9	122.3	418.3	93	20	0.9	C	11.8	61	13:15:51
2009-05	1 369.0	186.7	61.5	988.6	1 942.3	372.1	61.6	18.1	166.1	500.8	104	39	0.8	C	11.2	55	16:58:52
2009-06	1 304.0	273.3	66.2	948.8	2 748.9	414.9	84.1	20.9	205.6	758.6	136	20	0.7	C	12.4	230	6:58:52
2009-07	1 409.0	294.6	80.1	1 206.9	2 986.9	475.9	112.4	24.7	254.3	994.4	164	40	0.7	C	8.1	24	12:06:51
2009-08	1 250.0	287.2	65.4	979.6	2 757.5	574.8	136.0	28.3	297.7	1 156.1	227	14	1	C	10.2	60	13:31:51
2009-09	1 197.0	244.9	53.3	966.4	2 371.5	495.1	100.5	20.0	235.8	886.5	213	18	1	C	11.4	58	10:57:52
2009-10	1 078.0	216.0	41.1	707.2	1 874.3	334.8	71.8	13.3	142.0	586.0	131	46	0.7	C	8.5	69	20:14:51
2009-11	902.0	190.1	36.6	619.1	1 658.5	280.6	61.8	11.2	104.7	484.6	114	29	0.9	C	12.1	53	11:34:51
2009-12	858.0	162.7	28.6	535.5	1 364.4	162.2	36.3	6.5	48.7	275.4	42	28	0.6	C	12.3	53	13:03:52
2010-01	873.0	160.9	34.6	586.2	1 403.9	182.7	37.5	7.2	64.2	294.8	56	23	0.5	C	8.5	50	12:45:52
2010-02	893.0	159.4	34.7	636.7	1 450.2	230.3	42.7	8.0	98.5	346.1	—	—	0.7	C	11.8	178	13:55:52
2010-03	827.0	159.7	30.0	755.2	1 407.4	264.5	46.9	8.2	120.6	381.5	—	—	0.9	C	10.4	78	3:13:52
2010-04	1 159.0	159.8	48.4	957.5	1 820.5	257.0	42.1	10.5	130.7	382.0	—	—	0.7	C	10.7	80	6:58:52
2010-05	1 208.0	191.5	51.3	1 018.0	1 975.1	294.5	54.3	12.8	158.4	435.5	—	—	0.7	C	10.8	45	22:58:51

（续）

年-月	气象辐射逐月极值					气象辐射逐月总值					气象辐射时长						
	总辐射日极值/(W/m²)	反射辐射日极值/(W/m²)	紫外辐射日极值/(W/m²)	净辐射日极值/(W/m²)	光合有效辐射日极值/[μmol/(m²·s)]	总辐射量月合计值/(MJ/m²)	反射辐射总量月合计值/(MJ/m²)	紫外辐射总量月合计值/(MJ/m²)	净辐射总量月合计值/(MJ/m²)	光合有效辐射总量月合计值/[mol/(m²·s)]	日照小时数月合计值/h	日照分钟数月合计值/min	月平均风速/(m/s)	月最多风向	10 min月极大风风速/(m/s)	10 min月极大风风向/°	10 min月极大风出现时间
2010-06	1 290.0	214.2	49.6	935.4	1 921.8	260.9	52.7	12.5	131.4	401.1	—	—	0.7	C	11	63	16 : 55 : 51
2010-07	1 261.0	232.4	56.3	1 021.6	2 196.6	—	—	—	—	—	—	—	0.9	C	8.1	61	5 : 40 : 51
2010-08	1 328.0	283.9	55.6	1 023.7	2 321.1	572.3	116.7	24.5	300.9	934.3	—	—	0.7	C	8.9	48	17 : 58 : 51
2010-09	1 240.0	244.9	47.9	872.6	1 974.3	383.5	78.6	16.5	181.5	632.6	—	—	0.6	C	10.2	61	11 : 31 : 51
2010-10	1 147.0	235.8	43.7	751.8	1 959.9	391.8	83.1	15.9	168.7	638.8	—	—	0.7	C	9.4	58	13 : 06 : 52
2010-11	884.0	176.3	34.8	590.6	1 514.4	305.4	70.8	11.3	97.4	492.8	—	—	0.4	C	10.4	67	18 : 58 : 52
2010-12	774.0	162.7	33.2	526.6	1 392.3	227.8	51.5	8.8	65.1	346.5	—	—	0.5	C	9.7	69	23 : 58 : 51
2011-01	716.0	159.5	27.3	447.5	1 130.2	125.3	29.1	5.3	25.9	192.0	0	0	0.8	C	8.2	74	3 : 54 : 51
2011-02	1 019.0	161.9	36.4	640.0	1 464.7	194.3	36.4	7.6	80.7	275.2	7	55	0.6	C	8.5	55	14 : 09 : 51
2011-03	1 149.0	160.6	41.5	758.4	1 463.3	194.0	31.6	8.1	75.3	263.0	247	7	0.6	C	11.3	75	6 : 55 : 51
2011-04	1 259.0	225.0	52.7	1 054.8	1 764.1	300.1	50.8	12.3	144.9	382.4	551	39	0.5	C	9.1	73	6 : 41 : 51
2011-05	1 280.0	247.9	56.6	839.0	2 159.7	501.6	102.7	20.7	238.0	678.3	429	19	0.9	C	13	58	15 : 07 : 52
2011-06	1 428.0	260.4	55.5	953.1	2 169.5	402.4	82.6	18.3	192.9	571.7	31	37	0.7	C	12.9	53	5 : 58 : 52
2011-07	1 308.0	249.6	57.0	951.0	2 228.5	547.4	107.2	23.1	265.1	848.8	375	8	0.6	C	10.2	211	16 : 00 : 51
2011-08	1 393.0	249.4	54.1	934.7	2 234.7	587.5	111.8	26.5	289.5	950.3	611	38	0.6	C	10.1	59	15 : 31 : 51
2011-09	1 152.0	241.6	52.2	852.5	2 236.9	467.2	95.5	19.5	207.1	747.6	703	52	0.6	C	13.2	73	0 : 15 : 51
2011-10	1 052.0	216.7	47.9	756.4	1 723.6	319.3	68.4	13.4	113.9	492.2	696	20	0.6	C	8.6	18	13 : 58 : 51
2011-11	796.0	162.6	33.9	665.7	1 284.6	329.7	68.1	12.4	143.1	429.1	192	41	0.4	C	9.8	59	15 : 06 : 51
2011-12	764.0	159.4	28.7	569.8	989.6	219.2	47.9	8.3	73.5	284.8	59	5	0.6	C	9.5	55	12 : 27 : 51
2012-01	729.0	135.7	22.8	468.4	921.6	108.2	23.3	5.0	22.0	231.3	5	38	0.6	C	7.9	64	10 : 22 : 51
2012-02	794.0	143.8	24.5	506.8	997.8	95.1	18.5	4.2	21.5	436.3	1	53	0.6	C	13.2	58	9 : 52 : 51

（续）

年-月	气象辐射逐月极值					气象辐射逐月总值					气象辐射时长		月平均风速/(m/s)	月最多风向	10 min月极大风风速/(m/s)	10 min月极大风风向/°	10 min月极大风出现时间
	总辐射日极值/(W/m²)	反射辐射日极值/(W/m²)	紫外辐射日极值/(W/m²)	净辐射日极值/(W/m²)	光合有效辐射日极值/[μmol/(m²·s)]	总辐射总量月合计值/(MJ/m²)	反射辐射总量月合计值/(MJ/m²)	紫外辐射总量月合计值/(MJ/m²)	净辐射总量月合计值/(MJ/m²)	光合有效辐射总量月合计值/[mol/(m²·s)]	日照小时数月合计值/h	日照分钟数月合计值/min					
2012-03	962.0	155.3	34.2	732.2	1 215.8	185.6	31.5	6.6	86.8	526.9	42	2	0.6	C	15.1	52	1：58：51
2012-04	1 058.0	166.5	46.7	930.3	1 241.6	338.5	61.0	13.2	197.9	435.1	90	50	0.7	C	12.3	59	21：48：52
2012-05	1 350.0	206.4	53.1	1 058.6	1 454.2	344.9	61.7	15.2	188.8	456.0	84	0	0.5	C	11.8	71	19：12：51
2012-06	1 283.0	213.7	52.3	1 087.0	1 531.1	329.5	62.5	14.7	180.1	618.8	59	12	0.4	C	9.6	58	20：54：52
2012-07	1 265.0	222.6	62.8	1 175.7	2 312.7	371.5	72.3	21.4	263.0	907.9	216	39	0.6	C	9.1	63	14：31：52
2012-08	716.0	137.7	58.0	1 047.9	2 154.8	291.4	58.8	23.9	292.8	1 018.9	731	22	0.5	C	10.9	47	14：58：52
2012-09	694.0	143.6	56.6	1 106.5	1 989.1	212.7	42.5	17.9	204.6	710.8	525	55	0.5	C	10.2	73	3：08：51
2012-10	587.0	100.6	42.9	794.9	1 384.9	192.5	38.3	14.7	171.7	474.0	465	49	0.5	C	9.9	63	11：48：52
2012-11	519.0	103.0	36.8	663.7	1 245.5	105.6	24.5	8.7	62.0	320.5	193	51	0.5	C	11.3	67	11：58：51
2012-12	472.0	98.9	34.9	621.8	1 282.6	94.9	21.5	7.7	51.8	290.2	41	0	0.7	C	10.3	60	3：54：51
2013-01	418.0	87.0	31.2	585.8	1 170.8	70.4	14.7	5.8	30.8	204.3	191	43	0.5	C	9.5	79	15：28：51
2013-02	542.0	99.0	40.4	760.6	1 193.4	96.1	18.3	8.1	74.1	241.1	35	17	0.7	C	12.3	65	3：59：51
2013-03	623.0	99.7	44.1	830.3	1 317.0	180.5	33.4	12.3	162.7	390.2	100	27	0.6	C	12	64	7：37：52
2013-04	753.0	122.1	50.9	969.7	1 500.7	156.4	29.8	11.5	142.8	361.1	70	0	0.6	C	11.8	75	4：00
2013-05	—	—	—	—	—	—	—	—	—	—	—	—	—	—	—	—	—
2013-06	—	—	—	—	—	—	—	—	—	—	—	—	—	—	—	—	—
2013-07	—	—	—	—	—	—	—	—	—	—	—	—	—	—	—	—	—
2013-08	—	—	—	—	—	—	—	—	—	—	—	—	—	—	—	—	—
2013-09	—	—	—	—	—	—	—	—	—	—	—	—	—	—	—	—	—
2013-10	—	—	—	—	—	—	—	—	—	—	—	—	—	—	—	—	—
2013-11	—	—	—	—	—	—	—	—	—	—	—	—	—	—	—	—	—

（续）

年-月	气象辐射逐月极值					气象辐射逐月总值					气象辐射时长						
	总辐射日极值/(W/m²)	反射辐射日极值/(W/m²)	紫外辐射日极值/(W/m²)	净辐射日极值/(W/m²)	光合有效辐射日极值/[μmol/(m²·s)]	总辐射总量月合计值/(MJ/m²)	反射辐射总量月合计值/(MJ/m²)	紫外辐射总量月合计值/(MJ/m²)	净辐射总量月合计值/(MJ/m²)	光合有效辐射总量月合计值/[mol/(m²·s)]	日照小时数月合计值/h	日照分钟数月合计值/min	月平均风速/(m/s)	月最多风向	10 min月极大风极大风风速/(m/s)	10 min月极大风风向/°	10 min月极大风出现时间
2013-12	—	—	—	—	—	—	—	—	—	—	—	—	—	—	—	—	—
2014-01	—	—	—	—	—	—	—	—	—	—	—	—	—	—	—	—	—
2014-02	—	—	—	—	—	—	—	—	—	—	—	—	—	—	—	—	—
2014-03	—	—	—	—	—	—	—	—	—	—	—	—	—	—	—	—	—
2014-04	—	—	—	—	—	—	—	—	—	—	—	—	—	—	—	—	—
2014-05	—	—	—	—	—	—	—	—	—	—	—	—	—	—	—	—	—
2014-06	—	—	—	—	—	—	—	—	—	—	—	—	—	—	—	—	—
2014-07	1 490.0	256.0	65.0	1 026.0	3 019.0	505.5	97.5	26.5	280.0	1 013.2	168	14	0.6	C	14.3	22	14：50：57
2014-08	1 425.0	253.0	63.0	905.0	2 771.0	486.1	95.8	25.1	266.9	942.5	163	59	0.6	C	7.6	60	17：56：48
2014-09	1 422.0	266.0	62.0	929.0	2 657.0	475.6	94.4	23.9	248.8	—	170	13	0.7	C	11.9	68	23：58：14
2014-10	1 003.0	203.0	41.0	767.0	—	473.4	96.9	20.9	224.7	—	207	18	0.6	C	9.1	55	14：53：42
2014-11	—	—	—	—	—	—	—	—	—	—	—	—	—	—	—	—	—
2014-12	752.0	161.0	27.0	506.0	—	—	—	—	—	—	—	—	0.8	C	10.4	49	11：50：20
2015-01	819.0	170.0	29.0	477.0	—	175.3	35.3	7.8	56.0	—	63	30	0.7	C	9.6	34	13：52：06
2015-02	928.0	177.0	35.0	672.0	—	157.9	29.4	7.5	73.1	—	43	21	0.7	C	10.9	45	16：54：09
2015-03	1 013.0	183.0	43.2	706.0	—	—	—	—	—	—	—	—	0.8	C	10.6	53	3：59：01
2015-04	1 120.8	200.5	46.9	774.6	—	408.8	74.3	18.2	221.7	—	137	15	1	C	16.6	309	23：49：19
2015-05	1 151.3	198.9	52.3	797.5	—	—	—	—	—	—	—	—	1	C	21.5	56	15：57：30
2015-06	1 294.9	211.8	66.6	923.4	—	—	—	—	—	—	—	—	0.9	C	13.5	270	9：52：29
2015-07	1 288.0	224.6	61.0	847.0	—	477.1	87.6	24.5	258.5	—	151	59	0.8	C	15.4	23	16：57：28
2015-08	1 453.3	246.3	70.2	1 016.4	—	418.8	75.4	22.4	229.7	—	107	16	0.6	C	17.4	242	1：49：59
2015-09	1 260.9	210.2	62.3	974.7	—	307.1	55.5	16.7	165.4	—	75	7	0.4	C	8.7	281	14：49：09
2015-10	1 161.3	208.4	51.7	724.7	—	373.0	70.3	18.1	170.4	—	147	50	0.6	C	14.5	39	15：56：04

（续）

年-月	气象辐射逐月极值					气象辐射逐月总值					气象辐射时长								
	总辐射日极值/(W/m²)	反射辐射日极值/(W/m²)	紫外辐射日极值/(W/m²)	净辐射日极值/(W/m²)	光合有效辐射日极值/[μmol/(m²·s)]	总辐射总量月合计值/(MJ/m²)	反射辐射总量月合计值/(MJ/m²)	紫外辐射总量月合计值/(MJ/m²)	净辐射总量月合计值/(MJ/m²)	光合有效辐射总量月合计值/[mol/(m²·s)]	日照小时数月合计值/h	日照分钟数月合计值/min	月平均风速/(m/s)	月最多风向	10 min月极大风风速/(m/s)	10 min月极大风风向/°	10 min月极大风出现时间
2015-11	1 050.1	189.1	42.1	731.5	—	171.1	30.0	9.6	71.3	—	32	14	0.6	C	15	28	23：51：30
2015-12	842.5	153.5	37.0	526.1	—	161.5	27.6	8.4	56.2	—	33	37	1	ENE	14.5	39	7：51：16

注：（1）缺失数据用"—"表示。

（2）"月最多风向"列数据含义如下：①NE表示方位：东北，中心角度：45°，角度范围：33.76°～56.25°。②C表示静风，风速小于或等于0.2 m/s。③ENE表示方位：东东北，中心角度：67.5°，角度范围：56.26°～78.75°。

第4章

□□□□□□□□□□□□□□□□□□□□

环江站特色研究数据集

4.1 2014 年亚热带喀斯特常绿落叶阔叶混交林物种组成数据集

（1）概述。本数据集记录了 2014 年广西木论国家级自然保护区亚热带喀斯特常绿落叶阔叶混交林 25 hm² 森林动态监测样地胸径 1 cm 以上乔木物种组成信息，包括 61 科 147 属 227 种乔木的学名、多度、重要值、叶习性等信息。木论样地地形见图 4-1。

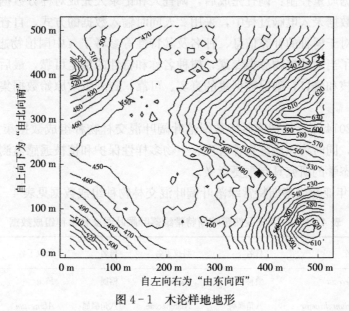

图 4-1 木论样地地形

（2）数据采集和处理方法。依照 CTFS（the center for tropical forest science，美国热带森林科学研究中心）标准以及中国科学院森林生物多样性监测规范，建立面积为 500 m×500 m 的样地，样地海拔高差 208 m，平均坡度约 31°。采用全站仪和全球定位系统（GPS）基站相结合的测量方法，将样地划分为 625 个 20 m×20 m 的样方，4 个角用水泥桩做永久标记。每个 20 m×20 m 的样方又细分为 4 个 10 m×10 m 小样方。野外调查以 20 m×20 m 样方为单位对每个树种个体进行编号并挂牌，测量样方内胸径≥1 cm 的树种个体（包括分枝、萌枝），记录其树种名称、胸径、坐标及生长状态等信息。

野外数据的整理主要包括原始记录信息的检查和完善、数据录入、文献数据的补充等。原始记录信息的检查和完善分调查中和调查后两个阶段。在野外调查过程中，每调查完一个 20 m×20 m 样方时，调查人和记录人共同复核数据，发现问题及时纠正；完成数据调查后，调查人和记录人及时对原始记录表进行信息补充和完善，主要内容包括调查人和记录人信息的填写、数据记录完善、相关情况说明的填写等。

数据录入是将野外原始纸质记录数据录入计算机，形成电子版原始记录的过程。数据录入由调查人和记录人负责，以保证在观测真实数据和记录数据之间出现差异时，真实情况可以再现。数据录入采用双录入法，将两份录入的数据进行比对，以保证数据录入完全正确。

数据统计分析是将原始数据按物种分类统计多度及重要值。并根据文献和野外经验，补充每个树种的叶习性等信息。

（3）数据质量控制和评估。本数据集来源于野外样地的实测调查。从调查前期准备、调查过程中到调查完成后，整个过程对数据质量进行控制。同时，采用专家审核验证的方法，以确保数据相对准确可靠。

调查前的数据质量控制：根据统一的调查规范方案，对所有参与调查的人员集中技术培训，尽可能地减少人为误差。

调查过程中的数据质量控制：调查开始时，在树木的胸径测量位置用油漆进行标记，并采用统一型号的胸径尺测量；树种名参照《中国植物志》和《广西植物志》，对于不能当场确定的树种名称，采集相关凭证标本并在室内进行鉴定；调查人和记录人完成样方调查时，当即对原始记录表进行核查，发现有误的数据应及时纠正。

调查完成后的数据质量控制：调查完成后，调查人和记录人完成对样方数据的进一步核查，并补充相关信息；纸质版数据录入电脑过程中，采用2人同时输入数据的方式，自查并相互检查，以确保数据输入的准确性；对于树种的补充信息、种名及其特性等参考了《中国植物志》《广西植物志》以及相关文献，并咨询了当地的植物分类专家，树种名称和特性的鉴定可靠，最后形成的物种组成数据集由专家进行最终审核和修订，确保数据集的真实、可靠；野外纸质原始数据集妥善保存，以备将来核查。

（4）数据价值。2014年亚热带喀斯特常绿落叶阔叶混交林物种组成数据集为喀斯特森林植被动态特征提供本底资料，同时为该地区森林管理、生物多样性保护和植被遥感监测等提供数据支撑，对推动我国长期植被生态学的研究具有重要意义。

（5）数据。2014年亚热带喀斯特常绿落叶阔叶混交林物种组成数据见表4-1。

表4-1　2014年亚热带喀斯特常绿落叶阔叶混交林物种组成数据

序号	物种名	拉丁名	科名	科拉丁名	属名	属拉丁名	多度	重要值	叶习性
1	矮小天仙果	*Ficus erecta*	桑科	Moraceae	榕属	*Ficus*	781	0.76	落叶
2	八角枫	*Alangium chinense*	八角枫科	Alangiaceae	八角枫属	*Alangium*	230	0.42	落叶
3	巴东栎	*Quercus engleriana*	壳斗科	Fagaceae	栎属	*Quercus*	381	0.35	常绿
4	白花龙船花	*Ixora henryi*	茜草科	Rubiaceae	龙船花属	*Ixora*	1	0.00	常绿
5	白毛长叶紫珠	*Callicarpa longifolia*	马鞭草科	Verbenaceae	紫珠属	*Callicarpa*	213	0.31	落叶
6	白楠	*Phoebe neurantha*	樟科	Lauraceae	楠属	*Phoebe*	170	0.28	常绿
7	白皮乌口树	*Tarenna depauperata*	茜草科	Rubiaceae	乌口树属	*Tarenna*	88	0.12	常绿
8	白瑞香	*Daphne papyracea*	瑞香科	Thymelaeaceae	瑞香属	*Daphne*	2	0.00	常绿
9	百齿卫矛	*Euonymus centidens*	卫矛科	Celastraceae	卫矛属	*Euonymus*	3	0.01	常绿
10	百日青	*Podocarpus neriifolius*	罗汉松科	Podocarpaceae	罗汉松属	*Podocarpus*	9	0.02	常绿
11	苞叶木	*Chaydaia rubrinervis*	鼠李科	Rhamnaceae	苞叶木属	*Chaydaia*	4	0.01	常绿
12	菜豆树	*Radermachera sinica*	紫葳科	Bignoniaceae	菜豆树属	*Radermachera*	956	1.93	落叶

（续）

序号	物种名	拉丁名	科名	科拉丁名	属名	属拉丁名	多度	重要值	叶习性
13	齿叶黄皮	*Clausena dunniana*	芸香科	Rutaceae	黄皮属	*Clausena*	2 925	1.67	落叶
14	翅荚香槐	*Cladrastis platycarpa*	蝶形花科	Fabaceae	香槐属	*Cladrastis*	689	1.42	落叶
15	川桂	*Cinnamomum wilsonii*	樟科	Lauraceae	樟属	*Cinnamomum*	34	0.05	常绿
16	椿叶花椒	*Zanthoxylum ailanthoides*	芸香科	Rutaceae	花椒属	*Zanthoxylum*	3	0.01	落叶
17	刺叶冬青	*Ilex bioritsensis*	冬青科	Aquifoliaceae	冬青属	*Ilex*	162	0.19	常绿
18	楤木	*Aralia chinensis*	五加科	Araliaceae	楤木属	*Aralia*	27	0.05	落叶
19	粗柄楠	*Phoebe crassipedicella*	樟科	Lauraceae	楠属	*Phoebe*	91	0.12	常绿
20	粗糠柴	*Mallotus philippensis*	大戟科	Euphorbiaceae	野桐属	*Mallotus*	871	0.98	常绿
21	粗丝木	*Gomphandra tetrandra*	茶茱萸科	Icacinaceae	粗丝木属	*Gomphandra*	250	0.21	常绿
22	粗叶木	*Lasianthus chinensis*	茜草科	Rubiaceae	粗叶木属	*Lasianthus*	4	0.01	落叶
23	大叶清香木	*Pistacia weinmanniifolia*	漆树科	Anacardiaceae	黄连木属	*Pistacia*	573	0.50	常绿
24	大叶水榕	*Ficus glaberrima*	桑科	Moraceae	榕属	*Ficus*	2	0.00	落叶
25	单性木兰	*Kmeria septentrionalis*	木兰科	Magnoliaceae	单性木兰属	*Kmeria*	4	0.01	常绿
26	刀果鞍叶羊蹄甲	*Bauhinia brachycarpa*	云实科	Caesalpiniaceae	羊蹄甲属	*Bauhinia*	90	0.18	常绿
27	滇丁香	*Luculia pinceana*	茜草科	Rubiaceae	滇丁香属	*Luculia*	1748	1.02	常绿
28	都安槭	*Acer yinkunii*	槭树科	Aceraceae	槭属	*Acer*	52	0.08	常绿
29	豆叶九里香	*Murraya euchrestifolia*	芸香科	Rutaceae	九里香属	*Murraya*	14	0.03	常绿
30	杜茎山	*Maesa japonica*	紫金牛科	Myrsinaceae	杜茎山属	*Maesa*	902	0.84	常绿
31	短萼海桐	*Pittosporum brevicalyx*	海桐花科	Pittosporaceae	海桐花属	*Pittosporum*	340	0.20	常绿
32	短序荚蒾	*Viburnum brachybotryum*	忍冬科	Caprifoliaceae	荚蒾属	*Viburnum*	4	0.01	常绿
33	对叶榕	*Ficus hispida*	桑科	Moraceae	榕属	*Ficus*	4	0.01	常绿
34	盾叶木	*Macaranga adenantha*	大戟科	Euphorbiaceae	血桐属	*Macaranga*	216	0.49	常绿
35	鹅耳枥	*Carpinus turczaninowii*	桦木科	Betulaceae	鹅耳枥属	*Carpinus*	40	0.04	落叶
36	鹅掌柴	*Schefflera octophylla*	五加科	Araliaceae	鹅掌柴属	*Schefflera*	24	0.04	常绿
37	翻白叶树	*Pterospermum heterophyllum*	梧桐科	Sterculiaceae	翅子树属	*Pterospermum*	303	0.56	常绿
38	粉苹婆	*Sterculia euosma*	梧桐科	Sterculiaceae	苹婆属	*Sterculia*	262	0.48	落叶
39	枫香树	*Liquidambar formosana*	金缕梅科	Hamamelidaceae	枫香树属	*Liquidambar*	153	0.89	落叶
40	缝线海桐	*Pittosporum perryanum*	海桐花科	Pittosporaceae	海桐花属	*Pittosporum*	1	0.00	常绿
41	复羽叶栾树	*Koelreuteria bipinnata*	无患子科	Sapindaceae	栾树属	*Koelreuteria*	190	0.61	落叶
42	港柯	*Lithocarpus harlandii*	壳斗科	Fagaceae	柯属	*Lithocarpus*	258	0.28	常绿
43	革叶铁榄	*Sinosideroxylon wightianum*	山榄科	Sapotaceae	铁榄属	*Sinosideroxylon*	159	0.18	落叶

（续）

序号	物种名	拉丁名	科名	科拉丁名	属名	属拉丁名	多度	重要值	叶习性
44	钩齿鼠李	*Rhamnus lamprophylla*	鼠李科	Rhamnaceae	鼠李属	*Rhamnus*	2	0.00	落叶
45	狗骨柴	*Diplospora dubia*	茜草科	Rubiaceae	狗骨柴属	*Diplospora*	3	0.01	常绿
46	构树	*Broussonetia papyifera*	桑科	Moraceae	构属	*Broussonetia*	13	0.04	落叶
47	拐枣	*Hovenia acerba*	鼠李科	Rhamnaceae	枳椇属	*Hovenia*	2	0.03	常绿
48	光腺合欢	*Albizia calcarea*	含羞草科	Mimosaceae	合欢属	*Albizia*	111	0.23	落叶
49	广西海桐	*Pittosporum kwangsiense*	海桐花科	Pittosporaceae	海桐花属	*Pittosporum*	1 832	1.48	常绿
50	广西密花树	*Rapanea kwangsiensis*	紫金牛科	Myrsinaceae	密花树属	*Rapanea*	158	0.20	常绿
51	广西紫麻	*Oreocnide kwangsiensis*	荨麻科	Urticaceae	紫麻属	*Oreocnide*	228	0.30	常绿
52	贵州泡花树	*Meliosma henryi*	清风藤科	Sabiaceae	泡花树属	*Meliosma*	1	0.00	常绿
53	海红豆	*Adenanthera pavonina*	含羞草科	Mimosaceae	海红豆属	*Adenanthera*	85	0.17	落叶
54	海南树参	*Dendropanax hainanensis*	五加科	Araliaceae	树参属	*Dendropanax*	2	0.01	常绿
55	禾串树	*Bridelia insulana*	大戟科	Euphorbiaceae	土蜜树属	*Bridelia*	35	0.07	常绿
56	黑壳楠	*Lindera megaphylla*	樟科	Lauraceae	山胡椒属	*Lindera*	74	0.16	常绿
57	红背山麻秆	*Alchornea trewioides* (Benth.) Müll. Arg.	大戟科	Euphorbiaceae	山麻杆属	*Alchornea*	250	0.29	落叶
58	红椿	*Toona ciliata*	楝科	Meliaceae	香椿属	*Toona*	1	0.00	落叶
59	红果黄肉楠	*Actinodaphne cupularis*	樟科	Lauraceae	黄肉楠属	*Actinodaphne*	71	0.06	常绿
60	红枝蒲桃	*Syzygium rehderianum*	桃金娘科	Myrtaceae	蒲桃属	*Syzygium*	35	0.06	常绿
61	红锥	*Castanopsis hystrix*	壳斗科	Fagaceae	锥属	*Castanopsis*	10	0.02	常绿
62	厚叶鼠刺	*Itea coriacea*	虎耳草科	Saxifragaceae	鼠刺属	*Itea*	112	0.10	常绿
63	华南桂	*Cinnamomum austrosinense*	樟科	Lauraceae	樟属	*Cinnamomum*	31	0.05	常绿
64	华南梾木	*Swida austrosinensis*	山茱萸科	Cornaceae	梾木属	*Swida*	4	0.01	落叶
65	华南皂荚	*Gleditsia fera*	云实科	Caesalpiniaceae	皂荚属	*Gleditsia*	63	0.13	落叶
66	黄丹木姜子	*Litsea elongata*	樟科	Lauraceae	木姜子属	*Litsea*	1	0.00	常绿
67	黄葛树	*Ficus virens*	桑科	Moraceae	榕属	*Ficus*	1	0.00	落叶
68	黄荆	*Vitex negundo*	马鞭草科	Verbenaceae	牡荆属	*Vitex*	11	0.02	落叶
69	黄连木	*Pistacia chinensis*	漆树科	Anacardiaceae	黄连木属	*Pistacia*	13	0.04	落叶
70	黄杞	*Engelhardtia roxburghiana*	胡桃科	Juglandaceae	黄杞属	*Engelhardia*	229	0.21	常绿
71	黄樟	*Cinnamomum porrectum*	樟科	Lauraceae	樟属	*Cinnamomum*	43	0.08	常绿
72	灰毛浆果楝	*Cipadessa cinerascens*	楝科	Meliaceae	浆果楝属	*Cipadessa*	499	0.65	常绿
73	灰毛牡荆	*Vitex canescens*	马鞭草科	Verbenaceae	牡荆属	*Vitex*	182	0.44	落叶
74	灰岩棒柄花	*Cleidion bracteosum*	大戟科	Euphorbiaceae	棒柄花属	*Cleidion*	542	0.53	常绿
75	灰岩润楠	*Machilus calcicola*	樟科	Lauraceae	润楠属	*Machilus*	2	0.00	常绿

（续）

序号	物种名	拉丁名	科名	科拉丁名	属名	属拉丁名	多度	重要值	叶习性
76	喙核桃	*Annamocarya sinensis*	胡桃科	Saxifragaceae	喙核桃属	*Annamocarya*	1	0.10	落叶
77	火棘	*Pyracantha fortuneana*	蔷薇科	Rosaceae	火棘属	*Pyracantha*	2136	1.16	常绿
78	鸡仔木	*Sinoadina racemosa*	茜草科	Rubiaceae	鸡仔木属	*Sinoadina*	597	0.77	落叶
79	檵木	*Loropetalum chinense*	金缕梅科	Hamamelidaceae	檵木属	*Loropetalum*	25	0.03	落叶
80	假桂乌口树	*Tarenna attenuata*	茜草科	Rubiaceae	乌口树属	*Tarenna*	68	0.07	常绿
81	假苹婆	*Sterculia lanceolata*	梧桐科	Sterculiaceae	苹婆属	*Sterculia*	421	0.67	常绿
82	假玉桂	*Celtis timorensis*	榆科	Ulmaceae	朴属	*Celtis*	77	0.13	常绿
83	尖尾蚊母树	*Distylium cuspidatum*	金缕梅科	Hamamelidaceae	蚊母树属	*Distylium*	486	0.36	常绿
84	剑叶木姜子	*Litsea lancifolia*	樟科	Lauraceae	木姜子属	*Litsea*	470	0.47	常绿
85	角叶槭	*Acer sycopseoides*	槭树科	Aceraceae	槭属	*Acer*	304	0.23	常绿
86	金丝李	*Garcinia paucinervis*	藤黄科	Guttiferae	藤黄属	*Garcinia*	5	0.01	常绿
87	近心叶卫矛	*Euonymus subcordatus*	卫矛科	Celastraceae	卫矛属	*Euonymus*	8	0.01	常绿
88	九节	*Psychotria rubra*	茜草科	Rubiaceae	九节属	*Psychotria*	2	0.00	常绿
89	锯叶竹节树	*Carallia diplopetala*	红树科	Rhizophoraceae	竹节树属	*Carallia*	1	0.00	常绿
90	苦枥木	*Fraxinus insularis*	木犀科	Oleaceae	梣属	*Fraxinus*	55	0.10	落叶
91	苦树	*Picrasma quassioides*	苦木科	Simaroubaceae	苦树属	*Picrasma*	328	0.51	落叶
92	楝	*Melia azedarach*	楝科	Meliaceae	楝属	*Melia*	6	0.01	落叶
93	裂果卫矛	*Euonymus dielsianus*	卫矛科	Celastraceae	卫矛属	*Euonymus*	53	0.08	常绿
94	卵果琼楠	*Beilschmiedia ovoidea*	樟科	Lauraceae	琼楠属	*Beilschmiedia*	9	0.02	常绿
95	罗城鹅耳枥	*Carpinus luochengensis*	桦木科	Betulaceae	鹅耳枥属	*Carpinus*	186	0.18	落叶
96	罗城石楠	*Photinia lochengensis*	蔷薇科	Rosaceae	石楠属	*Photinia*	1	0.00	常绿
97	罗伞	*Brassaiopsis glomerulata*	五加科	Araliaceae	罗伞属	*Brassaiopsis*	2 869	2.17	常绿
98	萝芙木	*Rauvolfia verticillata*	夹竹桃科	Apocynaceae	萝芙属	*Rauvolfia*	1	0.00	常绿
99	麻疯桐	*Jatropha curcas*	大戟科	Euphorbiaceae	麻疯树属	*Jatropha*	103	0.25	常绿
100	麻楝	*Chukrasia tabularis*	楝科	Meliaceae	麻楝属	*Chukrasia*	944	1.35	落叶
101	马桑绣球	*Hydrangea aspera*	虎耳草科	Saxifragaceae	绣球属	*Hydrangea*	9	0.01	落叶
102	毛果榕	*Ficus trichocarpa*	桑科	Lauraceoe	木姜子属	*Litsea*	55	0.07	常绿
103	毛穗杜茎山	*Maesa insignis*	紫金牛科	Myrsinaceae	杜茎山属	*Maesa*	8	0.02	常绿
104	毛桐	*Mallotus barbatus*	大戟科	Euphorbiaceae	野桐属	*Mallotus*	148	0.35	落叶
105	毛叶木姜子	*Litsea mollis*	樟科	Lauraceae	木姜子属	*Litsea*	7	0.02	落叶
106	米槁	*Cinnamomum migao*	樟科	Lauraceae	樟属	*Cinnamomum*	245	0.38	常绿
107	米念芭	*Tirpitzia ovoidea*	亚麻科	Linaceae	青篱柴属	*Tirpitzia*	1 296	0.72	常绿
108	密花核果木	*Drypetes congestiflora*	大戟科	Euphorbiaceae	核果木属	*Drypetes*	4	0.01	常绿

（续）

序号	物种名	拉丁名	科名	科拉丁名	属名	属拉丁名	多度	重要值	叶习性
109	密花树	*Rapanea neriifolia*	紫金牛科	Myrsinaceae	密花树属	*Rapanea*	1 899	1.09	常绿
110	密榴木	*Miliusa chunii*	番荔枝科	Annonaceae	野独活属	*Miliusa*	1 244	0.90	常绿
111	密脉蒲桃	*Syzygium chunianum*	桃金娘科	Myrtaceae	蒲桃属	*Syzygium*	4	0.01	常绿
112	密蒙花	*Buddleja officinalis*	马钱科	Loganiaceae	醉鱼草属	*Buddleja*	50	0.08	落叶
113	蜜楝吴萸	*Evodia lenticellata*	芸香科	Rutaceae	吴茱萸属	*Evodia*	5	0.01	常绿
114	木论虎皮楠	*Daphniphyllum longistylum*	虎皮楠科	Daphniphyllaceae	虎皮楠属	*Daphniphyllum*	276	0.29	常绿
115	木论木兰	*Lirianthe mulunica*	木兰科	Magnoliaceae	长喙木兰属	*Lirianthe*	49	0.06	常绿
116	南方桂樱	*Laurocerasus australis*	蔷薇科	Rosaceae	桂樱属	*Laurocerasus*	295	0.56	常绿
117	南方紫金牛	*Ardisia neriifolia*	紫金牛科	Myrsinaceae	紫金牛属	*Ardisia*	128	0.14	常绿
118	南岭柞木	*Xylosma controversum*	大风子科	Flacourtiaceae	柞木属	*Xylosma*	646	0.78	常绿
119	南酸枣	*Choerospondias axillaria*	漆树科	Anacardiaceae	南酸枣属	*Choerospondias*	48	0.25	落叶
120	南天竹	*Nandina domestica*	小檗科	Berberidaceae	南天竹属	*Nandina*	51	0.04	常绿
121	拟榕叶冬青	*Ilex subficoides*	冬青科	Aquifoliaceae	冬青属	*Ilex*	1	0.00	常绿
122	女贞	*Ligustrum lucidum*	木犀科	Oleaceae	女贞属	*Ligustrum*	21	0.04	常绿
123	刨花润楠	*Machilus pauhoi*	樟科	Lauraceae	润楠属	*Machilus*	8	0.02	常绿
124	枇杷	*Eriobotrya japonica*	蔷薇科	Rosaceae	枇杷属	*Eriobotrya*	163	0.19	常绿
125	枇杷叶润楠	*Machilus bonii*	樟科	Lauraceae	润楠属	*Machilus*	11	0.02	常绿
126	苹果榕	*Ficus oligodon*	桑科	Moraceae	榕属	*Ficus*	28	0.07	常绿
127	苹婆	*Sterculia nobilis*	梧桐科	Sterculiaceae	苹婆属	*Sterculia*	232	0.38	常绿
128	破布木	*Cordia dichotoma*	紫草科	Boraginaceae	破布木属	*Cordia*	50	0.12	落叶
129	朴树	*Celtis sinensis*	榆科	Ulmaceae	朴属	*Celtis*	1 114	1.32	落叶
130	千里香	*Murraya paniculata*	芸香科	Rutaceae	九里香属	*Murraya*	907	0.83	常绿
131	黔桂冬青	*Ilex stewardii*	冬青科	Aquifoliaceae	冬青属	*Ilex*	91	0.14	常绿
132	青冈	*Cyclobalanopsis glauca*	壳斗科	Fagaceae	青冈属	*Cyclobalanopsis*	1 520	1.33	常绿
133	青篱柴	*Tirpitzia sinensis*	亚麻科	Linaceae	青篱柴属	*Tirpitzia*	1 066	0.92	常绿
134	清香木	*Pistacia weinmannifolia*	漆树科	Anacardiaceae	黄连木属	*Pistacia*	410	0.48	常绿
135	琼楠	*Beilschmiedia intermedia*	樟科	Lauraceae	琼楠属	*Beilschmiedia*	301	0.40	常绿
136	秋枫	*Bischofia javanica*	大戟科	Euphorbiaceae	秋枫属	*Bischofia*	21	0.07	落叶
137	任豆	*Zenia insignis*	云实科	Caesalpiniaceae	任豆属	*Zenia*	49	0.42	落叶
138	日本杜英	*Elaeocarpus japonicus*	杜英科	Elaeocarpaceae	杜英属	*Elaeocarpus*	69	0.12	常绿
139	日本五月茶	*Antidesma japonicum*	大戟科	Euphorbiaceae	五月茶属	*Antidesma*	12	0.03	常绿
140	润楠	*Machilus pingii*	樟科	Lauraceae	润楠属	*Machilus*	293	0.37	常绿

（续）

序号	物种名	拉丁名	科名	科拉丁名	属名	属拉丁名	多度	重要值	叶习性
141	三脉叶荚蒾	*Viburnum triplinerve*	忍冬科	Caprifoliaceae	荚蒾属	*Viburnum*	437	0.39	常绿
142	三桠苦	*Evodia lepta*	芸香科	Rutaceae	吴茱萸属	*Evodia*	3	0.01	常绿
143	伞花木	*Eurycorymbus cavaleriei*	无患子科	Sapindaceae	伞花木属	*Eurycorymbus*	1 509	2.95	落叶
144	桑树	*Morus alba*	桑科	Moraceae	桑属	*Morus*	6	0.01	落叶
145	山桂花	*Bennettiodendron leprosipes*	大风子科	Flacourtiaceae	山桂花属	*Bennettiodendron*	30	0.04	常绿
146	山麻杆	*Alchornea davidii*	大戟科	Euphorbiaceae	山麻杆属	*Alchornea*	3	0.01	落叶
147	山檨叶泡花树	*Meliosma thorelii*	清风藤科	Sabiaceae	泡花树属	*Meliosma*	242	0.36	常绿
148	山香圆	*Turpinia montana*	省沽油科	Staphyleaceae	山香圆属	*Turpinia*	197	0.17	常绿
149	珊瑚树	*Viburnum odoratissimum*	忍冬科	Caprifoliaceae	荚蒾属	*Viburnum*	3	0.00	常绿
150	石楠	*Photinia serrulata*	蔷薇科	Rosaceae	石楠属	*Photinia*	52	0.12	常绿
151	石山巴豆	*Croton euryphyllus*	大戟科	Euphorbiaceae	巴豆属	*Croton*	22	0.04	落叶
152	石山楠	*Phoebe calcarea*	樟科	Lauraceae	楠属	*Phoebe*	996	1.17	常绿
153	疏花卫矛	*Euonymus laxiflorus*	卫矛科	Celastraceae	卫矛属	*Euonymus*	1	0.00	常绿
154	树斑鸠菊	*Vernonia arborea*	菊科	Compositae	斑鸠菊属	*Vernonia*	5	0.01	常绿
155	树头菜	*Crateva unilocalaris*	山柑科	Capparaceae	鱼木属	*Crateva*	38	0.15	落叶
156	水麻	*Debregeasia orientalis*	荨麻科	Urticaceae	水麻属	*Debregeasia*	19	0.02	落叶
157	水同木	*Ficus fistulosa*	桑科	Moraceae	榕属	*Ficus*	1	0.00	常绿
158	四裂算盘子	*Glochidion assamicum*	大戟科	Euphorbiaceae	算盘子属	*Glochidion*	18	0.04	常绿
159	四子海桐	*Pittosporum tonkinense*	海桐花科	Pittosporaceae	海桐花属	*Pittosporum*	2 104	1.13	常绿
160	梭罗树	*Reevesia pubescens*	梧桐科	Sterculiaceae	梭罗树属	*Reevesia*	21	0.04	落叶
161	天峨槭	*Acer wangchii*	槭树科	Aceraceae	槭属	*Acer*	163	0.21	常绿
162	甜叶算盘子	*Glochidion philippicum*	大戟科	Euphorbiaceae	算盘子属	*Glochidion*	44	0.09	常绿
163	铁榄	*Sinosideroxylon pedunculatum*	山榄科	Sapotaceae	铁榄属	*Sinosideroxylon*	943	0.97	落叶
164	通脱木	*Tetrapanax papyrifer*	五加科	Araliaceae	通脱木属	*Tetrapanax*	1	0.00	常绿
165	土蜜树	*Bridelia tomentosa*	大戟科	Euphorbiaceae	土蜜树属	*Bridelia*	942	1.50	常绿
166	歪叶榕	*Ficus cyrtophylla*	桑科	Moraceae	榕属	*Ficus*	16	0.04	常绿
167	网脉核果木	*Drypetes perreticulata*	大戟科	Euphorbiaceae	核果木属	*Drypetes*	1	0.00	常绿
168	蚊母树	*Distylium racemosum*	金缕梅科	Hamamelidaceae	蚊母树属	*Distylium*	27	0.04	常绿
169	无毛网脉柿	*Diospyros reticulinervis*	柿科	Ebenaceae	柿属	*Diospyros*	5	0.01	落叶
170	梧桐	*Firmiana platanifolia*	梧桐科	Sterculiaceae	梧桐属	*Firmiana*	15	0.04	落叶
171	五棱苦丁茶	*Ilex pentagona*	冬青科	Aquifoliaceae	冬青属	*Ilex*	30	0.06	常绿

（续）

序号	物种名	拉丁名	科名	科拉丁名	属名	属拉丁名	多度	重要值	叶习性
172	虾公木	*Bridelia retusa*	大戟科	Euphorbiaceae	土蜜树属	*Bridelia*	101	0.30	常绿
173	香椿	*Toona sinensis*	楝科	Meliaceae	香椿属	*Toona*	74	0.34	落叶
174	香粉叶	*Lindera pulcherrima*	樟科	Lauraceae	山胡椒属	*Lindera*	226	0.29	常绿
175	香港大沙叶	*Pavetta hongkongensis*	茜草科	Rubiaceae	大沙叶属	*Pavetta*	492	0.51	常绿
176	香叶树	*Lindera communis*	樟科	Lauraceae	山胡椒属	*Lindera*	4 180	2.83	常绿
177	小巴豆	*Croton tiglium*	大戟科	Euphorbiaceae	巴豆属	*Croton*	1 584	1.51	落叶
178	长序厚壳桂	*Cryptocarya metcalfiana*	樟科	Lauraceae	厚壳桂属	*Cryptocarya*	31 549	17.28	常绿
179	小花梾木	*Swida parviflora*	山茱萸科	Cornaceae	梾木属	*Swida*	762	0.73	落叶
180	小花山小橘	*Glycosmis parviflora*	芸香科	Rutaceae	山小橘属	*Glycosmis*	97	0.12	常绿
181	小蜡	*Ligustrum sinense*	木犀科	Oleaceae	女贞属	*Ligustrum*	106	0.11	常绿
182	小叶栾树	*Boniodendron minus*	无患子科	Sapindaceae	黄梨木属	*Boniodendron*	1 515	1.80	落叶
183	小叶女贞	*Ligustrum quihoui*	木犀科	Oleaceae	女贞属	*Ligustrum*	272	0.35	常绿
184	小叶枇杷	*Eriobotrya seguinii*	蔷薇科	Rosaceae	枇杷属	*Eriobotrya*	86	0.10	常绿
185	小叶山柿	*Diospyros dumetorum*	柿科	Ebenaceae	柿属	*Diospyros*	2 543	1.86	落叶
186	小叶石楠	*Photinia parvifolia*	蔷薇科	Rosaceae	石楠属	*Photinia*	37	0.06	落叶
187	小芸木	*Micromelum integerrimum*	芸香科	Rutaceae	小芸木属	*Micromelum*	288	0.33	常绿
188	斜叶榕	*Ficus tinctoria*	桑科	Moraceae	榕属	*Ficus*	257	0.38	常绿
189	兴义楠	*Phoebe neurantha*	樟科	Lauraceae	楠属	*Phoebe*	2	0.01	常绿
190	胭脂	*Artocarpus tonkinensis*	桑科	Moraceae	波罗蜜属	*Artocarpus*	5	0.01	落叶
191	岩生翠柏	*Calocedrus rupestris*	柏科	Cupressaceae	翠柏属	*Calocedrus*	14	0.02	常绿
192	岩生鹅耳枥	*Carpinus rupestris*	桦木科	Betulaceae	鹅耳枥属	*Carpinus*	14	0.02	落叶
193	岩樟	*Cinnamomum saxatile*	樟科	Lauraceae	樟属	*Cinnamomum*	838	1.11	常绿
194	盐肤木	*Rhus chinensis*	漆树科	Anacardiaceae	盐肤木属	*Rhus*	38	0.07	落叶
195	野橘子	*Poncirus polyandra*	芸香科	Rutaceae	枳属	*Poncirus*	18	0.03	常绿
196	野茉莉	*Styrax japonicus*	安息香科	Styracaceae	安息香属	*Styrax*	6	0.01	落叶
197	野漆	*Toxicodendron succedaneum*	漆树科	Anacardiaceae	漆属	*Toxicodendron*	246	0.51	落叶
198	野柿	*Diospyros kaki*	柿科	Ebenaceae	柿属	*Diospyros*	277	0.44	落叶
199	山桃	*Amygdalus davidiana*	蔷薇科	Rosaceae	桃属	*Amygdalus*	7	0.02	落叶
200	野桐	*Mallotus japonicus*	大戟科	Euphorbiaceae	野桐属	*Mallotus*	651	0.89	落叶
201	异叶花椒	*Zanthoxylum ovalifolium*	芸香科	Rutaceae	花椒属	*Zanthoxylum*	5	0.01	落叶
202	印度崖豆	*Millettia pulchra*	蝶形花科	Fabaceae	崖豆藤属	*Millettia*	5	0.01	落叶
203	印度枣	*Ziziphus incurva*	鼠李科	Rhamnaceae	枣属	*Ziziphus*	220	0.33	常绿

（续）

序号	物种名	拉丁名	科名	科拉丁名	属名	属拉丁名	多度	重要值	叶习性
204	鱼骨木	*Canthium dicoccum*	茜草科	Rubiaceae	鱼骨木属	*Canthium*	1 077	1.00	落叶
205	圆果化香树	*Platycarya longipes*	胡桃科	Juglandaceae	化香树属	*Platycarya*	3 499	3.32	落叶
206	圆叶豹皮樟	*Litsea rotundifolia*	樟科	Lauraceae	木姜子属	*Litsea*	2	0.00	常绿
207	圆叶乌桕	*Sapium rotundifolium*	大戟科	Euphorbiaceae	乌桕属	*Sapium*	353	0.70	落叶
208	越南山矾	*Symplocos cochinchinensis*	山矾科	symplocaceae	山矾属	*Symplocos*	3	0.01	落叶
209	云贵鹅耳枥	*Carpinus pubescens*	桦木科	Betulaceae	鹅耳枥属	*Carpinus*	212	0.24	落叶
210	皂荚	*Gleditsia sinensis*	云实科	Caesalpiniaceae	皂荚属	*Gleditsia*	216	0.61	落叶
211	樟叶木防己	*Cocculus laurifolius*	防己科	Menispermaceae	木防己属	*Cocculus*	12	0.02	常绿
212	长管越南茜	*Rubovietnamia aristata*	茜草科	Rubiaceae	越南茜属	*Rubovietnamia*	1 595	1.32	常绿
213	长毛籽远志	*Polygala wattersii*	远志科	Polygalaceae	远志属	*Polygala*	591	0.39	常绿
214	长序苎麻	*Boehmeria dolichostachya*	荨麻科	Urticaceae	苎麻属	*Boehmeria*	32	0.05	常绿
215	长柱十大功劳	*Mahonia duclouxiana*	小檗科	Berberidaceae	十大功劳属	*Mahonia*	7	0.01	常绿
216	掌叶木	*Handeliodendron bodinieri*	无患子科	Sapindaceae	掌叶木属	*Handeliodendron*	123	0.38	落叶
217	针齿铁仔	*Myrsine semiserrata*	紫金牛科	Myrsinaceae	铁仔属	*Myrsine*	123	0.14	常绿
218	枝翅珠子木	*Phyllanthodendron dunnianum*	大戟科	Euphorbiaceae	珠子木属	*Phyllanthodendron*	354	0.27	常绿
219	栀子皮	*Itoa orientalis*	大风子科	Flacourtiaceae	栀子皮属	*Itoa*	3 037	4.84	落叶
220	钟花樱桃	*Cerasus campanulata*	蔷薇科	Rosaceae	樱属	*Cerasus*	5	0.01	落叶
221	竹叶花椒	*Zanthoxylum armatum*	芸香科	Rutaceae	花椒属	*Zanthoxylum*	116	0.20	落叶
222	状元红	*Clerodendrum japonicum*	马鞭草科	Verbenaceae	大青属	*Clerodendrum*	32	0.05	落叶
223	子楝树	*Decaspermum gracilentum*	桃金娘科	Myrtaceae	子楝树属	*Decaspermum*	2 747	1.60	落叶
224	紫背鼠李	*Rhamnus subapetala*	鼠李科	Rhamnaceae	鼠李属	*Rhamnus*	95	0.16	落叶
225	紫弹树	*Celtis biondii*	榆科	Ulmaceae	朴属	*Celtis*	21	0.05	落叶
226	紫麻	*Oreocnide frutescens*	荨麻科	Urticaceae	紫麻属	*Oreocnide*	94	0.13	常绿
227	紫珠	*Callicarpa bodinieri*	马鞭草科	Verbenaceae	紫珠属	*Callicarpa*	43	0.08	落叶

4.2　西南喀斯特区域生态功能区划数据集

（1）概述。本数据集以土地利用现状数据、土地覆被数据、植被类型数据、土壤类型数据、气候数据、地貌数据、地质岩性数据、土壤侵蚀现状数据以及各种统计数据、文献资料为基础，以生态环境部发布的《生态功能区划暂行规程》及研究团队前期对喀斯特区域研究的成果为依据，对西南喀斯特区域进行了生态环境现状评价、生态环境敏感性分析与评价、生态系统服务功能重要性分析与评价。在此基础上，对西南喀斯特区域进行生态功能分区，一共划分出 14 个一级区（生态区）、39 个二级区（生态亚区）和212个三级区（生态功能区），明确了各生态功能区的地理位置、面积、主要的生态环境问题、生态环境敏感性及主要生态服务功能。

（2）数据采集与处理方法。本数据集主要包含以下几个方面：①2000年1：10万土地利用数据、气象数据（年均降水、年均气温等）、1995—1996年1：25万土壤侵蚀数据、1：100万土壤类型数据等（来源于中国科学院资源环境科学数据中心）；②90 m分辨率数字高程模型（digital elevation model，DEM）数据、2005年1：25万土地覆被数据、1：100万地貌类型数据、2003年1km网格人口数据、2003年1km网格GDP数据（来源于中国科学院地球系统科学数据共享平台）；③县级以上行政区边界、1~5级河流分布图、公路和铁路分布图等（来源于国家基础地理信息系统）；④1：50万西南喀斯特区地质图（来源于中国地质科学院岩溶地质研究所曹建华研究员）；⑤1：100万植被类型图（来源于中国西部环境与生态科学数据中心）；⑥滇、黔、桂、川、渝、鄂、湘、粤八省（市、区）统计数据及中国环保部数据中心提供的截至2009年底各省市区各级各类自然保护区数据。

将所有数据统一转换为Albers投影，其中，第一标准纬线为25°N，第二标准纬线为47°N，中央经线为105°E。以1：50万地质图为基础，根据岩性属性，提取碳酸盐岩分布区域，并将其与县级行政区划界叠加，提取碳酸盐岩分布比较集中的县作为本研究的研究区域。所有空间分析所需数据都转换为1 km×1 km分辨率的栅格数据。

依据对西南喀斯特区域生态环境敏感性评价和生态系统服务功能重要性评价的结果，综合考虑西南喀斯特地区的地形地貌、气候条件、河流水系、植被分布、土地利用等自然和人为条件，在ArcGIS和统计分析软件（SPSS）支持下，采用主导标志法、空间叠置法以及聚类分析法对西南喀斯特区域进行生态功能区划，并对各生态功能区的生态敏感性及主要生态系统服务功能进行归纳总结。

西南喀斯特区生态功能区划流程见图4-2。

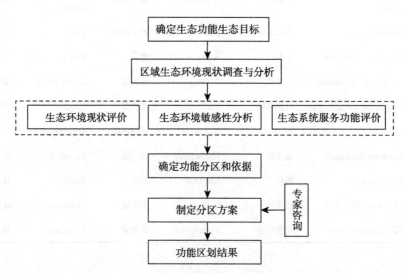

图4-2　西南喀斯特区生态功能区划流程

（3）数据质量控制和评估。本数据集数据来源于不同数据库，数据质量控制过程主要是对源数据进行检查和整理，质量控制方面包括文件格式、数据说明、数据来源、字段量纲、数据完整性等。随后，对不同来源数据统一进行数据转换，以满足不同比例尺数据空间分析的要求。

（4）数据价值。西南喀斯特区域生态功能区划数据集可以为西南喀斯特区生态系统的优化管理、提升喀斯特生态系统服务功能提供参考，也为区域生态环境综合整治提供科学依据。

（5）数据。西南喀斯特区域生态功能区概况见表4-2。

表 4 - 2　西南喀斯特区域生态功能区概况

生态区	生态亚区	生态功能区	位置	存在的问题	生态敏感性	生态服务功能
I - 1 秦巴山地生态区	I - 1 - 1 武当山北部南阳盆地常绿阔叶林生态区	I - 1 - 1 - 1 郧阳区北部石漠化控制与土壤保持生态功能区	郧阳区北部，面积 1 350.9km²	陡坡开垦，石漠化严重	生境不敏感；酸雨轻度敏感；石漠化和水土流失以中度以上和高度敏感为主	石漠化控制和土壤保持
		I - 1 - 1 - 2 丹江口库区水源涵养和土壤保持生态功能区	郧西县、郧阳区中南部地区，丹江口市、十堰市，面积 10 306.9km²	水资源时空分布不均，陡坡开垦严重，水土流失严重	东部水土流失高和极敏感，中部中度敏感，西部高度敏感；西北部石漠化中度和轻度敏感；酸雨中度和轻度敏感，其他地区不敏感；丹江口水库生境极敏感	水源涵养和土壤保持
		I - 1 - 2 - 1 宣汉农产品提供与水源涵养生态功能区	宣汉县，面积 4 269.0km²	水土流失严重	水土流失高度敏感；石漠化不敏感，但东北角石漠化高度敏感；酸雨轻度敏感；生境不敏感	农产品提供
	I - 1 - 2 大巴山落叶阔叶、针阔叶混交林生态亚区	I - 1 - 2 - 2 万源土壤保持生态功能区	万源市，面积 4 078.2km²	森林分布不均，水源涵养能力差，水土流失严重	水土流失高度敏感为主；石漠化不敏感，但东部地区石漠化高度敏感；酸雨轻度敏感；北部分地区生境高度敏感；其他地区生境不敏感	土壤保持
		I - 1 - 2 - 3 重庆北部大巴山区土壤保持和生物多样性保护生态功能区	城口县、巫溪县北部地区，面积 4 512.8km²	植被破坏普遍，水土流失明显，生物多样性退化严重	水土流失高度和极敏感；石漠化高度敏感，酸雨轻度敏感和中度敏感；北部生境中度敏感	土壤保持和生物多样性保护
		I - 1 - 2 - 4 神农架北坡与武当山南坡间中低山山地水源涵养生态功能区	竹山、竹溪、房县，面积 11 979.7km²	水土流失加剧，森林功能衰退，野生动植物种受损严重	水土流失以高度敏感为主；酸雨中度和轻度敏感；中北部生境不敏感，南部生境以中度和高度敏感为主	水源涵养
		I - 1 - 2 - 5 神农架生物多样性保护和水源涵养生态功能区	神农架林区，面积 3 226.9km²	水土流失严重，森林植被破坏严重，威胁到生物多样性	水土流失高度敏感；酸雨轻度敏感；生境高度敏感和极敏感	生物多样性保护和水源涵养

（续）

生态区	生态亚区	生态功能区	位置	存在的问题	生态敏感性	生态服务功能
Ⅰ-1秦巴山地生态区	Ⅰ-1-2大巴山落叶阔叶、针阔叶混交林生态亚区	Ⅰ-1-2-6沮漳河上游水源涵养和生物多样性保护生态功能区	谷城、保康、远安，面积7 528.6km²	资源开发不当导致水土流失严重	水土流失高度敏感；酸雨中度敏感为主；生境中度和高度敏感	水源涵养和生物多样性保护
		Ⅰ-1-2-7南漳西部水源涵养和石漠化控制生态功能区	南漳西部，面积2 821.2km²	水土流失严重	水土流失高度敏感以上；石漠化中度和高度敏感；酸雨轻度敏感；生境中度敏感	水源涵养和石漠化控制
	Ⅰ-1-3汉江下游丘陵岗地农业生态亚区	Ⅰ-1-3-1荆门、京山、宜城生物多样性保护与农产品提供生态功能区	南漳东部、荆门、京山、钟祥、宜城，面积15 477.0km²	过度的人类活动导致生物多样性受到威胁	东部和西北水土流失高度敏感；酸雨轻度敏感为主，部分区域中度或高度敏感；	生物多样性保护与农产品提供
Ⅰ-2三峡水库生态敏感生态区	Ⅰ-2-1三峡水库生态亚区	Ⅰ-2-1-1夷陵东南部丘陵平原农产品提供生态功能区	宜昌市夷陵区东南部		水土流失中度敏感以下；酸雨中度和轻度敏感；生境中度敏感为主	农产品提供
		Ⅰ-2-1-2宜昌、兴山、巴东、秭归山地土壤保持和水源涵养生态功能区	宜昌中部和西部、兴山、归、巴东北部，面积9 409.4km²	水土流失严重，工业和生活污水对水体污染严重	水土流失高度敏感以上；西南部石漠化中度至高度敏感，宜昌西部、兴山东南部酸雨高度敏感以上，其他地区酸雨轻度敏感为主；生境中度敏感	土壤保持和水源涵养
		Ⅰ-2-1-3重庆东北部石漠化控制和土壤保持生态功能区	开县北部、巫溪中南部、云阳北段、奉节县、巫山县，面积11 167.9km²	水土流失严重，人地矛盾突出	水土流失高度敏感，石漠化高度敏感以上；酸雨轻度敏感，西北部中度敏感；生境中度敏感	石漠化控制和土壤保持
		Ⅰ-2-1-4渝中北喀斯特平行岭谷土壤保持生态功能区	云阳县、开县中部和南部，面积6 283.1km²	水土流失严重，农业面源污染然中，人地矛盾突出	水土流失极敏感；酸雨轻度敏感；生境不敏感	土壤保持
		Ⅰ-2-1-5七曜山、方斗山山地水源涵养和土壤保持生态功能区	石柱、丰都东部、武隆，面积7 643.5km²	水土流失严重	水土流失高度敏感，石漠化中度敏感；酸雨轻度敏感和中度敏感；生境不敏感	水源涵养和土壤保持

（续）

生态区	生态亚区	生态功能区	位置	存在的问题	生态敏感性	生态服务功能
I-2 三峡库区敏感生态区	I-2-1 三峡水库区敏感生态亚区	I-2-1-6 丰都、涪陵西侧喀斯特平行岭谷土壤保持和农产品提供生态功能区	涪陵西部、丰都西北部，面积2 551.1km²	农业面源污染严重，人地矛盾突出	北部水土流失极敏感、中南部轻度敏感；酸雨轻度敏感；生境不敏感	农产品提供和土壤保持
		I-2-1-7 大溪河、乌江下游中低山、丘陵农产品提供与土壤保持生态功能区	涪陵东部、南川区总部和北部、万盛区，面积4 109.8km²	水土流失严重	水土流失高度敏感和极度敏感为主；酸雨中度敏感；生境中度敏感	农产品提供和土壤保持
		I-2-1-8 金佛山生物多样性保护和水源涵养生态功能区	南川区南部，面积630.6km²	森林结构不尽合理，生物多样性保护压力大	水土流失中度和高度敏感；酸雨中度敏感；生境中度和高度敏感	生物多样性保护和水源涵养
I-3 渝东南、湘鄂西黔中低山山地生态区	I-3-1 鄂西南喀斯特山地常绿阔叶林生态亚区	I-3-1-1 长阳、五峰山地水源涵养和生物多样性保护生态功能区	长阳、五峰、枝城，面积7 151.2km²	植被破坏严重，陡坡垦殖	水土流失高度敏感；石漠化轻度敏感；酸雨中度敏感；生境中度和高度敏感	生物多样性保护和水源涵养
		I-3-1-2 利川、恩施、巴东、建始生物多样性保护与石漠化控制生态功能区	巴东南部、建始、恩施、利川，面积10 579.3km²	人口增长压力较大，植被破坏严重	水土流失和石漠化高度敏感；酸雨中度敏感；生境中度和高度敏感	生物多样性保护和石漠化控制
		I-3-1-3 酉水河上游水源涵养生态功能区	鹤峰、宣恩东部、来凤，面积5 349.6km²	森林蓄积大幅减少，水土流失严重	水土流失高度敏感；酸雨中度敏感	水源涵养和土壤保持
		I-3-1-4 忠建河上游水源涵养生态功能区	宣恩西北、咸丰东部，面积1 954.1km²	人口增长压力较大，森林蓄积减少、水土流失严重	水土流失高度敏感；酸雨中度敏感	水源涵养
		I-3-1-5 溇河上游生物多样性保护生态功能区	恩施市西南、利川东南、咸丰，面积3 003.7km²	人口过快增长、宜耕土地少，森林蓄积减少、水土流失严重	水土流失高度敏感；生境中度敏感以上	生物多样性保护和水源涵养
		I-3-1-6 郁江上游水源涵养生态功能区	利川市西南部，面积1 431.4km²	人口过快增长、环境压力大、水土流失严重	水土流失高度敏感；生境中度敏感	水源涵养
	I-3-2 渝东南喀斯特丛丘岗地常绿阔叶林生态亚区	I-3-2-1 黔江土壤保持生态功能区	黔江土家族苗族自治县，面积2 402.3km²	森林覆盖率低，水土流失严重	水土流失极敏感；酸雨中度敏感；生境轻度敏感	土壤保持

（续）

生态区	生态亚区	生态功能区	位置	存在的问题	生态敏感性	生态服务功能
I-3 渝东南、湘西及黔东北鄂中低山山地生态区	I-3-2 渝东南喀斯特丛生常绿阔叶林生态亚区	I-3-2-2 彭水、酉阳石漠化控制与土壤保持生态功能区	彭水、酉阳中部和西部，面积 8 075.8km²	森林覆盖率低、水土流失和石漠化严重	水土流失极敏感；石漠化中和高度敏感；酸雨中度敏感；生境不敏感	石漠化控制和土壤保持
		I-3-2-3 梅江流域土壤保持和水源涵养生态功能区	酉阳东部地区、秀山县，面积 3 445.6km²	森林覆盖率低、水土流失严重、草场退化性减少	水土流失高度敏感；北部酸雨中度敏感；南部轻度敏感；生境中度敏感	土壤保持和水源涵养
	I-3-3 黔东北喀斯特丛生常绿阔叶林生态亚区	I-3-3-1 石阡、思南、印江、松桃石漠化控制与土壤保持生态功能区	印江中南部、思南东南部、石阡中部、松桃西北部地区，面积 3 693.2km²	水土流失和石漠化问题严重	中部水土流失高度敏感，石漠化中度敏感以上；酸雨轻度敏感；南部生境中度敏感，北部生境轻度敏感	石漠化控制和土壤保持
		I-3-3-2 梵净山生物多样性保护和水源涵养生态功能区	印江东部、江口西北部、松桃西南部地区，面积 1 064.3km²	旅游开发给生物多样性造成较大威胁	中部水土流失中度敏感，四周水土流失高度敏感；酸雨中度敏感；生境高度敏感	生物多样性保护和水源涵养
		I-3-3-3 梵净山东侧低山丘陵石漠化控制和土壤保持生态功能区	松桃东侧、江口中部及东部、铜仁、万山区，面积 5 317.3km²	石漠化问题严重	水土流失高度敏感，石漠化中高度敏感；酸雨轻度敏感和中度敏感；生境中度敏感及以下	石漠化控制和土壤保持
		I-3-3-4 岑巩石漠化控制生态功能区	岑巩县，面积 1 352.2km²	石漠化和水土流失问题突出	水土流失中度敏感以上，石漠化中度敏感；北部石漠不敏感，南部石漠中度敏感；酸雨和生境都以轻度敏感为主	石漠化控制
		I-3-3-5 潕阳河谷盆地农产品提供和土壤保持生态功能区	玉屏县、岑巩东南部、镇远东北部，面积 864.3km²	水土流失问题突出	水土流失高度敏感以上；东部地区石漠化高度敏感，西部石漠中度敏感以下；酸雨轻度敏感；生境不敏感	农产品提供和土壤保持
		I-3-3-6 施秉、镇远中低山山地土壤保持和水源涵养生态功能区	镇远大部分地区、施秉东部，部分地区面积 2 689.3km²	水土流失问题突出，部分地区存在石漠化问题	水土流失高度敏感，西部地区石漠化中度敏感；酸雨轻度敏感；生境中度敏感为主	土壤保持和水源涵养

（续）

生态区	生态亚区	生态功能区	位置	存在的问题	生态敏感性	生态服务功能
	I-3-3 黔东北喀斯特丛丘连地常绿阔叶林生态亚区	I-3-3-7 佛顶山山地生物多样性保护和水源涵养生态功能区	石阡南端，施秉北端，面积169.5km²	人类旅游活动对动植物保护造成较大影响	水土流失、酸雨及生境敏感性都为高度敏感	生物多样性保护和水源涵养
		I-3-4-1 壶瓶山生物多样性保护生态功能区	石门县西北部，773.2km²	人类活动对生物多样性保护造成一定威胁	水土流失中度和高度敏感；石漠化轻度敏感；酸雨中度敏感；生境高度敏感	生物多样性保护
		I-3-4-2 石门、澧县生物多样性保护和水源涵养生态功能区	石门中部地区、澧县西北部地区，面积2 975.2km²	水土流失问题，局部农业面源污染	水土流失高度敏感；西部生境高度敏感，中部轻度敏感，东部中度和高度敏感	生物多样性保护和水源涵养
	I-3-4 武陵山喀斯特山地常绿阔叶林生态亚区	I-3-4-3 桑植、慈利、永顺石漠化控制与土壤保持生态功能区	慈利、桑植、永顺地区，面积10 372.5km²	水土流失问题	水土流失中度敏感以上；石漠化中度敏感；北部酸雨中度敏感，中部和南部轻度敏感；生境高度敏感	石漠化控制和土壤保持
		I-3-4-4 张家界武陵源区生物多样性保护与水源涵养生态功能区	张家界市武陵源区，面积1 415.5km²	旅游业的发展可能对生态环境造成破坏	水土流失和生境为高度敏感；酸雨轻度敏感	生物多样性保护和水源涵养
		I-3-4-5 小溪水源涵养和生物多样性保护生态功能区	慈利最南端、永顺东南部、沅陵西北部及古丈中部，面积2 336.2km²	水土流失、部分地区农业面源污染	水土流失高度敏感；酸雨中高度敏感；生境高度敏感	生物多样性保护和水源涵养
		I-3-4-6 凤滩水库区水源保持生态功能区	龙山县、保靖县、古丈县西部和南部，面积5 571.1km²	水土流失问题及矿产开发带来的生态环境问题	水土流失高度敏感；生境高度敏感	土壤保持与水源涵养
		I-3-4-7 凤凰、花垣石漠化控制、土壤保持、水源涵养生态功能区	花垣县、吉首市西部、凤凰县中部和西部地区，面积3 166.9km²	水土流失问题及矿产开发造成生态环境被破坏	水土流失高度敏感；石漠化中度和高度敏感；酸雨轻度敏感；生境以中度敏感为主	土壤保持与水源涵养
I-3 渝东南、湘西南黔东及鄂中低山山地生态区	I-3-5 沅陵、麻江红岩盆地农林生态亚区	I-3-5-1 沅陵、泸溪、辰溪农产品提供和土壤保持生态功能区	桃源县西北部、南部、沅陵县中部，泸溪县中部市东部，辰溪市西部，怀化市西部，面积10 552.0km²	水土流失和农业面源污染	水土流失高度敏感及以上；酸雨中高度敏感	农产品提供和土壤保持

（续）

生态区	生态亚区	生态功能区	位置	存在的问题	生态敏感性	生态服务功能
I-3 渝东南、湘西及黔中低山山地生态区	I-3-6 雪峰山山地常绿阔叶林生态亚区	I-3-6-1 王尖界山地水源涵养生态功能区	沅陵县南端、溆浦西北端，辰溪县北端，桃源最南端及安化西北端，面积1 465.1km²	水土流失问题	水土流失、酸雨、生境高度敏感	水源涵养
		I-3-6-2 桃江农产品提供与水源涵养生态功能区	桃江县，面积2 062.4km²	水土流失及农业面源污染问题	西南部水土流失高度敏感，北部和东部水土流失轻度或不敏感；南部酸雨高度敏感，中部和北部中度或轻度敏感；生境不敏感	农产品提供与水源涵养
		I-3-6-3 冷水江市区及郊区农产品提供生态功能区	冷水江市，面积394.6km²	城市生活污染及农业面源污染	水土流失中高敏感	农产品提供
		I-3-6-4 九龙池山地水源涵养生态功能区	新化县北端和安化西南部，面积为462.4km²	水土流失问题	水土流失中高度敏感	水源涵养
		I-3-6-5 沅江下游低山区农产品提供生态功能区	溆浦北部，辰溪东部，怀化市东部，面积3 866.0km²	水土流失及农业面源污染	水土流失和酸雨均为高度敏感	农产品提供
		I-3-6-6 雪峰山山地水源涵养和生物多样性保护生态功能区	新化西南部、溆浦东部、隆回北部、洞口西部、睢宁县、新宁西南部，城步县，面积11 887.9km²	水土流失	水土流失高度和极敏感，酸雨高度敏感，生境以高度敏感为主	水源涵养和生物多样性保护
		I-3-6-7 柘溪水库库区土壤保持、水源涵养及农产品提供生态功能区	安化县大部分地区，新华中部和东部，涟源北部地区，面积7 642.7km²	水土流失及农业面源污染	水土流失高度敏感；酸雨以高度敏感为主，北部地区酸雨敏感	土壤保持、水源涵养及农产品提供
I-4 湘中丘陵山地农业生态区	I-4-1 涟源、邵阳喀斯特盆地生态功能区	I-4-1-1 涟源、双峰、娄底农产品提供生态功能区	涟源中部和南部、娄底市、双峰西部，面积2 356.5km²	水土流失、农业面源污染、矿产开发诱发地质灾害	水土流失中度敏感和中度敏感	农产品提供
		I-4-1-2 岳平峰山地水源涵养生态功能区	新邵县东端和涟源市西南端，面积245.8km²	水土流失问题	水土流失极敏感；酸雨中度敏感	水源涵养

（续）

生态区	生态亚区	生态功能区	位置	存在的问题	生态敏感性	生态服务功能
I-4 湘中丘陵农业生态区	I-4-1 连源、邵阳喀斯特盆地生态功能区	I-4-1-3 雪峰山以东部邵阳市农产品提供与土壤保持生态功能区	邵阳南部、邵东县、邵阳市区、邵阳县、东安县北端、新宁县西侧、武冈、洞口东侧，面积9 324.0km²	水土流失较严重、地质灾害及农业面源污染	南部水土流失高敏感以上，北部和西段水土流失轻度敏感；酸雨整体以轻度敏感为主，南部和东部地区以中度和高度敏感性为主	农产品提供与土壤保持
		I-4-1-4 隆回南部石漠化控制生态功能区	隆回南部，面积1 137.5km²	石漠化问题突出	水土流失和酸雨以中高度敏感为主	石漠化控制
	I-4-2 祁阳、零陵斯特丘陵岗地农业生态亚区	I-4-2-1 两耶、零陵地区农产品提供与土壤保持生态功能区	祁东县、祁阳县北部、常宁县中部和北部、冷水滩区、东安东部及永州市北端，面积7 331.7km²	水土流失和农业面源污染	水土流失以轻度和高度敏感为主；酸雨轻度敏感	农产品提供
	I-4-3 长株潭丘陵农业生态亚区	I-4-3-1 湘江下游丘陵台地农产品提供生态功能区	宁乡、韶山、湘乡、双峰东侧、湘潭县、株洲市、醴陵西侧、浏阳西侧，面积12 585.3km²	水土流失和农业面源污染	水土流失中高度敏感；酸雨高度敏感；生境敏感以不敏感相间分布	农产品提供
	I-4-4 衡阳紫色盆地农业生态亚区	I-4-4-1 衡阳市及周边生态功能区	衡阳市、衡阳县、衡南县、耒阳市、东县，面积11 020.1km²	水土流失和农业面源污染	水土流失以中高敏感区为主	农产品提供
		I-4-4-2 南岳生物多样性保护和水源涵养生态功能区	南岳区，面积361.5km²	人类的旅游活动对生态环境造成影响	水土流失和生境以高度敏感为主；酸雨极敏感	水源涵养和生物多样性保护
		I-4-4-3 郴州市区及周边生态功能区	安仁县、永兴中西部、资兴西北端、郴县北部、郴州市区、桂阳东部，面积4 567.7km²	水土流失严重，矿产资源开发引发地质灾害	水土流失中高度敏感；酸雨中、轻度敏感；北部和南端生境高度敏感，中部生境不敏感	农产品提供
	I-4-5 连云山南部、大围山亚热带常绿阔叶林生态亚区	I-4-5-1 醴陵北部、浏阳中东部水源涵养与生物多样性保护生态功能区	醴陵北部、浏阳中东部，面积4 138.7km²	水土流失问题较严重；旅游开发与生态保育的问题；地质灾害	水土流失、酸雨及生境都为高度敏感	水源涵养和生物多样性保护

（续）

生态区	生态亚区	生态功能区	位置	存在的问题	生态敏感性	生态服务功能
	I-4-6 罗霄山山地常绿阔叶林生态亚区	I-4-6-1 罗霄山山前丘陵农产品提供生态功能区	醴陵南端、攸县、茶陵、安仁东北端，面积6 340.5km²	水土流失问题	水土流失高度敏感为主；酸雨中高度敏感	农产品提供
		I-4-6-2 八面山、诸广山山地水源涵养和生物多样性保护生态功能区	炎陵、桂东、汝城、安仁南端、永兴东端、宜章东北端，面积9 756.3km²	水土流失问题	水土流失高度敏感以上；酸雨高度敏感；生境高度敏感	水源涵养和生物多样性保护
I-5 南岭山地丘陵生态区	I-5-1 滑石山、九连山常绿阔叶林生态亚区	I-5-1-1 仁化山地水源涵养生态功能区	仁化北部，面积1 202.4km²	水土流失问题	水土流失极敏感；酸雨高度敏感、北部极敏感；生境高度敏感	水源涵养
		I-5-1-2 北江河川平原、丘陵农业生产功能区	仁化南部、乐昌东南端、韶关市、曲江区大部、英德中部和西部、清新东部和南部，面积9 766.6km²	水土流失问题	水土流失高度敏感；西南端石漠化高度敏感；南部酸雨高度敏感；南部生境高度敏感、中部和北部生境不敏感	农产品提供
		I-5-1-3 滃江河川周围山地水源涵养生态功能区	连平县、翁源北部、曲江东部、英德中部地区，面积4 740.3km²	水土流失问题	水土流失极敏感；酸雨高度敏感；生境高度敏感	水源涵养
		I-5-1-4 滃江河川农产品提供生态功能区	翁源南部、英德东部，面积1 854.7km²	水土流失问题	东部水土流失高度敏感，西部敏感	农产品提供
	I-5-2 都庞岭、萌渚岭常绿阔叶林生态亚区	I-5-2-1 茅山、大东山生物多样性保护与水源涵养生态功能区	连州东端、宜章南部、乐昌、乳源、曲江西南端、英德北端，面积6 218.4km²	林地防护功能降低	水土流失中高度敏感；酸雨和生境高度敏感	生物多样性保护与水源涵养
		I-5-2-2 湘南喀斯特岭同盆地农产品提供与土壤保持生态功能区	宜章中部、临武中部、新田中部和南部、宁远中部、道县中部和北部、江华西部、江永中部和南部，面积13 160.2km²	土地利用率低，矿产开发造成水土流失和生态环境被破坏	水土流失中高度敏感；石漠化轻度敏感；酸雨轻度和中度敏感	农产品提供和土壤保持
		I-5-2-3 骑田岭、香花岭水源涵养生态功能区	郴县南端、临武东北端，面积1 027.9km²	疏林地较多	水土流失极敏感；酸雨中高度敏感	水源涵养

（续）

生态区	生态亚区	生态功能区	位置	存在的问题	生态敏感性	生态服务功能
I-5 南岭山地丘陵生态区		I-5-2-4 连州、阳山喀斯特峰林平原农产品提供与土壤保持生态功能区	连州市中部和南部、连南东部，阳山大部分地区、清远西北部，面积 5 717.8km²	水土流失问题	水土流失极敏感；石漠化高度敏感；酸雨轻度敏感	土壤保持
		I-5-2-5 九嶷山山地水源涵养与生物多样性保护生态功能区	临武南端、连州北端、蓝山中南部、宁远南部、道县中部，江华中部、东部、连南西侧，面积 6 019.3km²	生态系统受人类活动影响较大	水土流失极敏感；酸雨高度敏感	水源涵养和生物多样性保护
	I-5-2 都庞岭萌渚岭常绿阔叶	I-5-2-6 花山山地水源涵养与生物多样性保护生态功能区	恭城西南端、江永南端、富川西部，钟山西北部，面积 1 297.4km²	天然阔叶林减少、人工针叶林增加，水源涵养能力降低	水土流失极敏感；酸雨和生境高度敏感	水源涵养和生物多样性保护
		I-5-2-7 都庞岭山地水源涵养与生物多样性保护生态功能区	道县西部，灌县东南部、恭城东北端，江永西部，面积 1 291.3km²	森林涵养水源能力低	水土流失极敏感；酸雨和生境高度敏感	水源涵养和生物多样性保护
		I-5-2-8 阳明山山地水源涵养与生物多样性保护生态功能区	常宁南部、桂阳南部，祁阳北部、新田北部、宁远北部，双牌，全州东端及道县西北端，面积 4 562.7km²	人类活动对生物多样性保护造成较大压力，部分区域水土流失问题严重	水土流失、酸雨及生境都为高度敏感	水源涵养和生物多样性保护
		I-5-2-9 石期河流域农产品提供与土壤保持生态功能区	永州市中部和南部，面积 1 498.1km²	水土流失问题	南部地区水土流失高度敏感	农产品提供和土壤保持
	I-5-3 广西东北部山地常绿阔叶林生态亚区	I-5-3-1 桂东北山地水源涵养和生物多样性保护生态功能区	东安西部、新宁东部、全州西北、兴安北部、临川北部，桂西北部，面积 4 478.1km²	天然林减少、人工林增加，水源涵养能力减弱	水土流失和酸雨都为高度敏感	水源涵养和生物多样性保护
		I-5-3-2 湘江上游河谷盆地农产品提供与土壤保持生态功能区	东安东部、全州中部、兴安中部、灌阳中部，面积 4 842.9km²	中部地区的石漠化问题	水土流失中度敏感；中部偏东地区石漠化高度敏感；酸雨轻度敏感	农产品提供和土壤保持
		I-5-3-3 海洋山山地水源涵养和生物多样性保护生态功能区	全州南端、灌阳西部南部、灌阳东南部、兴安东部、阳朔东北，恭城西部，总面积 2 396.8km²	水土流失严重，开矿对生态环境造成破坏，天然雨减少，影响水源涵养能力	水土流失极敏感；北部酸雨高度敏感，南部中度敏感，生境中高度敏感	水源涵养与生物多样性保护

（续）

生态区	生态亚区	生态功能区	位置	存在的问题	生态敏感性	生态服务功能
I-5 南岭山地丘陵生态区	I-5-3 广西东北部山地常绿阔叶林生态亚区	I-5-3-4 桂林喀斯特峰林平原农产品提供生态功能区	灵川中部、桂林市区、临桂东部、阳朔、荔浦、平乐、钟山大部分地区、恭城中部地区，面积10 932.2km²	水土流失、中部地区石漠化问题严重	中南部地区水土流失极敏感；中部地区石漠化高度敏感；酸雨和生境不敏感	农产品提供和土壤保持
		I-5-3-5 融安、永福低山山地水源涵养和生物多样性保护生态功能区	永福县、融安县，面积5 694.6km²	西南部地区石漠化和水土流失问题突出	北部地区极敏感；西南部水土流失高度敏感，中南部酸雨敏感；北部地区酸雨高度敏感，其他地区以中度和轻度敏感为主；东北地区生境高度敏感，其他区域轻度敏感	水源涵养与生物多样性保护
		I-5-3-6 柳州峰林平原农产品提供生态功能区	柳州市区、柳城县、鹿寨县，面积6 333.7km²	酸雨危害严重	北部水土流失极敏感，中南部中度敏感；西北部石漠化高度敏感；东部地区酸雨中度敏感	农产品提供
I-6 桂中喀斯特峰丛常绿阔叶林平原生态区	I-6-1 桂中喀斯特峰丛常绿阔叶林生态亚区	I-6-1-1 上林北部、柳江和忻城南部石漠化整制生态功能区	上林北部、忻城南部、柳江南部、合山市，面积2 999.3km²	石漠化面积大、煤矿开采带来生态环境问题	水土流失中度或轻度敏感；石漠化高度敏感；酸雨轻度敏感	石漠化控制与土壤保持
		I-6-1-2 象州、武宣、来宾等地区农产品提供与土壤保护生态功能区	象州县、柳江区南端、来宾市、武宣县中部和西部地区、贵港西北端，面积8 348.1km²	干旱、矿山开发带来的生态环境问题	东北部水土流失高度敏感，其他区域水土流失以轻度或轻度敏感为主；石漠化和酸雨以轻度敏感为主；生境不敏感	农产品提供
		I-6-1-3 莲花山和大明山西南边缘山地水源涵养和土壤保持生态功能区	象州县东南端、武宣县东部、桂平市西北部、贵港市东北部，面积2 238.0km²	天然阔叶林减少、人工针叶林增多、水源涵养能力减弱，部分地区水土流失严重	水土流失极敏感；酸雨高度敏感；生境高度敏感	水源涵养和土壤保持
		I-6-1-4 郁江平原农产品提供生态功能区	桂平市中部南部、贵港市中部和南部、横县大部分地区，面积8 462.9km²	洪水季节易遭受洪涝灾害	水土流失以轻度敏感和生境不敏感为主；石漠化轻度敏感；酸雨轻度敏感	农产品提供
		I-6-1-5 镇龙山山地水源涵养和土壤保持生态功能区	横县东北部、宾阳东部、贵港西部，面积555.6km²	天然阔叶林减少、人工针叶林增多，导致水源涵养能力减弱	水土流失极敏感；酸雨高度敏感；生境以轻度敏感和生境敏感为主；石漠化不敏感	水源涵养和土壤保持

（续）

生态区	生态亚区	生态功能区	位置	存在的问题	生态敏感性	生态服务功能
I-6 桂中喀斯特峰林平原生态区	I-6-1 桂中喀斯特常绿阔叶林生态亚区	I-6-1-6 南河、清水河流域农产品提供生态功能区	上林中部和南部地区,宾阳东部和东部地区,面积2 522.7km²	部分地区水土流失严重	除酸雨为轻度敏感外,其他各种生态环境问题以不敏感为主	农产品提供
		I-6-1-7 大明山山地水源涵养和生物多样性保护生态功能区	上林西侧,宾阳西端,武鸣东部,面积1 851.1km²	天然阔叶林减少,人工针叶林增多,导致水源涵养能力减弱;部分地区坡耕地耕作,导致水土流失严重	水土流失高度敏感;南部地区酸雨极敏感;生境高度敏感	水源涵养和生物多样性保护
		I-6-1-8 武鸣盆地农产品提供生态功能区	武鸣中部和西部地区,面积2 685.3km²	水土流失问题,西部地区的石漠化问题	盆地四周水土流失高度敏感,中部轻度或不敏感;西部少部分地区石漠化较敏感,其他地区不敏感;酸雨轻度敏感;生境不敏感	农产品提供
I-7 黔北喀斯特槽谷脆弱生态区	I-7-1 黔北喀斯特槽谷常绿阔叶林与落叶阔叶林混交林生态亚区	I-7-1-1 大沙河生物多样性保护生态功能区	道真县北部,面积603.7km²	人类活动对生物多样性的影响	水土流失中高度敏感;石漠化轻度敏感;酸雨轻度和中度敏感	生物多样性保护
		I-7-1-2 大娄山北部石漠化控制与土壤保持生态功能区	道真中南部,务川西北部,正安县,凤冈西北,桐梓县,习水东南部,绥阳中部和西部地区,面积11 627.4km²	石漠化问题严重	水土流失以高度敏感为主,部分区域极敏感;中部和北部地区石漠化以中度敏感以上为主,南部轻度敏感;酸雨以轻度敏感为主,西部地区酸雨中度敏感,其他区域不敏感	石漠化控制与土壤保持
		I-7-1-3 麻阳河生物多样性保护生态功能区	沿河西北部与务川东北部,面积71.3km²	人类活动对栖生境的影响	水土流失高度敏感;石漠化高度敏感和轻度敏感区相间分布	生物多样性保护
		I-7-1-4 沿河、务川石漠化控制与土壤保持生态功能区	沿河大部分地区,德江北端,务川东南部,面积4 631.6km²	石漠化和水土流失问题	水土流失中高度敏感;石漠化中高度敏感,部分区域极敏感;酸雨轻度敏感;石漠化中高度敏感区相间分布;生境不敏感和中度敏感区相间分布	石漠化控制与土壤保持

（续）

生态区	生态亚区	生态功能区	位置	存在的问题	生态敏感性	生态服务功能
	I-7-1 黔北喀斯特槽谷常绿阔叶落叶阔叶混交林生态亚区	I-7-1-5 大娄山南部土壤保持生态功能区	绥阳东部、湄潭县、凤冈大部分地区、余庆西北部地区，面积4 946.1km²	水土流失和部分区域的石漠化问题	水土流失高度敏感；石漠化以轻度敏感为主；酸雨以轻度敏感为主	土壤保持
		I-7-1-6 余庆、凯里石漠化控制与土壤保持生态功能区	余庆南部、施秉西北部、黄平、凯里，面积4 198.9km²	水土流失和石漠化问题突出	水土流失高度敏感；中南部地区石漠化中度敏感，西部地区酸雨中度和高度敏感，其他地区轻度敏感	石漠化控制与土壤保持
		I-7-1-7 德江、思南、石阡北部石漠化控制与土壤保持生态功能区	德江中部和南部、思南中部和西部、石阡西北部，面积4 154.3km²	水土流失和石漠化严重	水土流失以高度敏感及以上为主；石漠化中度敏感以上	石漠化控制与土壤保持
I-7 黔桂喀斯特脆弱生态区	I-7-2 黔中高原常绿阔叶林生态亚区	I-7-2-1 赤水河中下游石漠化控制与土壤保持生态功能区	仁怀县、遵义西北、金沙西北部、毕节市北部、大方县北部，面积5 821.6km²	水土流失和石漠化问题突出	水土流失以高度敏感以上为主；石漠化轻度敏感、中度敏感和高度敏感相同分布，酸雨轻度敏感，东南部生境不敏感，其他区域生境不敏感	石漠化控制与土壤保持
		I-7-2-2 遵义湘江流域农业生产、石漠化控制与土壤保持生态功能区	遵义县东北部及遵义市区，面积2 438.1km²	水土流失较严重	水土流失以高度敏感为主，中部分区域石漠化轻度敏感和中度敏感区；石漠化以轻度敏感和轻度敏感区为主，酸雨中度敏感为主	农产品提供与土壤保持
		I-7-2-3 鸭池河、乌江上游石漠化控制与土壤保持生态功能区	大方县东北端、黔西县中东部地区、清镇市北部、金沙南部、东部地区、遵义南部、修文县、烽县、开阳县、瓮安县、福泉市西北部，面积13 750.2km²	石漠化问题突出，矿产开发给生态环境带来较大破坏	水土流失以高度敏感为主，西部地区石漠化高度敏感，东部地区石漠化以轻度敏感为主，东部地区酸雨以轻度敏感为主，中部地区酸雨中度敏感	石漠化控制与土壤保持
		I-7-2-4 白甫河流域石漠化控制与土壤保持生态功能区	毕节市东南部、大方县中部，面积2 384.6km²	石漠化问题严重	水土流失以中度敏感为主；中部地区高度敏感，其他地区轻度石漠化中度敏感；酸雨轻度敏感和中度敏感，生境不敏感	石漠化控制与土壤保持

（续）

生态区	生态亚区	生态功能区	位置	存在的问题	生态敏感性	生态服务功能
		Ⅰ-7-2-5 六冲河中下游石漠化控制与土壤保持生态功能区	毕节市西南部地区、纳雍北部地区、大方县南部、织金县北部、黔西县西部地区，面积 5 480.6km²	水土流失问题严重，部分地区石漠化问题突出	水土流失和石漠化高度敏感	石漠化控制与土壤保持
		Ⅰ-7-2-6 三岔河中下游石漠化控制与土壤保持生态功能区	纳雍西南部、织金南部、清镇西部、平坝西北部、普定东北部、安顺北端，面积 3 457.9km²	石漠化与水土流失问题严重	水土流失高度敏感；西部地区石漠化高度敏感，中东部地区石漠化轻度敏感和不敏感	石漠化控制与土壤保持
		Ⅰ-7-2-7 贵阳、清镇农业生产与土壤保持生态功能区	清镇中部、贵阳市、平坝中部和东部、安顺市中部和北部、普定中部、长顺县西北部，面积 5 874.9km²	水土流失问题严重	中部地区水土流失以轻度敏感为主，其他地区高度敏感；石漠化以轻度敏感为主；酸雨轻度敏感；生境不敏感	土壤保持
	Ⅰ-7-2 黔中喀斯特高原常绿阔叶林生态亚区	Ⅰ-7-2-8 贵定、龙里石漠化控制与土壤保持生态功能区	龙里县、贵定中部和北部，面积 2 759.9km²	水土流失和石漠化问题	水土流失以高度敏感为主；石漠化中度敏感	石漠化控制与土壤保持
Ⅰ-7 黔桂喀斯特脆弱生态区		Ⅰ-7-2-9 惠水、紫云石漠化控制与土壤保持生态功能区	贵定东南部、都匀西部、平塘西北、惠水县、长顺东部和南部、紫云东部和中部、镇宁北部、安顺西南部，面积 9 059.4km²	水土流失严重，旅游活动给生态环境带来较大压力	水土流失高度敏感，部分区域中度敏感；中南部敏感或高度敏感；石漠化以中度和高度敏感为主，其他地区轻度敏感，中部和东北部轻度敏感	石漠化控制与土壤保持
		Ⅰ-7-2-10 清水河中游土壤保持生态功能区	紫云西侧、镇宁南部，面积 979.6km²	陡坡耕种和水土流失严重	水土流失高度敏感；部分区域石漠化中度敏感；酸雨中度敏感	土壤保持
		Ⅰ-7-2-11 龙头河上游石漠化控制与土壤保持生态功能区	福泉中部、东部、麻江县、都匀中部和西部，面积 4 263.4km²	水土流失以石漠化问题严重	水土流失以高度敏感为主，部分区域极敏感；石漠化中度敏感	石漠化控制与土壤保持
		Ⅰ-7-2-12 雷公山西南缘土壤保持与水源涵养生态功能区	丹寨县，面积 932.2km²	水土流失问题及欲伐薪柴导致植被遭受破坏	水土流失以高度敏感，东南部地区石漠化中度敏感；西部地区石漠化不敏感，其他地区敏感，其他轻度敏感；生境轻度敏感	土壤保持与水源涵养

（续）

生态区	生态亚区	生态功能区	位置	存在的问题	生态敏感性	生态服务功能
I-7 黔桂喀斯特脆弱生态区	I-7-3 黔西南喀斯特峡谷山地季雨林及常绿栎林生态亚区	I-7-3-1 关岭、兴仁、晴隆石漠化控制与土壤保持生态功能区	关岭、晴隆、兴仁、贞丰，面积 6 083.7km²	森林覆盖率低，水土流失和石漠化问题突出，山上放牧问题严重	水土流失以高度敏感为主，西部石漠化敏感，石漠化高度敏感，南部酸雨中度敏感，北部轻度敏感	石漠化控制与土壤保持
	I-7-4 黔桂喀斯特峰丛洼地常绿阔叶林生态亚区	I-7-4-1 南盘江北岸兴义、安龙、册亨石漠化控制与土壤保护及生物多样性保持生态功能区	兴义市、安龙县大部分区域、册亨西北部，面积 5 914.7km²	石漠化问题严重，人类活动给生态环境造成很大压力	水土流失和石漠化高度敏感，部分地区生境高度敏感	石漠化控制与土壤保持
		I-7-4-2 金钟山山地水源涵养、生物多样性保护和土壤保持生态功能区	隆林县，面积 3 542.3km²	坡耕地面积较大，水土流失严重；天然林减少导致水源涵养功能降低	水土流失高度敏感；酸雨中度敏感；生境中度敏感	水源涵养、生物多样性保护及土壤保持
		I-7-4-3 郁江上游水源涵养区	西林县、田林中部和西南部，面积 6 926.2km²	天然阔叶林减少、人工针叶林增加导致水源涵养能力减弱；坡耕地面积大，水土流失严重	水土流失以高度敏感为主，南部地区石极敏感；酸雨中度敏感，东部部分区域生境极敏感	水源涵养与土壤保持
		I-7-4-4 南、北盘江、红水河谷地土壤保持与生物多样性保护生态功能区	安龙县南端，面积 164.1km²	水土流失问题	水土流失、酸雨、生境都为高度敏感	土壤保持与生物多样性保护
		I-7-4-5 册亨、望谟河谷土壤保持与生物多样性保护生态功能区	册亨东部、南部、望谟县，面积 4 677.5km²	水土流失严重，生物多样性保护受到威胁	水土流失高度敏感；酸雨中度敏感；部分区域生境敏感	土壤保持与生物多样性保护
		I-7-4-6 岑王老山水源涵养与生物多样性保护及土壤保持生态功能区	田林东北部、乐业、凌云及凤山西部，面积 6 439.2km²	人工针叶林增多，天然阔叶林减少，导致水源涵养能力下降低，坡耕地耕作导致水土流失严重，部分地区石漠化严重	东部水土流失极敏感，西部高度敏感；石漠化以高度敏感为主；酸雨以中度敏感为主，东西部生境高度敏感，中部生境为中度敏感	水源涵养与生物多样性保护

（续）

生态区	生态亚区	生态功能区	位置	存在的问题	生态敏感性	生态服务功能
I－7 黔桂喀斯特脆弱生态区	I－7－4 黔桂喀斯特峰丛洼地常绿阔叶林生态亚区	I－7－4－7 平塘、罗甸、独山石漠化控制与土壤保持生态功能区	平塘东部及南部、独山大部分地区、罗甸、紫云东端，面积 6 720.4km²	水土流失和石漠化问题严重	水土流失以高度敏感为主，中部和西部有部分区域为轻度敏感；中东部地区石漠化以高度敏感为主；其他地区中度敏感以轻度敏感与轻度敏感相间分布；西部地区酸雨不敏感和轻度敏感为主，东部地区高度敏感与不敏感区相间分布	石漠化控制与土壤保持
		I－7－4－8 柳江上游水源涵养与土壤保持生态功能区	独山县东北部、三都东部和北部，面积 2 114.0km²	水土流失问题严重	水土流失不敏感，石漠化以高度敏感，西部地区酸雨高度敏感、中部轻度敏感；生境高度敏感，轻度敏感和不敏感区相间分布	水源涵养与土壤保持
		I－7－4－9 天峨境内红水河西部山地水源涵养与土壤保持及生物多样性保护生态功能区	天峨大部分地区，面积 2 992.9km²	坡耕地面积大，水土流失严重；森林涵养水源能力降低	水土流失以极敏感为主；除东南端石漠化高度敏感外，其他地区石漠化不敏感，酸雨和生境都以中度敏感为主	水源涵养与土壤保持
		I－7－4－10 凤凰山山地水源涵养生态功能区	南丹西北部地区，面积 2 050.9km²	坡耕地面积大，水土流失严重；部分地区还有石漠化的问题	水土流失以高度和极敏感性为主；东部地区石漠化高度敏感和轻度石漠化相间分布，西部地区石漠化不敏感；酸雨以轻度以中度敏感为主；生境以中度敏感为主	水源涵养
		I－7－4－11 刁江上游水源涵养与石漠化控制生态功能区	南丹县东部和南部，面积 1 869.2km²	石漠化问题突出	北部地区水土流失以轻度敏感为主；其他区域为水土流失极敏感区，石漠化高度敏感；酸雨轻度敏感；北部生境高度敏感，南部中度敏感	水源涵养与石漠化控制

（续）

生态区	生态亚区	生态功能区	位置	存在的问题	生态敏感性	生态服务功能
		I-7-4-12 龙江上游石漠化控制与土壤保持生态功能区	荔波县中部、北部，三都县西南部地区，面积2 352.4km²	水土流失和石漠化问题突出	水土流失以高度敏感和极敏感为主；石漠化以轻度和高度敏感，且相间分布；酸雨轻度敏感；东部地区生境高度敏感，西部不敏感	石漠化控制与土壤保持
		I-7-4-13 茂兰、木论喀斯特生物多样性保护生态功能区	环江西端，荔波南部地区，面积1 027.3km²	喀斯特生态环境脆弱，人类活动保护区生态环境造成较大压力	水土流失高度敏感和极敏感区相间分布；石漠化中度敏感和高度敏感区相间分布；酸雨轻度敏感；生境高度敏感	生物多样性保护
		I-7-4-14 九万山、元宝山山地水源涵养与生物多样性保护生态功能区	环江东北部、融水县、罗成西北部及荔波东北端，面积6 326.3km²	坡耕地面积大，水土流失严重；森林涵养水源能力降低	水土流失以高度敏感和极敏感为主；石漠化酸雨以中度和高度敏感；生境以高度敏感为主	水源涵养与生物多样性保护
I-7 黔桂喀斯特峰丛洼地常绿阔叶林生态脆弱生态区	I-7-4 黔桂喀斯特峰丛洼地常绿阔叶林生态亚区	I-7-4-15 宜州中游石漠化控制、土壤保持及农产品提供生态功能区	罗城东部、南部，宜州市，面积3 578.0km²	石漠化面积较大，矿产开发给生态环境带来很大破坏	北部地区水土流失极敏感，南部中度敏感以下；石漠化以高度敏感为主；酸雨和生境以轻度敏感为主	石漠化控制、土壤保持及农产品提供石
		I-7-4-16 刁江中游石漠化生态功能区	河池市区，面积2 338.3km²	石漠化严重，矿产开发带来的生态环境问题突出	水土流失以极敏感为主；石漠化以高度敏感性为主	漠化控制
		I-7-4-17 东兰、凤山水源涵养与土壤保持生态功能区	东兰北部，凤山中部和东部，面积2 116.4km²	水土流失问题严重	水土流失极敏感；绝大部分地区石漠化不敏感；酸雨和生境以中度敏感为主	水源涵养与土壤保持
		I-7-4-18 东兰南部、巴马北部都安地区石漠化控制与土壤保持生态功能区	凤山南部，东兰南部，巴马，都安，平果东北端，面积9 147.2km²	水土流失和石漠化问题突出	水土流失极敏感；石漠化高度敏感	石漠化控制与土壤保持
		I-7-4-19 巴马中南部水源涵养与土壤保持生态功能区	巴马中部、南部，都安西南端，面积2 125.7km²	坡耕地面积大，水土流失严重	水土流失以高度敏感为主；石漠化不敏感	水源涵养与土壤保持

（续）

生态区	生态亚区	生态功能区	位置	存在的问题	生态敏感性	生态服务功能
I-7 黔桂喀斯特峰丛洼地弱特生态脆弱生态区	I-7-4 黔桂喀斯特峰丛洼地常绿阔叶林生态亚区	I-7-4-20 柳江和忻城北部及马山县石漠化控制与土壤保持生态功能区	柳江北部、忻城北部、马山县，面积5 576.6km²	水土流失和石漠化问题突出	中部水土流失极敏感、东部和西部水土流失以中度和轻度敏感为主；石漠化以高度敏感；酸雨中度敏感；生境高度敏感	石漠化控制与土壤保持
		I-7-4-21 大、小环江流域水源涵养、土壤保持与石漠化控制生态功能区	环江中部和南部地区，面积3 578.0km²	森林覆盖率低，坡耕地面积大、水土流失严重，石漠化面积大，矿产开发带来严重生态环境问题	水土流失极敏感；东部和西南部石漠化高度敏感，其他地区轻度和中度敏感，酸雨以中度和轻度敏感为主；生境轻度敏感	水源涵养、土壤保持与石漠化控制
I-8 四川盆地南缘农林生态区	I-8-1 四川盆地南缘农林复合生态亚区	I-8-1-1 綦江农产品提供生态功能区	綦江区，面积2 171.8km²	水土流失严重	水土流失极敏感；酸雨中度敏感；生境不敏感	农产品提供
		I-8-1-2 习水中亚热带森林生物多样性保护与水源涵养生态功能区	习水西部地区，面积1 748.2km²	生物多样性受到威胁	水土流失以高度敏感为主，部分地区石漠化敏感；生境高度敏感	生物多样性保护与水源涵养
		I-8-1-3 镇雄-古蔺土壤保持生态功能区	古蔺县、叙永中部和南部、威信县、镇雄县，面积10 595.7km²	水土流失问题严重	西部地区水土流失以中度和高度敏感为主、东部地区以中度敏感为主，石漠化以轻度和中度敏感为主；酸雨中度敏感；生境不敏感	土壤保持
		I-8-1-4 兴文南部农产品提供与石漠化控制生态功能区	兴文南部、长宁南端，面积1 104.8km²	石漠化问题严重	水土流失高度敏感、石漠化中度敏感为主，石漠化敏感区相同分布，西南部地区石漠化不敏感	农产品提供与石漠化控制
		I-8-1-5 筠连、长宁、叙永农产品提供生态功能区	叙永和兴文北部、长宁中部和北部、珙县、筠连县，面积4 314.6km²	植被涵养水源和耕地保水能力差，水土流失较严重，农业生产带来的面源污染	水土流失极敏感；石漠化以不敏感为主，酸雨轻度敏感；生境不敏感	农产品提供与土壤保持
		I-8-1-6 横江下游中山河谷土壤保持生态功能区	盐津县、大关县、彝良县，面积6 428.0km²	植被覆盖率低，水土流失严重	水土流失中高度敏感；石漠化中轻度敏感；酸雨中度敏感，生境以轻度和不敏感为主	土壤保持

（续）

生态区	生态亚区	生态功能区	位置	存在的问题	生态敏感性	生态服务功能
I-8 四川盆地南缘生态区	I-8-1 四川盆地南缘照叶林复合生态亚区	I-8-1-7 绥江、永善金沙江下游中山河谷土壤保持生态功能区	绥江、永善东部和北部，面积1 953.6km²	水土流失问题	中部和北部水土流失高度敏感，南部中度敏感	土壤保持
I-9 川西南、滇中北山地生态区	I-9-1 川西南山地偏干性阔叶林生态亚区	I-9-1-1 青衣江上游生物多样性保护生态功能区	宝兴县、天全县、荥经县，面积7 275.3km²	森林遭过度砍伐，野生动物生境受到破坏	水土流失中度敏感；酸雨以中度敏感为主；生境高度敏感，部分区域极敏感	生物多样性保护
		I-9-1-2 大渡河下游土壤保持与生物多样性保护生态功能区	泸定县、石棉县、汉源县大部分地区，以及甘洛北部、冕宁北部，越西北部地区，面积8 811.1km²	地质灾害频繁，滥采乱挖矿产资源造成环境污染和生态破坏	水土流失中度敏感；中部地区中度酸雨高度敏感，其他地区中度或轻度敏感；生境高度敏感	土壤保持与生物多样性保护
		I-9-1-3 大相岭生物多样性保护生态功能区	洪雅南部、汉源东部、乐山市北部，面积1 155.2km²	地质灾害频发	水土流失和石漠化以中轻度敏感性为主；酸雨中度敏感；生境高度敏感	生物多样性保护
		I-9-1-4 峨眉山生物多样性保护与水源涵养生态功能区	峨眉山市西部，面积243.5km²	人类旅游活动给生态环境造成较大压力	水土流失中度敏感；酸雨中度敏感；生境高度敏感，部分区域极敏感	生物多样性保护与水源涵养
		I-9-1-5 乐山、峨眉山、洪雅山地边缘农业生产与土壤保持生态功能区	洪雅中部和北部，峨眉山中部，乐山南部地区，面积2 506.5km²	水土流失问题突出	水土流失高度敏感	农产品提供与土壤保持
		I-9-1-6 岷江和大渡河交汇处丘陵、平原农产品提供生态功能区	乐山市中部和南部，峨眉山东北部，面积1 649.3km²	耕地过度垦殖，农业面源污染	酸雨轻度敏感，其他生态环境问题不敏感	农产品提供
		I-9-1-7 黄茅埂东侧生物多样性保护与水源涵养生态功能区	乐山市中部和南部，峨边县、沐川县、马边县、美姑东北部，雷波北部和西部，面积8 545.1km²	部分地区存在水土流失问题，地质灾害频繁	水土流失和生境都以中度敏感为主，部分地区高度敏感；生境以高度敏感为主，部分区域极敏感	生物多样性保护与水源涵养

（续）

生态区	生态亚区	生态功能区	位置	存在的问题	生态敏感性	生态服务功能
I-9 川西南、滇中北山地生态区	I-9-1 川西南山地偏干性常绿阔叶林生态亚区	I-9-1-8 大凉山生物多样性保护生态功能区	甘洛南部、越西中部和南部、喜得东北、美姑中部和南部、昭觉、普格北部、布拖北部、金阳西北部，面积9 266.4km²	地质灾害问题严重	水土流失中度敏感；生境高度敏感	生物多样性保护
		I-9-1-9 安宁河流域农产品提供生态功能区	冕宁中部、东部、喜得、西昌、盐源东侧、德昌，面积11 401.9km²	地质灾害问题、农业面源污染等	水土流失中度敏感；酸雨和生境以高度敏感为主	农产品提供与土壤保持
		I-9-1-10 木里水源涵养生态功能区	稻城南部、木里中部和南部、盐源北部和中部，面积18 928.5km²	水土流失严重	水土流失以轻度敏感为主，东南部部分地区石漠化高度敏感、其他地区不敏感；酸雨中、高度敏感；生境以高度敏感为主，部分区域极敏感	水源涵养和生物多样性保护
		I-9-1-11 盐源金地农产品提供生态功能区	盐源中南部，面积2 460.7km²	水土流失严重	水土流失中度敏感	农产品提供
	I-9-2 金沙江下游干热河谷云南松、高山栎生态亚区	I-9-2-1 雷波-金阳-布拖-普格土壤保持与生物多样性保护生态功能区	雷波东部和南部、金阳东部和南部、布拖中部和南部、普格南部，面积4 825.3km²	水土流失问题与地质灾害	水土流失和石漠化中度敏感；生境中度敏感	土壤保持与生物多样性保护
		I-9-2-2 永善西、昭通西北土壤保持生态功能区	永善西部、昭通西北部，面积1 989.7km²	水土流失问题	水土流失中度敏感	土壤保持
		I-9-2-3 宁南、巧家石漠化控制与土壤保持生态功能区	鲁甸西部、巧家、宁南，面积5 302.8km²	石漠化和水土流失问题	水土流失以中部分区域高度敏感为主，北部部分区域石漠化、中部地区石漠化中、高度敏感，其他区域不敏感	石漠化控制与土壤保持
		I-9-2-4 会理、会东、米易、盐边土壤保持生态功能区	盐边、米易、会理、会东，面积13 151.0km²	地质灾害与水土流失问题	水土流失以中度敏感为主，酸雨高度敏感；生境高度敏感	土壤保持
		I-9-2-5 昆明北部金沙江峡谷土壤保持生态功能区	武定北部、东川、禄劝北部、会泽西端，面积4 708.9km²	水土流失严重、泥石流等地质灾害频发	水土流失和酸雨以中度敏感性为主	土壤保持

（续）

生态区	生态亚区	生态功能区	位置	存在的问题	生态敏感性	生态服务功能
I-9 川西南、滇中北山地生态区	I-9-2 金沙江下游干热河谷云南松、高山栎生态亚区	I-9-2-6 攀枝花土壤保持生态功能区	攀枝花市，面积2 009.4km²	水土流失问题严重	水土流失和酸雨以高度敏感为主；生境以轻度和不敏感为主	土壤保持
		I-9-2-7 宁蒗、华坪、永胜、鹤庆土壤保持与水源涵养生态功能区	华坪县、宁蒗南部、永胜中部、南部、鹤庆县，面积10 016.2km²	农业结构不合理，生产力低下	东部地区水土流失以中、高度敏感为主，西部地区轻度敏感性；酸雨中度和轻度敏感，部分相同分布，部分地区极敏感	土壤保持与水源涵养
	I-9-3 乌蒙山山地云南松、草丛草甸生态亚区	I-9-3-1 昭通、鲁甸农产品提供与土壤保持生态功能区	昭通东部、鲁甸东部，面积2 913.8km²	土地利用强度大，土地退化	水土流失以中度和高度敏感为主	农产品提供与土壤保持
		I-9-3-2 牛栏江中游土壤保持生态功能区	会泽县大部分地区，面积5 337.7km²	森林少，质量差	水土流失以中度敏感为主，北端高度敏感	土壤保持
		I-9-3-3 威宁、赫章石漠化控制与土壤保持生态功能区	威宁大部分区域、赫章县，面积9 000.5km²	水土流失和石漠化问题严重	水土流失以中高度敏感为主，部分分区域高度敏感；石漠化中度敏感，部分轻和轻度敏感；酸雨中间分布；生境高度敏感	石漠化控制与土壤保持
		I-9-3-4 草海湿地生物多样性保护生态功能区	威宁中部，面积624.1km²	水土流失和石漠化问题严重，生物多样性遭受较大威胁	水土流失中度敏感，石漠化中度敏感，酸雨轻度敏感至中度敏感；生境高度敏感，部分地区极敏感	生物多样性保护
		I-9-3-5 北盘江源头水源涵养生态功能区	宣威市，面积6 060.2km²	森林覆盖率低，土地遭受过度开垦	水土流失中度至高度敏感，石漠化轻度敏感和不敏感，北部地区不敏感，其他地区敏感，生境高度敏感	水源涵养
		I-9-3-6 水城、盘州市、普安石漠化控制、土壤保持与水源涵养生态功能区	水城、盘州市、普安，面积11 256.5km²	水土流失严重、石漠化问题突出	水土流失以高度敏感为主，南部极敏感，石漠化中度至高度敏感	石漠化控制与土壤保持，南部地区水源涵养

（续）

生态区	生态亚区	生态功能区	位置	存在的问题	生态敏感性	生态服务功能
I-9 川西北、滇中北南、滇中北山地生态区	I-9-4 滇东喀斯特断陷盆地、云青冈、栲类、云南松林生态亚区	I-9-4-1 勐果河、掌鸠河上游水源涵养生态功能区	禄劝西部、武定中部地区，面积 2 133.1km²	森林林种单一，质量下降	水土流失中度敏感	水源涵养
		I-9-4-2 禄丰、禄劝、武定农业生产功能区	禄丰、武定东南端，禄劝西南河，面积 4 433.6km²	土地质量下降	水土流失高度敏感	农产品提供，西部和南部地区水源涵养
		I-9-4-3 普渡河下游、小江上游土壤保持生态功能区	禄劝东部、小江西部，寻甸西部，面积 4 006.6km²	水土流失问题严重	水土流失中高度敏感；西部地区石漠化轻度敏感	土壤保持
		I-9-4-4 富源、曲靖、罗平土壤保持生态功能区	曲靖北部、富源北部、罗平县，面积 7 341.8km²	林地数量少、质量低	水土流失北部中度敏感，南部高度敏感和极敏感；北部地区石漠化轻度敏感，南部高度敏感	土壤保持，南部地区石漠化控制
		I-9-4-5 南盘江上游河谷盆地农产品提供与土壤保持生态功能区	曲靖市中部、陆良中部和西部地区，宜良西部、石林西侧北部，面积 4 529.3km²	不合理的土地利用导致土地退化，旅游活动也给生态环境带来较大破坏	部分区域石漠化轻度至中度敏感	农产品提供与土壤保持
		I-9-4-6 弥勒北部-罗平土壤保持生态功能区	罗平中部、师宗北部、泸西北部、弥勒北部和西部，面积 7 920.6km²	潜在的石漠化问题	水土流失高度敏感；石漠化中度敏感，部分地区高度敏感；酸雨轻度敏感；生境不敏感	石漠化控制与土壤保持
		I-9-4-7 丘北、师宗、弥勒农业生产与土壤保持生态功能区	罗平南端、师宗南部、泸西南部、丘北北部、弥勒东南部，面积 4 767.6km²	水土流失问题	水土流失高度敏感；中部部分区域石漠化中度敏感，生境不敏感或轻度敏感	农产品提供与土壤保持
		I-9-4-8 丘北、砚山、广南石漠化控制与土壤保持生态功能区	广南西北部、丘北中部和南部、砚山北部及开远东北角，面积 8 345.7km²	石漠化问题严重	水土流失和石漠化均以高度敏感性为主	石漠化控制与土壤保持
		I-9-4-9 郁江源头-石漠化控制与土壤保持生态功能区	广南东北部，面积 1 453.8km²	森林遭受破坏导致的水土流失问题	水土流失以高度敏感为主；石漠化高度敏感；生境高度敏感	石漠化控制与土壤保持
		I-9-4-10 昆明-玉溪高原湖盆农产品提供与土壤保持生态功能区	富民县、嵩明市、昆明市、安宁市、晋宁区、呈贡区、澄江市、江川、宜良县西部、通海县及建水北端、华宁，面积 11 337.0km²	农业面源污染	水土流失以中高度敏感为主；石漠化以轻度和不敏感为主；酸雨以轻度敏感为主	农产品提供与土壤保持

（续）

生态区	生态亚区	生态功能区	位置	存在的问题	生态敏感性	生态服务功能
I-9 川西南、滇中北山地生态区	I-9-4 滇东斯特断陷盆地滇青冈、栲类、云南松林生态亚区	I-9-4-11 牛栏江源头及上游地区水源涵养、土壤保持及农业生产生态功能区	寻甸东部、嵩明东部、昆明市东北端、宜良北部及马龙县，面积4 701.9km²	土地退化严重	水土流失以中度敏感为主；石漠化以轻度和不敏感为主	水源涵养和土壤保持
		I-10-1-1 那马河、普宁河、西洋河水源涵养生态功能区	广南东南端、富宁西北部，面积3 575.3km²	森林破坏严重、覆盖率低	水土流失以高度敏感和极敏感型为主；酸雨中度敏感，西北部地区生境高度敏感	水源涵养
	I-10-1 文山喀斯特山原罗罗栲、大叶栎林生态亚区	I-10-1-2 文山-砚山-广南石漠化控制与土壤保持生态功能区	广南部、富宁西北端、麻栗坡北部、西畴县、砚山东南部和西部、文山市、马关县北部11 898.9km²	石漠化问题严重	水土流失和石漠化均以高度敏感为主；酸雨轻度和中度敏感；生境以高度敏感为主	石漠化控制与土壤保持
		I-10-1-3 开远、弥勒土壤保持生态功能区	弥勒南部、开远市，面积2 482.9km²	水土流失严重	水土流失以极敏感为主	土壤保持
I-10 滇东南山原峡谷生态区		I-10-2-1 南溪河中上游土壤保持与石漠化控制生态功能区	蒙自东部、屏边东部和北部，面积2 091.4km²	水土流失和石漠化问题	水土流失高度敏感；石漠化以中度敏感为主	土壤保持与石漠化控制
	I-10-2 蒙自、元江喀斯特高原峡谷云南松林、红木荷生态亚区	I-10-2-2 蒙自、建水盆地农产品生产与土壤保持生态功能区	建水中部、个旧北部、蒙自西北部，面积4 757.1km²	农业污染与土地退化	水土流失以高度敏感以上为主，盆地内部不敏感；石漠化高度敏感；酸雨轻度敏感；生境不敏感	农产品提供与土壤保持
		I-10-2-3 元江河谷地区土壤保持生态功能区	元江、石屏西部、建水南、个旧南、蒙自南，屏边西端，面积7 332.2km²	森林覆盖率低、土地退化严重	水土流失高度敏感和极敏感区相间分布；部分地区石漠化高度敏感；酸雨以中高度敏感为主；生境轻度敏感以下	土壤保持

（续）

生态区	生态亚区	生态功能区	位置	存在的问题	生态敏感性	生态服务功能
Ⅰ-10 滇东南山原峡谷生态区	Ⅰ-10-2 蒙自、元江喀斯特高原峡谷云南松林、红木荷生态亚区	Ⅰ-10-2-4 阿墨江流域土壤保持与水源涵养生态功能区	墨江县，面积 5 306.6km²	毁林开荒带来的水土流失问题	北部地区水土流失以中度敏感性为主、中南部地区极敏感；中南部地区石漠化高度敏感至极敏感；北部地区酸雨高度敏感至极敏感；南部中度敏感；生境不敏感和高度敏感区相同分布	土壤保持和水源涵养
		Ⅰ-11-1-1 南宁河谷盆地农产品提供生态功能区	南宁市区、邕宁区、隆安中部，面积 7 003.1km²	农业生产带来的水土流失问题	水土流失轻度敏感	农产品提供
		Ⅰ-11-1-2 扶绥、崇左农产品提供与石漠化整治生态功能区	扶绥大部分区域、崇左中部和南部区域，面积 5 046.0km²	石漠化问题，大部分地区因开垦种植经果林引发水土流失	西部和南部地区水土流失高度敏感、西部其他地区轻度敏感；中部和北部石漠化中度敏感至高度敏感，其他区域轻度敏感；酸雨轻度敏感	农产品提供与石漠化控制
Ⅰ-11 滇桂南部热带雨林和季雨林生态区	Ⅰ-11-1 桂西南喀斯特丘陵山地季雨林生态亚区	Ⅰ-11-1-3 弄岗喀斯特生物多样性保护生态功能区	龙州东端、宁明西端，面积 820.5km²	森林覆盖率低	水土流失中度敏感；石漠化中高度敏感；部分生境高度敏感至极敏感	生物多样性保护
		Ⅰ-11-1-4 十万大山西侧水源涵养与生物多样性保护生态功能区	宁明中部、南部，凭祥市，面积 3 841.4km²	坡耕地面积大，易导致水土流失问题产生	中南部地区水土流失极敏感，其他地区生境高度敏感	水源涵养与生物多样性保护
		Ⅰ-11-1-5 西大明山水源涵养生态功能区	崇左北端、大新东北部、隆安东南端及扶绥西北端，面积 1 041.2km²	森林水源涵养能力降低	水土流失高度敏感；东南端石漠化高度敏感、其他区域不敏感；酸雨高度敏感；生境极敏感	水源涵养与生物多样性保护
		Ⅰ-11-1-6 龙州-天等-大新生物多样性保护与水源涵养及石漠化控制生态功能区	天等、大新、龙州中部和西部地区，面积 7 604.0km²	石漠化面积大，森林水源涵养能力降低	水土流失极敏感、石漠化高度敏感；酸雨轻度敏感；生境高度敏感	石漠化控制、水源涵养及生物多样性保护

（续）

生态区	生态亚区	生态功能区	位置	存在的问题	生态敏感性	生态服务功能
I-11 滇桂南部热带雨林和季雨林生态区	I-11-1 桂西南部喀斯特丘陵山地季雨林生态亚区	I-11-1-7 那坡中南部地区水源涵养与生物多样性保护生态功能区	那坡中部和南部地区，面积1 589.5km²	坡耕地面积大、水土流失严重	水土流失高度敏感至极敏感；石漠化不敏感；酸雨中度敏感；生境中度至高度敏感，部分地区极敏感	水源涵养与生物多样性保护
		I-11-1-8 右江河谷南岸百色地区石漠化控制与土壤保持生态功能区	那坡东北部、靖西市、德保中东部、田阳南部、田东南部，面积8 262.5km²	石漠化面积大、干旱，坡耕地耕作导致水土流失严重	水土流失和石漠化均以高度敏感和极敏感为主	石漠化控制与土壤保持
		I-11-1-9 大王岭、黄连山兴旺水源涵养与生物多样性保护生态功能区	百色市南端、德保西北端，面积1 172.5km²	坡耕地面积大、水土流失严重	水土流失高度敏感；南部地区石漠化极敏感，其他地区不敏感；生境高度敏感和极敏感	生物多样性保护与水源涵养
		I-11-1-10 右江河谷平原农产品提供生态功能区	百色市东部、田阳中部、田东中部，平果中南部，面积1 872.1km²	易受旱涝灾害影响	水土流失轻度和中度敏感	农产品提供
		I-11-1-11 平果中部石漠化控制与土壤保持生态功能区	平果中部地区，面积850.0km²	石漠化严重	水土流失极敏感，石漠化高度敏感	石漠化控制与土壤保持
		I-11-1-12 右江河谷北岸都阳山南山地水源涵养生态功能区	百色市中北部、田东北部、田阳北部，平果北部，面积5 823.3km²	森林涵养水源能力降低，坡耕地水土流失严重	水土流失以高度敏感为主；北部地区石漠化极敏感，石漠化不敏感；酸雨和生境以中度敏感为主	水源涵养
	I-11-2 滇东南中山河谷半常绿季雨林、湿润雨林生态亚区	I-11-2-1 金平-富宁南部生物多样性保护生态功能区	金平、河口、屏边南部，马关南部，麻栗坡南部及富宁南部，面积9 593.4km²	土地过度垦殖导致生境破碎化和生物多样性丧失	水土流失高度敏感；生境轻度敏感和高度敏感区相同分布，部分区域极敏感	生物多样性保护
I-12 滇西中高山峡谷生态区	I-12-1 滇西横断山区半湿润常绿阔叶林生态亚区	I-12-1-1 永宁河、宁蒗河上游水源涵养生态功能区	宁蒗东部，面积2 607.4km²	森林面积小、质量差	水土流失轻度敏感；生境高度敏感	水源涵养

（续）

生态区	生态亚区	生态功能区	位置	存在的问题	生态敏感性	生态服务功能
		Ⅰ-12-1-2 金沙江峡谷土壤保持生态功能区	宁蒗西部、丽江市、维西西部，面积 10 120.3km²	旅游活动给生态环境造成较大压力，坡耕地耕作导致水土流失严重	水土流失轻度敏感；少部分地区石漠化高度敏感；生境高度敏感	土壤保持
		Ⅰ-12-1-3 玉龙-哈巴雪山生物多样性保护生态功能区	香格里拉南部及丽江中部地区，面积 4 860.6km²	旅游活动给生态环境造成较大压力	水土流失轻度敏感，酸雨中高度敏感；生境极敏感	生物多样性保护
	Ⅰ-12-1 滇西横断山区半湿润常绿阔叶林生态亚区	Ⅰ-12-1-4 漾濞河流域水源涵养生态功能区	剑川县、洱源县、云龙县东南端，面积 5 814.7km²	森林面积少	水土流失轻度敏感	水源涵养
		Ⅰ-12-1-5 澜沧江高山峡谷土壤保持与水源涵养生态功能区	维西中部、南部、兰坪及云龙县中部，面积 10 729.2km²	陡坡耕种导致的水土流失问题	水土流失轻度敏感	土壤保持与水源涵养
		Ⅰ-12-1-6 怒江高山峡谷生物多样性保护生态功能区	贡山东南部、福贡、泸水，面积 7 035.0km²	生境破碎，生物多样性受到影响	生境高度敏感	生物多样性保护
Ⅰ-12 滇西中高山峡谷生态区		Ⅰ-12-1-7 独龙江高山峡谷生物多样性保护生态功能区	贡山西部，面积 1 748.1km²	生境破碎化导致生物多样性受到威胁	生境高度敏感	生物多样性保护
		Ⅰ-12-2-1 澜沧江中游土壤保持生态功能区	昌宁北部、保山市东部，面积 4 464.9km²	水电开发导致水土流失和生态环境恶化	水土流失中高度敏感；石漠化不敏感	土壤保持
	Ⅰ-12-2 滇西中山山原半湿润常绿阔叶林生态亚区	Ⅰ-12-2-2 高黎贡山峡谷土壤保持与生物多样性保护生态功能区	保山市西部、云龙西南部，面积 3 435.4km²	生境破碎化导致生物多样性受到威胁	南部地区水土流失高度敏感；北部中度和轻度敏感；生境高度敏感	土壤保持与生物多样性保护
		Ⅰ-12-2-3 瑞丽江、太平江水源涵养与土壤保持生态功能区	腾冲市，面积 5 704.0km²	旅游开发活动导致的水土流失和生境破坏	水土流失以轻度敏感为主	水源涵养和土壤保持
	Ⅰ-12-3 临沧中山山原季风常绿阔叶林生态亚区	Ⅰ-12-3-1 枯柯河流域中下游土壤保持生态功能区	施甸、昌宁南部、永德中部和北部、镇康东北端，面积 5 971.2km²	土地不合理利用导致的生态破坏	水土流失以中高度敏感为主	土壤保持

（续）

生态区	生态亚区	生态功能区	位置	存在的问题	生态敏感性	生态服务功能
I-12 滇西中高山山区生态区	I-12-3 临沧中山山原季风常绿阔叶林生态亚区	I-12-3-2 永德大雪山水源涵养和生物多样性保护	永德东南部，面积376.7km²	森林遭受破坏导致其水源涵养能力降低	水土流失中度敏感，生境高度敏感	生物多样性保护及水源涵养
		I-12-3-3 南汀河上游土壤保持生态功能区	永德南部，耿马东北部，面积1 839.0km²	土地过度垦殖导致水土流失严重	水土流失中高度敏感；中部地区石漠化极敏感	土壤保持
		I-12-3-4 黑江流域盆谷农产品提供生态功能区	沧源东部，耿马南部，面积2 975.4km²	土地结构及利用不合理生态破坏	水土流失中度至高度敏感	农产品提供与土壤保持
	I-12-4 滇西南河谷山地半常绿季雨林生态亚区	I-12-4-1 南汀河下游土壤保持与石漠化控制生态功能区	镇康县、耿马西部及沧源西部，面积3 967.2km²	土地过度垦殖带来的水土流失和石漠化问题	水土流失以中度敏感为主；北部地区石漠化高度敏感，南部地区不敏感	石漠化控制与土壤保持
I-13 长江中下游平原农业生态区	I-13-1 两湖平原西侧农业生态亚区	I-13-1-1 松滋、澧县、津市农产品提供生态功能区	松滋中部和北部、津市、澧县东部，面积3 323.7km²	农业面源污染及生物多样性受到威胁	各种生态环境以轻度或不敏感为主	农产品提供
		I-13-1-2 环洞庭湖丘陵岗地农产品提供生态功能区	澧县西南端、临澧、石门东南端、桃源中部和北部，面积5 714.4km²	农业面源污染和水土流失问题	西侧部分地区水土流失高度敏感，其他各种生态环境为轻度敏感或不敏感	农产品提供
III-1 川西高原高山生态区	III-1-1 川西、滇西北云杉、冷杉林、高山杜鹃灌丛及高山草甸生态亚区	III-1-1-1 金沙江上游生物多样性保护与水源涵养生态功能区	德格西侧、白玉西北部，面积6 804.2km²	生物多样性下降	水土流失不敏感；生境中度和高度敏感	生物多样性保护与水源涵养
		III-1-1-2 雀儿山、沙鲁里山生物多样性保护和水源涵养生态功能区	德格东部、白玉东部和南部、新龙西部、巴塘中部、北部、理塘中部和西部、稻城西北，面积40 254.8km²	生态系统退化严重	生境高度敏感	生物多样性保护与水源涵养

（续）

生态区	生态亚区	生态功能区	位置	存在的问题	生态敏感性	生态服务功能
Ⅲ-1 川西高原生态区	Ⅲ-1-1 川西、滇西北云杉、冷杉林、高山杜鹃灌丛及高山草甸生态亚区	Ⅲ-1-1-3 雅砻江生物多样性保护与水源涵养生态功能区	新龙中部和东部、理塘东部、稻城东北、木里北部，面积 15 793.2km²	草场过度放牧导致生态系统退化	生境高度敏感	生物多样性保护与水源涵养
		Ⅲ-1-1-4 金沙江、澜沧江、怒江三江并流地区生物多样性保护与水源涵养生态功能区	巴塘南部、德荣、香格里拉北部、德钦、维西北部、贡山东北部，面积 19 915.2km²	旅游活动给生态系统造成威胁	生境高度敏感和极敏感区相间分布	生物多样性保护与水源涵养

4.3   喀斯特峰丛洼地典型生境植物水分来源特征数据集

（1）概述。本数据集记录了不同地质背景喀斯特峰丛洼地（石灰岩和白云岩）典型生境植物、土壤、雨水和泉水氢、氧同位素值等信息，分析典型生境植物的水分来源特征。不同地质背景典型峰丛洼地概况见图 4-3。

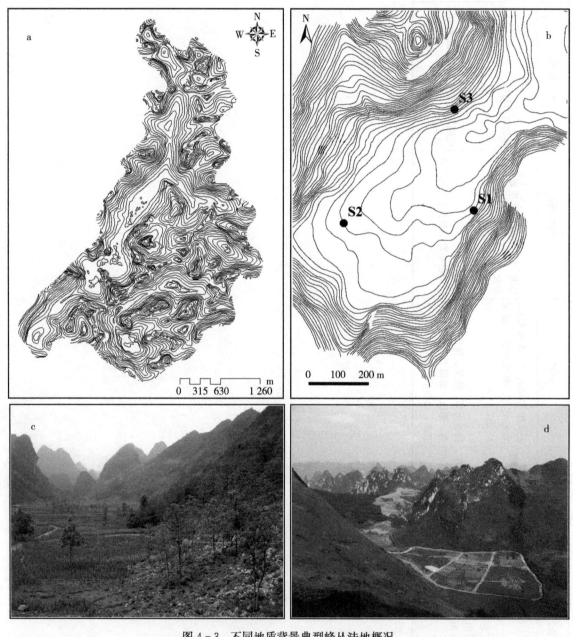

图 4-3   不同地质背景典型峰丛洼地概况

a、c. 石灰岩区古周峰丛洼地概况   b、d. 白云岩区木连峰丛洼地概况

注：S1、S2、S3 分别为研究区内的出流泉。

（2）数据采集与处理方法。喀斯特地区分布最广的两类岩石是白云岩和石灰岩，二者在土层厚度、岩石裂隙发育程度等方面均有较大差异。本数据集以中国科学院环江站古周生态重建试验示范区（石灰岩区）和中国科学院环江喀斯特站木连综合试验区（白云岩区）为研究区域，选择不同生境不同季节典型植物为研究对象，采集植物、土壤、雨水和泉水样品。将采集的植物和土壤样品中的水分采用低温真空蒸馏抽提技术进行抽提，随后，将抽提得到的植物水、土壤水、雨水和泉水在同位素比率质谱仪中测定稳定性氢氧同位素值。

将植物木质部水同位素值（$\delta^{18}O$ 值和 δD 值）与所有可能水源同位素值做直接类比分析，初步判断植物的水分来源。进一步用 IsoSource 计算植物对各水源的利用比例。最后，运用 SPSS 分析同一季节同种生境内不同植物木质部水的氢、氧同位素值是否存在显著性差异。

（3）数据质量控制和评估。本数据集来源于野外试验样地采样与室内实验室分析。从采样前期准备、样地试验设计、样品采集、实验室理化分析直至实验结果数据的整理，实行对数据质量的过程控制。采用专家审核验证的方法，以确保数据相对准可靠。

采样与试验前的数据质量控制：结合试验目的要求，严格按照实验方法采集植物、土壤、雨水和泉水样品。

样品测试分析过程中的数据质量控制：分析测试人严格按照植物和土壤中水分抽提方法，利用低温真空蒸馏抽提技术对植物和土壤样品水分进行抽提。随后，在中国林业科学院稳定同位素比率质谱实验室将得到的所有液态水样品进行氢氧同位素值的测定。所有过程均严格按照试验步骤和操作方法进行。

实验完成后的数据质量控制：实验分析完成后，实验人对分析结果数据进一步核查，并补充相关信息，最后形成的数据集由专家进行终审核和修订，数据集真实、可靠。实验分析记录的原始数据妥善保存并备份，以备将来核查。

（4）数据价值。喀斯特峰丛洼地典型生境植物水分来源特征数据集反映了喀斯特峰丛洼地不同地质背景生境下植物水分来源与水分利用效率的差异特征，揭示不同生活型植物对异质性生境的水分适应机制，为喀斯特山区退化生态系统的植被恢复重建提供科学依据。

（5）数据。喀斯特峰丛洼地典型生境植物水分来源特征数据集中的"2009 年 3 月采集的植物、土壤、雨水和泉水氢、氧同位素值（表 4-3）"数据，"2009 年 7 月在木连试验区（白云岩）采集的植物、土壤、雨水和泉水氢、氧同位素值（表 4-4）"数据，"2009 年 7 月在古周试验区（石灰岩）采集的植物、土壤、雨水和泉水氢、氧同位素值（表 4-5）"数据。

表 4-3　2009 年 3 月采集的植物、土壤、雨水和泉水氢、氧同位素值

样品	处理	δD (SMOW*) /‰	$\delta^{18}O$ (SMOW) /‰
土壤	M4 (0~5 cm)	−19.547	−3.789
	M4 (5~10 cm)	−24.569	−4.438
	M4 (10~20 cm)	−24.392	−3.660
	M4 (20~40 cm)	−71.080	−9.498
	M4 (40~60 cm)	−71.151	−10.166
	M4 (60~80 cm)	−78.460	−10.732
	M4 (80~100 cm)	−71.434	−10.176
	M4 (100~110 cm) 沙土层	−69.208	−10.096
	原坡 2 上坡 (0~5 cm)	−26.309	−4.052
	原坡 2 上坡 (5~10 cm)	−44.121	−6.772
	原坡 2 上坡 (10~20 cm)	−27.216	−3.754
	原坡 2 上坡 (20~25 cm)	−29.691	−3.726

（续）

样品	处理	δD（SMOW*）/‰	δ¹⁸O（SMOW）/‰
土壤	原坡 2 下坡（0～5 cm）	−18.945	−3.408
	原坡 2 下坡（5～10 cm）	−50.796	−6.936
	原坡 2 下坡（10～20 cm）	−27.419	−3.680
	原坡 2 下坡（20～30 cm）	−28.453	−3.907
植物	M4 石上 C1	−25.135	−0.670
	M4 石上 C2	−34.293	−1.966
	M4 石上 C3	−14.436	0.499
	M4 石上 HB1	−14.399	−2.874
	M4 石上 HB2	−22.538	−2.091
	M4 石上 HB3	−36.402	−3.605
	M4 石上 HB4	−11.124	−1.648
	M4 石上 HJ1	−24.839	−2.668
	M4 石上 HJ2	−27.840	−2.972
	M4 石上 HJ3	−17.411	−1.981
	M4 石上 HJ4	−26.052	−1.537
	原坡 2 上坡石上 C1	−56.535	−6.125
	原坡 2 上坡石上 C2	−45.672	−4.302
	原坡 2 上坡石上 C3	−65.626	−7.082
	原坡 2 上坡石上 C4	−50.122	−4.436
	原坡 2 上坡石上 C5	−24.330	0.488
	原坡 2 上坡石上 HB1	−23.941	−2.858
	原坡 2 上坡石上 HB2	−32.295	−3.653
	原坡 2 上坡石上 HB4	−20.163	−2.265
	原坡 2 下坡石上 C1	−50.102	−5.721
	原坡 2 下坡石上 C2	−56.627	−5.846
	原坡 2 下坡石上 C3	−36.181	−1.388
	原坡 2 下坡石上 HB1	−29.358	−3.871
	原坡 2 下坡石上 HB2	−31.573	−3.076
雨水	2008 年 4 月 23 日上坡林下	−22.963	−4.571
	2008 年 4 月 23 日上坡空地	−27.949	−5.290
	2008 年 4 月 23 日下坡林下	−24.710	−4.843
	2008 年 4 月 23 日下坡空地	−19.156	−4.123
	2008 年 5 月 30 日下坡林下	−58.505	−8.249

（续）

样品	处理	δD（SMOW*）/‰	δ18O（SMOW）/‰
	2008 年 5 月 30 日下坡空地	−43.343	−6.768
	2008 年 6 月 12 日下坡林下	−82.789	−11.568
	2008 年 6 月 12 日下坡空地	−87.529	−12.526
	2008 年 8 月 17 日雨水	−112.663	−15.630
	2008 年 8 月 31 日雨水	−83.671	−11.780
雨水	2008 年 10 月 23 日雨水	−45.804	−6.930
	2008 年 11 月 1 日雨水	−31.633	−4.796
	2008 年 11 月 7 日雨水	−91.399	−13.283
	2008 年 12 月 22 日雨水	3.266	−1.808
	2009 年 3 月 2 日雨水	−21.057	−3.829
	2009 年 3 月 6 日雨水	−3.736	−2.254
	2009 年 3 月 13 日雨水	−2.761	−1.994
	2008 年 10 月 20 日原坡泉 2	−47.591	−6.888
	2008 年 10 月 23 日原坡泉 2	−49.297	−6.775
	2008 年 11 月 3 日原坡泉 2	−55.802	−8.283
	2008 年 11 月 8 日原坡泉 2	−61.556	−8.689
	2008 年 11 月 11 日原坡 2 上泉	−62.462	−8.871
	2008 年 11 月 13 日原坡 2 上泉	−64.374	−9.002
	2008 年 11 月 13 日原坡 2 下泉	−58.756	−9.094
	2008 年 11 月 14 日原坡 2 上泉	−61.963	−9.215
泉水	2008 年 11 月 14 日原坡泉 2	−57.856	−8.286
	2008 年 11 月 14 日洼地近泉	−52.204	−7.500
	2008 年 11 月 14 日洼地远泉	−48.559	−7.182
	2008 年 11 月 14 日门口泉水	−46.189	−6.966
	2008 年 11 月 27 日原坡泉 2	−47.609	−6.590
	2008 年 11 月 27 日门口泉水	−45.597	−6.349
	2008 年 11 月 30 日原坡 2 下泉	−56.193	−7.769
	2009 年 3 月 13 日原坡泉 2	−37.297	−5.864
	2009 年 3 月 13 日洼地近泉 1	−46.971	−7.274
	2009 年 3 月 22 日洼地近泉 2	−43.151	−6.862
	2009 年 3 月 22 日洼地近泉 1	−47.872	−7.534

　＊SMOW：标准平均海洋水，H、O 同位素国际标准。δDSMOW＝0‰，δOSMOW＝0‰；D/H＝（157.6±0.3）×10⁻⁶，¹⁸O/¹⁶O＝（1993.4±2.5）×10⁻⁶。

　注：表中 M4 指研究区内的 4 号孤立出露基岩生境；原坡 2 为岩溶泉 S2 所处的山坡；生境内的植被表示分别为：C——菜豆树、HB——红背山麻杆，HJ——黄荆，其后的数字代表生境内的植株编号；"泉水"样品的处理中，数字对应图 4-3b 中 3 个岩溶泉的编号，"样品处理的名称"则反映了围绕对应编号岩溶泉不同方位及立地条件类型的采样点。

表 4-4　2009 年 7 月在木连试验区（白云岩）采集的植物、土壤、雨水和泉水氢氧同位素值

类型	采样	生境	δD（SMOW）/‰	δ¹⁸O（SMOW）/‰
植物	菜豆树 1	石上	−66.71	−8.95
	紫弹树 1	石上	−80.74	−10.51
	紫弹树	石下	−78.34	−10.31
	紫弹树	根	−78.92	−10.56
	红背 1	石上	−80.29	−9.50
	红背	石下	−78.86	−10.23
	菜豆树 2	石上	−58.06	−7.11
	紫弹树 2	石上	−69.14	−8.12
	小粉萍婆	石上	−67.17	−8.00
	粉萍婆 1	石上	−57.69	−7.64
	鹅掌柴 1	石上	−55.94	−7.56
	未知植物 1	石下-根	−101.58	−11.91
	未知植物 2	石下-根	−82.58	−10.06
	未知植物 3	石下-根	−79.35	−8.87
	紫弹树 3-1	石上	−75.78	−8.92
	紫弹树 3-2	石上	−77.19	−9.02
	紫弹树 3-3	石上	−82.05	−9.58
	红背 2-1	石上	−97.71	−11.13
	红背 2-2	石上	−96.54	−11.59
	红背 2-3	石上	−95.35	−11.60
	蜜花树 1	石上	−93.50	−12.75
	蜜花树 2	石上	−83.33	−10.83
	蜜花树 3	石上	−91.98	−11.69
	直脉榕 1（小）	石上	−54.17	−7.35
	直脉榕 2（小）	石上	−67.00	−9.24
	直脉榕 3（小）	石上	−58.85	−8.17
	灰毛	石下	−68.11	−9.04
	黄荆	石下	−66.54	−8.98
	紫弹树 4	石上	−79.68	−10.43
	斜叶榕	石上	−71.98	−10.62
	蚊母树 1	石上	−91.24	−10.77
	菜豆树 3-1	石上	−63.21	−9.24
	菜豆树 3-2	石上	−78.18	−11.95

（续）

类型	采样	生境	δD（SMOW）/‰	δ¹⁸O（SMOW）/‰
植物	菜豆树 3-3	石上	−73.60	−10.56
	紫弹树 5-1	石上	−93.80	−10.88
	紫弹树 5-2	石上	−76.84	−8.59
	紫弹树 5-3	石上	−90.08	−8.17
	红背 3-1	石上	−93.42	−8.57
	红背 3-2	石上	−82.93	−10.44
	红背 3-3	石上	−88.35	−10.64
	粉萍婆 2-1	石上	−73.27	−9.60
	粉萍婆 2-2	石上	−80.82	−9.42
	粉萍婆 3-3	石上	−77.02	−10.56
	鹅掌柴 2	石上	−72.10	−9.83
	红背 4-1	石上	−84.51	−10.19
	红背 4-2	石上	−95.31	−11.69
	紫弹树 6-1	石上	−80.35	−9.75
	紫弹树 6-2	石上	−82.10	−10.07
	紫弹树 6-3	石上	−82.17	−10.09
	小紫弹树	石上	−80.59	−10.27
	圆叶乌桕 1	石上	−56.99	−7.48
	圆叶乌桕 2	石上	−67.73	−8.61
	直脉榕	石上	−51.27	−6.76
	菜豆树 4	石上	−67.72	−8.57
	菜豆树 5	石上	−70.05	−9.19
	菜豆树 1	石下	−69.73	−8.64
	菜豆树 2	石下	−59.17	−7.48
	鹅掌柴 3	石上	−54.11	−7.92
	粉萍婆 3	石上	−44.34	−6.12
	蚊母树 2	石上	−71.99	−8.70
	红背 2	石下	−74.21	−9.34
土壤	土 1	0~10 cm	−84.18	−10.82
	土 1	10~20 cm	−82.94	−10.96
	土 1	20~30 cm	−80.26	−10.24
	土 1	30~40 cm	−76.69	−10.02
	土 2	0~10 cm	−91.80	−11.69

（续）

类型	采样	生境	δD (SMOW) /‰	$\delta^{18}O$ (SMOW) /‰
土壤	土 2	10～20 cm	−95.17	−12.07
	土 2	20～30 cm	−82.35	−10.71
	土 2	30～40 cm	−85.66	−10.41
	土 3	0～10 cm	−61.00	−8.54
	土 3	10～20 cm	−60.62	−6.17
	土 3	20～40 cm	−56.30	−8.55
	土 3	40～70 cm	−57.63	−7.35
	石上土	0～10 cm	−132.64	−17.16
	石上土	10～20 cm	−113.83	−15.53
	石上土	20～40 cm	−100.46	−13.85
	石下土	0～10 cm	−98.01	−13.34
	石下土	10～20 cm	−98.35	−12.96
	石下土	20～40 cm	−67.09	−9.63
	石下土	40～60 cm	−69.73	−9.54
	石下土	60～80 cm	−67.05	−9.40
	石下土	80～100 cm	−85.63	−13.93
雨水	2009/6/30	木连 6 月雨水	−37.87	−5.68
	2009/7/1	木连雨水	−71.70	−8.88
	2009/7/3	木连雨水	−99.27	−12.75
	2009/7/6	木连雨水	−85.10	−11.02
	2009/7/30	木连 7 月雨水	−68.69	−8.99
泉水	2009/7/7	洼地近泉	−47.40	−6.42
	2009/7/9	洼地近泉	−48.60	−6.64
	2009/7/7	洼地远泉	−44.96	−6.22
	2009/7/9	洼地远泉	−50.14	−6.87
	2009/7/7	门口泉水	−48.05	−6.69

表 4-5 2009 年 7 月在古周试验区（石灰岩）采集的植物、土壤、雨水和泉水氢氧同位素值

类型	处理	生境	δD (SMOW) /‰	$\delta^{18}O$ (SMOW) /‰
植物	灰毛 1		−69.62	−8.06
	灰毛 2		−73.63	−9.11
	菜豆树 1		−65.52	−7.92
	菜豆树 2		−64.17	−7.00

（续）

类型	处理	生境	δD（SMOW）/‰	δ¹⁸O（SMOW）/‰
植物	菜豆树 3		−70.85	−8.28
	石山榕		−64.42	−7.32
	粉萍婆 1		−74.48	−8.38
	粉萍婆 2		−60.03	−7.80
	瓜馥木 1		−63.87	−7.31
	瓜馥木 2		−72.47	−8.63
	菜豆树	石上	−76.30	−8.61
	粉萍婆 1	石上	−75.12	−9.88
	粉萍婆 2	石上	−79.56	−9.94
	粉萍婆 3	石上	−79.75	−10.09
	红背 1	石上	−71.29	−7.81
	红背 2	石上	−89.31	−9.99
	瓜馥木 1	石上	−79.51	−10.02
	瓜馥木 2	石上	−69.37	−8.00
	鹅掌柴	石上	−62.71	−7.35
	紫弹树 1	石上	−88.45	−10.57
	紫弹树 2	石上	−82.38	−9.86
	紫弹树 3	石上-根	−86.71	−10.51
	红背	石下	−75.01	−9.46
	石岩枫 1	石上	−75.18	−9.40
	石岩枫 2	石下	−86.03	−9.80
	石岩枫 3	石下	−83.32	−10.23
土壤	玉米土 1	0~10 cm	−81.65	−9.76
	玉米土 1	10~20 cm	−64.18	−8.09
	玉米土 1	20~30 cm	−60.53	−7.70
	玉米土 1	30~50 cm	−53.44	−6.14
	玉米土 1	50~70 cm	−52.76	−6.61
	玉米土 2	0~10 cm	−96.45	−12.63
	玉米土 2	10~20 cm	−87.90	−11.52
	玉米土 2	20~30 cm	−79.03	−10.33
	玉米土 2	30~50 cm	−64.07	−8.30
	玉米土 2	50~70 cm	−52.53	−7.54
	玉米土 2	70~100 cm	−47.34	−6.20

（续）

类型	处理	生境	δD (SMOW) /‰	δ¹⁸O (SMOW) /‰
	玉米土 3	0～10 cm	−97.34	−11.76
	玉米土 3	10～20 cm	−87.61	−11.19
	玉米土 3	20～30 cm	−80.25	−10.70
	玉米土 3	30～50 cm	−72.00	−9.03
	玉米土 3	50～70 cm	−66.01	−8.99
	玉米土 3	70～100 cm	−63.05	−8.23
	玉米土 4	0～10 cm	−82.22	−10.85
	玉米土 4	10～20 cm	−79.40	−11.07
	玉米土 4	20～30 cm	−83.33	−11.83
土壤	玉米土 4	30～50 cm	−59.02	−7.73
	玉米土 4	50～70 cm	−61.51	−8.19
	玉米土 4	70～100 cm	−39.70	−5.68
	玉米土 5	0～10 cm	−96.69	−12.02
	玉米土 5	10～20 cm	−90.67	−10.95
	玉米土 5	20～30 cm	−86.62	−10.72
	玉米土 6	0～10 cm	−86.62	−10.77
	玉米土 6	10～20 cm	−70.57	−8.65
	玉米土 6	20～30 cm	−70.43	−8.55
	玉米土 6	30～50 cm	−62.45	−7.23
	玉米土 6	50～70 cm	−59.64	−6.85
雨水	2009/6/29	古周6月	−41.87	−5.55
	2009/8/1	木论泉水	−55.03	−7.42
	2009/6/22	古周泉点 1	−31.07	−4.16
	2009/6/22	古周泉点 2	−27.63	−5.20
	2009/6/22	古周泉点 3	−39.70	−6.37
	2009/7/7	原坡 2 上泉	−46.58	−6.78
泉水	2009/7/8	原坡 2 上泉	−46.20	−6.98
	2009/7/8	原坡 2 上泉	−45.41	−6.45
	2009/7/7	河水	−49.25	−6.90
	2009/7/8	河水	−48.18	−6.91
	2009/7/16	古周泉点 2	−49.23	−6.76
	2009/7/17	古周泉点 2	−48.74	−6.56
	2009/7/7	原坡泉 2	−46.70	−7.09

（续）

类型	处理	生境	δD（SMOW）/‰	δ¹⁸O（SMOW）/‰
泉水	2009/7/9	原坡泉 2	−47.17	−6.41
	2009/7/10	原坡 2 下泉	−45.61	−5.83

4.4　人为干扰下桂西北喀斯特土壤氮素过程变化研究数据集

（1）概述。本数据集基于桂西北喀斯特坡地不同干扰方式长期定位监测试验样地（图 4 - 4 中的径流场）和耕作扰动模拟试验样地（图 4 - 4 中的模拟翻耕试验小区），记录了不同干扰方式长期试验样地 2014 年土壤团聚体组成、不同粒级团聚体碳氮含量、微生物生物量等信息，并记录了耕作扰动模拟试验样地 2015 年氧化亚氮（N_2O）气体排放、土壤团聚体组成、不同粒级团聚体全氮（TN）、氮淋失等信息。

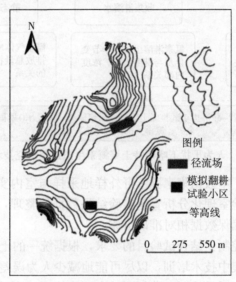

图 4 - 4　研究区位置

（2）数据采集和处理方法。喀斯特坡地不同干扰方式长期定位监测试验样地建立于 2006 年，包含封育、垦殖退耕、火烧、砍伐、种植牧草、种植玉米 6 种常见人为干扰/土地利用方式，2014 年 1 月对各干扰/利用方式的每个样方内按 S 形随机采集 5 个样点 0～15 cm 层次的土壤混合为一个样品，代表该样方土样，分别测定土壤样品的团聚体组成、各不同粒级团聚体碳氮、微生物生物量碳以及全土的理化性质。

耕作扰动模拟试验样地建立于 2013 年底，采用完全随机区组设计，包括翻耕频率以及扰动方式的对照处理共计 8 项：①每 6 个月翻耕一次；②每 4 个月翻耕一次；③每 2 个月翻耕一次；④每个月翻耕一次；⑤对照不翻耕（砍后不翻）；⑥保留原始植被不翻耕（不砍不翻）；⑦每 4 个月翻耕种玉米；⑧不翻耕种玉米。试验共 32 个 2 m × 2 m 小区。小区建立后经过 6 个月的稳定期；2014 年 7 月开始施加处理，历时 1 年；2015 年 7 月采集表土 0～10 cm 土样，分别用于测定土壤团聚体及各粒级中微生物量碳、微生物量氮、可溶性总氮、铵态氮、硝态氮以及土壤总氮。

总体上，人为干扰下喀斯特土壤氮素生态过程研究数据集的生产过程主要包括：野外样地的实地采样、实验分析样品、样品数据加工和处理、数据质量控制以及数据集的形成与入库。人为干扰下喀斯特土壤氮素生态过程研究技术路线见图 4 - 5。

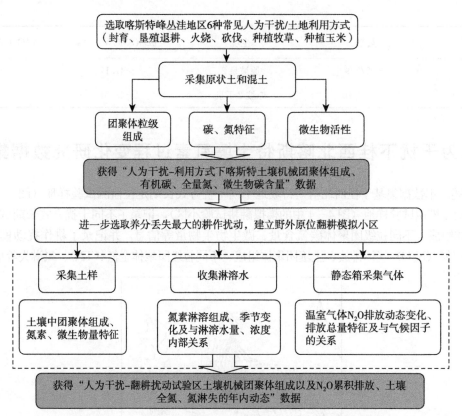

图 4-5　人为干扰下喀斯特土壤氮素生态过程研究技术路线

（3）数据质量控制和评估。本数据集来源于野外样地采样与室内实验室分析。从采样前期准备、样地试验设计、样品采集、实验室理化分析直至实验结果数据的整理，实行对数据质量的过程控制。采用专家审核验证的方法，以确保数据相对准确可靠。

采样与试验前的数据质量控制：结合试验目的要求，根据统一的土壤监测指标采样规范，对所有参与土壤样品采集的人员进行集中技术培训，以尽可能地减少人为误差。

样品测试分析过程中的数据质量控制：分析测试人严格按照土壤团聚体、土壤碳含量以及土壤微生物活性等指标分析方法处理样品，获得实验数据。

实验完成后的数据质量控制：实验分析完成后，实验人对分析结果数据进一步核查，并补充相关信息，最后形成的数据集由专家进行终审核和修订，确保数据集的真实、可靠。实验分析记录的原始数据妥善保存并备份，以备将来核查。

（4）数据价值。人为干扰下桂西北喀斯特土壤氮素过程变化研究数据集针对喀斯特峰丛洼地农田生态系统定位控制试验和耕作模拟试验，分析人为干扰/土地利用方式下团聚体组成及其对土壤养分变化的调节作用，并揭示耕作干扰对土壤不同形态氮、氮淋溶和氧化亚氮（N_2O）排放的影响，探讨土壤氮素的丢失途径、形态和规律，揭示干扰作用下土壤氮的快速流失机制，以期为喀斯特退化生态系统的恢复重建和有限土地资源的可持续利用提供科学依据。

（5）数据。人为干扰下桂西北喀斯特土壤氮素过程变化研究数据集包括"人为干扰下喀斯特土壤机械团聚体组成（表 4-6）"数据、"人为干扰-利用方式下喀斯特土壤有机碳（SOC）、全氮（TN）、微生物生物量碳（MBC）含量（表 4-7）"数据、"人为干扰-翻耕扰动的 N_2O 累积排放量的年内动态（表 4-8）"数据、"人为干扰-翻耕扰动的土壤全氮、氮淋失的年内动态（表 4-9）"数据。

表 4 - 6　人为干扰下喀斯特土壤机械团聚体组成

样品名称	采样区名称或编号	土壤类型	母质	作物/植被	采样深度/cm	不同尺寸粒径所占土壤质量百分比/%							
						>8 mm	5~8 mm	2~5 mm	1~2 mm	0.5~1 mm	0.25~0.5 mm	0.053~0.25 mm	<0.053 mm
2014 年环江站人为干扰/火烧迹地上坡位土壤样品	火烧上	棕色石灰土	石灰岩	灌草丛	15	10.99	15.81	26.77	12.23	12.31	9.83	11.71	0.34
2014 年环江站人为干扰/火烧迹地中坡位土壤样品	火烧中	棕色石灰土	石灰岩	灌草丛	15	8.45	14.96	26.20	17.10	14.96	9.33	8.94	0.07
2014 年环江站人为干扰/火烧迹地下坡位土壤样品	火烧下	棕色石灰土	石灰岩	灌草丛	15	15.78	16.66	28.06	18.60	11.13	5.38	4.04	0.34
2014 年环江站人为干扰/砍伐上坡位土壤样品	轻度退化上	棕色石灰土	石灰岩	灌草丛	15	21.65	18.81	31.90	12.02	7.47	4.23	3.82	0.10
2014 年环江站人为干扰/砍伐中坡位土壤样品	轻度退化中	棕色石灰土	石灰岩	灌草丛	15	31.97	21.41	25.80	8.82	5.65	3.29	2.98	0.08
2014 年环江站人为干扰/砍伐下坡位土壤样品	轻度退化下	棕色石灰土	石灰岩	灌草丛	15	24.35	20.36	30.59	11.32	5.88	3.61	3.80	0.10
2014 年环江站人为干扰/垦殖退耕上坡位土壤样品	中度退化上	棕色石灰土	石灰岩	灌草丛	15	21.83	18.53	28.77	13.63	9.45	4.61	3.16	0.03
2014 年环江站人为干扰/垦殖退耕中坡位土壤样品	中度退化中	棕色石灰土	石灰岩	灌草丛	15	12.42	14.05	28.04	15.79	13.71	8.10	7.79	0.09
2014 年环江站人为干扰/垦殖退耕下坡位土壤样品	中度退化下	棕色石灰土	石灰岩	灌草丛	15	26.73	19.88	28.53	12.24	6.49	3.23	2.78	0.12

（续）

样品名称	采样区名称或编号	土壤类型	母质	作物/植被	采样深度/cm	不同尺寸粒径所占土壤质量百分比/%							
						>8 mm	5~8 mm	2~5 mm	1~2 mm	0.5~1 mm	0.25~0.5 mm	0.053~0.25 mm	<0.053 mm
2014 年环江站人为干扰/封育上坡位土壤样品	封育上	棕色石灰土	石灰岩	灌草丛	15	24.91	21.35	30.78	10.51	6.07	3.25	2.98	0.14
2014 年环江站人为干扰/封育中坡位土壤样品	封育中	棕色石灰土	石灰岩	灌草丛	15	25.29	19.20	30.31	12.31	6.78	3.09	2.84	0.17
2014 年环江站人为干扰/封育下坡位土壤样品	封育下	棕色石灰土	石灰岩	灌草丛	15	39.68	22.65	24.42	6.73	3.30	1.58	1.60	0.04
2014 年环江站人为干扰/玉米种植上坡位土壤样品	玉米上	棕色石灰土	石灰岩	玉米	15	5.12	5.82	25.95	19.50	16.32	9.50	17.57	0.22
2014 年环江站人为干扰/玉米种植中坡位土壤样品	玉米中	棕色石灰土	石灰岩	玉米	15	18.20	12.17	27.46	17.90	11.47	5.89	6.83	0.09
2014 年环江站人为干扰/玉米种植下坡位土壤样品	玉米下	棕色石灰土	石灰岩	玉米	15	32.86	15.33	24.47	13.25	8.14	3.48	2.45	0.02
2014 年环江站人为干扰/牧草种植上坡位土壤样品	牧草上	棕色石灰土	石灰岩	牧草	15	12.50	19.61	36.98	15.65	8.44	3.98	2.80	0.03
2014 年环江站人为干扰/牧草种植中坡位土壤样品	牧草中	棕色石灰土	石灰岩	牧草	15	9.16	13.12	34.71	16.57	11.12	7.04	8.24	0.03
2014 年环江站人为干扰/牧草种植上坡位土壤样品	牧草下	棕色石灰土	石灰岩	牧草	15	28.20	18.80	27.59	12.50	7.07	3.95	1.87	0.02

（续）

样品名称	采样区名称或编号	土壤类型	母质	作物/植被	采样深度/cm	不同尺寸粒径所占土壤质量百分比/%							
						>8 mm	5~8 mm	2~5 mm	1~2 mm	0.5~1 mm	0.25~0.5 mm	0.053~0.25 mm	<0.053 mm
2015 年环江站耕作扰动/不扰不翻土壤样品 1	A4	棕色石灰土	石灰岩	无（模拟植物）	10		42.61	40.23	10.09	4.28	1.73	1.06	0.00
2015 年环江站耕作扰动/不扰不翻土壤样品 2	B3	棕色石灰土	石灰岩	无（模拟植物）	10		24.13	48.35	15.80	7.09	2.91	1.72	0.01
2015 年环江站耕作扰动/不扰不翻土壤样品 3	C1	棕色石灰土	石灰岩	无（模拟植物）	10		39.35	39.26	11.79	5.53	2.22	1.81	0.03
2015 年环江站耕作扰动/不扰不翻土壤样品 4	D7	棕色石灰土	石灰岩	无（模拟植物）	10		42.94	38.24	9.61	4.84	2.45	1.88	0.04
2015 年环江站耕作扰动/扰后不翻土壤样品 1	A8	棕色石灰土	石灰岩	无（模拟植物）	10			38.97	15.99	8.19	4.10	3.02	0.23
2015 年环江站耕作扰动/扰后不翻土壤样品 2	B4	棕色石灰土	石灰岩	无（模拟植物）	10		47.39	34.42	9.04	4.41	2.45	2.07	0.22
2015 年环江站耕作扰动/扰后不翻土壤样品 3	C7	棕色石灰土	石灰岩	无（模拟植物）	10		39.55	34.24	12.43	6.88	3.78	2.91	0.21
2015 年环江站耕作扰动/扰后不翻土壤样品 4	D4	棕色石灰土	石灰岩	无（模拟植物）	10		38.92	38.28	11.94	5.96	2.82	2.05	0.04
2015 年环江站耕作扰动/隔 6 月翻土壤样品 1	A5	棕色石灰土	石灰岩	无（模拟植物）	10		21.89	44.06	19.46	9.18	3.48	1.83	0.10

（续）

样品名称	采样区名称或编号	土壤类型	母质	作物/植被	采样深度/cm	不同尺寸粒径所占土壤质量百分比/%							
						>8 mm	5~8 mm	2~5 mm	1~2 mm	0.5~1 mm	0.25~0.5 mm	0.053~0.25 mm	<0.053 mm
2015年环江站耕作扰动/隔6月翻土壤样品2	B6	棕色石灰土	石灰岩	无（模拟植物）	10		31.30	42.60	15.27	6.48	2.72	1.56	0.06
2015年环江站耕作扰动/隔6月翻土壤样品3	C6	棕色石灰土	石灰岩	无（模拟植物）	10		27.94	41.62	17.55	7.13	3.39	2.31	0.05
2015年环江站耕作扰动/隔6月翻土壤样品4	D1	棕色石灰土	石灰岩	无（模拟植物）	10		24.46	45.59	17.68	7.33	3.24	1.70	0.00
2015年环江站耕作扰动/隔4月翻土壤样品1	A2	棕色石灰土	石灰岩	无（模拟植物）	10		30.57	44.21	18.31	6.07			0.00
2015年环江站耕作扰动/隔4月翻土壤样品2	B1	棕色石灰土	石灰岩	无（模拟植物）	10		21.59	42.41	20.46	10.27	3.55	1.62	0.10
2015年环江站耕作扰动/隔4月翻土壤样品3	C8	棕色石灰土	石灰岩	无（模拟植物）	10		28.31	40.23	16.90	8.79	3.52	2.18	0.07
2015年环江站耕作扰动/隔4月翻土壤样品4	D2	棕色石灰土	石灰岩	无（模拟植物）	10		30.57	41.81	17.33	6.74	2.31	1.24	0.00
2015年环江站耕作扰动/隔2月翻土壤样品1	A3	棕色石灰土	石灰岩	无（模拟植物）	10		24.66	44.96	18.55	8.00	2.69	1.13	0.02
2015年环江站耕作扰动/隔2月翻土壤样品2	B2	棕色石灰土	石灰岩	无（模拟植物）	10		23.70	42.23	19.01	9.91	3.48	1.63	0.04

（续）

样品名称	采样区名称或编号	土壤类型	母质	作物/植被	采样深度/cm	不同尺寸粒径所占土壤质量百分比/%							
						>8 mm	5~8 mm	2~5 mm	1~2 mm	0.5~1 mm	0.25~0.5 mm	0.053~0.25 mm	<0.053 mm
2015 年环江站耕作扰动/隔 2 月翻耕土壤样品 3	C5	棕色石灰土	石灰岩	无（模拟植物）	10	26.78	38.44	16.75	9.65	4.99	3.13	0.26	
2015 年环江站耕作扰动/隔 2 月翻耕土壤样品 4	D6	棕色石灰土	石灰岩	无（模拟植物）	10	25.49	40.67	18.81	9.57	3.48	1.94	0.04	
2015 年环江站耕作扰动/每月翻耕土壤样品 1	A7	棕色石灰土	石灰岩	无（模拟植物）	10	18.10	45.45	20.43	9.77	3.85	2.24	0.17	
2015 年环江站耕作扰动/每月翻耕土壤样品 2	B8	棕色石灰土	石灰岩	无（模拟植物）	10	21.32	41.83	20.47	10.38	3.84	2.08	0.08	
2015 年环江站耕作扰动/每月翻耕土壤样品 3	C4	棕色石灰土	石灰岩	无（模拟植物）	10	24.25	42.51	18.08	9.27	3.64	2.14	0.10	
2015 年环江站耕作扰动/每月翻耕土壤样品 4	D8	棕色石灰土	石灰岩	无（模拟植物）	10	18.54	42.35	20.93	11.63	4.37	2.13	0.05	
2015 年环江站耕作扰动/不翻种玉米土壤样品 1	A6	棕色石灰土	石灰岩	玉米	10	39.82	37.79	11.27	6.12	2.90	2.03	0.06	
2015 年环江站耕作扰动/不翻种玉米土壤样品 2	B7	棕色石灰土	石灰岩	玉米	10	40.06	41.07	9.42	4.62	2.56	2.13	0.15	
2015 年环江站耕作扰动/不翻种玉米土壤样品 3	C3	棕色石灰土	石灰岩	玉米	10	37.27	36.54	12.48	6.79	3.74	3.03	0.16	

（续）

样品名称	采样区名称或编号	土壤类型	母质	作物/植被	采样深度/cm	不同尺寸粒径所占土壤质量百分比/%							
						>8 mm	5~8 mm	2~5 mm	1~2 mm	0.5~1 mm	0.25~0.5 mm	0.053~0.25 mm	<0.053 mm
2015年环江站耕作扰动/不翻种玉米土壤样品4	D3	棕色石灰土	石灰岩	玉米	10		34.50	42.59	11.83	6.09	3.06	1.94	0.00
2015年环江站耕作扰动4月翻种玉米土壤样品1	A1	棕色石灰土	石灰岩	玉米	10		23.04	47.01	18.60	7.57	2.34	1.29	0.16
2015年环江站耕作扰动4月翻种玉米土壤样品2	B5	棕色石灰土	石灰岩	玉米	10		26.17	39.90	18.18	10.22	3.88	1.64	0.00
2015年环江站耕作扰动4月翻种玉米土壤样品3	C2	棕色石灰土	石灰岩	玉米	10		30.23	40.20	16.77	7.52	3.12	2.15	0.00
2015年环江站耕作扰动4月翻种玉米土壤样品4	D5	棕色石灰土	石灰岩	玉米	10		33.78	40.43	16.20	6.48	2.12	0.98	0.00

表4-7　人为干扰下喀斯特土壤有机碳、全氮、微生物生物量碳含量

样品名称	采样区名称或编号	土壤类型	母质	作物/植被	采样深度/cm	不同土壤粒级有机碳含量/(g/kg)							不同土壤粒级全氮含量/(g/kg)							不同土壤粒级微生物碳含量/(mg/kg)			
						>5 mm	2~5 mm	1~2 mm	0.5~1 mm	0.25~0.5 mm	0.054~0.25 mm	全土	>5 mm	2~5 mm	1~2 mm	0.5~1 mm	0.25~0.5 mm	0.054~0.25 mm	全土	>2 mm	0.25~2 mm	<0.25 mm	全土
2014年环江站人为干扰/火烧上坡位土壤样品		棕色石灰土	石灰岩	灌草丛	15	50.46	51.13	42.78	54.83	53.03	36.25	45.85	3.576	3.487	3.511	3.603	3.624	2.987	3.25	962.063	1 520.499	1 121.121	1 072.210
2014年环江站人为干扰/火烧中坡位土壤样品		棕色石灰土	石灰岩	草丛	15	59.56	59.64	60.5	55.28	59.78	42.36	53.89	4.175	4.146	4.162	4.216	4.182	3.649	3.83	1 049.872	1 846.960	1 239.287	1 638.493

（续）

样品名称	采样区名称或编号	土壤类型	母质	作物/植被	采样深度/cm	不同土壤粒级有机碳含量/(g/kg)							不同土壤粒级全氮含量/(g/kg)							不同土壤粒级微生物碳含量/(mg/kg)			
						>5 mm	2~5 mm	1~2 mm	0.5~1 mm	0.25~0.5 mm	0.054~0.25 mm	全土	>5 mm	2~5 mm	1~2 mm	0.5~1 mm	0.25~0.5 mm	0.054~0.25 mm	全土	>2 mm	0.25~2 mm	<0.25 mm	全土
2014年环江站人为干扰火烧地下坡位土壤样品		棕色石灰土	石灰岩	灌草丛	15	58.97	67.84	50.41	49.11	62.6	45.86	54.40	4.182	4.297	4.046	4.047	4.044	3.605	3.82	1368.017	2184.390	1212.734	1591.186
2014年环江站人为干扰砍伐上坡位土壤轻度退化上样品		棕色石灰土	石灰岩	灌草丛	15	49.15	50.24	52.5	51.55	49.59	33.32	43.72	3.386	3.323	3.370	3.366	3.182	2.735	2.95	830.559	866.424	694.458	1124.698
2014年环江站人为干扰砍伐中坡位土壤轻度退化中样品		棕色石灰土	石灰岩	灌草丛	15	57.83	57.18	58.16	54.61	47.67	53.73	50.27	3.922	3.846	3.790	3.781	3.730	3.703	3.42	930.794	1343.604	999.152	1747.911
2014年环江站人为干扰砍伐下坡位土壤轻度退化下样品		棕色石灰土	石灰岩	灌草丛	15	50.19	51.54	48.73	53.12	58.61	46.67	44.94	3.747	3.535	3.516	3.549	3.436		3.20	1279.476	1242.398	1152.823	2115.405
2014年环江站人为干扰垦殖退耕上坡位土中度退化上壤样品		棕色石灰土	石灰岩	灌草丛	15	53.37	48.86	47.02	49	48.24	34.05	45.11	3.759	3.586	3.549	3.672	3.638	2.801	3.28	未测	未测	未测	未测
2014年环江站人为干扰垦殖退耕中坡位土中度退化中壤样品		棕色石灰土	石灰岩	灌草丛	15	53.92	55.56	48.44	42.33	40.61	30.55	46.13	3.538	3.404	3.526	3.561	3.408	2.546	3.12	未测	未测	未测	未测
2014年环江站人为干扰垦殖退耕下坡位土中度退化下壤样品		棕色石灰土	石灰岩	灌草丛	15	62.84	56.18	53.75	54.11	57.05	52.17	52.75	3.971	4.050	4.149	4.192	4.265	3.489	3.64	未测	未测	未测	未测
2014年环江站人为干扰封育上坡位土壤封育上样品		棕色石灰土	石灰岩	灌草丛	15	58.11	55.94	57.84	64.52	49.08	54.8	51.00	4.081	3.990	4.061	4.148	3.989	3.475	3.59	950.882	1032.097	601.334	1122.543

（续）

样品名称	采样区名称或编号	土壤类型	母质	作物/植被	采样深度/cm	不同土壤粒级有机碳含量/（g/kg）							不同土壤粒级全量氮含量/（g/kg）							不同土壤粒级微生物碳含量/（mg/kg）			
						>5 mm	2~5 mm	1~2 mm	0.5~1 mm	0.25~0.5 mm	0.054~0.25 mm	全土	>5 mm	2~5 mm	1~2 mm	0.5~1 mm	0.25~0.5 mm	0.054~0.25 mm	全土	>2 mm	0.25~2 mm	<0.25 mm	全土
2014年环江站人为干扰/封育中坡位土壤样品	封育中	综色石灰土	石灰岩	灌草丛	15	64.86	57.87	60.57	54.07	59.37	46.44	54.55	4.202	4.219	4.263	4.261	4.323	3.449	3.73	967.213	1 168.585	1 106.073	801.498
2014年环江站人为干扰/封育下坡位土壤样品	封育下	综色石灰土	石灰岩	灌草丛	15	62.53	66.67	72.8	50.84	67.02	54.84	56.81	3.992	4.242	4.264	4.288	4.346	4.160	3.65	1 232.067	1 459.015	948.862	924.341
2014年环江站人为干扰/玉米种植上坡位土壤样品	玉米上	综色石灰土	石灰岩	玉米	15	40.28	42.23	46.28	45.91	45.63	24.32	37.66	3.007	3.008	3.084	3.122	3.183	2.484	2.72	1 080.171	1 076.745	645.161	1 173.615
2014年环江站人为干扰/玉米种植中坡位土壤样品	玉米中	综色石灰土	石灰岩	玉米	15	37.11	35.21	39.12	30.3	29.72	22.28	31.19	3.004	2.847	2.820	2.835	2.834	2.117	2.57	784.895	724.637	543.525	625.054
2014年环江站人为干扰/玉米种植下坡位土壤样品	玉米下	综色石灰土	石灰岩	玉米	15	28.34	26.58	27.25	28.09	28.56	22.63	24.64	2.595	2.486	2.586	2.673	2.563	2.449	2.31	341.301	437.112	354.212	497.239
2014年环江站人为干扰/牧草种植上坡位土壤样品	牧草上	综色石灰土	石灰岩	牧草	15	51.88	41.47	41.14	51.85	54.55	51.77	42.13	3.363	3.540	3.628	3.653	3.613	3.667	3.12	964.965	1 593.627	814.295	1 038.929
2014年环江站人为干扰/牧草种植中坡位土壤样品	牧草中	综色石灰土	石灰岩	牧草	15	32.53	34.98	35.48	34.96	37.04	21.27	29.93	2.515	2.648	2.721	2.815	2.750	1.938	2.31	986.400	899.336	423.347	801.009
2014年环江站人为干扰/牧草种植下坡位土壤样品	牧草下	综色石灰土	石灰岩	牧草	15	32.86	36.27	34.71	31.73	31.33	27.56	30.07	2.882	2.856	2.911	2.821	2.775	2.245	2.52	814.523	903.317	632.444	994.170

表 4 - 8　人为干扰-翻耕扰动的 N_2O 累积排放量的年内动态

N₂O 月累积排放量/ (mg/m^2)

翻耕扰动方式	采样区名称或编号	2014年7月	2014年8月	2014年9月	2014年10月	2014年11月	2014年12月	2015年1月	2015年2月	2015年3月	2015年4月	2015年5月	2015年6月
2015年环江站耕作扰动/不旋不翻处理方式1	A4	1.98	14.86	1.29	3.32	1.86	2.26	2.19	3.54	2.60	9.04	15.88	23.01
2015年环江站耕作扰动/不旋不翻处理方式2	B3	1.86	21.68	1.40	4.82	1.40	1.81	2.86	2.44	4.02	11.86	20.88	27.15
2015年环江站耕作扰动/不旋不翻处理方式3	C1	1.01	12.60	1.40	2.25	1.52	2.08	1.77	1.78	8.45	8.38	13.93	23.89
2015年环江站耕作扰动/不旋不翻处理方式4	D7	6.29	25.43	1.39	2.39	9.66	4.16	5.26	2.35	4.23	6.47	15.38	28.40
2015年环江站耕作扰动/旋后不翻处理方式1	A8	12.05	11.50	5.18	8.30	7.75	2.01	4.42	2.77	3.86	8.07	21.89	15.17
2015年环江站耕作扰动/旋后不翻处理方式2	B4	6.13	10.63	11.51	6.47	1.93	2.22	4.59	3.79	7.71	11.24	11.71	25.39
2015年环江站耕作扰动/旋后不翻处理方式3	C7	9.19	24.89	8.28	5.42	3.32	1.69	3.80	3.66	9.63	24.85	17.45	21.36
2015年环江站耕作扰动/旋后不翻处理方式4	D4	9.47	16.99	10.93	10.49	6.34	7.97	5.10	13.99	12.92	23.74	11.36	12.76
2015年环江站耕作扰动/隔6月翻处理方式1	A5	26.39	17.29	4.16	10.12	8.53	2.06	2.72	2.63	4.67	14.87	14.78	20.86

（续）

翻耕扰动方式	采样区名称或编号	N₂O月累积排放量/（mg/m²）											
		2014年7月	2014年8月	2014年9月	2014年10月	2014年11月	2014年12月	2015年1月	2015年2月	2015年3月	2015年4月	2015年5月	2015年6月
2015年环江站耕作扰动/隔6月翻处理方式2	B6	10.89	12.09	5.04	6.23	1.27	2.03	3.86	2.61	7.41	15.50	17.01	29.79
2015年环江站耕作扰动/隔6月翻处理方式3	C6	22.58	16.67	3.49	5.65	1.79	2.01	2.95	6.78	8.52	6.18	10.46	26.72
2015年环江站耕作扰动/隔6月翻处理方式4	D1	32.24	18.57	24.65	13.36	6.47	1.79	4.59	13.72	7.48	14.17	26.58	24.73
2015年环江站耕作扰动/隔4月翻处理方式1	A2	2.16	9.11	6.27	4.78	1.82	4.34	3.83	2.00	2.35	8.66	10.59	20.90
2015年环江站耕作扰动/隔4月翻处理方式2	B1	7.35	11.01	2.80	5.89	2.86	2.56	3.77	12.45	5.52	2.91	10.78	15.06
2015年环江站耕作扰动/隔4月翻处理方式3	C8	9.39	4.81	5.45	6.18	3.39	1.12	3.72	2.97	9.72	3.54	12.79	13.50
2015年环江站耕作扰动/隔4月翻处理方式4	D2	19.42	15.05	7.71	5.51	2.30	1.83	3.56	5.77	4.10	10.67	12.36	15.77
2015年环江站耕作扰动/隔2月翻处理方式1	A3	7.17	11.87	2.61	3.26	1.84	4.14	1.53	2.64	2.86	3.31	10.73	13.76
2015年环江站耕作扰动/隔2月翻处理方式2	B2	7.39	11.51	4.05	5.54	1.91	1.90	2.15	6.19	4.24	5.64	17.76	13.82

（续）

N₂O 月累积排放量/ (mg/m²)

翻耕扰动方式	采样区名称或编号	2014年7月	2014年8月	2014年9月	2014年10月	2014年11月	2014年12月	2015年1月	2015年2月	2015年3月	2015年4月	2015年5月	2015年6月
2015年环江站耕作扰动/隔2月翻处理方式3	C5	13.31	9.59	2.28	10.18	2.05	2.90	2.42	2.56	4.24	4.86	8.16	9.88
2015年环江站耕作扰动/隔2月翻处理方式4	D6	23.65	7.23	3.59	6.31	2.72	1.69	4.03	4.99	4.97	3.09	8.23	11.43
2015年环江站耕作扰动/每月翻处理方式1	A7	10.14	30.57	5.22	3.36	1.00	1.04	2.49	4.58	3.59	4.08	12.08	19.30
2015年环江站耕作扰动/每月翻处理方式2	B8	7.87	13.45	5.28	6.36	4.55	1.82	2.91	3.86	8.46	7.39	11.89	11.05
2015年环江站耕作扰动/每月翻处理方式3	C4	9.89	13.70	6.50	7.44	2.72	1.35	3.20	4.36	3.99	14.10	7.92	9.79
2015年环江站耕作扰动/每月翻处理方式4	D8	10.53	14.81	6.65	2.82	2.19	3.90	3.73	2.43	3.51	5.08	4.84	11.66
2015年环江站耕作扰动/不翻种玉米处理方式1	A6	22.38	32.72	11.16	10.75	2.08	1.32	2.21	1.95	13.52	14.76	9.46	21.20
2015年环江站耕作扰动/不翻种玉米处理方式2	B7	22.84	33.18	11.83	9.14	1.31	2.28	2.68	3.54	7.14	20.24	25.18	30.54
2015年环江站耕作扰动/不翻种玉米处理方式3	C3	24.58	11.74	14.78	8.65	4.14	3.32	2.06	3.69	13.35	27.27	17.75	24.15

（续）

N₂O 月累积排放量/（mg/m²）

翻耕扰动方式	采样区名称或编号	2014年7月	2014年8月	2014年9月	2014年10月	2014年11月	2014年12月	2015年1月	2015年2月	2015年3月	2015年4月	2015年5月	2015年6月
2015年环江站耕作扰动/不翻种玉米处理方式4	D3	20.73	21.39	15.58	14.52	3.79	2.39	3.11	3.06	16.75	12.39	25.87	29.57
2015年环江站耕作扰动/隔4月翻种玉米处理方式1	A1	2.39	17.21	7.08	8.57	2.16	2.48	2.00	2.28	2.57	13.39	16.01	23.41
2015年环江站耕作扰动/隔4月翻种玉米处理方式2	B5	4.58	14.13	8.02	3.99	1.16	2.39	3.01	1.12	7.94	7.01	19.95	28.02
2015年环江站耕作扰动/隔4月翻种玉米处理方式3	C2	5.36	15.77	6.18	5.26	4.88	2.97	2.17	6.94	5.58	12.27	17.36	23.68
2015年环江站耕作扰动/隔4月翻种玉米处理方式4	D5	16.72	19.07	5.56	8.41	4.52	4.52	3.56	8.52	3.44	4.93	17.38	21.86

表 4 - 9　人为干扰-翻耕扰动的土壤全氮、氮淋失（TDN）的年内动态

翻耕扰动方式	采样区名称或编号	土壤全氮量/（g/kg）					每 0.15 m² 土地的氮淋失量年内动态变化/mg									
		2014年6月	2014年9月	2014年12月	2015年4月	2015年7月	2014年7月	2014年8月	2014年9月	2014年11月	2015年1月	2015年2月	2015年3月	2015年4月	2015年5月	2015年6月
2015年环江站耕作扰动/不翻处理方式1	A4	2.98	2.93	2.75	2.54	2.88	0.48	0.00	0.42	0.00	0.00	0.00	0.00	0.00	0.00	0.00
2015年环江站耕作扰动/不翻处理方式2	B3	3.02	2.91	2.87	2.55	3.02	1.79	0.19	1.52	0.00	1.69	1.42	0.87	0.46	0.00	1.49
2015年环江站耕作扰动/不翻处理方式3	C1	3.42	3.31	3.24	2.88	3.39	19.89	0.00	0.00	1.31	0.00	0.74	0.00	0.29	0.00	0.00

（续）

翻耕扰动方式	采样区名称或编号	土壤全氮量/(g/kg)					每 0.15 m² 土地的氮淋失量年内动态变化/mg									
		2014年6月	2014年9月	2014年12月	2015年4月	2015年7月	2014年7月	2014年8月	2014年9月	2014年11月	2015年1月	2015年2月	2015年3月	2015年4月	2015年5月	2015年6月
2015 年环江站耕作扰动/不扰动翻处理方式 4	D7	3.60	3.78	3.23	3.15	3.23	3.53	1.07	0.00	0.00	0.00	1.32	0.00	0.00	0.00	0.00
2015 年环江站耕作扰动/扰后不翻处理方式 1	A8	3.24	3.28	2.85	2.75	3.11	11.83	10.56	9.45	26.59	20.02	19.52	11.69	26.39	14.33	1.24
2015 年环江站耕作扰动/扰后不翻处理方式 2	B4	2.89	2.74	2.75	2.38	2.66	9.93	6.36	8.24	13.15	9.01	9.55	10.86	11.70	9.68	4.65
2015 年环江站耕作扰动/扰后不翻处理方式 3	C7	3.24	3.43	2.94	3.03	3.32	21.74	25.34	17.42	54.35	36.43	17.00	4.89	29.95	19.91	6.99
2015 年环江站耕作扰动/扰后不翻处理方式 4	D4	3.22	3.27	2.81	2.78	3.00	6.23	34.42	11.71	36.32	36.72	13.38	9.15	22.90	17.71	10.42
2015 年环江站耕作扰动/隔 6 月翻处理方式 1	A5	3.27	2.70	2.54	2.36	2.59	14.72	27.82	22.08	42.15	55.21	23.48	22.24	35.77	37.09	11.76
2015 年环江站耕作扰动/隔 6 月翻处理方式 2	B6	3.00	2.53	2.55	2.40	2.58	27.79	36.84	11.59	27.49	52.17	18.87	33.84	42.04	36.83	14.30
2015 年环江站耕作扰动/隔 6 月翻处理方式 3	C6	3.47	2.69	2.54	2.80	2.53	21.85	33.25	38.02	59.64	53.69	23.48	12.15	35.77	37.09	11.76
2015 年环江站耕作扰动/隔 6 月翻处理方式 4	D1	3.58	3.25	3.33	3.35	3.10	35.92	31.65	25.49	44.59	53.69	28.10	20.74	29.50	37.35	9.22
2015 年环江站耕作扰动/隔 4 月翻处理方式 1	A2	3.06	2.66	2.43	2.38	2.58	17.63	20.37	22.03	37.03	36.26	18.68	21.70	16.67	26.16	3.02
2015 年环江站耕作扰动/隔 4 月翻处理方式 2	B1	3.11	2.63	2.40	2.40	2.68	25.59	24.30	16.09	36.71	35.54	15.82	3.62	36.83	27.38	3.19
2015 年环江站耕作扰动/隔 4 月翻处理方式 3	C8	2.90	2.72	2.47	2.45	2.54	14.66	29.71	16.09	34.75	52.33	28.87	10.40	45.54	33.03	20.47

（续）

翻耕扰动方式	采样区名称或编号	土壤全氮量/(g/kg)					每0.15 m² 土地的氮淋失量年内动态变化/mg									
		2014年6月	2014年9月	2014年12月	2015年4月	2015年7月	2014年7月	2014年8月	2014年9月	2014年11月	2015年1月	2015年2月	2015年3月	2015年4月	2015年5月	2015年6月
2015年环江站耕作扰动/隔4月翻处理方式4	D2	3.62	3.13	2.92	2.97	3.17	33.20	44.45	34.12	78.79	75.34	21.12	5.86	10.73	47.03	15.41
2015年环江站耕作扰动/隔2月翻处理方式1	A3	2.99	2.67	2.39	2.19	2.41	29.55	33.99	47.82	50.46	24.75	26.53	19.29	25.88	33.51	11.35
2015年环江站耕作扰动/隔2月翻处理方式2	B2	2.98	2.48	2.51	2.34	2.62	18.79	21.47	22.11	40.42	21.50	26.02	19.29	29.72	30.74	13.54
2015年环江站耕作扰动/隔2月翻处理方式3	C5	2.89	2.57	2.43	2.44	2.40	31.25	30.14	26.57	31.42	48.26	33.11	33.87	35.55	35.50	9.61
2015年环江站耕作扰动/隔2月翻处理方式4	D6	3.12	2.55	2.69	2.55	2.84	16.17	22.32	29.76	39.40	37.66	18.43	4.71	19.53	34.29	10.91
2015年环江站耕作扰动/每月翻处理方式1	A7	3.18	2.60	2.58	2.32	2.52	25.81	21.58	44.48	33.80	86.80	35.23	22.10	42.41	42.44	11.55
2015年环江站耕作扰动/每月翻处理方式2	B8	3.24	2.60	2.45	2.25	2.54	21.16	43.70	31.87	78.02	76.76	13.10	21.59	38.55	40.29	18.34
2015年环江站耕作扰动/每月翻处理方式3	C4	3.31	2.75	2.44	2.51	2.44	24.02	28.72	38.44	47.47	76.67	44.02	22.62	62.16	43.93	9.27
2015年环江站耕作扰动/每月翻处理方式4	D8	3.14	2.87	2.61	2.67	2.52	13.66	23.35	24.47	30.03	60.65	24.19	22.10	47.71	30.07	13.05
2015年环江站耕作扰动/不翻种玉米处理方式1	A6	3.02	2.93	2.87	2.65	2.76	10.51	8.53	15.41	65.21	14.69	16.74	20.67	19.53	7.58	6.32
2015年环江站耕作扰动/不翻种玉米处理方式2	B7	3.08	2.82	2.72	2.61	2.80	9.20	7.17	10.27	25.06	31.51	16.78	11.35	16.39	12.72	4.57
2015年环江站耕作扰动/不翻种玉米处理方式3	C3	3.18	3.30	3.13	2.89	3.08	26.66	24.94	19.65	27.31	4.91	9.54	13.61	11.85	6.98	6.32

（续）

翻耕扰动方式	采样区名称或编号	土壤全氮量/ (g/kg)					每 0.15 m² 土地的氮淋失量年内动态变化/mg									
		2014 年 6 月	2014 年 9 月	2014 年 12 月	2015 年 4 月	2015 年 7 月	2014 年 7 月	2014 年 8 月	2014 年 9 月	2014 年 11 月	2015 年 1 月	2015 年 2 月	2015 年 3 月	2015 年 4 月	2015 年 5 月	2015 年 6 月
2015 年环江站耕作扰动/不翻种玉米处理方式 4	D3	3.68	3.22	2.93	3.34	3.31	25.10	38.77	24.36	41.71	24.49	23.91	11.96	29.44	9.80	8.07
2015 年环江站耕作扰动/隔 4 月翻种玉米处理方式 1	A1	3.12	2.83	2.51	2.52	2.71	14.90	23.54	20.50	49.45	39.65	11.98	4.92	17.56	4.77	4.47
2015 年环江站耕作扰动/隔 4 月翻种玉米处理方式 2	B5	2.99	2.71	2.58	2.38	2.73	21.19	22.57	21.39	34.36	36.44	28.77	18.80	16.84	13.15	0.67
2015 年环江站耕作扰动/隔 4 月翻种玉米处理方式 3	C2	3.39	3.03	2.75	3.01	2.88	25.80	27.38	21.79	36.72	5.28	29.98	16.02	22.07	23.21	1.00
2015 年环江站耕作扰动/隔 4 月翻种玉米处理方式 4	D5	2.98	2.76	2.79	2.91	2.87	34.26	30.22	23.48	30.75	22.67	11.04	13.25	11.19	25.70	11.73

参 考 文 献

董鸣，1996. 陆地生物群落调查观测与分析 [M]. 北京：中国标准出版社.

杜虎，彭晚霞，宋同清，等，2013. 2014 年亚热带喀斯特常绿落叶阔叶混交林物种组成数据集 [J/OL]. 中国科学数据，(2019 - 10 - 23) [03 - 26]. https：//xueshu. baidu. com/usercenter/paper/show? paperid＝196p0xd0gm0e0ap02w2p0gr0 d7662077&site＝xueshu ＿ se&hitarticle＝1

凡非得，2011. 西南喀斯特区域生态功能区划 [D]. 长沙：中国科学院亚热带农业生态研究所.

胡波，刘广仁，王跃思，等，2019. 陆地生态系统大气环境观测指标与规范 [M]. 北京：中国环境出版集团.

李酉开，1983. 土壤农业化学常规分析方法 [M]. 北京：科学出版社.

鲁如坤，1999. 土壤农业化学分析方法 [M]. 中国农业科技出版社.

聂云鹏，2011. 喀斯特峰丛洼地典型生境植物水分来源及其适应性研究 [D]. 长沙：中国科学院亚热带农业生态研究所.

吴冬秀，韦文珊，宋创业，等，2012. 陆地生态系统生物观测数据质量保证与质量控制 [M]. 北京：中国环境科学出版社.

肖霜霜，2017 人为干扰下喀斯特土壤氮素的变化与损失途径 [D]. 长沙：中国科学院亚热带农业生态研究所.

中国生态系统研究网络科学委员会，2007. 陆地生态系统生物观测规范 [M]. 北京：中国环境科学出版社.